普通高等教育高分子材料类精品教材

聚合物复合材料

（第二版）

黄　丽　主编

黄　丽　陈晓红　宋怀河　合编

中国轻工业出版社

图书在版编目（CIP）数据

聚合物复合材料/黄丽主编；黄丽，陈晓红，宋怀河合编. —2 版 .—北京：中国轻工业出版社，2024.12

普通高等教育“十二五”规划教材

ISBN 978 –7 –5019 –8477 –0

Ⅰ.①聚… Ⅱ.①黄…②陈…③宋… Ⅲ.①高聚物 – 复合材料 – 高等学校 – 教材 Ⅳ.①TB33

中国版本图书馆 CIP 数据核字（2011）第 211346 号

责任编辑：王　淳　　策划编辑：王　淳　李　红

文字编辑：宋　博　　责任终审：滕炎福　　封面设计：锋尚设计

版式设计：宋振全　　责任校对：晋　洁　　责任监印：张　可

出版发行：中国轻工业出版社（北京鲁谷东街5号，邮编：100040）

印　　刷：三河市万龙印装有限公司

经　　销：各地新华书店

版　　次：2024 年 12 月第 2 版第 10 次印刷

开　　本：720×1000　1/16　印张：21.25

字　　数：430 千字

书　　号：ISBN 978-7-5019-8477-0　定价：45.00 元

邮购电话：010 – 85119873

发行电话：010 – 85119832　010–85119912

网　　址：http://www. chlip. com. cn

Email：club@ chlip. com. cn

242227J1C210ZBW

前　　言

《聚合物复合材料》为高分子材料科学与工程本科以上专业教材之一。聚合物复合材料是一门内容广阔、与其他许多学科交叉渗透、相互关联的综合性学科。它是以聚合物为基体，与各种增强材料和填充材料复合而成的多组分、多相的体系，具有优异的力学性能以及其他性能。所以在许多领域已获得广泛应用。

本教材是在2001版的《聚合物复合材料》教材的基础进行修订的。2001版教材通过10年的教学使用，得到普遍好评，并多次再版。随着科学技术的发展，本书第二版也在第一版的基础上对部分内容进行了更新，引进了反映当代最新研究水平的内容，使学生在掌握基础理论的同时，了解课程的最新研究成果和动向，以适应教学改革的需要。本书还对第一版的内容进行了精炼与修正，使本教材更能适应现代科学发展的需要，培养出聚合物复合材料发展前沿的高水平人才。

《聚合物复合材料》（第二版）由黄丽编写了第1章、第2章、第6章、第7章；陈晓红编写了第3章、第5章；宋怀河编写了第4章，全书由黄丽任主编并进行了统稿。本教材的配套教学课件由张学军主编。

由于编者水平及时间有限，书中有不尽完善之处，敬请读者批评指正。

北京化工大学黄丽教授

目　录

第1章 绪　论

1.1 复合材料的发展史

近几十年来，材料科学得到了突飞猛进的发展。材料科学的发展史与现状表明，人类在科学技术上的进步往往是与新材料的出现和应用分不开的。总结材料发展的历史，特别是近几十年来，对于材料的研究由靠经验摸索的办法发展到不仅可以通过分子合成、材料改性及多种材料的复合而得到新材料，而且还可以从分子结构设计来研制预定性能的材料，形成较完整的材料科学体系。

单一材料有时不能满足实际使用的某些要求，人们就把两种或两种以上的材料制成复合材料，以克服单一种材料在使用上的性能弱点，改进原来单一材料的性能，并通过各组分的匹配协同作用，还可以出现原来单一材料所没有的新性能，达到材料综合利用的目的，以提高使用与经济效益。

复合材料是一种多相复合体系。在复合体系中可以是异质异相的，也可以是同质异相的。因此，通过不同质的组成、不同相的结构、不同含量及不同方式的复合，可以制造出满足各种用途的复合材料。

作为一门学科，复合材料的出现及发展不过是近几十年的事情。但是人类是从很早就开始使用复合材料了。比如说，从天然树脂虫胶、沥青作为粘合剂制作层合板，以砂、砾石作为廉价骨料，以水和水泥固结的混凝土材料，它们大约在100年前就开始使用了。混凝土的抗张强度比较好，但比较脆，如处于拉伸状态就容易产生裂纹，而导致脆性断裂。若在混凝土中加入钢筋、钢纤维之后，就可以大大提高混凝土抗拉伸及抗弯曲强度，这就是钢筋混凝土的复合材料。而使用合成树脂制作复合材料，始于20世纪初。人们用苯酚与甲醛反应，制成酚醛树脂，再把酚醛树脂与纸、布、木片等复合在一起制成层压制品，这种层压制品，具有很好的电绝缘性能及强度。20世纪40年代玻璃纤维增强合成树脂的复合材料——玻璃钢的出现，是现代复合材料发展的重要标志。玻璃纤维复合材料在1946年开始应用于火箭发动机壳体的研究。20世纪60年代在各种型号的固体火箭的应用上取得成功。如在美国把玻璃纤维复合材料用于制作火箭的发动机壳体以及燃料用的高压容器上；20世纪60年代末期则用玻璃纤维复合材料制作了直升机旋翼桨叶等。

在20世纪60—70年代，复合材料不光可用玻璃纤维来增强，还由于一类新型的纤维材料如硼纤维、碳纤维、碳化硅纤维、芳纶（kevlar）纤维的出现，使得复合材料的综合性能得到了很大的提高，并使复合材料的发展进入了新的阶段。这些材料中以碳纤维为例，其复合后的材料的比强度不但超过了玻璃纤维复合材料，而比模量则达其5~8倍以上（见表1-1）。这使结构的承压能力和承受动力负荷能力大为提高。目前碳纤维复合材料不仅已应用于一般的航空结构件，而且已应用于制作主要承力结构件。

表1-1　　各种材料的力学性能

材料名称	相对密度/(g/cm³)	拉伸强度/GPa	弹性模量/×10²GPa	比强度*3/×10⁴m	比模量*4/×10⁶m
钢	7.8	1.03	2.1	0.13	0.27
铝	2.8	0.47	0.75	0.17	0.26
钛	4.5	0.96	1.14	0.21	0.25
玻璃纤维复合材料	2.0	1.06	0.4	0.53	0.20
*1碳纤维Ⅱ/环氧树脂	1.45	1.5	1.4	1.03	0.97
*2碳纤维Ⅰ/环氧树脂	1.6	1.07	2.4	0.67	1.5
芳纶纤维/环氧树脂	1.4	1.4	0.8	1.0	0.57
硼纤维/环氧树脂	2.1	1.38	2.1	0.66	1.0
硼纤维/铝	2.65	1.0	2.0	0.38	0.75

*1碳纤维Ⅱ—为高强型碳纤维；*2碳纤维Ⅰ—为高模型碳纤维；*3比强度是材料在断裂点的拉伸强度与密度之比；*4比模量是材料的模量与密度之比，是材料承载能力的一个重要指标，比模量越大，刚性越大。比模量单位，m。

有机纤维，由于重量更轻，在航空航天工业中受到重视。要使飞机及各种飞行器飞得更快、更高和更远，就必须减轻飞行器的重量。目前，用金属制成的飞机最高时速大约为3000km，最高飞行高度约30km，最大飞行距离约2万km。如果飞机的重量减轻一半，则飞行速度可提高一倍，飞行高度可达40km或50km以上，飞机绕地球一周而无需加油。可见重量轻、综合性能好的复合材料在航空航天工业中具有其他材料不可取代的重要性。因此，具有高的比强度、比模量的复合材料，是飞行器理想的结构材料，表1-1列出了各种材料的力学性能比较。

对于典型的纤维增强复合材料来说，其性能主要要求是质量轻、强度高、力学性能好。但是作为复合材料的使用不仅仅是限于增强力学性能方面，而是将按照对产品所提出的用途要求，通过复合设计使物料在电绝缘性、化学稳定性、热性能等方面与力学性能一样达到综合性的提高。与此同时，也还要考虑到其生产工艺及成本。目前在各个产业部门当中，复合材料的使用是多种多样的，除了在航空航天领域外，在建筑、机械、交通、能源、化工、电子、体育器材及医疗器械等方面的应用也在日益增多，而且作为功能材料的用途也是非常广泛的。随着复合材料及其制品的成型工艺性的不断改进与完善，其成本会逐步降低，应用范围也会进一步扩展。

随着聚合物基复合材料的不断发展，金属基、陶瓷基以及陶瓷—金属基复合材料的开发与应用也被人们越来越重视。这三类复合材料的耐热性能好、强度高，既可用于要求强度高、密度小的场合又可用于制作在高温环境下仍要保持高强度的构件。例如，用高强、高模及耐高温纤维与金属特别是轻金属复合制成金属基复合材料，除具有很高的比强度及比模量等力学性能外，还具有导电性、导热性和低膨胀系数等特点，是航空航天等高技术领域的理想结构材料。又比如：由氧化铝—铬陶瓷—金属组成的复合材料，在1200℃的高温下还具有很好的稳定性，所以，这种陶瓷—金属复合材料已被应用在火箭技术上的火焰稳定器，冶金生产上的浇注槽沟、高温热电偶保护套管和涡轮机上的燃气轮机的高温密封装置等。由于这三类复合材料的制造工艺比较复杂，其发展远未达到聚合物基复合材料的水平，因此还需要加强基础研究工作。另外，由碳纤维和碳构成的碳/碳复合材料以其优异的耐高温性能以及耐磨耗性能引起人们的广泛重视并进行深入的研究。

目前复合材料在工业中的应用和科学研究的速度非常快。复合材料的基质已由一般的天然物，如：水泥、石灰、砂土、天然树脂等发展成各种合成的热固性树脂、热塑性树脂及特种耐高温的树脂；增强材料也由矿物纤维、金属纤维发展到玻璃纤维、合成纤维，及至目前的新一代特种纤维。但人们并不满足于这一状况，科学家们又在致力于开拓各种增强材料与基体间的组合，如各种增强体与水泥、树脂、金属、陶瓷和碳基材料的复合以满足航空航天、建筑业材料的更新和开发尖端产品的需要，复合材料在国民经济各个领域中的应用将会更加广泛和重要。

1.2 复合材料的定义、命名及分类

1.2.1 复合材料的定义

所谓复合材料，是指把两种以上宏观上不同的材料，合理地进行复合而制得的一种材料，目的是通过复合来提高单一材料所不能发挥的各种特性。复合材料是多相材料。它包括基体相和增强相。基体相是一种连续相材料，它把改善性能的增强相材料固结成一体，并起传递应力的作用；增强相一般为分散相，主要起承受应力和显示功能的作用，这两相最终以复合的固相材料出现。复合材料既能保持原组成材料的重要特性，又可通过复合效应使各组分的性能相互补充，获得原组分不具备的许多优良性能。

上述定义的复合材料可以是由一个连续物理相与一个分散相的复合，也可以是两个或多个连续相与一个或多个分散相在两个连续相中复合的材料。

定义中还明确了复合后的产物为固体材料才称得上复合材料。若复合产物为液体或气体时就不叫复合材料。

1.2.2 复合材料的命名

物应有其名。但历史的发展又往往是事物的发展先于其科学命名，故常先使用一些通俗、形象的名称。如国内20世纪50年代出现的玻璃纤维复合材料，就被称为“玻璃钢”。其后也出现过种种名称，如玻璃纤维增强塑料、玻璃塑料、玻璃布层压板等。对于一种材料，若其名称很多，互不统一，甚至有的名称含义不确切，就容易引起混乱，造成错觉，不利于材料的应用与发展。

总结物质命名的原则，应该根据物质的组成、结构和特性的相互关系来确定名称。名称应在一定程度上反映事物的特征。

因此，复合材料可根据增强材料与基体材料的名称来命名。将增强材料的名称放在前面，基体材料的名称放在后面，再加上复合材料。如碳纤维和环氧树脂构成的复合材料，就叫做“碳纤维环氧树脂复合材料”。为书写简便，也可仅写增强材料与基体材料的缩写名称，中间加一斜线隔开，后面再加复合材料。如上述碳纤维和环氧树脂构成的复合材料，也可写作“碳/环氧复合材料”。有时为突出增强材料和基体材料，视强调的组分不同，也可简称为“碳纤维复合材料”或“环氧树脂复合材料”。碳纤维和金属基体构成的复合材料叫做金属基复合材料，也可写为“碳/金属复合材料”。碳纤维和碳构成的复合材料叫“碳/碳复合材料”。

1.2.3 复合材料的分类

随着材料品种的不断增加，人们为了更好地研究和使用材料，就需要对材料进行分类。

材料的分类，历史上已有很多方法。如按材料的化学性质分类，可有金属材料、非金属材料之分。按物理性质分类，可有绝缘材料、磁性材料、透光材料、半导体材料、导电材料、耐高温材料等。按用途分类，可有航空材料、耐烧蚀材料、电工材料、建筑材料、包装材料等。尚有更简单的分类方法，即概括为结构材料与功能材料两大类。

复合材料的分类方法也有不少。如根据增强原理和增强相形态分类，有弥散增强型复合材料、粒子增强型复合材料和纤维增强型复合材料。根据复合过程的性质分类，有化学复合的复合材料、物理复合的复合材料和自然复合的复合材料。根据复合材料的功能分类，有电功能复合材料、热功能复合材料、光功能复合材料等。

一般来说，复合材料常用的分类方法有以下几种。

1.2.3.1 按增强材料的形态分类

①纤维状复合材料。增强材料以纤维状态分散于基体中，可以有长纤维（连续）复合的及短（切断）纤维或晶须状复合的两种类别；

②粒状或碎片状复合材料。增强相是粒状、碎片状材料及其他不规则形状分散于基体中；

③织物状复合材料。增强相可以是无纬布或织物（二向）和多维织物与基体复合；

④无纺织物（如纸、毡、无纺布）复合材料。增强材料为毡类、纸类、无纺布类与基体复合。

至于卷制或缠绕等属于按加工方法的不同而分类，如可分为：卷制或缠绕复合材料；预浸无纬布型复合材料；织物型复合材料，层压型复合材料；拉拔型复合材料；挤出型复合材料；混合型复合材料等。

1.2.3.2 按增强纤维种类分类

①无机纤维（如玻璃纤维、碳纤维及其他陶瓷纤维、矿物纤维等）复合材料；

②有机纤维（如芳香族聚酰胺纤维、芳香族聚酯纤维、高强度聚烯烃纤维等）复合材料；

③金属纤维（如钨丝、不锈钢丝等）复合材料；

④陶瓷纤维（如氧化铝纤维、碳化硅纤维、硼纤维等）复合材料；

⑤其他，如各种天然植物纤维等。

此外，如果用两种或两种以上纤维增强同一基体制成的复合材料称为混杂纤维复合材料。混杂复合材料可以看成是两种或多种单一纤维复合材料的相互复合，即复合材料的“复合材料”。

1.2.3.3 按基体材料分类

①聚合物基复合材料。以有机聚合物（主要为热固性树脂、热塑性树脂及橡胶）为基体制成的复合材料；

②金属基复合材料。以金属为基体制成的复合材料，如钢基复合材料、铝基复合材料、钛基复合材料等；

③陶瓷基复合材料。以陶瓷材料（也包括玻璃和水泥）为基体制成的复合材料；

④碳基复合材料。用易于在高温下烧制成碳质材料的物质为基体，和沥青纤维等复合的材料。

1.2.3.4 按材料作用分类

①结构复合材料。用于制造受力构件的复合材料；

②功能复合材料。具有各种特殊性能（如阻尼、导电、导磁、摩擦、屏蔽等）的复合材料。

复合材料的构成材料之一为纤维者称为纤维复合材料，因纤维多有增强的作用，所以也叫做纤维增强复合材料，它在复合材料中用得最多、最广。由纤维和基体经组合可得到各种复合材料，如表 1 -2 所示。

表 1-2　　　　由各种组合而得到的复合材料

增强纤维	基　体
金属纤维：钢、硼、晶须等 有机纤维：人造纤维、尼龙、芳纶等 无机纤维：玻璃、碳、碳化硅等	纤维增强水泥 ← 水泥 纤维增强金属 ← 金属 纤维增强塑料 ← 树脂 纤维增强橡胶 ← 橡胶

在一般的纤维增强复合材料中，作为结构材料，最实用的是以热固性树脂为基体的纤维增强复合材料（FRP）。作为功能材料部件等而使用热塑性树脂时，称为纤维增强热塑性塑料复合材料（FRTP）。以金属为基体的纤维增强金属复合材料（FRM），由于它的耐高温特性和高的刚性和尺寸稳定性，目前，对它的研究工作很活跃。为补偿水泥的脆性、拉伸强度低等缺点而与短切纤维复合的纤维增强水泥材料（FRC）正在作为建筑材料使用。众所周知的纤维增强橡胶（FRR）则主要是大量用于汽车轮胎和输送带中。

1.3　复合材料的特性

复合材料是由两种或两种以上的不同性质的材料组合而成的。通过材料的选择和匹配及最佳的结构设计可以综合体现出下列特性。

1.3.1　比强度和比模量

复合材料的突出特点是比强度与比模量高。比强度是抗拉强度与密度之比，比强度高的材料能够承受高的应力；比模量是弹性模量与密度之比，比模量高说明材料轻而且刚性大。比如，高模量碳纤维/环氧复合材料的比强度为钢的五倍，铝合金的四倍，钛合金的三倍半。其比模量是铜、铝、钛的四倍。

1.3.2　抗疲劳性能

疲劳是材料在循环应力作用下的性能。图 1-1 表示几种材料的疲劳曲线，可见碳纤维复合材料的抗疲劳性能是最好的。

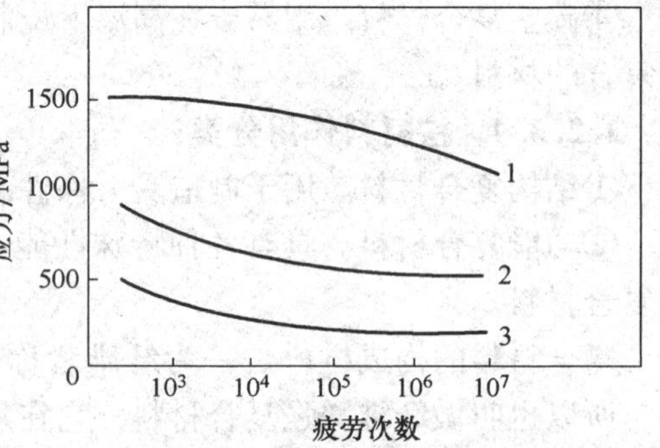

图 1-1　几种材料的疲劳曲线

1—碳纤维复合材料　2—玻璃纤维复合材料　3—铝合金

抗疲劳性能好的原因主要是由于缺陷少的高性能碳纤维的抗疲劳性好，其次是由于基体材料的塑性好，能消除或减小应力集中区的尺寸和数量，使疲劳源（纤维和基体中的缺陷处等）难以萌生出微裂纹，限制微裂纹的出现。即使是微裂纹出现，如图 1－2（a）所示，塑性变形也能使裂纹尖端钝化，减缓其扩展。在裂纹缓慢扩展的过程中基体的纵向拉压会引起其横向的缩胀，而在裂纹尖端的前缘造成基体与纤维的分离，〔见图 1－2（b）〕，所以经过一定的应力循环之后，裂纹由横向改沿纤维—基体界面纵向扩展〔见图 1－2（c）〕。由于基体中分布着大量纤维，裂纹的扩展常常经历非常复杂和曲折的路径。其疲劳破坏是从纤维的薄弱环节开始，逐步扩展到界面上，破坏前有明显的前兆。因此，纤维复合材料的疲劳强度比较高。一般金属材料的疲劳强度极限是其抗张强度的 30%～50%，而碳纤维复合材料的疲劳强度为其抗张强度的 70%～80%。

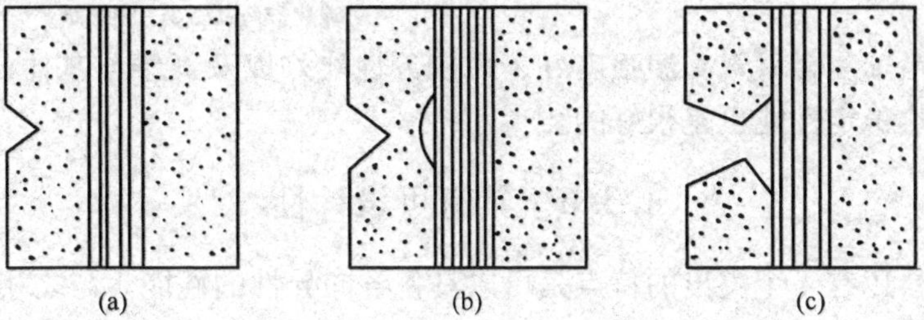

图 1－2　复合材料中疲劳裂纹扩展示意图

1.3.3　减振性能

构件的自振频率除了与其本身结构有关之外，还同材料弹性模量与密度之比（即比模量）的平方根成正比。由于复合材料的比模量大，所以它的自振频率很高，在通常加载速度或频率条件下不容易出现因共振而快速脆断的现象。同时，复合材料是一种非均质的多相体系，其中有大量的纤维与基体之间的界面。由于界面对振动有反射和吸收作用，所以复合材料的振动阻尼性强，即使激起振动也能很快衰减。而且复合材料的自振动频率高，不易产生共振现象。对相同形状和尺寸的梁进行振动试验得知，轻合金梁需要九秒钟才能停止振动，而碳纤维复合材料梁只需要 2～3 秒钟就停止了同样大小的振动。

1.3.4　过载安全性

在纤维复合材料当中，由于有大量独立的纤维，在每平方厘米面积上的纤维数少至几千根，多达数万根。当过载时复合材料中即使有少量纤维断裂时，载荷就会迅速重新分配到未被破坏的纤维上，不至于造成构件在瞬间完全丧失承载能力而断裂，仍能安全使用一段时间。

1.3.5　高温性能

增强材料可选具有较高的熔点、弹性模量和较高的高温强度的纤维。常用的一些增强纤维的强度随温度的变化如图 1－3 所示。

一般来说，金属铝在400～500℃以后就完全丧失强度，但用连续硼纤维或碳化硅纤维增强的铝基复合材料，在这样的温度下仍具有较高的强度。当用钨纤维增强钴、镍或它们的合金时，就可把这些金属的使用温度提高到1000℃以上。陶瓷基纤维复合材料可以承受1200～1400℃的高温，而碳/碳复合材料的耐热温度可达3000℃（在真空或惰性气体保护下）左右。

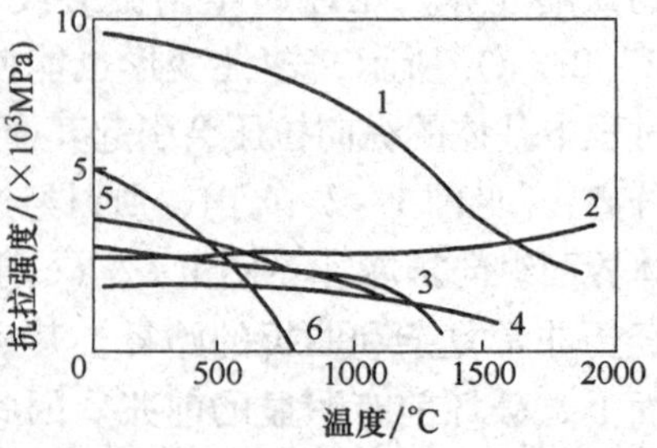

图1－3　几种纤维的高温强度

1—氧化铝晶须　2—碳纤维　3—钨纤维

4—碳化硅纤维　5—硼纤维　6—钠玻璃纤维

此外，由于复合材料高温强度好、耐疲劳性能好以及纤维与基体的相容性好，所以，它的热稳定性能也是很好的。

1.3.6　具有可设计性

复合材料还有一个突出的特点是可以具备各向异性的性能。与之相关的就是性能的可设计性。通过改变纤维、基体的种类及体积含量、纤维的排列方向、铺层次序等就可以满足对复合材料结构与性能的各种设计要求。

1.4　聚合物复合材料的性能

聚合物复合材料是近年来发展势头迅猛的一类复合材料，聚合物复合材料的发展，始终围绕着提高性能、增强功能、降低成本、便于生产等目标而进行。对于聚合物复合材料而言。要考虑到组分（例如树脂基体各种助剂、填充剂、增强剂等）的变化，扩展新品种，改善其自身的性能，探讨它们的相互匹配性、研究它们之间的作用原理及界面理论。与此同时，还必须发展先进的复合技术及制品成型技术，使聚合物材料的综合性能大幅度提高。

在聚合物复合材料组成中，树脂基体主要起到黏合剂的作用，树脂的性能不仅直接影响复合材料的各项性能，而且还影响其加工工艺性能。而树脂本身的价格与填充或增强剂的浸润－粘附能力以及加工工艺特性对复合材料的总体生产成本又起到关键性的作用，常用的热固性树脂基体有酚醛树脂、环氧树脂、不饱和聚酯树脂。

酚醛树脂具有价格便宜、树脂品种多样化，且易于成型、性能全面等优点，但其缺点是固化过程中有低分子物析出，因此，固化成型过程需加较高压力以免制品起泡，影响力学性能。环氧树脂、不饱和聚酯树脂均具有良好的综合性能，应用范围广泛，可常温成型，且不需高压，并可常压成型，所以作为复合材料的基体树脂，为制造大型制件创造了有利条件。由于环氧树脂含有大量环氧基及醚键。它对于大多数填充、增强材料都有很好的粘附力，固化时不析出低分子物，成型收缩率相对很低，这些突出优点使得它在制造先进复合材料方面，尤其在航空航天领域占据了重要地位。近年来，环氧树脂陆续开发了耐热的多官能度型、共混增韧型、耐湿热型等品种。不饱和聚酯树脂对填充、增强材料的粘附力较差，成型收缩率大于环氧树脂，但它与经过表面处理的玻璃纤维及其织物复合所形成的复合材料具有卓越的力学性能和加工成型性能，所以据此开辟了树脂基复合材料的许多新的、重要的应用领域，如航空、车辆、建筑、化工、文体等行业的制品。玻璃纤维增强不饱和聚酯复合材料的开创堪称树脂基复合材料发展史上的一个重要的里程碑。表 1－3 为常用热固性基体树脂的物性。

表 1－3　　常用热固性基体树脂的物性

特性	酚醛	环氧	不饱和聚酯
密度/(g/cm^3)	1.30～1.32	1.11～1.23	1.10～1.46
拉伸强度/MPa	42～64	85	42～71
伸长率/%	1.5～2.0	5	5
拉伸弹性模量/MPa	3200	3200	2100～4500
压缩强度/MPa	88～110	110	92～190
弯曲强度/MPa	78～120	130	60～120
体积电阻率/Ω·cm	10^{12}～10^{13}	10^{16}～10^{17}	10^{14}
介电强度/(kV/mm)	14～16	16～20	15～20
介电常数/(60Hz)	6.5～7.5	3.8	3.0～4.4
耐电弧性/s	100～125	50～180	125
吸水率/%（24h）	0.12～0.36	0.14	0.15～0.60
热变形温度/℃	78～82	120	60～100
线膨胀系数 $\times10^{-6}$/℃	60～80	60	80～100
洛氏硬度（M）	120	100	115
收缩率/%	8～10	1～2	4～6
对玻璃、陶瓷粘附力	优良	优良	一般

聚合物复合材料发展的又一个重要里程碑是热塑性树脂在复合材料中的应用，随着各种热塑性树脂的相继面世，以这些树脂为基体的复合材料也应运而生，于 20 世纪 50 年代以来，热塑性树脂基复合材料得到了较快的发展，不仅树脂基体种类扩展，且填充增强材料品种也遍及各类物质，产量增加，应用范围扩大。20 世纪 60 年代以后，又开发出来了聚苯醚、聚酰亚胺、聚砜、聚苯硫醚、聚对苯二甲酸丁二醇酯、聚醚醚酮等一批新型的热塑性工程塑料。这些具有优异性能的树脂为制造高性能树脂基复合材料奠定了基础，使树脂基复合材料的性能有了新的突破，表 1－4 为常用热塑性树脂的物性。

表 1-4　　常用热塑性树脂的物性

物性	通用塑料		工程塑料		
	聚苯乙烯	聚丙烯	聚碳酸酯	聚甲醛	聚醚醚酮
结晶性或非结晶性	非结晶性	结晶性	非结晶性	结晶性	结晶性
透光率/%	91	半透明	88	半透明~不透明	不透明
密度/(g/cm^3)	1.05	0.91	1.20	1.42	1.32
拉伸强度/MPa	46	38	50	75	94
弯曲弹性模量/MPa	3100	1500	2500	3700	3700
悬臂梁冲击强度（缺口）/(J/cm)	17	31	900	80	85
热变形温度/℃	88	113	140	170	>300
熔点/℃	—	175	—	178	338
耐溶剂性	一般	优	一般	优	优

在聚合物基复合材料中，填充材料或增强材料都是必不可少的组分，一般来说，我们习惯上将仅对聚合物基体起到增量及降低成本作用的固体粉粒状物质称为该聚合物复合组分中的填充材料，而把可对树脂基体起到增强作用的长纤维或短纤维状物质称为该聚合物复合组分中的增强材料。而现在，随着表面处理技术的提高以及填充材料种类的扩展，大多数粉粒体填充材料也起到一定的增强作用，甚至还可能起到某些功能性作用。

聚合物复合材料的填充材料和增强材料非常广泛，见表 1-5 所示。

表 1-5　　聚合物常用的填充材料及增强材料

类别	填充材料	类别	增强材料
氧化物	SiO_2、MgO、Al_2O_3 及含此类成分的矿物质，如云母、金刚石、石英砂等	无机化合物	硅酸盐类：玻璃纤维、高硅酸盐纤维 陶瓷类：氧化铝、氧化锆、氮化硼、碳化硼等纤维 矿物类：石棉纤维、硅灰石纤维等 其他无机物类：氧化铝、氧化硅、碳化硅等纤维
盐	碳酸盐：碳酸钙、碳酸镁及主含此类物质的矿物质，如方解石、大理石、白云石等 硫酸盐：硫酸钡及重晶石、$CaSO_4$ 硅酸盐：硅酸钙、硅酸铝、硅酸镁及主含此类成分的矿物质，如硅灰石，滑石，高岭土以及玻璃粉、中空玻璃微球（粉煤灰）等	有机化合物	天然植物类：棉、麻、木、竹的纤维及其织物 合成高聚物类：聚烯烃类、聚酯类、尼龙类、芳纶等纤维
		单质	金属（钢、铝、铜、钨、钛等）纤维、金属晶须、碳纤维
单质	铁、铜、铝、锡等金属的粉、片、屑，石墨、炭墨	复合物	硼/钨、硼/碳、碳化硅/钨、氧化铝/钨、氧化铝/碳等纤维
有机物	木粉、果壳粉、天然纤维素粉、淀粉、煤粉、动物角质	混杂物	碳纤维+芳纶纤维、玻璃纤维+石棉纤维、金属纤维+玻璃纤维等

最近，纳米粒子填料及其复合材料的开发成功，是树脂基复合材料科学与工程领域的一项重大且有深远意义的成就。纳米的尺度是10^{-9}m，已发现，许多本不具有增强效果的粉粒状填充材料，如黏土（微观为片层状结构）、二氧化硅、二氧化钛、碳酸钙等经纳米化以后，有了突出的增强效果；有些填充材料，如石墨，虽然有导电功能，但必须添加高达20%以上的比例到树脂基体中，才能使基体的电阻率从$10^{16}\Omega \cdot cm$左右下降到$10^{8}\Omega \cdot cm$以下，而当将纳米化的石墨2%～5%添加时，就可使电阻率下降到$10\Omega \cdot cm$以下，功能性大大提高。此外，纳米填料可以显著改善其他性能，如材料的耐热性、耐磨性等的实例也很多。一般认为，纳米填料所表现出的特殊效能，主要是因为当填料尺寸达到纳米级（100nm以下）时，其颗粒表面的原子层占很大的比例，使之与本体材料产生显著差异，出现所谓“纳米效应”，在复合材料中，纳米填料相与基体相之间的界面作用力很大，界面粘接良好，因而具有更好的力学性能和耐热性，并有可能在光、电、磁、化学、生物等方面出现特异的功能作用。

1.5 对高性能复合材料的期望及开发现状

如前所述，复合材料的种类是非常多的，现在已经生产各种组合的复合材料。不言而喻，不同种类的复合材料具有不同的性能特性。纤维—聚合物基复合材料由于其固有的优点，是复合材料中发展得最迅速、应用最广泛的一类复合材料。我们就以纤维—聚合物基复合材料为例，来介绍一下对高性能复合材料的期望及高性能复合材料的开发现状。

1.5.1 对高性能复合材料的期望

1.5.1.1 对通过更高性能的纤维获得高比强度、高比刚度复合材料的要求

纤维增强聚合物基复合材料的比强度、比刚度虽然很大，但这仅限于单向增强材料的纤维方向的特性。因为增强纤维材料有一大部分是各向异性类型（如碳纤维、硼纤维等），所以与纤维垂直方向的拉伸强度及沿纤维方向的剪切强度是极低的。然而，若是只受到单向应力时，就可以充分地发挥单向增强材料的纤维方向强度的优越性。复合材料纤维方向的刚性，根据复合法则，与纤维刚性成正比，纤维垂直方向的刚性和剪切刚性，即使不随着纤维刚性的增大而成比例地增大，但也有助于特性值的提高。

对于单向增强复合材料，都希望强度和刚性大，但在结构件上采用这类复合材料时，应以下述的材料指标作为选择的基准。

表1－6指出了各种结构件受到各种载荷以及用各种适用的极限条件来决定设计时的结构材料指标。所谓材料指标，指的是给出传递长度和载荷时，决定其结构件重量的指标，若材料指标大，就意味着可以轻量化。载荷极限随采取的强度基准或变形量、屈曲值基准的不同而异，也随结构形态和载荷的种类而异。由表1－6

可知，由弯曲、屈曲决定设计时，其指标为$\sqrt{E}/\rho$或$\sqrt[3]{E}/\rho$，而轴向增强材料用在仅由轴向特性支配的结构件上时，轻质纤维增强塑料材料是用$E-\rho$指标进行比较，这比弯曲和屈曲更为有利。

表1-6　　结构件的材料指标

构件	载荷	极限条件	指标	备注
棒	拉伸	破坏	$\sigma_{拉}/\rho$	强度指标
棒	拉伸	延伸	E/ρ	变形指标
棒	弯曲	破坏	$\sqrt{\sigma_{拉}}/\rho$	强度指标
棒	弯曲	挠曲	$\sqrt[3]{E}/\rho$	变形指标
平板	压缩	屈曲	$\sqrt[3]{E/\rho}$	屈曲指标
圆筒	压缩	屈曲	$\sqrt{E}/\rho$	屈曲指标

在这种意义上，也可以说希望开发重量轻、强度和纵向弹性模量高的纤维。现在开发出来的常用的典型的高性能增强纤维如表1-7所示。

表1-7　　常用增强纤维的性能

纤维种类	熔点/℃	密度/(g/cm^3)	拉伸强度/GPa	弹性模量/GPa
E玻璃纤维	700	2.55	3.6	74
S玻璃纤维	840	2.50	4.6	84
碳纤维（高强）	3650	1.75	3.0	240
碳纤维（高模）	3650	1.90	2.5	450
氮化硼纤维	2980	1.90	1.4	90
碳化硅纤维	2960	2.55	3.0	200

如表1-8中各种高比强度材料的比较所示，以玻璃纤维增强的复合材料，它的最大弱点是刚度差，即使是比刚度也不如通常的金属材料。也就是说，如果常用的玻璃纤维的$E_f=7300$MPa，那么对于以聚合物为基体的玻璃纤维复合材料来说，设纤维的体积含量为φ_{vf}（体积分数），根据复合原则，则复合材料的弹性模量$E=E_f\varphi_{vf}+E_m(1-\varphi_{vf})$，若取聚合物的$E_m=300$MPa，那么，即使是$\varphi_{vf}=55\%$，纤维方向上的弹性模量$E=4200$MPa，相对密度即使轻至2.0，则$E/\rho=2100$，还是不如金属材料。

表1-8　　各种高比强度材料的强度和刚度的比较

材料种类	密度	拉伸强度	纵向弹性模量	强度指标		刚度指标		
	ρ/(g/cm^3)	$\sigma_{拉}$/MPa	E/MPa	$\sigma_{拉}/\rho$	$\sqrt{\sigma_{拉}}/\rho$	E/ρ	$\sqrt{E}/\rho$	$\sqrt[3]{E}/\rho$
高强度钢	7.8	140	21000	17.9	1.5	2690	18.6	3.5
硬铝	2.7	51	7300	18.9	2.6	2700	31.6	7.2
钛合金	4.4	100	11200	22.7	2.3	2550	24.1	5.1

续表

材料种类		密度	拉伸强度	纵向弹性模量	强度指标		刚度指标		
		$\rho/(g/cm^3)$	$\sigma_{拉}/MPa$	E/MPa	$\sigma_{拉}/\rho$	$\sqrt{\sigma_{拉}}/\rho$	E/ρ	$\sqrt{E}/\rho$	$\sqrt[3]{E}/\rho$
玻璃纤维增强材料	单向增强材料	2.0	140	4200	70	5.9	2100	32.4	8.1
	玻璃布层合材料	2.0	70	2100	35	4.2	1050	22.9	6.4
碳纤维增强材料	单向增强材料	1.6	160	14000	100	7.9	8750	74.0	15.1
芳纶	单向增强材料	1.3	130	7000	100	8.8	5380	64.4	14.7

因此，在开发碳纤维时，首先考虑的不仅仅是比强度，而且是更希望得到高比刚度的复合材料所用的增强纤维。对于硼纤维来说，由于成本较高，而且直径粗至0.1mm，所以应用不如碳纤维广泛。

现在，一种被称为晶须的单晶体短纤维也被人们应用在复合材料当中。晶须本身的拉伸强度和弹性模量极大，但生产率低，价格高，成型困难，目前还不能成为工业材料。

继碳纤维之后，美国杜邦公司开发出了芳纶纤维（kevlar)。尽管芳纶纤维的特性不如碳纤维，但因其相对密度更小，目前的生产成本又比碳纤维低，所以应用也比较广泛。

其他的纤维还有碳化硅纤维、氧化铝纤维，超高相对分子质量聚乙烯纤维及金属纤维等。这些都是在复合材料中很有发展前景的纤维，将会成为今后期待的材料，在第3章中还要加以介绍。

1.5.1.2 对提高高温特性、耐热性的要求

玻璃纤维增强聚合物复合材料的最大弱点是基体为树脂，而且作为强度材料，其耐高温性能较差，往往不能用在高温的构件、零件上。一般用玻璃纤维增强不饱和聚酯树脂的复合材料，当温度超过40℃时，就可见到力学性能下降，在90℃时，力学性能是常温下的60%。而且，长期使用时的耐蠕变性能差。

所以，提高基体树脂耐热性十分重要。耐热性树脂的开发如聚酰亚胺等树脂就是其中的一种，提高了复合材料的使用温度。

最近，以金属为基体的复合材料受到了重视。特别是在宇航、航空等尖端领域内，得到开发的最大理由是既轻又有耐热性，用纤维增强金属的优越性也在于此。

1.5.1.3 对改进成型方法和成型技术的要求

用纤维增强的复合材料的特色之一是用简单的手工作业就可以制成复杂的、任意形状的制品。金属制品是从市场购入金属板材等一次制品，经过塑性加工、机械加工来成型，然后再将各个构件通过连接、焊接，最后制成整体的二次制品。而纤

维增强聚合物基复合材料，在制作材料的过程中就同时形成结构。只要有模具，如手糊法，就是把增强纤维的织物等放到模具上浸树脂，或者像喷射法那样，把连续纤维切断，与树脂一起喷到模具上，脱泡，再加压固化即可。也可以针对产生的应力，做成变厚度的，也可以通过整体成型制作连接用的凸台等补强部件，所以具有降低装配成本的优点。但这种方法的缺点是生产效率低。

纤维增强聚合物基复合材料的制法不能限于这种简单的成型方法，还应开发各种机械成型方法，但是大部分的纤维增强聚合物基复合材料都是由以上两种方法制成的。但是这些方法对于工业制品来说，它会导致制品的不均一性，使制品的可靠性降低。根据以上的原因，为了使纤维增强聚合物基复合材料制品均质化，提高制品精度，增加可靠性，提高生产效率，最近，改善了成型方法和成型技术。例如，像片状模塑料（SMC）那样，预先使纤维、树脂、填料、引发剂混合，制成预混料、预浸料等预成型材料，然后在压力成型机上加热、加压成型，即可得到性能稳定产品并能批量生产。此外，为了减少加工过程中挥发性气体的臭味，改善作业环境，还可采用先在模内放入增强纤维，然后注入树脂的方法（传递模塑法）等。

挤拉成型的研制成功使得用长纤维增强热固性树脂并连续制成长的棒材、管材、工字梁、T 型梁和各种异型材变得非常方便。所得制品中纤维排列整齐、含胶量均匀，比强度高。其成型基本过程是将连续纤维的树脂预浸料连续地通过挤出模具并挤出多余的树脂，通过模具成型并在牵伸的条件下进行固化。此法已大量用于玻璃纤维增强不饱和聚酯复合材料制品的生产。

此外，近年来树脂基复合材料生产工艺还有向组合化和多效化发展的趋势。例如纤维缠绕向带缠绕发展；热固性树脂纤维缠绕与热塑性树脂纤维缠绕共同发展；带缠绕工艺和铺放工艺相结合以及缠绕工艺与编织工艺相结合等。

1.5.2 高性能复合材料的开发现状

前面我们已经讲到，纤维增强复合材料由于其固有的优点，是复合材料中发展得最迅速，应用得最广泛的一类复合材料。实际上，在 20 世纪 50 年代开始，以复合材料名义开发和使用的主要是纤维增强复合材料。因此，本节主要介绍纤维增强复合材料高性能化的最新技术。其开发研究主要有以下几个方面。

（1）开发新的高性能增强纤维

目前正在开发兼有低成本、各种性能优异及复合成型容易的纤维。

（2）开发高性能纤维增强的成型方法和技术

在研究开发使用高性能纤维增强的成型方法和成型技术的同时，也注重开发应用传统的玻璃纤维的新的机械成型方法，以谋求制品的高质量、均质化、低成本及大量生产。

（3）开发以混杂带来的高性能化

复合材料的特点是不必局限同一纤维和同一基体。为了满足对制品的各种要求，可以把玻璃、碳、芳纶等各种纤维按其各自的特点组合起来，或者把粗纱、毡、布等各种形态的基材组合起来，制造混杂复合材料。同时，可根据外力及产生的应力来制造结构件。最大限度地利用这种优点，并从成本和性能这两种观点出发，对复合材料进行最佳材料设计，这就是混杂的思想。所谓混杂复合材料就是通过混合各种增强纤维来发挥各自的特点，因而复合材料就能发挥出所需要的综合性能。混杂的形态如图1-4所示的两种状态：

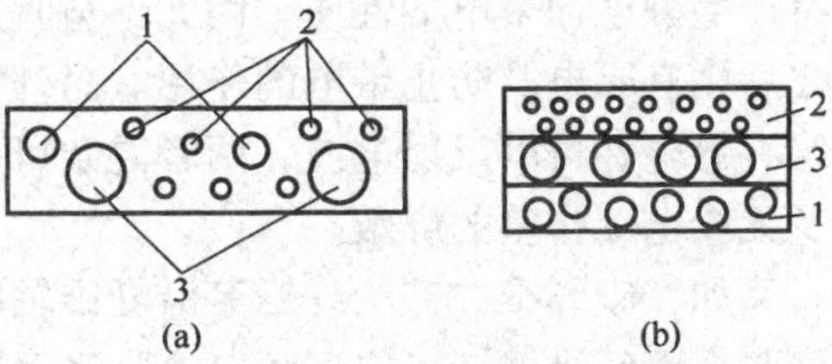

图1-4　混杂的形态

（a）层内混杂型　（b）层间混杂型

1—玻璃纤维　2—碳纤维　3—芳纶纤维

（a）层内混杂。在同一层内，把各种纤维均匀地分散和混合在一起；

（b）层间混杂。各种纤维的布、粗纱等自成一层，然后各层相间混杂。现在的混杂材料几乎都是使用市售的单种纤维基材的层间混杂型。

为了说明混杂化的目的，我们可以用玻璃纤维和碳纤维的单向混杂材料为例。碳纤维增强复合材料的特点是比玻璃纤维增强复合材料的强度高，刚性大，但破坏变形量在1%以下，是脆性的。玻璃纤维增强复合材料虽然强度、刚性稍低，但是价廉，破坏变形量为2%～3%，稍有延伸性，韧性较好。基于这两种纤维复合材料的利弊，混杂纤维复合材料的特性和目标就是要把弹性模量（即刚性）提高。

要提高弹性模量，在玻璃纤维增强复合材料中再加入碳纤维是比较有效的方法。设V为纤维体积含量，根据复合法则，单向混杂复合材料纤维方向的拉伸弹性模量为：

$$E_l = E_c\varphi_{V_c} + E_g\varphi_{V_g} + E_m(1 - \varphi_{V_c} - \varphi_{V_g}) \approx E_c\varphi_{V_c} + E_g\varphi_{V_g}$$

式中　E_l——混杂纤维复合材料的弹性模量

E_c——碳纤维的弹性模量

E_g——玻璃纤维的弹性模量

E_m——基体材料的弹性模量

φ_{V_c}——碳纤维的体积含量（体积分数）

φ_{V_g}——玻璃纤维的体积含量（体积分数）

因为$E_c \gg E_g$，所以增加少量的碳纤维的含量时，E_l也会有较大增加。拉伸特性虽然与两种纤维的配合位置无关，但在以弯曲刚度为主要指标的弯曲构件中，把碳纤维增强的复合材料配置在弯曲应力大的上下缘，把玻璃纤维增强的复合材料配置在中央的中心轴附近应力值低的位置，即引入所谓夹层结构的设想，其结果是控制了由于使用碳纤维而带来的成本提高，而且有效地提高了弯曲刚度。例如，用玻纤复合材料制造的主承力构件上，若引入了50%的碳纤维作为表层，复合为夹层形式，其模量可达到碳纤维复合材料的90%。这对于制造不易失稳破坏的大型薄壳制件是很有意义的。

碳纤维是一种导电、非磁性的材料。玻璃纤维复合材料虽属于电绝缘材料，但它有产生静电而带电的性质，因此不适宜用来制造电子设备外壳，而用两种纤维混杂之后则有除电及防止带电的作用。另外，玻璃纤维复合材料有电波的透过性，碳纤维有导电性可以反射电波，两者混杂可用于电视天线，以解决电子设备的电波障碍及无线电工作室的屏蔽。

又如，碳纤维、芳纶纤维等沿纤维轴向具有负的热膨胀系数。如果与具有正的热膨胀系数纤维混杂可得到预定热膨胀系数的材料，甚至为零膨胀系数的材料。这种材料对于一些飞机、卫星、高精密设备的构件是非常重要的。如探测卫星上的摄像机支架系统就是由零膨胀系数的混杂纤维复合材料制造的。

另外，在碳纤维增强复合材料中，可以通过加入玻璃纤维或芳纶纤维来增加它的韧性，并能防止裂纹发生以及改善耐冲击性，这也是混杂化的目的之一。这也说明，混杂化是提高性能的一条有效途径。

第2章　基体材料

2.1　概　　述

如前所述，复合材料是由增强材料和基体材料组成的。在复合材料的成型过程中，要经过一定物理的和化学的复杂变化过程，把基体材料和增强材料复合成具有特定形状的整体材料。在复合材料中，基体材料通过与增强材料界面间的粘接成为一个整体，并以剪应力的形式向增强材料传递载荷，保护增强材料免受外界环境的作用和物理损伤。同时基体还像隔膜一样，使增强材料彼此分开。这样，对于纤维增强复合材料来说，即使是个别纤维断裂，裂纹也不会迅速地从一根纤维扩展到其他纤维。另外，复合材料的拉伸性能、压缩性能、剪切性能、耐热性能、耐腐蚀性能都与基体材料有着密切的关系。因此，研究和了解基体材料的组成、性能和作用是十分重要的。

在复合材料中，要求基体材料对增强材料间有良好的粘接性。例如，对于纤维增强复合材料来说，一般基体或增强纤维的表面常常含有羰基、羧基、羟基和其他极性基团，以便在复合时形成化学键或发生范德华作用，在基体与纤维之间构成一个完整的界面。此外，其弹性模量、断裂伸长率应与纤维相匹配，作为对纤维增强复合材料基体的另一个要求是要考虑到虽然纤维是复合材料的主要承载部分，但基体材料的弹性模量对复合材料纵向（纤维方向）拉伸和纵向压缩性能影响很大，以致有时用纵向压缩强度作为评价基体性能的指标。断裂伸长率的匹配对于充分发挥纤维抗张性能突出的特点尤其重要。只有当基体的断裂伸长率大于纤维时，才有可能使断裂发生在纤维或基体与纤维的界面上，使纤维增强复合材料显示出较强的承载能力和良好的韧性。

复合材料的耐湿热性在很大程度上取决于基体材料的耐湿热性。例如，空间飞行器结构在湿热环境下的性能变化和耐久性问题一直是非常重要的研究课题，它关系到飞行器的结构效率和使用的安全可靠性，因此在这方面就要求基体在湿热环境下仍能有效地发挥作用。

另外，基体还应具有良好的工艺性能，工艺性能是涉及许多因素的实用性指标。如基体体系中各组分之间的混溶性、流动性、成型性等。

复合材料中的基体主要有聚合物、金属、陶瓷以及碳基体等。根据基体材料的分类，复合材料可以分为聚合物基复合材料、金属基复合材料、陶瓷基复合材料、碳基复合材料等。在聚合物基体中又包括热固性树脂和热塑性树脂两大类。热固性树脂中就有酚醛树脂、脲醛树脂、环氧树脂、不饱和聚酯树脂、有机硅树脂等；热塑性树脂中就有聚烯烃、聚酰胺、聚甲醛、聚碳酸酯、聚苯硫醚、聚砜、聚醚醚酮等。常用的金属基体如铝、镁、钛等轻金属及其合金。新型陶瓷基体如氧化铝、氧化硅、碳化硅、氮化硼等，传统基体材料也包括玻璃、水泥、石灰、砖瓦等。不同的基体具有不同的耐热性，应根据使用环境温度选择满足耐热性要求的基体。

2.2 聚合物基体

目前，聚合物的品种和数量已经大大超过了天然有机高分子，而且随着合成工业的发展和新的聚合反应方法的出现，其品种和数量还在不断增长。用于复合材料的聚合物基体可以是热固性树脂、热塑性树脂以及橡胶等，下面，我们对一些常用的聚合物基体做一些介绍。

2.2.1 热固性树脂基体

2.2.1.1 不饱和聚酯树脂

聚酯是主链上含有酯键的高分子化合物的总称，是由二元醇或多元醇与二元酸或多元酸缩合而成的，也可从同一分子内含有羟基和羧基的物质制得。目前已工业生产的主要品种有聚酯纤维（涤纶）、不饱和聚酯树脂和醇酸树脂。

不饱和聚酯是热固性的树脂，原因是具有引发交联的行为。是由不饱和二元羧酸（或酸酐）、饱和二元羧酸或（酸酐）与多元醇缩聚而成的线型高分子化合物。在不饱和聚酯的分子主链中同时含有酯键 $[\text{—}\overset{\overset{\displaystyle O}{\|}}{C}\text{—O—}]$ 和不饱和双键 $\text{⁅}CH{=}CH\text{⁆}$。因此，它具有典型的酯键和不饱和双键的特性。

典型的不饱和聚酯具有下列结构

$$H\left[O\text{—}G\text{—}O\text{—}\overset{\overset{\displaystyle O}{\|}}{C}\text{—}R\text{—}\overset{\overset{\displaystyle O}{\|}}{C}\right]_x\left[O\text{—}G\text{—}O\text{—}\overset{\overset{\displaystyle O}{\|}}{C}\text{—}CH{=}CH\text{—}\overset{\overset{\displaystyle O}{\|}}{C}\right]_y OH$$

式中　G 及 R 分别代表二元醇及饱和二元酸中的二价烷基或芳基。

x 和 y 表示聚合度。

从上式可见，不饱和聚酯具有线型结构，因此也称为线型不饱和聚酯。

由于不饱和聚酯链中含有不饱和双键，因此可以在加热、光照、高能辐射以及引发剂作用下与交联单体进行共聚，交联固化成具有三向网络的体型结构。不饱和聚酯在交联前后的性质可以有广泛的多变性，这种多变性取决于以下两种因素：一是二元酸的类型及数量；二是二元醇的类型。

（1）二元酸

虽然不饱和聚酯链中的双键都是由不饱和二元酸提供的，但为了调节其中的双键含量，工业上合成不饱和聚酯时采用不饱和二元酸和饱和二元酸的混合酸组分。后者还能降低聚酯的结晶性，增加与交联单体苯乙烯的相容性。

①不饱和二元酸　工业上用的不饱和酸是顺丁烯二酸酐（简称顺酐）和反丁烯二酸，主要是顺酐，这是因为顺酐熔点低，反应时缩水量少（较顺酸或反酸少1/2 的缩聚水），而且价廉。

顺酐在缩聚过程中，它的顺式双键要逐渐转化为反式双键，但这种转化并不完全。而在不饱和聚酯树脂的固化过程中，反式双键较顺式双键活泼，这就有利于提高固化反应的程度，树脂固化后的性能随反式双键含量提高而有所差异。而顺式双键的异构化程度与缩聚反应的温度、二元醇的类型以及最终聚酯的酸值等因素有关。

反丁烯二酸由于分子中固有的反式双键，使不饱和聚酯有较快的固化速率，较高的固化程度，还使聚酯分子链排列较规整。因此，固化制品有较高的热变形温度，良好的物理、力学与耐腐蚀性能。

此外，还可以选用其他的不饱和二元酸，见表 2 – 1。

表 2 – 1　　用于不饱和聚酯合成的其他不饱和二元酸

二元酸	分子式	相对分子质量	熔点/℃
顺丁烯二酸	HOOC—CH ═CH—COOH	116	130.5
氯代顺丁烯二酸	HOOC—CCl ═CH—COOH	150	
2 – 次甲基丁二酸（衣康酸）	CH_2 ═C（COOH）CH_2COOH	130	161（分解）
顺式甲基丁烯二酸（柠康酸）	HOOC—C（CH_3）═CHCOOH	130	161（分解）
反式甲基丁烯二酸（中康酸）	HOOC—C（CH_3）═CHCOOH	130	

②饱和二元酸　生产不饱和聚酯树脂时，加入饱和二元酸共缩聚可以调节双键的密度，增加树脂的韧性，降低不饱和聚酯的结晶倾向，改善它在乙烯基类交联单体中的溶解性。

常用的饱和二元酸是邻苯二甲酸酐（简称苯酐）。苯酐用于典型的刚性树脂中，并使树脂固化后具有一定的韧性。在混和酸组分中，苯酐还可以降低聚酯的结晶倾向，以及由于芳环结构导致与交联单体苯乙烯有良好的相容性。

用间苯二甲酸可使树脂固化后具有更好的力学强度、韧性、耐热性以及耐腐蚀性。这种聚酯的黏度较高，允许比通常的苯酐型聚酯有较高的苯乙烯比例，但对固化树脂的性能无明显影响。间苯二甲酸型不饱和聚酯树脂大部分用来制备胶衣（gel coat）树脂。

要求具有特殊性能的不饱和聚酯可选用其他的芳香族二元酸。例如用对苯二甲酸制得的不饱和聚酯固化后拉伸强度特别高。用内次甲基四氢邻苯二甲酸酐可制得耐热性不饱和聚酯，树脂固化后的热稳定性和热变形温度均有提高。用四氢邻苯二甲酸制得的不饱和聚酯可使树脂固化后的表面发粘情况有所改善，而由六氯内次甲基四氢邻苯二甲酸（HET 酸）可得到自熄性不饱和聚酯。

如选用脂肪二元酸，例如己二酸、癸二酸等，则由于在聚酯的分子结构中引入较长的柔性脂肪链，使分子链中不饱和双键间的距离增大，导致固化树脂的韧性增加。

表 2 – 2 中列出常用的一些饱和二元酸。

③不饱和酸和饱和酸的比例　以由顺酐、苯酐和丙二醇缩聚而成的通用不饱和聚酯为例，其中顺酐和苯酐是等摩尔比投料的，若顺酐/苯酐的摩尔比增加，则会使最终树脂的凝胶时间、折射率和黏度下降，而固化树脂的耐热性提高，以及一般的耐溶剂、耐腐蚀性能也提高。若顺酐/苯酐的摩尔比降低，由此制成的聚酯树脂将最终固化不良，制品的力学强度下降。所以，为了合成特殊性能要求的聚酯，可以适当地增加顺酐/苯酐的比例。

表 2-2　　常用的饱和二元酸

二元酸	分子式	相对分子质量	熔点/℃
苯酐	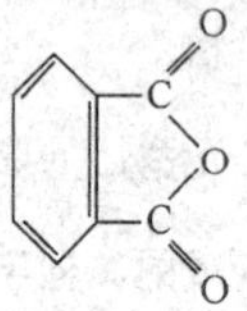	148	131
间苯二甲酸	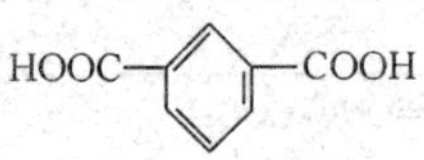	166	330
对苯二甲酸		166	
纳狄克酸酐（NA）	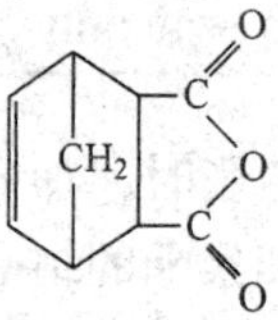	164	165
四氢苯酐（THPA）	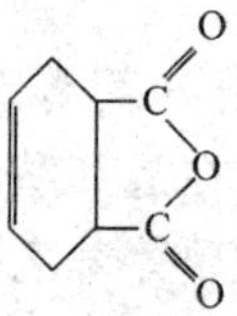	152	102~103
氯茵酸酐（HET 酸酐）	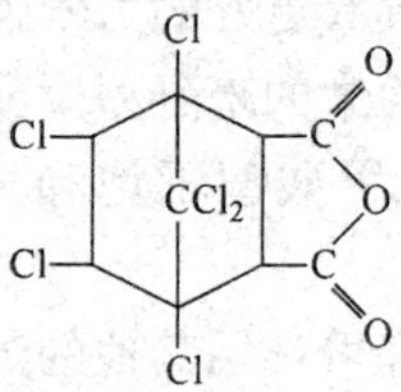	371	239
六氢苯酐（HPA）	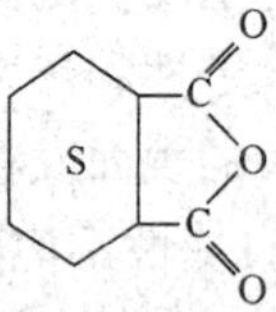	154	35~36
己二酸	$HOOC(CH_2)_4COOH$	145	152
癸二酸	$HOOC(CH_2)_8COOH$	202	133

(2) 二元醇

合成不饱和聚酯主要用二元醇。一元醇用作分子链长控制剂，多元醇可得到高相对分子质量、高熔点的支化的聚酯。

最常用的二元醇是1，2－丙二醇，由于丙二醇的分子结构中有不对称的甲基，因此得到的聚酯结晶倾向较少，与交联剂苯乙烯有良好的相容性。树脂固化后具有良好的物理与化学性能。

乙二醇具有对称结构，由乙二醇制得的不饱和聚酯有强烈的结晶倾向，与苯乙烯的相容性较差。为此，常要对不饱和聚酯的端羟基进行酰化，以降低结晶倾向，改善与苯乙烯的相容性，提高固化物的耐水性及电性能。如在乙二醇中添加一定量的丙二醇，亦能破坏其对称性，从而降低结晶倾向，使所得的聚酯和苯乙烯混溶性良好，而且固化后的树脂在硬度及热变形温度方面也较单纯用乙二醇所制得的树脂为好。

分子链中带醚键的一缩二乙二醇或一缩二丙二醇，可制备基本上无结晶的聚酯，并使不饱和聚酯的柔性增加。然而分子链中的醚键增加了不饱和聚酯的亲水性，固化树脂的耐水性降低。

在二元醇中加入少量的多元醇（例如季戊四醇），使制得的聚酯带有支链，从而可以提高固化树脂的耐热性与硬度。但加入百分之几的季戊四醇代替二元醇就使聚酯的黏度有很大增加，易于凝胶。

用2，2′－二甲基丙二醇（新戊二醇）制得的不饱和聚酯具有较高的耐热性、耐腐蚀性及表面硬度。

由二酚基丙烷与环氧丙烷的加成物——二酚基丙烷二丙二醇醚

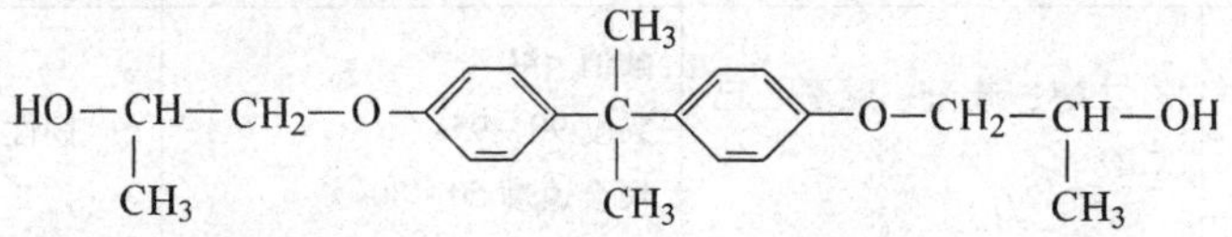

制得的不饱和聚酯具有良好的耐腐蚀性、特别是具有良好的耐碱性。但这种相对分子质量较高的二元醇必须同时与丙二醇或乙二醇混合使用，因为单独用它制得的不饱和聚酯固化速度太慢。

表2－3为国产的部分不饱和聚酯树脂的品种及主要技术指标。

表2－3　　国产不饱和聚酯树脂的品种及主要技术指标

生产厂家	牌号	主要成分	主要技术指标	性能	用途
常州建材253厂	189	乙二醇、苯酐、顺酐、醋酐	酸值20～28 固含量50%～65% 凝胶时间（25℃）8～16min	刚性	船舶
	191	丙二醇、苯酐、顺酐	酸值28～36 固含量61%～67% 凝胶时间15～25min	刚性	半透明制品

续表

生产厂家	牌号	主要成分	主要技术指标	性能	用途
常州建材253厂	196	丙二醇、一缩二乙二醇、苯酐、顺酐	酸值17~25 固含量64%~70% 凝胶时间8~16min	半刚性	车身、罩壳、安全帽
	197	乙二醇、顺酐、双酚A与环氧丙烷加成物、环氧树脂	酸值9~17 固含量47%~53% 凝胶时间15~25min	耐化学药品	化工防腐蚀
	198	丙二醇、苯酐、顺酐	酸值20~28 固含量61%~67% 凝胶时间10~20min	耐热、刚性	中等耐热层合板及浇注件
	199	丙二醇、间苯二甲酸酐、反丁烯二酸	酸值21~29 固含量58%~64% 凝胶时间10~20min	耐热、刚性	120℃以下耐热电绝缘制品
上海新华树脂厂	303	乙二醇、一缩二乙二醇、苯酐、顺酐	酸值<50	半刚性	汽车车身、罩壳
	309	二缩三乙二醇、苯酐、甲基丙烯酸	酸值<40 聚酯含量≥96% 聚合速度1~3min 密度（25℃） 1.13~1.22g/cm^3	低黏度	粘结剂、玻璃钢
	3193	乙二醇、苯酐、顺酐、己二酸	酸值<40 黏度90~95s 聚合速度50~80s	韧性	船舶、电机、化工
天津合成材料厂	3061	丙二醇、环己醇、一缩二乙二醇、苯酐、顺酐	酸值<40 凝胶时间5~9min	半刚性	汽车车身、罩壳
	6471	丙二醇、内次甲基四氢邻苯二甲酸酐、顺酐	酸值<40 凝胶时间5~9min	刚性、粘结性强	韧性耐热制品

（3）不饱和聚酯树脂的固化

a. 交联剂的选择　不饱和聚酯分子中含有不饱和双键，在交联剂或热的作用下发生交联反应，成为具有不溶不熔体型结构的固化产物。不饱和聚酯树脂是由不饱和聚酯与烯类交联单体两部分组成的溶液，因此交联单体的种类及其用量对固化树脂的性能有很大的影响。烯类单体在这里既是交联剂，又是溶剂。已固化树脂的性能，不仅与聚酯树脂本身的化学结构有关，而且与所选用的交联剂结构及用量有关。同时，交联剂的选择和用量还直接影响着树脂的工艺性能。

一般对交联剂有如下的要求：高沸点、低黏度，能溶解树脂呈均匀溶液，能溶解引发剂、促进剂及染料；无毒，反应活性大，能与树脂共聚成均匀的共聚物，共聚物反应能在室温或较低温度下进行。常用的烯类单体有以下几种：

（a）苯乙烯。苯乙烯是一种低黏度液体，与不饱和聚酯具有良好的混溶性，能很好地溶解引发剂及促进剂。苯乙烯的双键活性很大，容易与聚酯中的不饱和双键发生共聚，生成均匀的共聚物，苯乙烯是目前在不饱和聚酯中用量最大的一种交联剂。

苯乙烯的缺点是沸点低（145℃），易于挥发，有毒性，对人体有害。

苯乙烯用量一般为20%～50%，其用量对顺酐/苯酐不饱和聚酯树脂性能的影响见表2－4。

表2－4　苯乙烯用量对不饱和聚酯树脂固化产物性能的影响

顺酐/苯酐/（摩尔比）	苯乙烯含量/%	固化时最高放热温度/℃	抗弯强度/MPa	抗拉强度/MPa	热变形温度/℃	伸长率/%	25℃，14h后的吸水率/%
40/60	20	323	145	57.6	147	1.2	0.17
40/60	30	347	113	55.6	158	1.31	0.21
40/60	40	349	100	64.0	172	1.73	0.17
40/60	50	340	110	66.8	176	1.85	0.17
50/50	20	340	140	57.0	158	1.3	0.19
50/50	30	380	134	58.3	194	1.32	0.23
50/50	40	392	120	64.7	201	1.7	0.21
50/50	50	396	105	56.2	199	1.7	0.20
60/40	20	356	134	56.2	169	—	0.23
60/40	30	400	121	60.5	219	1.38	0.25
60/40	40	407	125	50.6	226	1.46	0.25
60/40	50	404	124	46.5	225	1.23	0.28

选择一定用量的苯乙烯是很重要的。苯乙烯的含量不能过多，也不能过少。过多则树脂溶液黏度太小，不便应用；太少则黏度太大，不便于施工，同时由于苯乙烯含量太少，使树脂固化不够完全，影响树脂固化后的软化温度。

（b）乙烯基甲苯。乙烯基甲苯是邻位占60%和对位占40%的异构混合物。它的工艺性能与苯乙烯类似，比苯乙烯固化时收缩率低。用乙烯基甲苯固化树脂时的体积收缩率比用苯乙烯固化树脂时的体积收缩率要低约4%。同时，由于乙烯基甲苯的沸点高，挥发性相应较低，对人体的危害性也较苯乙烯为小，产品的柔软性较好。

（c）二乙烯基苯。二乙烯基苯非常活泼，它与聚酯的混合物在室温时就易于聚合，常与等量的苯乙烯并用，可得到相对稳定的不饱和聚酯树脂，然而它比单独用苯乙烯的活性要大得多。

二乙烯基苯由于苯环上有两个乙烯基取代基，因此用它交联固化的树脂有较高的交联密度，它的硬度与耐热性都比苯乙烯交联固化的树脂好，它同时还具有较好的耐酯类、氯代烃及酮类等溶剂的性能，缺点是固化物脆性大。

（d）甲基丙烯酸甲酯。甲基丙烯酸甲酯的特点是折射率较低，接近于玻璃纤维的折射率，因此具有较好的透光性及耐气候性。同时，用甲基丙烯酸甲酯作交联剂的树脂黏度较小，有利于提高对玻璃纤维的浸润速度。其缺点是沸点低（100～101℃），挥发性大，有难闻的臭味，尤其是由于它与顺酐型不饱和聚酯共聚时，自聚倾向大，因而形成的固化产物网络结构疏松，交联度低，使制品不够刚硬，故一般应与苯乙烯混合使用为宜。

（e）邻苯二甲酸二丙烯酯。邻苯二甲酸二丙烯酯的优点是沸点高、挥发性小、毒性低。缺点是黏度较大。邻苯二甲酸二丙烯酯的反应活性比乙烯类单体及丙烯酸类单体要低，即使有催化剂存在的情况下，也不能使不饱和聚酯树脂室温固化。由于它的固化产物热变形温度高，介电性好，耐老化性能比用苯乙烯的好，所以可用于耐热性能要求高的制品。又因为用邻苯二甲酸二丙烯酯作交联剂，固化时放热峰低和体积收缩率小，因而又适于大型制件的成型。

（f）三聚氰酸三丙烯酯。三聚氰酸三丙烯酯的固化产物具有很高的耐热性（200℃以上）和力学强度。但这类单体的黏度太大，使用不便；同时操作时刺激性很大；而且固化时放出大量热，不利于厚制件的成型。

b. 引发剂　引发剂是能使单体分子或含双键的线型高分子活化而成为游离基并进行连锁聚合反应的物质。不饱和聚酯树脂的固化就是服从游离基反应机理的。制备纤维增强复合材料时，通常是将不饱和聚酯树脂配以适当的有机过氧化物引发剂之后，浸渍纤维，经适当的温度加热和一定时间的作用，把树脂和纤维紧紧地粘结在一起，成为一个坚硬的复合材料整体。在这一过程中，纤维的物理状态前后没有变化，而树脂则从黏流态转变成为坚硬的固态。这种过程称为不饱和聚酯树脂的固化。显然，这个固化过程是服从游离基连锁反应历程的，它的固化除了温度条件以外，最重要的是正确选择适当的有机过氧化物引发剂。一般来讲，单靠加热也可以使不饱和聚酯树脂固化，但是存在两个缺点：一是反应诱导期长，而反应一旦开始则放热量大，难以控制；二是反应开始后速度很快，黏度突然增大，反应不易完全。因此，不饱和聚酯树脂的固化，通常采用下列两种途径：一是加入引发剂并加热固化，可有效地控制反应速度，最终固化可趋于完全，固化产物性能稳定；二是同时加入引发剂和促进剂在室温下固化，并可满足各种固化工艺的要求。

引发剂一般为有机过氧化物。有机过氧化物的通式为：R—O—O—H 或 R—O—O—R，可以看做是具有不同有机取代基的过氧化氢的衍生物。R 基团可以是烷基、芳基、酰基、碳酸酯基等。目前在不饱和聚酯树脂中常用的有机过氧化物主要有以下几类：

（a）R—O—O—H 烷基（或芳基）过氧化氢。例如异丙苯过氧化氢：

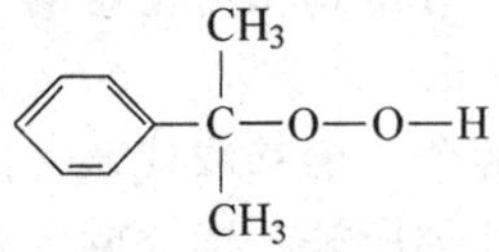

（b）R—O—O—R 过氧化二烷基（或芳基）。例如过氧化叔丁基：

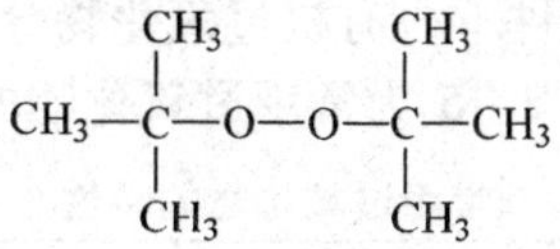

过氧化二异丙苯：

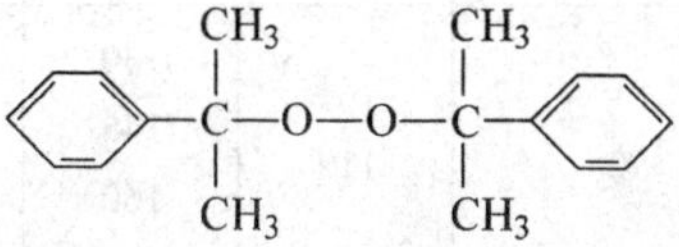

（c）R—C(=O)—O—C(=O)—R 过氧化二酰基。例如过氧化二苯甲酰：

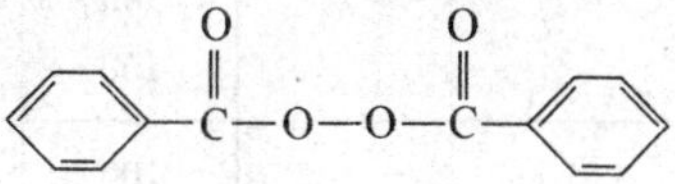

（d）R—C(=O)—O—O—R′ 过酸酯。例如过苯甲酸叔丁酯：

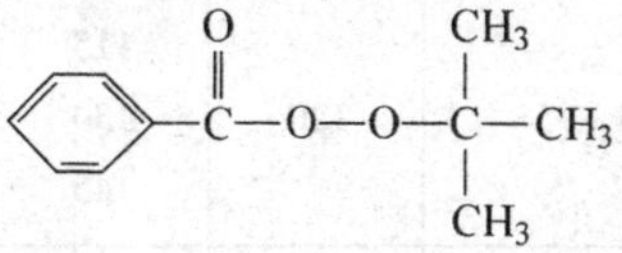

（e）R—O—C(=O)—O—O—C(=O)—O—R 过碳酸二酯。例如过碳酸二异丙酯：

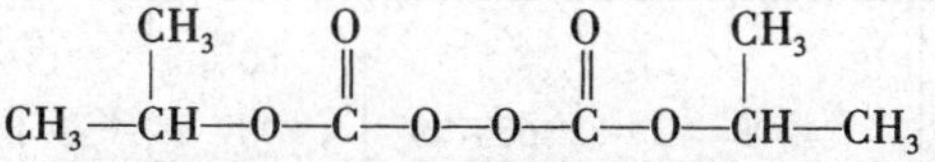

还有酮过氧化物，它实际上是一种过氧化物的混合物，其中包含有一羟基氢过氧化物、一羟基过氧化物、二羟基过氧化物。例如过氧化甲乙酮和过氧化环己酮等。

过氧化物的特性，通常用临界温度和半衰期来表示。临界温度是指有机过氧化物具有引发活性的最低温度。在此温度下过氧化物开始以可察觉的速度分解形成游离基，从而引发不饱和聚酯树脂以可以观察的速度进行固化。从理论上讲，温度的高低只决定有机过氧化物形成游离基的多少，而并不表示在临界温度以下不能形成游离基。但从工艺的角度来考虑，在临界温度以下，有机过氧化物的分解速度太慢，形成的游离基浓度太低，不足以引起游离基聚合反应，这在工艺上讲是毫无意义的。因此，只有超过某一温度后，有机过氧化物才具有引发活性，这一温度，就是临界温度。一般来说，工艺上都是在有机过氧化物的临界温度以上的温度条件下使用的。

半衰期是指在给定温度条件下，有机过氧化物分解一半所需要的时间，常用来评价过氧化物活性的大小。表2-5为常用过氧化物的特性。

表2-5 常用过氧化物的特性

名称	物态	有效成分含量/%	临界温度/℃	半衰期		活化能/(kJ/mol)	活化氧含量/%
				温度/℃	时间/h		
叔丁基过氧化氢	液	72	110	130 145 160 172	520 120 29 10	—	12.7
异丙苯过氧化氢	液	74	100	115 130 145 160	470 113 29 9	125.6	7.7
过氧化二叔丁基	液	98~99	100	100 115 126 130	218 34 10 6.4	146.3	10.8
过氧化二异丙苯	固	90~95	120	115 130 145	12 1.8 0.3	170.0	5.5
过氧化二苯甲酰	固 糊	96~98 50(二丁酯)	70	70 85 100	13 2.1 0.4	125.6	6.4 3.3
过氧化二月桂酰	固	98	60~70	60 70 85	13 3.4 0.5	128.5	3.9
过苯甲酸叔丁酯	液	98	90	100 115 130	18 3.1 0.55	145.3	8.1
过氧化环己酮(混合物)	固 糊	95 50(二丁酯)	88	85 100 115	20 3.8 1.0	—	12.0 7.0
过氧化甲乙酮(混合物)	液	60(二甲酯) 50(二甲酯)	80	85 100 115	81 16 3.6	119.3	11.0 9.1

为了安全和方便，通常用邻苯二甲酸二丁酯等增塑剂将有机过氧化物调制成一定浓度的糊状物，使用时再加到树脂中去。目前常用的引发剂牌号及组成见表2-6。

表2-6　常用引发剂牌号及组成

牌号	组成	用量*（质量份）	适用条件
1#引发剂	50%过氧化二苯甲酰的邻苯二甲酸二丁酯糊	2~3	热固化100~140℃/1~10min，与促进剂配合冷固化
2#引发剂	50%过氧化环己酮的邻苯二甲酸二丁酯糊	4	与促进剂配合冷固化
3#引发剂	60%过氧化甲乙酮的邻苯二甲酸二丁酯溶液	2	与促进剂配合冷固化

*以100份树脂为基准。

c. 促进剂　虽然有不少有机过氧化物的临界温度低于60℃，但这些过氧化物由于本身的不稳定性而没有工业使用价值。目前，固化不饱和聚酯树脂用的有机过氧化物的临界温度都在60℃以上，对于固化温度要求在室温时，这些过氧化物就不能满足此要求。加入促进剂后，就可使有机过氧化物的分解温度降到室温以下。促进剂的种类有很多，并各有其适用性。对过氧化物有效的促进剂有：二甲基苯胺、二乙基苯胺、二甲基对甲苯胺等。对氢过氧化物有效的促进剂大都是具有变价的金属皂，如环烷酸钴、萘酸钴等。对过氧化物和氢过氧化物两者都有效的促进剂有十二烷基硫醇等。这类促进剂目前还没有被应用于实际。

为了操作方便，计量准确，常用苯乙烯将促进剂配成较稀的溶液。目前，这种促进剂与引发剂和聚酯树脂配套供应，其牌号及组成见表2-7。

表2-7　促进剂的牌号与组成

牌号	组成	用量*（质量份）	适用条件
1#促进剂	10%二甲苯胺的苯乙烯溶液	1~4	与1#引发剂配合使用有快速冷固化作用
2#促进剂	8%~10%萘酸钴的苯乙烯溶液	1~2.5	与2#或3#引发剂配合，供冷固化使用

*以100份树脂为基准。

树脂的固化速度与引发剂和促进剂用量有关，过氧化二苯甲酰-二甲基苯胺系统对不饱和聚酯固化速度的影响见表2-8。

表2-8　过氧化二苯甲酰-二甲基苯胺系统对不饱和聚酯固化速度的影响

过氧化二苯甲酰含量/%	2.0	1.0	0.5	0.25	0.20	0.15	1.0	1.0	1.0	1.0	1.0
二甲基苯胺含量/%	0.20	0.20	0.20	0.20	0.20	0.20	0.4	0.3	0.2	0.1	0.05
30℃下凝胶时间/min	4.5	7.5	12.0	21.0	25.5	34.0	4.0	5.5	8.0	16.0	35.0
24℃下放热峰/℃	165	152	135	102	93	—	152	152	152	146	121

通过引发剂—促进剂的品种及用量的选择，不仅可以使不饱和聚酯树脂在室温及高温下固化，而且可以根据不同工艺方法的具体要求以及制品的大小等条件，有效地控制树脂的各项工艺性能。如模压工艺用的模压料，要求在室温下长期存放，即树脂在室温条件下交联固化很慢。但在高温下，即成型温度下又要能很快地交联固化。对不饱和聚酯树脂来讲，这种要求容易解决，在树脂中只加过氧化二苯甲酰，不加促进剂就行了。又如凝胶时间的长短，对不同室温下复合材料制品的施工起着决定性的作用。凝胶化时间可用改变促进剂用量的办法来调节；但不允许用改变引发剂用量的办法来调节，否则会导致制品的固化不良。

配胶时，引发剂和促进剂不允许直接混合，以免引起爆炸。一般先将引发剂加到树脂中搅拌后，再加入促进剂搅拌均匀即可使用。

d. 有机过氧化物的协同效应　近年来，不饱和聚酯树脂预浸料（prepreg）、料团模塑料（BMC）、片状模塑料（SMC）、连续生产管道和棒状等复合材料的出现，使不饱和聚酯树脂制品的生产由手工间歇式转向自动化、机械化和连续化生产，大大减轻了劳动强度，提高了劳动生产率和制品的性能。在这些成型工艺中，都要求不饱和聚酯树脂引发剂体系具有长的适用期，但能快速凝胶和固化，或能快速凝胶而有长的固化时间。这时候，单组分过氧化物引发剂体系就不能达到上述要求，必须采用由两种或两种以上引发剂组成的复合引发剂体系。

当由两种或两种以上的引发剂组成复合引发剂体系时，这种体系的引发活性大致出现下述三种情况：

（a）复合引发剂体系中的各引发剂之间出现协同效应，使得引发剂的活性增加。常用的这类复合引发体系有以下几种：

过氧化二辛酰 过氧化二苯甲酰	过异丁酸叔丁酯 过氧化二苯甲酰	过氧化甲乙酮 过氧化二苯甲酰
过氧化二乙酰 过氧化甲乙酮	叔丁基过氧化氢 过氧化二叔丁基	叔丁基过氧化氢 过乙酸叔丁酯

（b）复合引发剂体系中的各引发剂之间略具协同效应，而使引发体系具有一定的引发活性。常用的这类复合引发体系有以下几种：

过氧化二苯甲酰 过氧化二异丙苯	过氧化二苯甲酰 过苯甲酸叔丁酯	过异丁酸叔丁酯 过氧化二辛酰
过异丁酸叔丁酯 过氧化二月桂酰	过氧化甲乙酮 过乙酸叔丁酯	过氧化环己酮 过苯甲酸叔丁酯
过氧化二月桂酰 过乙酸叔丁酯 过氧化二叔丁基	过氧化二乙酰 过苯甲酸叔丁酯 叔丁基过氧化氢	

（c）复合体系中的一个组分对另一组分有抑制作用，使引发剂的引发活性降低。常用的这类引发剂有如下几种：

{过氧化环己酮
2,5-二甲基己烷-2,5-二过氧化氢}　{过氧化环己酮
过氧化二叔丁基}

{过氧化二苯甲酰
2,5-二甲基己烷-2,5-二过氧化氢}　{过氧化环己酮
叔丁基过氧化氢}

{过氧化甲乙酮
叔丁基过氧化氢}　{过氧化甲乙酮
2,5-二甲基己烷-2,5-二过氧化氢}

{过氧化二辛酰
2,5-二甲基己烷-2,5-二过氧化氢}　{过氧化二乙酰
叔丁基过氧化氢}

e. 不饱和聚酯固化的特点　黏流态树脂体系发生交联反应而转变成不溶不熔的具有体型网络的固态树脂的全过程称为树脂的固化。不饱和聚酯树脂的固化过程可以分为三个阶段，即凝胶阶段、硬化阶段和完全固化阶段。凝胶阶段是指从黏流态的树脂到失去流动性形成半固体的凝胶状态，这一阶段时间对于复合材料制品的成型工艺起着决定性的作用，是固化过程中最重要的阶段。影响凝胶时间的因素很多，大致归纳，主要有以下几点：

（a）阻聚剂、引发剂和促进剂加入量的影响。微量的阻聚剂能阻止树脂的聚合反应发生，甚至会使树脂完全不固化。引发剂和促进剂加入量越少，凝胶时间就越长，若用量不足会导致固化不良。三者对凝胶时间的影响见表 2－9。

表 2－9　阻聚剂、引发剂与促进剂对凝胶时间的影响

温度/℃	单纯树脂	树脂＋阻聚剂（0.01 份对苯二酚）	树脂＋0.01 份对苯二酚＋1 份过氧化二苯甲酰	树脂＋0.01 份对苯二酚＋1 份过氧化苯甲酰＋0.5 份二甲基苯胺
20	14d	1a	7d	15min
100	30min	5h	5min	2min

注：d—天、a—年、h—小时、min—分钟。

（b）环境温度和湿度的影响。一般来说，温度越低，凝胶时间就越长。湿度过高也会延长凝胶时间，甚至造成固化不良。

（c）树脂体积的影响。树脂体积越大越不容易散热，凝胶时间也就越短。

（d）交联剂蒸发损失的影响。在树脂中必须有足够数量的交联剂才能够使树脂固化完全。所以在薄制品成型时，为避免交联剂过多损失，最好使树脂的凝胶时间短一些。

以上四点就是在不饱和聚酯树脂固化过程中影响凝胶时间的主要因素。

而对于硬化阶段来说，是从树脂开始凝胶到一定硬度，能把制品从模具上取下为止的一段时间。

完全固化阶段如果是在室温下进行，这段时间可能要几天至几星期。完全固化通常都是在室温下进行，并用后处理的方法来加速，比如说在 80℃ 的温度下保温 3h 等。但在后处理之前，在室温下至少要放置 24h，这段时间越长，制品吸水率越小，性能也越好。后处理的温度和时间关系如图 2－1 所示。

(4) 其他类型的不饱和聚酯树脂

其他类型的不饱和聚酯树脂还有二酚基丙烷型不饱和聚酯树脂、乙烯基酯树脂、邻苯二甲酸二烯丙基酯树脂等。

二酚基丙烷型不饱和聚酯树脂是由二酚基丙烷与环氧丙烷的合成物（又称 D-33 单体）代替部分二元醇，再通过与二元酸的缩聚反应而合成的。由于在不饱和聚酯的分子链中引进了二酚基丙烷的链节，使这类树脂固化后具有优良的耐腐蚀性能及耐热性。

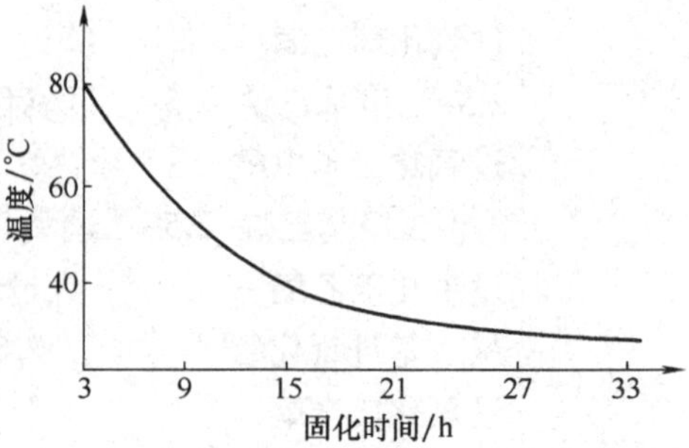

图 2-1　聚酯树脂后处理温度和时间曲线

乙烯基酯树脂是 20 世纪 60 年代发展起来的一类新型热固性树脂，其特点是聚合物中具有端基或侧基不饱和双键。合成方法主要是通过不饱和酸与低相对分子质量聚合物分子链中的活性点进行反应，引进不饱和双键。常用的骨架聚合物为环氧树脂，常用的不饱和酸为丙烯酸、甲基丙烯酸或丁烯酸等。乙烯基酯型不饱和聚酯树脂的分子结构为：

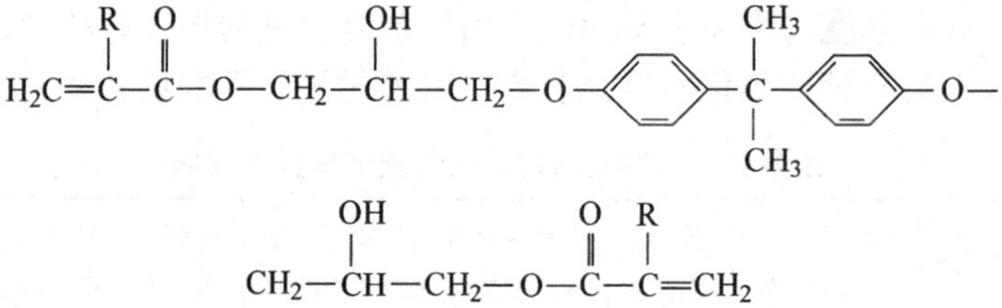

由于可选用一系列不同的低相对分子质量聚合物作为骨架与一系列不同类型的不饱和酸进行反应，因此可合成一系列不同类型的这类树脂。用环氧树脂作为骨架聚合物制得的乙烯基酯树脂，综合了环氧树脂与不饱和聚酯树脂两者的优点。树脂固化后的性能类似于环氧树脂，比聚酯树脂好得多。它的工艺性能与固化性能类似于聚酯树脂，改进了环氧树脂低温固化时的操作性。这类树脂另一个突出的优点是耐腐蚀性能优良，耐酸性超过胺固化环氧树脂，耐碱性超过酸固化环氧树脂及不饱和聚酯树脂。它同时具有良好的韧性及对玻璃纤维的浸润性。

丙基酯型是由邻苯二甲酸二烯丙基酯或间苯二甲酸二烯丙酯在过氧化物引发剂存在下，通过加聚反应合成。

另外，在不饱和聚酯树脂中添加热塑性树脂以改善其固化收缩率，是一种新型的不饱和聚酯树脂。这种新型的不饱和聚酯树脂不仅可以减少片状模塑料成型时的裂纹，还可使制品表面光滑，尺寸稳定。常用的热塑性树脂有聚甲基丙烯酸甲酯、聚苯乙烯及其共聚物、聚己酸丙酯以及改性聚氨酯等。

在提高韧性方面，常常采用聚合物共混的方法。例如，用聚氨酯与不饱和聚酯共混，制成的产品强度高，韧性好，而且还可降低树脂中苯乙烯的含量，适合于多种成型方法；用末端含有羟基的不饱和聚酯与二异氰酸酯反应得到的树脂，其韧性比普通不饱和聚酯提高2～3倍，热变形温度提高10～20℃。

提高不饱和聚酯树脂的耐热性一直是重要的研究课题。例如，日本昭和高分子公司研制的酚醛型乙烯酯树脂，固化产物的热变形温度达220℃，用它制成的纤维复合材料在170～180℃下仍能保持60%以上的弯曲强度和弹性模量。

2.2.1.2 环氧树脂

环氧树脂是一类品种繁多、不断发展的合成树脂。它们的合成起始于20世纪30年代，而于40年代后期开始工业化，至20世纪70年代相继发展了许多新型的环氧树脂品种，近年品种、产量逐年增长。由于环氧树脂及其固化体系具有一系列优异的性能，可用于黏合剂、涂料、焊剂和纤维增强复合材料的基体树脂等，因此，广泛应用于机械、电机、化工、航空航天、船舶、汽车、建筑等工业部门。

环氧树脂是指分子中含有两个或两个以上环氧基团（—CH—CH—，两个CH之间以O桥连）的线型有机高分子化合物。除了个别外，它们的相对分子质量都不高。环氧树脂可与多种类型的固化剂发生交联反应而形成具有不溶不熔性质的三维网状聚合物。由于环氧树脂具有较强的粘结性能、力学性能优良、耐化学药品性、耐气候性、电绝缘性好以及尺寸稳定等特点，它已成为聚合物基复合材料的主要基体之一。

（1）环氧树脂的特性

a. 具有多样化的形式　各种树脂、固化剂、改性剂体系几乎可以适应各种应用要求，其范围可以从极低的黏度到高熔点固体。

b. 粘附力强　由于环氧树脂中固有的极性羟基和醚键的存在，使其对各种物质具有突出的粘附力。

c. 收缩率低　环氧树脂和所用的固化剂的反应是通过直接合成来进行的，没有水或其他挥发性副产物放出。环氧树脂与酚醛、聚酯树脂相比，在其固化过程中只显示出很低的收缩性（小于2%）。

d. 力学性能　固化后的环氧树脂体系具有优良的力学性能。

e. 化学稳定性　通常固化后的环氧树脂体系具有优良的耐碱性、耐酸性和耐溶剂性，像固化环氧树脂体系的大部分性能一样，化学稳定性是取决于所选用的树脂和固化剂。适当的选用环氧树脂和固化剂，可以使其具有特殊的化学稳定性能。

f. 电绝缘性能　固化后的环氧树脂体系在宽广的频率和温度范围内具有良好的电绝缘性能。它们是一种具有高介电性能、耐表面漏电、耐电弧的优良绝缘材料。

g. 尺寸稳定性　上述的许多性能的综合，使固化环氧树脂，体系具有突出的尺寸稳定性和耐久性。

h. 耐霉菌　固化环氧树脂体系耐大多数霉菌，可以在苛刻的热带条件下使用。

环氧树脂的主要缺点是它的成本要高于聚酯树脂和酚醛树脂，在使用某些树脂和固化剂时毒性较大。

（2）环氧树脂的类型

环氧树脂的品种有很多，根据它的分子结构大体可以分为五大类型：

①缩水甘油醚类：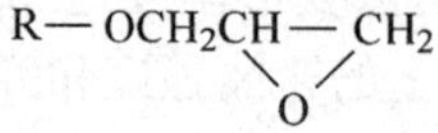

②缩水甘油酯类：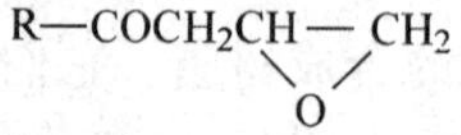

③缩水甘油胺类：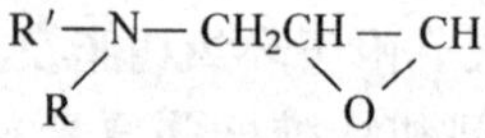

④线型脂肪族类：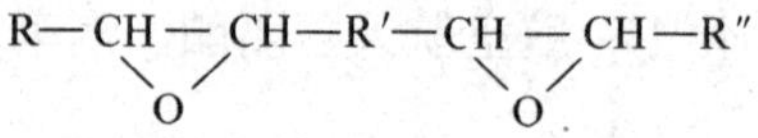

⑤脂环族类：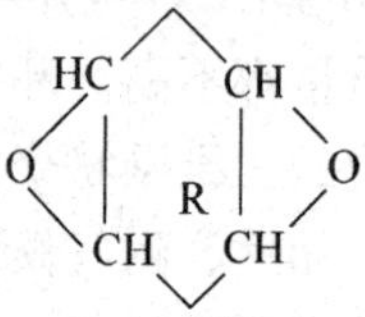

上述①~③类环氧树脂是由环氧氯丙烷与含有活泼氢原子的化合物，如酚类、醇类、有机羧酸类、胺类等缩聚而成。④和⑤类环氧树脂是由带双键（ $>C=C<$ ）的烯烃用过醋酸或在低温下用过氧化氢进行环氧化而成。

（3）环氧树脂的分类、型号及命名

a. 分类和代号　如表2－10。

表2－10　　环氧树脂的分类和代号

代号	环氧树脂类别	代号	环氧树脂类别
E	二酚基丙烷型环氧树脂	N	酚酞环氧树脂
EG	有机硅改性二酚基丙烷型环氧树脂	S	四酚基环氧树脂
ET	有机钛改性二酚基丙烷型环氧树脂	J	间苯二酚环氧树脂
EX	溴改性二酚基丙烷型环氧树脂	A	三聚氰酸环氧树脂
EL	氯改性二酚基丙烷型环氧树脂	R	二氧化双环戊二烯环氧树脂
Ei	二酚基丙烷侧链型环氧树脂	Y	二氧化乙烯基环已烯环氧树脂
F	酚醛多环氧树脂	YJ	二甲基代二氧化乙烯基环已烯环氧树脂
B	丙三醇环氧树脂	D	环氧化聚丁二烯环氧树脂
L	有机磷环氧树脂	W	二氧化双环戊烯基醚树脂
H	3，4－环氧基－6－甲基环已烷甲酸3′，4－环氧基－6′－甲基环已烷甲酯	Zg	脂肪酸甘油酯
G	硅环氧树脂	Ig	脂环族缩水甘油酯

环氧树脂按其主要组成物质不同而分类，并分别给以代号如表2-10。

b. 型号

(a) 环氧树脂以一个或两个汉语拼音字母与两位阿拉伯数字作为型号，以表示类别及品种。

(b) 型号的第一位表示采用主要物质名称，取其主要组成物质汉语拼音的第一个字母，其他型号与该型号字母若遇相同则加取第二个字母，以此类推。

(c) 第二位组成中若有改性物质，则也用汉语拼音字母表示，若未有改性物质则加一标记“—”。

(d) 第三和第四位是标志出该产品的主要性能值：环氧值的算术平均值。

例如：某一牌号环氧树脂，系二酚基丙烷为主要组成物质，其环氧值指标为0.48~0.54当量/100克，则其算术平均值为0.51，该树脂的全称为“E-51环氧树脂”。

复合材料工业上产量最大的环氧树脂品种是上述第一类缩水甘油醚型环氧树脂，而其中主要是由二酚基丙烷（简称双酚A）与环氧氯丙烷缩聚而成的二酚基丙烷型环氧树脂（简称双酚A型环氧树脂）。近年来出现的脂环族环氧树脂是一类重要的品种，这类环氧树脂不仅品种多，而且大多具有独特的性能，如黏度低、固化体系具有较高的热稳定性、较高的耐气候性、较高的力学性能及电绝缘性。

(4) 缩水甘醚型环氧树脂

a. 双酚A型环氧树脂　双酚A型环氧树脂是由环氧氯丙烷与双酚A（二酚基丙烷）在碱性催化剂作用下反应而生成的产物，其结构式如下：

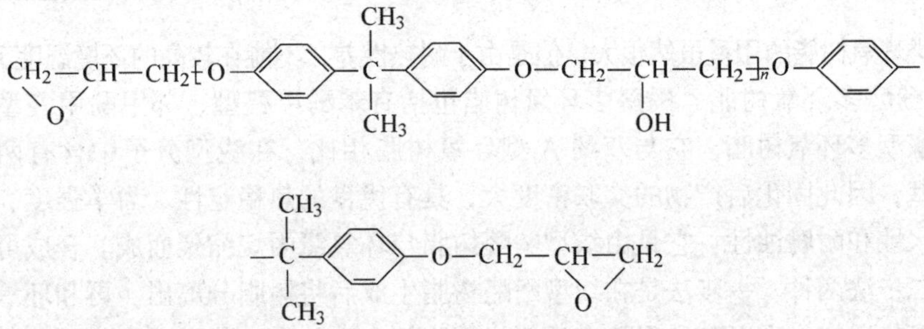

式中　$n=0\sim19$，平均相对分子质量为300~7000；当$n=0$时，树脂为琥珀色的低分子黏性液体；当$n\geqslant2$时，为高相对分子质量的脆性固体。相对分子质量在300~700，软化点小于50℃的，称为低相对分子质量树脂（或软树脂）；相对分子质量在1000以上，软化点大于60℃的，称为高相对分子质量树脂（或硬树脂）。前者主要应用于胶接、层压、浇铸等方面，而后者主要应用于油漆等方面。表2-11表示几种国产双酚A型环氧树脂的牌号及规格。

表 2－11　　国产双酚 A 型环氧树脂牌号及规格

统一牌号	原牌号	平均相对分子质量	环氧值	环氧当量	软化点/℃
E51	618	350～400	0.48～0.59	175～210	<2.5Pa·s
E44	6101	450	0.40～0.47	225～290	14～22
E42	634	—	0.38～0.45	—	21～27
E20	601	900～1000	0.18～0.22	450～525	64～76
E12	602	1400	0.09～0.15	870～1025	85～95

表 2－11 中环氧值、环氧当量是从不同角度描述环氧树脂所含环氧基多少的物理量，在环氧树脂的各个指标中是很重要的一项。根据这项指标，就可计算固化环氧树脂时所必需的固化剂用量。

环氧值是指每 100g 树脂中所含环氧基的克当量数。例如，相对分子质量为 340，每个分子含 2 个环氧基的环氧树脂，它的环氧值为$\frac{2}{340}\times 100=0.59$。环氧值的倒数乘以 100 就称之为环氧当量。环氧当量的含义是：含有 1g 当量环氧基的环氧树脂的克数。例如，环氧值为 0.59 的环氧树脂，其环氧当量为 170。

双酚 A 型环氧树脂的一般性能见表 2－12。

表 2－12　　双酚 A 型环氧树脂的一般性能

性能	无填料	玻璃纤维填料	性能	无填料	玻璃纤维填料
密度/(g/cm^3)	1.15	1.8～2.0	体积电阻率/Ω·cm	1.5×10^{13}	3.08×10^{15}
伸长率/%	9.5	21.4	击穿强度/(kV/mm)	15.7～17.0	14.2
拉伸强度/kPa	215.6	392	介电损耗角正切(50Hz)	0.002～0.010	—
缺口冲击强度/(N/cm)	49～106.82	78.4～147			

这类环氧树脂的用量虽然很大，但是由于耐热性差，不能在较高的环境温度下使用。

b. 酚醛多环氧树脂　酚醛多环氧树脂包括有苯酚甲醛型、邻甲酚甲醛型和三混甲酚甲醛型多环氧树脂，它与双酚 A 型环氧树脂相比，在线型分子中含有两个以上的环氧基，因此固化后产物的交联密度大，具有优良的热稳定性、力学强度、电绝缘性、耐水性和耐腐蚀性。它是由线型酚醛树脂与环氧氯丙烷缩聚而成。合成可分为一步法和二步法两种。一步法是在线型酚醛树脂生成后将树脂分离出，再和环氧氯丙烷进行环氧化反应。现以苯酚甲醛多环氧树脂为例，它的合成化学反应如下：

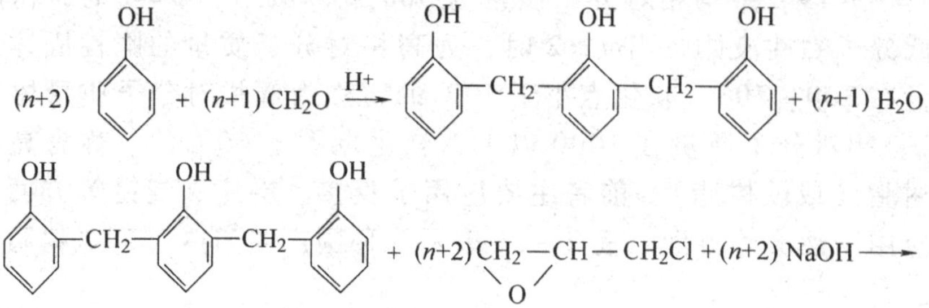

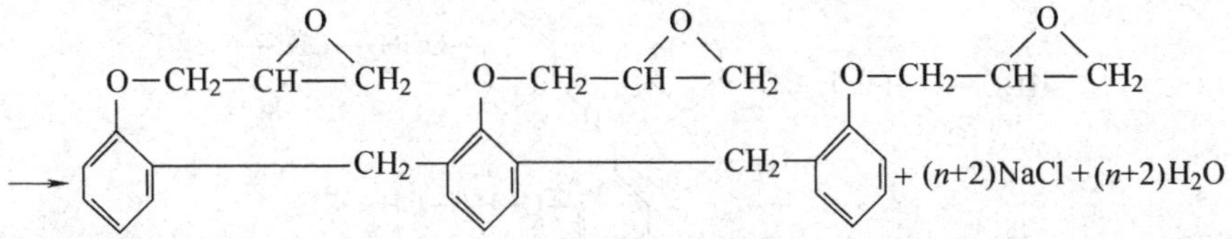

线型酚醛树脂的聚合度 n 约等于 1.6 左右，经环氧化后，线型树脂分子中大致含有 3.6 个环氧基。

这类树脂国产牌号有 F－44（644）和 F－46（648）；国外有 DEN438 等。

c. 双酚 S 型环氧树脂　即 4，4′－二羟基二苯砜双缩水甘油醚，由环氧氯丙烷与 4，4′－二羟基二苯砜（双酚 S）反应而成，其结构式如下：

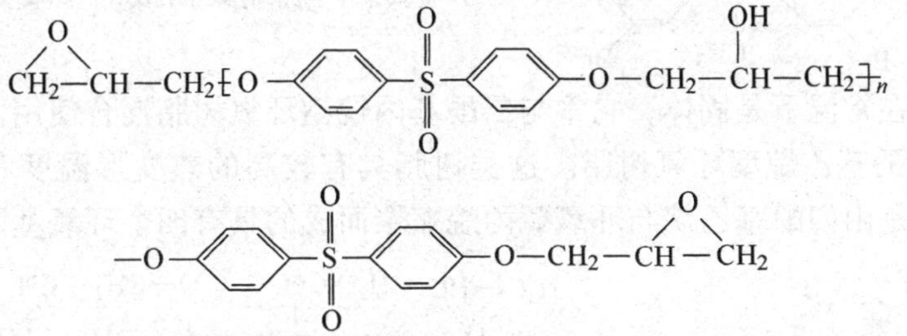

双酚 S 型环氧树脂有结晶和无定形两种形态。结晶型树脂的熔点为 167℃，环氧值 0.54，无定形树脂的软化温度约 94℃，环氧值 0.33。

d. 其他的多羟基酚类缩水甘油醚型环氧树脂

（a）间苯二酚型环氧树脂。这类树脂黏度低，加工工艺性能好。它是由间苯二酚与环氧氯丙烷缩聚而成的具有 2 个环氧基的树脂：

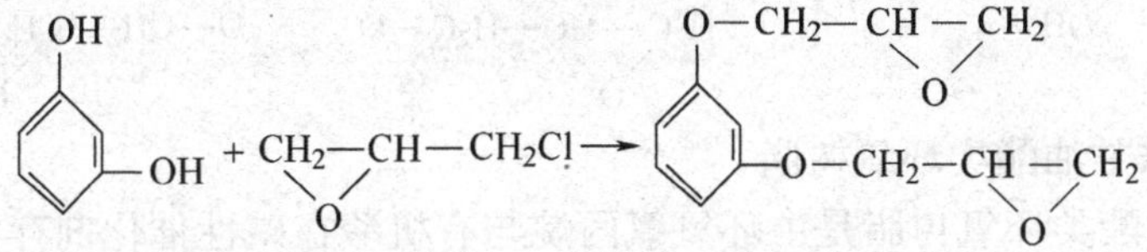

（b）间苯二酚－甲醛型环氧树脂。这类树脂具有四个环氧基，固化物的热变形温度可达 300℃，耐浓硝酸性优良。它是由低相对分子质量的间苯二酚－甲醛树脂与环氧氯丙烷缩聚而成的，其结构式如下：

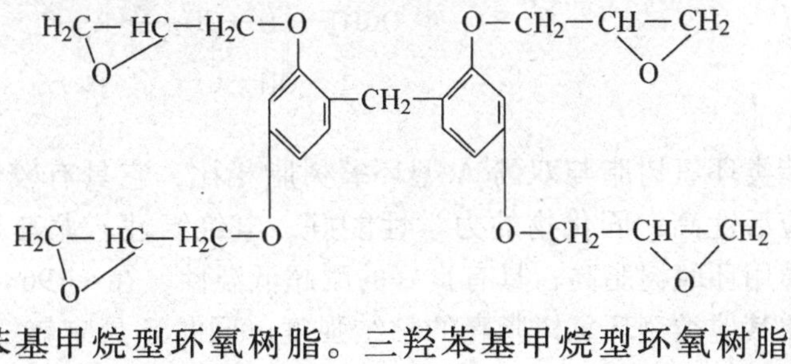

（c）三羟苯基甲烷型环氧树脂。三羟苯基甲烷型环氧树脂具有以下的结构式：

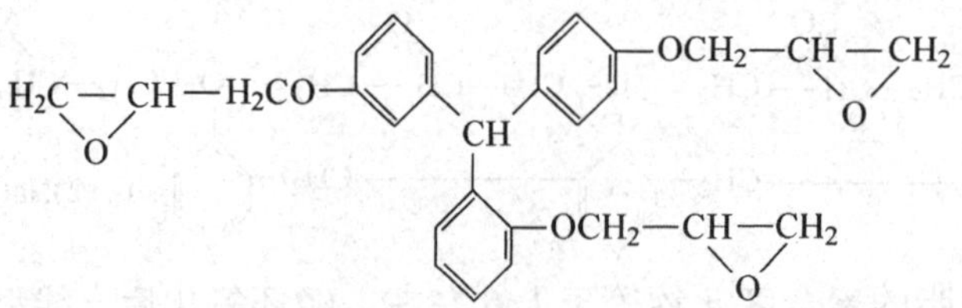

这类树脂固化物的热变形温度可达 260℃ 以上，具有良好的韧性和湿热强度，可耐长期高温氧化。

（d）四溴二酚基丙烷型环氧树脂。四溴二酚基丙烷型环氧树脂是由四溴二酚基丙烷（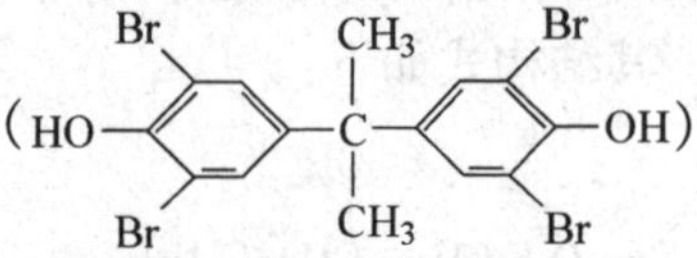）与环氧氯丙烷缩聚而成的主要是用作于耐焰环氧树脂，在常温下是固体，它常与二酚基丙烷型环氧树脂混合使用。

（e）四酚基乙烷型环氧树脂。这类树脂具有较高的热变形温度和良好的化学稳定性。它是由四酚基乙烷与环氧氯丙烷缩聚而成的具有四个环氧基团的树脂：

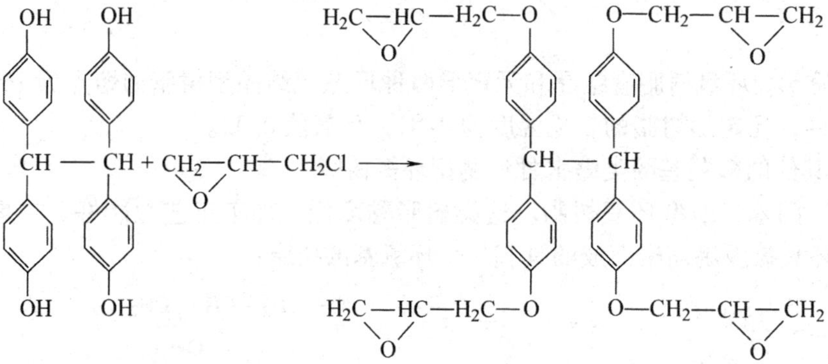

（5）缩水甘油酯类环氧树脂

缩水甘油酯类环氧树脂是由环氧氯丙烷与有机酸在碱性催化剂存在下，生成的氯化醇脱去氯化氢所得的产物。

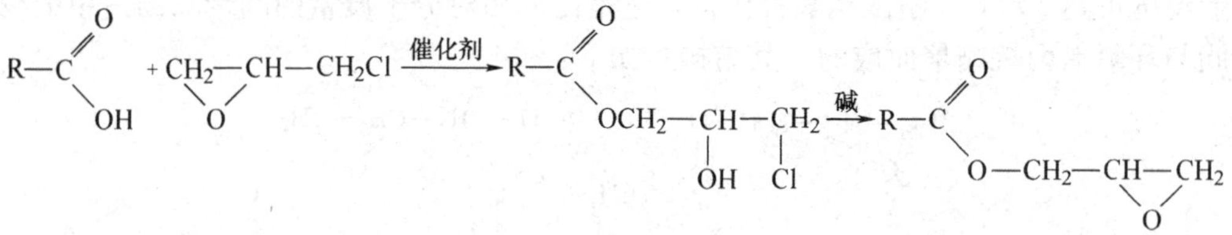

缩水甘油酯类环氧树脂与双酚 A 型环氧树脂相比，它具有较低的黏度，加工工艺性好；反应活性高；固化物的力学性能好，电绝缘性、尤其是耐漏电痕迹性好；粘合力比通用环氧树脂高；具有良好的耐超低温性，在 $-196 \sim -253$℃ 的超低温下，仍具有比其他类型环氧树脂高的粘结强度；同时还具有较好的表面光泽度，透光性、耐气候性也很好。

常见的缩水甘油酯类环氧树脂有邻苯二甲酸双缩水甘油酯，其分子结构式为：

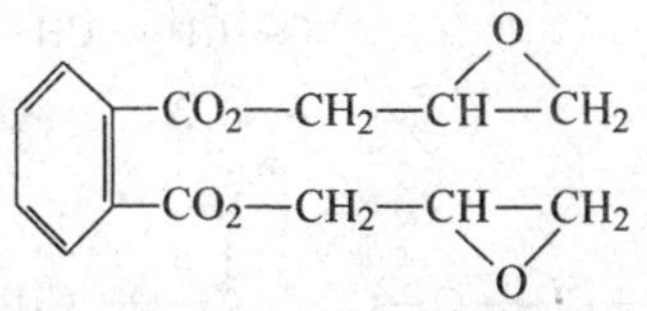

这种环氧树脂为浅色透明的液体，25℃时的粘度为0.8Pa·s，环氧值为0.6~0.65。

还有四氢邻苯二甲酸双缩水甘油酯，其分子结构式为：

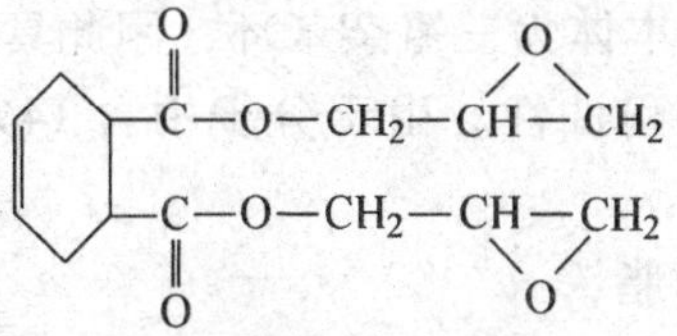

这种环氧树脂为黏稠液体，环氧值为0.62~0.65。

缩水甘油酯类环氧树脂一般用胺类固化剂固化，与固化剂的反应类似于缩水甘油醚类环氧树脂。

（6）缩水甘油胺类环氧树脂

缩水甘油胺类环氧树脂是由环氧氯丙烷与脂肪族或芳香族伯胺或仲胺类化合物反应而成的环氧树脂。这类树脂的特点是多官能度、环氧当量高、交联密度大、耐热性可显著提高。其主要缺点是脆性较大。常用的有以下几种。

a. 四缩水甘油甲基二苯胺环氧树脂　由4，4′-二氨基二苯甲烷与环氧氯丙烷反应合成的，具有以下的结构式：

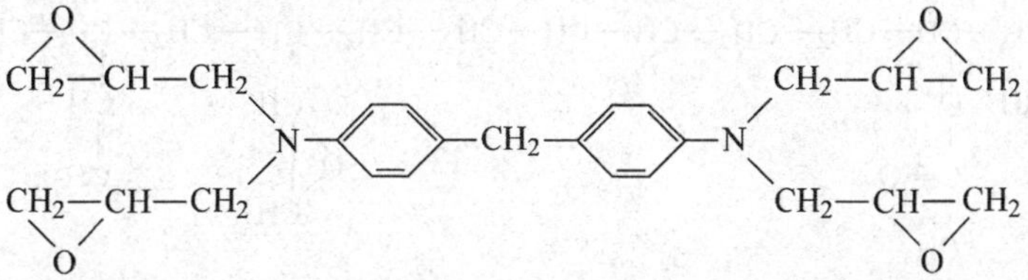

此树脂在室温及高温下均有良好的粘结强度，固化物具有较低的电阻。

b. 三缩水甘油对氨基苯酚环氧树脂　由双氨基苯酚与环氧氯丙烷反应而得的产物，具有以下的结构式：

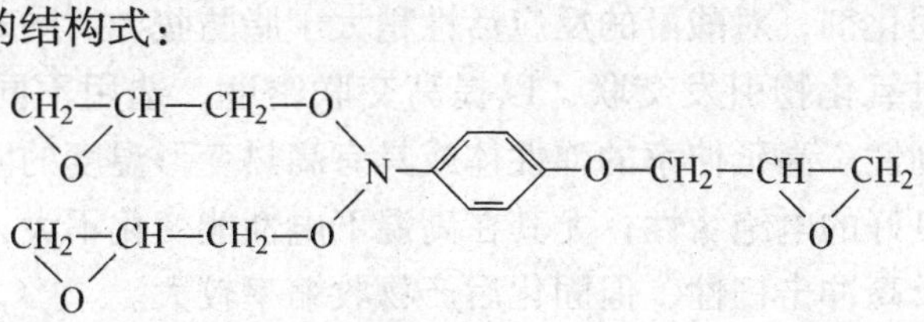

此树脂在常温下为棕色液体，黏度小，25℃时为1.6~2.3Pa·s，环氧值为0.85~0.95。可作为高温碳化的烧蚀材料，耐γ射线的环氧玻璃纤维增强塑料。

c. 三聚氰酸环氧树脂　三聚氰酸环氧树脂是由三聚氰酸和环氧氯丙烷在催化剂存在下进行缩合，再以氢氧化钠进行闭环反应而得。其结构式为：

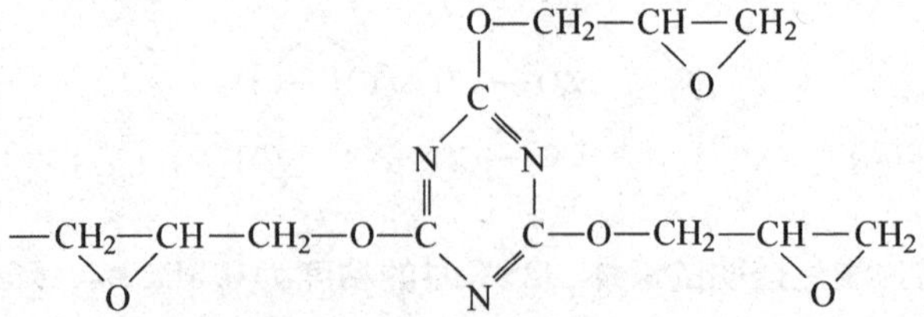

由于在三聚氰酸环氧树脂中含有3个环氧基团，所以固化后结构紧密，具有优异的耐高温性能。由于分子本体为三氮杂苯环，因此具有良好的化学稳定性，优良的耐紫外光性、耐气候性和耐油性。由于分子中含14%的氮，遇火有自熄性，并有良好的耐电弧性。

（7）线性脂肪族环氧树脂

这类树脂的特点是在分子结构中既无苯核，也无脂环结构。仅有脂肪链，环氧基与脂肪链相连。

通式为：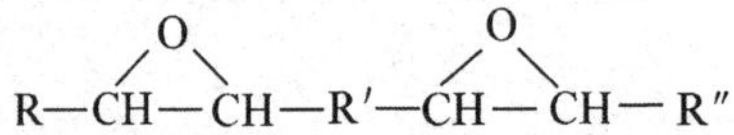

由于这类树脂的脂肪链是与环氧基直接相连的，所以柔韧性比较好，但耐热性较差。

a. 聚丁二烯环氧树脂（2000#环氧树脂） 聚丁二烯环氧树脂是由低相对分子质量的聚丁二烯树脂分子中的双键经环氧化而得。在它的分子结构中既有环氧基也有双键、羟基和酯基侧链。其分子结构如下：

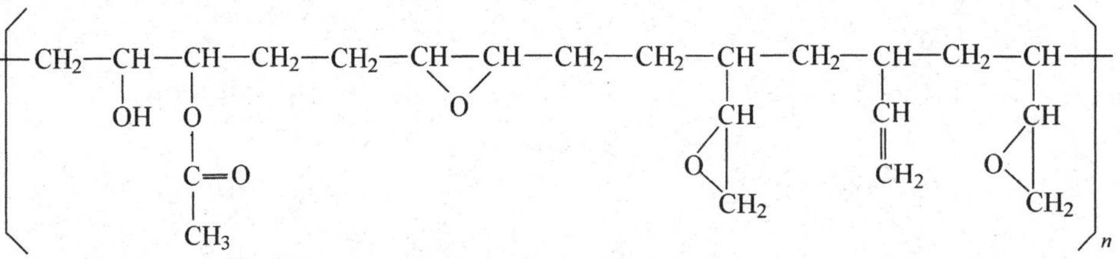

聚丁二烯环氧树脂是浅黄色黏稠液体，黏度为0.8～2.0Pa·s，环氧值0.162～0.186。由于其分子具有长的脂肪链节，所以固化后产品具有很好的曲挠性。它采用酸酐类和胺类固化剂，对酸酐的反应活性稍大于脂肪胺类。同时又因分子结构中含有双键，可用过氧化物引发交联，以提高交联密度。选用不同的配方和固化条件，可得到具有韧性、高延伸率的弹性体或具有高热变形温度的刚性体。这种树脂的固化产物具有良好的电绝缘性，尤其在高温下电性能变化不大，具有良好的粘结性、耐气候性以及高冲击韧性，但固化后产物收缩率较大。

b. 二缩水甘油醚 二缩水甘油醚由环氧氯丙烷按下述反应进行制备：

环氧氯丙烷水解制成一氯丙二醇：

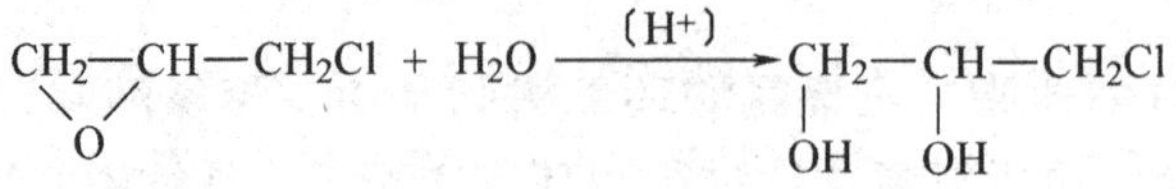

一氯丙二醇与环氧氯丙烷进行开环醚化反应

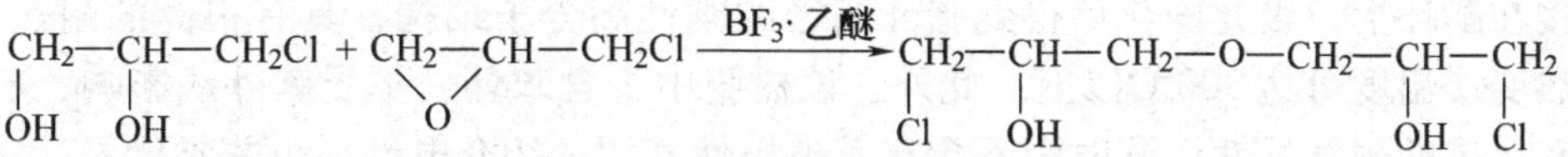

二-（氯丙醇）醚脱氯化氢合环生成二缩水甘油醚

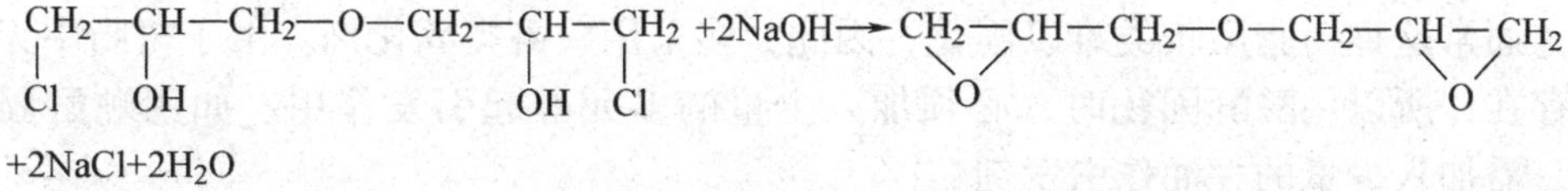

二缩水甘油醚又称600号稀释剂。在制备二缩水甘油醚的过程中，由于环氧氯丙烷过量，所以反应中会生成一部分高沸点的多缩水甘油醚，称之630号稀释剂。600号及630号稀释剂的特性见表2-13。

表2-13　　二缩水甘油醚与多缩水甘油醚的特性

性能	600号	630号
外观	无色透明液体	深黄至棕色黏稠液体
相对密度	1.123~1.124	1.20~1.28
折射率	1.4489~1.4553	1.465~1.482
黏度（25℃）/（Pa·s）	$(4\sim6)\times10^{-3}$	$(0.4\sim1.2)\times10^{-1}$
环氧基含量	>50%	>50%

600号稀释剂主要用来降低二酚基丙烷型环氧树脂黏度，延长适用期，用量较少时，不会降低树脂固化物的高温性能。630号多缩水甘油醚做环氧树脂稀释剂，在制造大型模具及大部件浇铸时不仅能起到稀释剂作用，而且还能增加树脂的韧性。

（8）脂环族环氧树脂

脂环族环氧树脂是由脂环族烯烃的双键经环氧化制得的，它们的分子结构和双酚A型环氧树脂及其他环氧树脂有很大差异。前者的环氧基都直接连接在脂环上，而后者的环氧基都是以环氧丙基醚连接在苯核或脂肪烃上。

脂环族环氧树脂的固化物具有下列一些特点：较高的抗拉强度和抗压强度；长期暴置在高温条件下仍能保持良好的力学性能和电性能；耐电弧性好；耐紫外光老化性能及耐气候性较好。

a. 二氧化双环戊二烯　二氧化双环戊二烯的国产牌号为6207（或R—122），它是由双环戊二烯用过醋酸氧化而制得的。

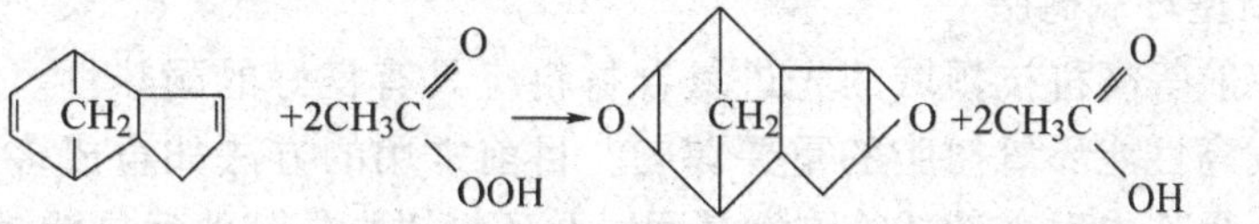

二氧化双环戊二烯的相对分子质量为164.2，是一种白色结晶粉末。相对密度

为1.33，熔点>185℃，环氧当量82。与双酚A型环氧树脂相比，它的环氧基直接连接在酯环上，因此固化后得到脂环紧密的刚性高分子结构，具有很高的耐热性，其热变形温度可达300℃以上。此外，该树脂中不含苯环，不受紫外线影响，所以具有优越的耐气候性。同时因不含有其他极性基团，故介电性能也非常优异。

其缺点是固化产物脆性较大，树脂的粘合力不够高。

通常这种树脂用胺类难以固化，因此，多采用酸酐类固化剂。由于树脂中无羟基存在，所以用酸酐固化时，必须加入少量的多元醇起引发作用。如用顺酐固化时，需加入少量的甘油作引发剂。

二氧化双环戊二烯虽然是高熔点的固体粉末，但它与固化剂混合加热到60℃以下时，形成黏度只有0.1Pa·s左右的液体，不但使用期长、便于操作，而且与填料有很好的润湿性。由于存在这些工艺上的特点和优异的性能，使其得到广泛的应用。如做高温下使用的浇铸料、胶粘剂和玻璃纤维增强复合材料等。

b. 二氧化双环戊基醚　二氧化双环戊基醚是由双环戊二烯为原料，经裂解，加氯化氢、水解醚化及环氧化反应过程制得，是三个异构体的混合物。

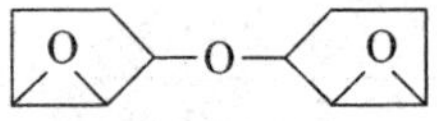

反式异构体

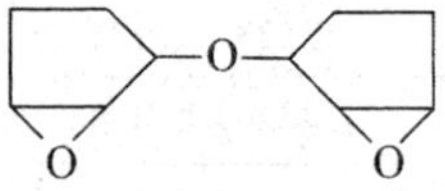

顺式异构体

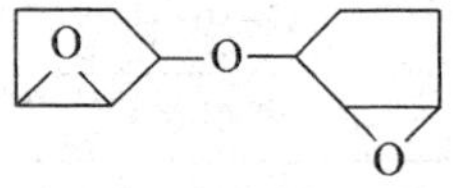

顺反式异构体

由于这三种异构体的性能差别不大，因此一般在工业上不加分离，可直接应用。

二氧化双环戊基醚多采用二元酸酐（如顺酐、647#酸酐等）和多元芳香胺类（如间苯二胺、4，4－二氨基二苯基甲烷等）进行固化。配制后的胶液黏度低，使用期长，工艺性能好。其固化产物的特点是强度高，耐老化性优良，韧性好（延伸率达6%～7%），耐热性高（热变形温度高达235℃）。由于这些特点，二氧化双环戊基醚树脂特别适用于纤维增强结构材料、深水耐压和耐温结构（如潜艇、导弹等）、绝缘材料以及高温高压的缠绕、浇铸、密封、胶接和耐腐蚀涂料等，其缺点是刺激性大。用间苯二胺（用量为树脂量的28%）固化的二氧化双环戊基醚树脂/玻璃纤维复合材料的性能见表2－14。

表2－14　二氧化双环戊基醚树脂/玻璃纤维复合材料的性能

弯曲强度/(MPa)	487.0	冲击强度/($kg\cdot cm/cm^2$)	125
拉伸强度/(MPa)	371.6	马丁耐热/(℃)	275

（9）新型环氧树脂

用于宇航等高科技领域的先进复合材料应具有良好的耐热性。如何提高耐热性，是开发高性能环氧树脂的重要课题。目前常用的方法如合成多官能度环氧树脂，在环氧骨架中引入萘环等刚性基团以及环氧树脂与其他耐热性树脂如双马来酰亚胺树脂混用等。例如四官能度环氧树脂（BPTGE）：

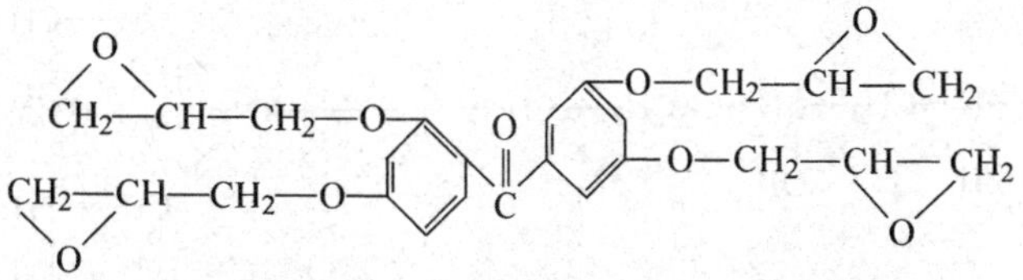

由于分子结构中不含亲水性的氮原子，因此吸水性低、耐热性好。

在环氧树脂分子主链或侧基上引入硅氧烷，对提高树脂的耐热性也有一定的效果。例如，用含羟基或烷氧基的聚甲基硅氧烷作改性剂，所得改性环氧树脂的热分解温度提高100℃左右，吸水率降低，耐腐蚀性显著增强。

提高环氧树脂的韧性也是研究热点之一。增韧的主要途径如使用增韧剂、改进固化剂、用有机硅及橡胶改性、聚合物结构柔性化等。显然，单纯通过环氧树脂的分子设计很难使耐热性和强韧性同时得到提高，即环氧树脂增韧的同时往往给耐热性带来不良影响。随着高分子相容性理论与技术的进步，现在已经能够做到控制环氧树脂与热塑性树脂共混物的相界面形态，这样就有可能利用高分子共混技术来改进环氧树脂的脆性，提高固化产物的韧性和粘结强度。

（10）环氧树脂的固化剂

环氧树脂本身是热塑性的线型结构，不能直接使用，必须再向树脂中加入第二组分，在一定的温度条件下进行交联固化反应，生成体型网状结构的高聚物之后才能使用。这个第二组分就叫做固化剂。用于环氧树脂的固化剂虽然种类繁多，但大体上可分为两类。一类是可与环氧树脂进行合成，并通过逐步聚合反应的历程使它交联成体型网状结构。这类固化剂又称反应性固化剂，一般都含有活泼的氢原子，在反应过程中伴有氢原子的转移，例如多元伯胺、多元羧酸、多元硫醇和多元酚等。另一类是催化性的固化剂，它可引发树脂分子中的环氧基按阳离子或阴离子聚合的历程进行固化反应，例如叔胺、三氟化硼络合物等。两类固化剂都是通过树脂分子结构中具有的环氧基或仲羟基的反应完成固化过程的。

由于环氧树脂固化剂的品种繁多，各有其特点。所以，采用不同的固化剂，将使环氧树脂的操作工艺性及固化产物的性能产生巨大的差别。因此充分地了解固化剂的特性，合理地选用固化剂是环氧树脂使用中十分重要的问题。选择固化剂应考虑制品的性能要求，更重要的应尽可能地满足操作工艺上的要求，如允许的固化温度、与树脂的互溶性、胶液黏度与使用期以及毒性等。

a. 多元胺类固化剂　多元脂肪胺和芳香胺类固化剂，用得比较普遍。伯胺与环氧树脂的反应一般认为是连接在伯胺氮原子上的氢原子和环氧基团反应，转变成仲胺，其反应如下：

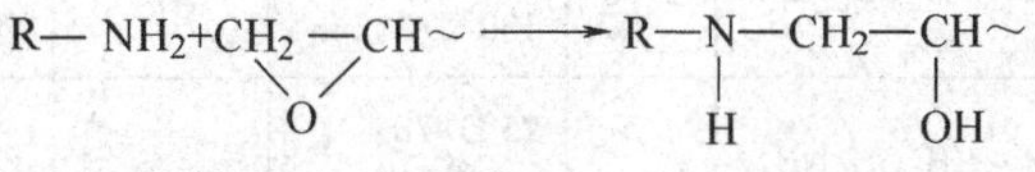

仲胺再与另一个环氧基反应生成叔胺

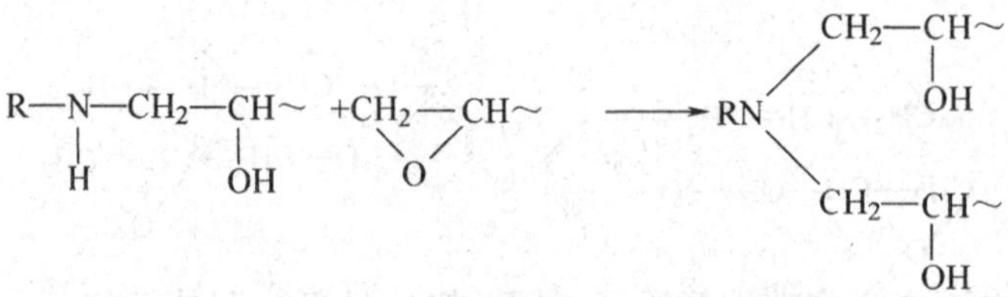

伯胺与环氧树脂通过上述逐步聚合反应历程交联成复杂的体型高聚物。伯胺与仲胺类固化剂用量的计算，是根据胺基上的一个活泼氢和树脂的一个环氧基反应来考虑的。一般可以按以下式子计算：

$$每100g树脂所需要胺的克数=\frac{有机胺的相对分子质量}{有机胺的活泼氢数}\times 树脂的环氧值$$

实际上，随着胺相对分子质量的大小、反应能力和挥发性的不同，计算结果往往比实际用量少，所以计算后应通过复合材料的性能测试进行修正，一般要高于计算量10%。

例：环氧值为0.4的双酚A型环氧树脂，用乙二胺作为固化剂，求每100g环氧树脂需要添加多少克固化剂？

解：乙二胺的相对分子质量为60，含四个活泼氢，所以，每100g树脂所需要胺的克数$=\frac{60}{4}\times 0.4=6$，即每100g环氧树脂需要添加6g乙二胺固化剂。

常用的胺类固化剂的性能、固化条件及参考用量见表2-15。

表2-15　　常用胺类固化剂

名称	化学结构式	胺当量	固化条件	沸点/℃	性能	参考用量/%
乙二胺	$H_2NCH_2CH_2NH_2$	15.0	25℃/7d; 80℃/3h	116	有刺激性臭味，固化反应放热量大，适用期短，固化后树脂力学强度和热变形温度都较低	6~8
二乙撑三胺	$H_2NCH_2CH_2NHCH_2CH_2NH_2$	20.6	25℃/7d; 100℃/300min	208	有刺激性，反应热大，适用期短，固化后的树脂耐化学药品性较好	8~10
三乙撑四胺	$H_2N(CH_2CH_2NH)_2CH_2CH_2NH_2$	24.6	25℃/7d; 100℃/30min	266	毒性较二乙撑三胺低	10~12
四乙撑五胺	$H_2N(CH_2CH_2NH)_3CH_2CH_2NH_2$	27.6	25℃/7d; 100℃/30min	340	性能近于三乙撑四胺	12~15
多乙撑多胺	$H_2N(CH_2CH_2NH)_nCH_2CH_2NH_2$		25℃/7d; 100℃/30min			14~16

续表

名称	化学结构式	胺当量	固化条件	沸点/℃	性 能	参考用量/%
己二胺	$NH_2(CH_2)_6NH_2$	29	同乙二胺	39	有毒	15~16
双氰胺	$H_2N—C(=NH)—NH—CN$	21	145~165℃/2~4h		不加热使用寿命长达几年，加热，反应很快	6~7
间苯二胺	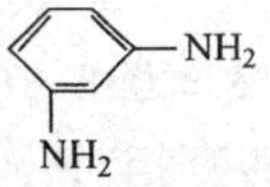	50	80℃/3 ~ 4h；150℃/2h	熔点/℃ 63	耐热，耐腐蚀性好，但要加热固化	14~16
间苯二甲胺	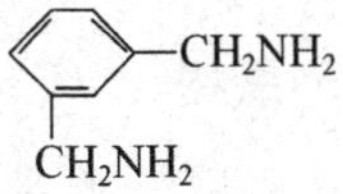	34	25℃/14d；80~100℃/4h	熔点/℃ 12	毒性小用量大，可使树脂少用稀释剂	18~24
β-羟乙基乙二胺	$NH_2CH_2CH_2NH—CH_2CH_2—OH$	34.7	25℃/7d；80~100℃/3h	288	毒性低，易吸水	16~18
三乙醇胺	$(HOC_2H_4)_3N$		100~120℃/4h	188~190℃ 13.3kPa	易吸水	10~13

脂肪族胺类是较常用的室温固化剂，它的固化速度快，反应时放出的热量又能促进树脂与固化剂反应。但这类固化剂对人体有刺激作用，固化产物较脆而且耐热性差，在复合材料方面应用不多。

芳香族胺类固化剂的分子中含有稳定的苯环结构，反应活性较差，需要在加热条件下固化，但固化产物的热变形温度较高，耐化学药品性、电和机械性能等比较好。

叔胺类化合物除可单独作为固化剂使用外，还可用作多元胺、聚酰胺树脂及酸酐等固化剂的固化反应促进剂。叔胺对固化反应的促进作用与其分子结构中的电子云密度和分子长度有关。氮原子上的电子云密度越大，分子长度越短，其促进效果就越显著。

胺类固化剂多为液体，毒性和腐蚀性较大。目前有β-羟乙基乙二胺等胺类低毒固化剂。脂肪族多胺与环氧乙烷、丙烯腈等反应制得的加成物，由于相对分子质量增大，挥发性降低，毒性变小。

b. 酸酐类固化剂　酸酐是环氧树脂加工工艺中仅次于胺类的最重要的一类固化剂。与胺类相比，酸酐固化的缩水甘油醚类环氧树脂具有色泽浅，良好的力学与电性能以及更高的热稳定性等优点。树脂-酸酐混合物具有黏度低、适用期长、低挥发性以及毒性较低的特点，加热固化时体系的收缩率和放热效应也较低。其不足之处是为了获得合适的性能需要在较高温度下保持较长的固化周期，但这一缺点可借加入适当的催化剂来克服。

用酸酐固化的环氧树脂其热变形温度较高，耐辐射性和耐酸性均优于胺类固化剂的树脂。固化温度一般需要高于150℃。

用酸酐类固化剂时，一对酸酐开环只能与一个环氧基反应。因此，100g 环氧树脂所需要的酸酐用量可用下式计算：

酸酐用量（g）$= K \times$ 环氧值 $\times$ 酸酐相对分子质量/酸酐基数

$= K \times$ 环氧值 $\times$ 酸酐当量

式中　$K =$ 常数；依酸酐的种类不同而异，对一般的酸酐来说，$K = 0.8 \sim 0.9$；卤化了的酸酐 $K = 0.6$；使用叔胺作催化剂时 $K = 1.0$，酸酐当量 = 酸酐相对分子质量/酸酐基数。

例：用邻苯二甲酸酐固化环氧 mol/L 为 190 的双酚 A 型环氧树脂 100g，求所需酸酐的用量。

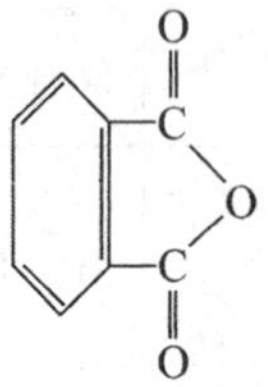

解：已知邻苯二甲酸酐（结构式见右）相对分子质量为 148，含有一个酸酐基。按其结构为一般酸酐，取 $K = 0.85$。酸酐用量 = $0.85 \times \frac{148}{190} \times 100 = 66.3$；

所以 100g 上述环氧树脂需要 66.3g 邻苯二甲酸酐。

由于酸酐的熔点较高，使用时需要加热熔融或将某些酸酐制成低熔点混合物。与多元胺类固化剂相比，用酸酐配制的环氧树脂适用期较长，热变形温度较高，力学性能也好。

酸酐类固化剂的品种很多，下面介绍几种在环氧树脂中比较常用的酸酐固化剂。

(a) 邻苯二甲酸酐（简称苯酐，PA）。苯酐是最早用于环氧树脂的固化剂，为一种白色固体，相对分子质量为 148，熔点 128℃。

作为固化剂时，其放热量少，放热温度低，适用期长，操作简便，固化产物的耐热性及耐老化性能都比较好，可用于大型浇铸件、层压件等。一般用量为树脂重量的 30% ~50%。这主要是考虑到配胶时苯酐易于析出和升华，因此用量要略高些。固化温度约 150 ~170℃，固化时间为 4 ~24h。其固化树脂的机械强度高，耐酸性强，耐碱性较差，热变形温度在 100℃以上。

(b) 顺丁烯二酸酐（简称顺酐，MA）。顺酐的结构式见右。其相对分子质量为 98.06，相对密度 1.509，熔点 53℃，是一种白色晶体。一般用量为树脂重量的 30% ~40%，混合物的适用期长，室温下可放置 2 ~3 天，固化放热温度低，固化产物的耐热性好，但是脆性较大，所以通常要和增韧剂一起使用，或与其他酸酐混合使用。

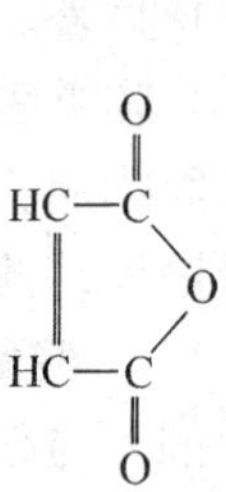

含有不饱和双键的顺丁烯二酸酐作为环氧化聚丁二烯树脂固化剂时，可以起到改善固化物耐热性的作用，如同时使用过氧化物能将热变形温度由

120℃提高到200℃。

（c）均苯四甲酸二酐（PMDA）。均苯四甲酸二酐为白色结晶体，相对分子质量218，熔点286℃。结构式见右，均苯四甲酸二酐与环氧树脂的反应活性强，但因熔点高，在室温下不易与树脂混合。加入到环氧树脂中的方法有以下四种：①先把均苯四甲酸二酐在高温下溶于树脂，再用第二个酸酐（辅助酸酐）来降低其活性。②先将均苯四甲酸二酐溶于溶剂中（如丙酮），然后再混入环氧树脂。③将均苯四甲酸二酐在室温下悬浮液体环氧树脂中，此时其颗粒大小必须小于10μm。④将均苯四甲酸二酐与二元醇反应生成以下结构的酸酐，再混入环氧树脂。

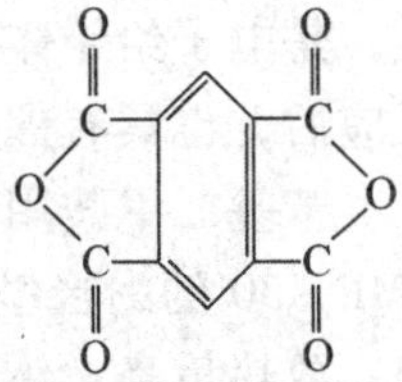

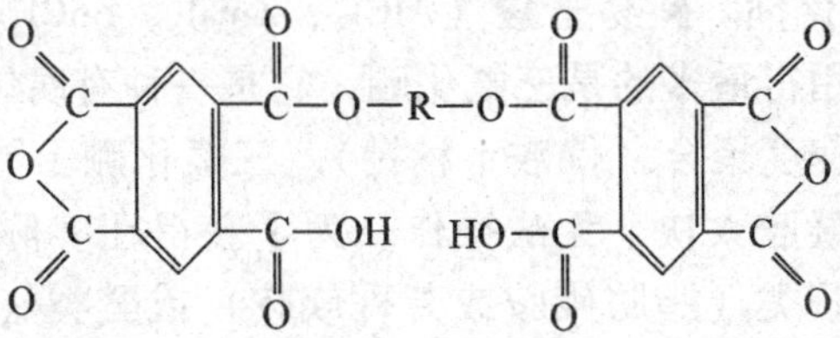

此固化产物的交联密度大，抗压强度、耐化学药品性及热稳定性优良，热变形温度约280℃，高于其他酸酐固化的树脂，但抗张和弯曲强度较低。

（d）四氢苯酐（THPA）。四氢苯酐不易升华，价格比苯酐便宜，固化物的色泽比较浅。它与树脂混合时的温度必须在80～100℃左右，低于70℃时四氢苯酐就会析出。四氢苯酐的熔点在102～103℃，是一种低毒固化剂，用量为树脂的57%。

（e）六氢苯酐（HHPA）。六氢苯酐是低熔点（35～36℃）的蜡状固体，在50℃时就易与环氧树脂混溶，它与液体双酚A型环氧树脂混合后，混合物的黏度低，适用期长，固化时放热小，能在较短的时间内完成固化。固化物的色泽很浅，耐热性、电性能以及化学稳定性比较好。由于它的活性较低，常与催化剂苄基二甲胺或2，4，6－三（二甲基甲基）酚（DMP－30）混合使用。

c. 阴离子及阳离子型固化剂　前面讲述的一类反应性固化剂主要通过逐步聚合的历程使环氧树脂固化，这类物质大多含有活泼氢，通过固化剂本身使各个树脂分子交联成体型结构的聚合物。而阴离子及阳离子型固化剂是催化性固化剂，它们仅仅起到固化反应的催化作用，这类物质主要是引发树脂分子中环氧基的开环聚合反应，从而交联成体型结构的聚合物。由于树脂分子间的直接相互反应，使固化后的体型结构聚合物基本具有聚醚的结构。这类固化剂的用量主要凭经验，由实验来决定。选择的依据主要是考虑获得最佳综合性能和工艺操作性能间的平衡。常用的是路易士碱（按阴离子聚合反应的过程）和路易士酸（按阳离子聚合反应的历程），它们可以单独用作固化剂，也可用作多元胺或聚酰胺类或酸酐类固化体系的催化剂。

（a）阴离子型固化剂。这类固化剂中常用的是叔胺类，例如苄基二甲胺，DMP－10（邻羟基苄基二甲胺）和DMP－30［2，4，6－三（二甲胺基甲基）酚］

等。它们属于路易士碱，氮原子的外层有一对未共享的电子对，因此具有亲核性质，是电子给予体。单官能团的仲胺（如咪唑类化合物）当它们的活泼氢和氧基反应后，也具有催化作用。

苄基二甲胺用量为6% ~10%，适用期1 ~4h，室温固化约6d；DMP -10和DMP -30的酚羟基显著地加速树脂固化速度。用量5% ~10%，适用期30min ~1h，放热量高，体系固化速度快（25℃一昼夜）。

2 -甲基咪唑和2 -乙基 -4 -甲基咪唑是近年来发展起来的一类固化剂。毒性小、配料容易，适用期长，黏度小，固化简便，固化物电性能和力学性能良好。用量3% ~4%，其交联反应可同时通过仲胺基上的活泼氢和叔胺的催化引发作用，较其他催化型固化剂有较快的固化速度和固化程度。

（b）阳离子型固化剂。路易士酸（$AlCl_3$、$ZnCl_2$、$SnCl_4$和BF_3等）是电子接受体。这类固化剂中用得最多的是三氟化硼，它是一种有腐蚀的气体，能使环氧树脂在室温下以极快的速度聚合（仅数十秒钟）。三氟化硼不能单独用作固化剂，因为反应太剧烈，树脂凝胶太快，无法操作。为了获得在实际情况下可以操作的体系，常用三氟化硼和胺类（脂肪族胺或芳香族胺）或醚类（乙醚）的络合物，各种三氟化硼胺络合物的特性见表2 -16。工业上常用的是三氟化硼 -乙胺络合物，又称BF_3：400。它是结晶物质（熔点87℃），在室温下非常稳定，离解温度约90℃。BF_3：400非常亲水，在湿空气中极易水解成不能再作固化剂的黏稠液体。它可以直接和热的树脂（约85℃）相溶。也可将它溶解在带羟基的载体中（如二元醇、糠醇等），再用这种溶液作为固化剂。在使用BF_3：400时要注意避免使用石棉、云母及某些碱性填料。

表2 -16　各种三氟化硼胺络合物的特性

三氟化硼 -胺络合物中的胺类	外　观	熔点/℃	三氟化硼含量/%	室温下适用期*
苯胺	淡黄色	250	42.2	8h
邻甲苯胺	黄色	250	38.8	7 ~8d
N -甲基苯胺	淡绿色	85	38.8	5 ~6d
N -乙基苯胺	淡绿色	48	36.0	3 ~4d
N，N -二乙基苯胺	淡绿色	—	31.3	7 ~8d
乙胺	白色	87	59.5	数月
哌啶	黄色	78	44.4	数月
苄胺	白色	138 ~139	35.9	3 ~4周

*100g二酚基丙烷二缩水甘油醚加1gBF_3。

BF_3：400的用量为3% ~4%，在室温下的适用期达4个月。加热到100 ~120℃，络合物离解，使固化反应快速进行。温度对固化反应非常敏感，低于100℃固化速率几乎可以忽略，在120℃时快速反应，并释放出大量的热。

d. 树脂类固化剂　含有活性基团—NH—、—CH_2OH、—SH、$-\overset{O}{\overset{\|}{C}}-OH$、—OH等的线型合成树脂低聚物，都可作环氧树脂的固化剂。由于使用的合成树脂种类不同，可对环氧树脂固化物的一些性能起到改善作用。常用的是一些线性合成树脂低聚物，有苯胺甲醛树脂、酚醛树脂、聚酰胺树脂、聚硫橡胶、呋喃树脂和聚氨酯树脂等。

（a）酚醛树脂。线型的酚醛树脂和热固性酚醛树脂都可作为环氧树脂的固化剂，固化时酚醛树脂中的酚羟基与环氧基反应：

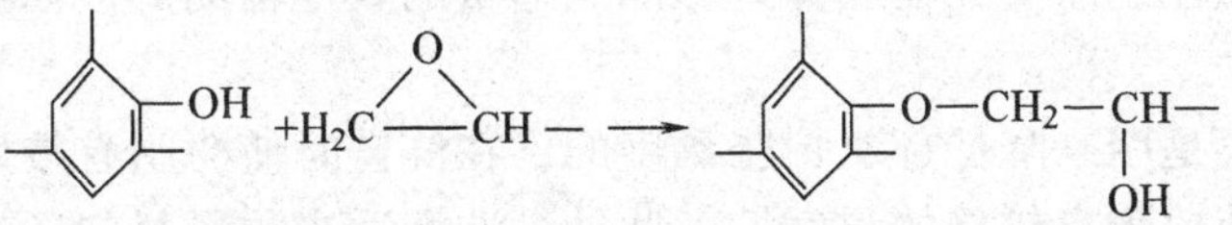

酚醛树脂中的羟甲基与环氧树脂中的羟基及环氧基反应：

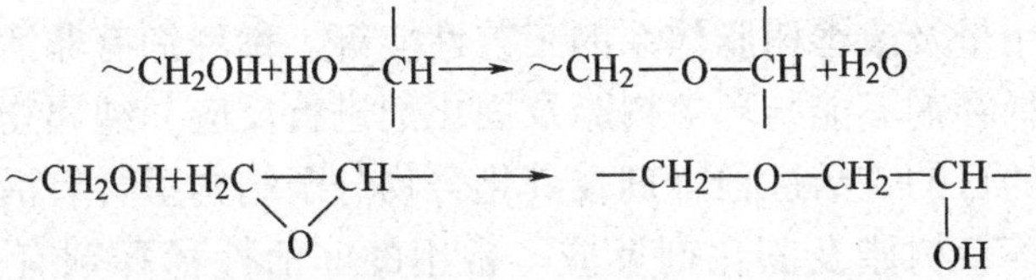

最后树脂体系交联成具有复杂三维网状结构的固化产物。

在热塑性酚醛树脂与环氧树脂的复合物中，如果不添加促进剂，复合物在常温下有数月的适用期，但固化速度比较慢。添加促进剂就会大大加速固化反应的进行，复合物的适用期也缩短。由于有较长的适用期，并且固化物的电性能好，耐热冲击性能优良，在涂料、粘结、浇注及层压等方面得到广泛的应用。

热固性酚醛树脂与环氧树脂的混溶性好，混合后适用期可达一周以上，刺激性小，易成型加工，所以普遍地应用于各种复合材料的成型工艺中，如缠绕、层压及模压等。热固性酚醛树脂的用量约为环氧树脂40%～50%，在160℃下固化约5h就能得到完全固化的产物。由于在加热条件下酚醛树脂本身也发生交联反应，并释放出低分子物质，所以其固化产物的致密性及机械性能不如酸酐固化体系。

（b）聚酰胺树脂。与多元胺类化合物相似，低相对分子质量聚酰胺树脂中的胺基也可与环氧基反应形成交联结构。

目前国内生产用作环氧树脂固化剂的聚酰胺树脂，有650（胺值200）、651（胺值400）等几种牌号。低相对分子质量聚酰胺在室温下黏度较大，为了降低其黏度，可以加入少量的活性稀释剂。聚酰胺作为固化剂的用量可以很大，一般为环氧树脂的40%～200%。这类固化剂的使用期短，它与脂肪族多胺一样，在低温下也容易进行反应，挥发性与毒性很小。固化物具有韧性，低温性能好，收缩小及尺寸稳定性好，但耐热性、耐湿热性及耐溶剂性能差。

e. 其他固化剂　除了以上介绍的固化剂之外，还有一些固化剂，它们使环氧树脂固化的过程可能不限于某一种反应历程，而真正的反应过程尚不清楚。属于这类固化剂的有双氰胺，含硼化合物，金属盐类和多异氰酸酯类等。

在这一类固化剂中最重要的是双氰胺，它对双酚 A 型环氧树脂特别适宜。由于它在高于 145 ~ 165℃时快速分解，很难和环氧树脂混溶，所以一般是先溶于溶剂中（如二甲基甲酰胺、二甲基乙酰胺、丙酮与水混合物等）再与树脂混溶。用量约为 4%，适用期 6 个月以上，超过 145 ~ 165℃时就会快速固化。固化反应可为叔胺（如苄基二甲胺）等催化。固化产物具有优良的物理力学性能与电性能。

（11）环氧树脂的其他辅助剂

为了改进环氧树脂的工艺性能和固化产物的物理力学性能以及降低成本，除了固化剂之外，往往还需要在树脂体系中加入适量的其他辅助剂，如稀释剂、增塑剂及增韧剂等。

稀释剂主要是用来降低环氧树脂黏度的，在浇铸时使树脂有较好的渗透性，在粘合及层压时使树脂有较好的浸润性。此外，选择适当的稀释剂还有利于控制环氧树脂与固化剂的反应热，延长树脂—固化剂体系的适用期，还可以增加树脂与固化剂体系中填料的用量及改善树脂体系的工艺性能等。稀释剂有非活性稀释剂和活性稀释剂。非活性稀释剂不能与环氧树脂及固化剂进行反应，纯属物理混入过程，仅仅达到降低黏度的目的。活性稀释剂在其化合物分子结构里含有活性环氧基或其他活性基团，能与环氧树脂及固化剂反应。常用的非活性稀释剂有邻苯二甲酸二丁酯、甲苯、乙醇、丙酮等，它们不参与固化反应，并在树脂固化过程中挥发掉，所以容易使固化产物的结构致密性变差，影响质量。活性稀释剂如环氧丙烷丁基醚、环氧丙烷苯基醚、二缩水甘油醚等，它们直接参与树脂的固化反应，固化后成为产物的一部分。

另外，为了提高固化产物的抗冲击性、降低脆性以及改进抗弯曲性等，常常要向树脂—固化剂体系中加入被称为增韧剂的组分。增韧剂能够改善固化物的抗冲击强度及耐热冲击性能，提高粘合剂的剥离强度，减少固化时的反应热及收缩性。但是，随着增韧剂的加入，对固化物的某些力学性能、电性能、化学稳定性特别是耐溶剂性和耐热性会产生不良影响。增韧剂有两种：一种是与环氧树脂相容性良好，但不参加固化反应过程的非活性增韧剂；另一种是在分子链上含有活性基团，能参与固化反应的活性增韧剂。非活性增韧剂主要是聚氯乙烯用的增塑剂及磷酸、亚磷酸酯类的。它们不参与固化反应，只起减小交联密度、削弱固化树脂刚性的作用，但同时会影响固化产物的强度和耐热性。活性增韧剂多为含有活性基团的柔性高分子化合物，它们直接参与固化反应，可以改善产物的韧性，常用的如丁腈橡胶、聚硫橡胶、低相对分子质量聚酰胺等。

在环氧树脂中常加入的增塑剂有邻苯二甲酸酯类以及磷酸酯类，用量一般为 5% ~20%。

在环氧树脂中使用的增强剂一般为纤维类，主要为玻璃纤维及其织物，此外，还有碳纤维、芳纶纤维以及金属纤维等。填充剂一般为无机矿物粉类，如石英粉、滑石粉、碳酸钙、云母粉、高岭土、钛白粉等。

2.2.1.3 酚醛树脂

(1) 酚醛树脂的种类

酚类和醛类的缩聚产物通称酚醛树脂，一般常指由苯酚和甲醛缩聚而成的合成树脂，是最早实现工业化的一类热固性树脂。

酚醛树脂虽然是最早的一类热固性树脂，但由于它原料易得、合成方便，以及树脂固化后性能能够满足许多使用要求，因此在工业上仍得到广泛的应用。用酚醛树脂制得的复合材料耐热性高，能在150～200℃范围内长期使用，并具有吸水性小、电绝缘性能好、耐腐蚀、尺寸精确和稳定等特点。它的耐烧蚀性能好，比环氧、聚酯及有机硅树脂胶都好。因此，酚醛树脂复合材料已广泛地在电机、电器及航空、航天工业中用作电绝缘材料和耐烧蚀材料。

在工业上生产酚醛树脂是通过控制原料苯酚和甲醛的摩尔比以及反应体系的pH，就可以合成出两种性质不同的酚醛树脂：含有羟甲基结构、可以自固化的热固性酚醛树脂和酚基与亚甲基连接、不带羟甲基反应官能团的热塑性酚醛树脂。

a. 热固性酚醛树脂　热固性酚醛树脂的合成是用苯酚与过量的甲醛（摩尔比为1.1～1.5）在碱性催化剂如NH_4OH存在下（pH＝8～11）缩聚反应而成的。在反应初期主要是加成反应，形成单羟甲基酚、多元羟甲基酚以及低聚体等。随着反应的不断进行，树脂相对分子质量逐渐增大，如果反应不加控制，最终将形成凝胶状交联物。若在交联点前使反应体系骤冷，则各种反应的速度均降低。通过控制反应程度，可以获得适合不同用途的树脂产物。例如，若使反应程度较低，则得到的是平均相对分子质量很低的水溶性酚醛树脂，可用作木材的粘结剂；当控制反应使产物脱水成半固态树脂状时，这种产物可称为甲阶段酚醛树脂，可溶于醇类等溶剂，适合作清漆以及复合材料的基体材料使用；若控制反应至脱水成固体树脂，则可用作酚醛模塑料或特殊用途的粘结剂。

用乙醇将热固性酚醛树脂调制成树脂含量为57%～62%、游离酚含量为16%～18%的胶液，在浸胶机上浸渍纤维或片状模塑料，烘干后得到复合材料预浸料。预浸料经模压成型后可制成层合板材，或者缠绕成型制成管材、型材等。也可采用湿法成型工艺、即边浸胶边成型固化，制成纤维或织物增强酚醛树脂材料。

b. 热塑性酚醛树脂　热塑性酚醛树脂的缩聚反应一般是在强酸催化剂（如HCl，pH＜3）存在下，甲醛和苯酚的摩尔比小于1（如0.80～0.86）时，合成的一种热塑性线型树脂。它是可溶、可熔的，在分子内不含羟甲基的酚醛树脂。其分子结构式为：

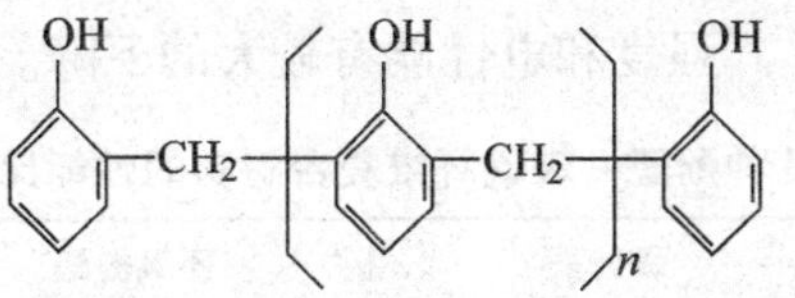

其聚合度n与苯酚用量有关，一般为4～12。与热固性酚醛树脂相比，热塑性酚醛大分子上不存在羟甲基侧基，因此树脂受热时只能熔融而不会自行交联。由于在热塑性酚醛树脂大分子的酚基上存在一些未反应的活性点，在与甲醛或六次甲基四胺相遇时，在一定的条件下会发生缩聚反应，固化交联为不溶不熔的体型结构。

c. 其他类型酚醛树脂

(a) 低压钡酚醛树脂。低压钡酚醛是以苯酚、甲醛为原料，在氢氧化钡催化剂的作用下，经缩合、中和、过滤及脱水而制成的一种热固性酚醛树脂。在脱水后期加入一定量的酒精配制成树脂溶液。

低压钡酚醛的特点是黏度小，固化速度快，经过一定的预浸渍条件处理后，固化时放出的低分子物少，适合于0.4～3MPa压力和130℃温度下低压固化成型。目前主要是用于缠绕成型工艺。

(b) 硼酚醛树脂。在一般的酚醛树脂结构中引入硼元素，可以明显地改进树脂的耐热性及力学性能。在酚醛树脂中引进硼元素可以采用多种途径，较为成熟的方法是用硼酸和苯酚在高温下进行反应，生成硼酸苯酯，然后硼酸苯酯与多聚甲醛反应，生成带支链的线型大分子，在加热和加压条件下固化成型。这种树脂的大分子是通过B－O酯键连接苯环，又依靠甲醛提供的次甲基键和线型支化的分子交联起来，生成不溶不熔的最终固化产物：

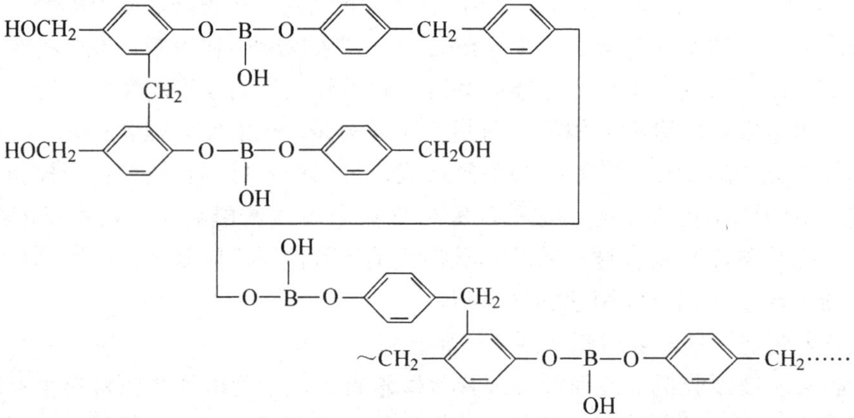

由于硼酚醛是以B－O键连接苯环，其键能比C－C键大得多，大分子的刚性增强，其热分解温度可提高到460℃以上，因此硼酚醛的耐热性要优于一般的酚醛树脂。在高速热气流的冲刷下，它可分解合成黑色坚硬耐高温的碳化硼薄层而保护着内部结构，使其仍具有一定的强度，所以它的瞬时耐高温性能好，适合作为耐烧蚀材料。在酚醛分子中引入硼后，还改进了酚醛树脂原有的脆性及其他力学性能(见表2－17)。但由于B－O键遇水易分解，游离羟基多，所以它的耐水性较差，在浸水后和潮湿环境中。其强度和电性能有较大的下降。

表2－17　　几种酚醛－玻璃纤维复合材料的性能比较

性　能	硼酚醛	环氧酚醛	616酚醛
抗张强度/(MPa)	426	459	299
压缩强度/(MPa)	485	235	161

续表

性能	硼酚醛	环氧酚醛	616 酚醛
剪切强度/(MPa)	74.6	42.6	28.9
弯曲强度/(MPa)	500	423	377
损耗角正切	0.00718	0.0232	0.0166
介电常数	5.38	5.4	5.4

（c）改性酚醛树脂。酚醛树脂改性的目的主要是改进它的脆性或其他物理性能，提高它对增强材料的粘结性能或改善成型工艺条件等。常用的改性方法如封闭酚醛分子中的酚羟基或者引入其他组分。

酚醛树脂的酚羟基在树脂的制造过程中，一般不参加化学反应。在树脂分子链中留下的酚羟基容易吸水，使固化制品电性能、耐碱性和力学强度下降；同时酚羟基易在受热或紫外线作用下生成醌或其他结构，造成颜色不均匀变化。封闭酚羟基可以改进上述不足。有机硼或有机硅改性树脂即属于封闭酚羟基改性酚醛树脂，在工业上已获得应用。

在酚醛树脂中引入化学活性或与树脂有良好相容性的组分，分隔或包围酚羟基，从而达到改变固化速度，降低吸水性目的。若引进其他的高分子组分，则可兼具两种高分子材料的优点，工业上大量生产的聚乙烯醇缩醛和环氧树脂改性的酚醛/玻璃纤维复合材料即属于此类。

（2）酚醛树脂的固化

前面已经讲到，在酚醛树脂聚合的过程中，加入碱性催化剂或是加入酸性催化剂所得到的是不同种类的酚醛树脂。对于热固性酚醛树脂来说，它是一种含有可进一步反应的羟甲基活性基团的树脂，如果合成反应不加控制，则会使体型缩聚反应一直进行到形成不溶不熔的具有三维网络结构的固化树脂，因此这类树脂又称一阶树脂。对于热塑性酚醛树脂来说，它是线型树脂，进一步反应不会形成三维网络结构的树脂，要加入固化剂后才能进一步反应形成具有三维网络结构的固化树脂，这类树脂又称二阶树脂。

热固性树脂的热固化性能主要取决于制备树脂时酚与醛的比例和体系合适的官能度。由于甲醛是二官能度的单体，要制得可以固化的树脂，酚的官能度就必须大于2。在三官能度的酚中，苯酚、间甲酚和间苯二酚是最常用的原料。热固性酚醛树脂可以是在加热条件下固化，也可以是在加酸条件下固化。

热固性酚醛树脂及其复合材料采用热压法使其固化时的加热温度一般为145～175℃。在热压过程中会产生一些挥发分（如溶剂、水分和固化产物等），如果没有较大的成型压力来加以排除，就会在复合材料制品内形成大量的气泡和微孔，从而影响质量。一般来说，在热压过程中产生的挥发分越多，热压过程中温度越高，则所需的成型压力就越大。

热固性酚醛树脂在用作粘合剂及浇铸树脂时，一般希望在较低的温度，甚至是在室温下固化。为了达到这一目的，这时就需要在树脂中加入合适的无机酸或有机酸、工业上把它们称为酸类固化剂。常用的酸类固化剂有盐酸或磷酸，也可用对甲苯磺酸、苯酚磺酸或其他的磺酸。一般来说，热固性树脂在 pH = 3 ~ 5 的范围内非常稳定。间苯二酚类型的树脂最稳定的 pH 为 3，而苯酚类型的树脂最稳定的 pH 约为 4 左右。

对于热塑性酚醛树脂的固化来说，是需要加入聚甲醛、六亚甲基四胺等固化剂才能与树脂分子中酚环上的活性点反应，使树脂固化。热固性酚醛树脂也可用来使热塑性树脂固化，因为它们分子中的羟甲基可与热塑性酚醛树脂酚环上的活泼氢作用，交联成体型结构。

六亚甲基四胺是热塑性酚醛树脂最广泛采用的固化剂。热塑性酚醛树脂最广泛用于酚醛模压料，大约 80% 的模压料是用六亚甲基四胺固化的。用六亚甲基四胺固化的热塑性酚醛树脂还可用作粘合剂和浇铸树脂。

由稍微过量的氨通入稳定的甲醛水溶液中进行加成反应，浓缩水溶液即可结晶出六亚甲基四胺。其分子式为（$(CH_2)_6N_4$），结构式为

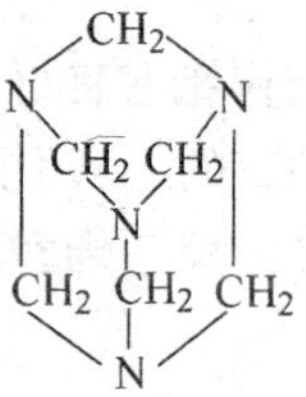

六亚甲基四胺固化热塑性酚醛树脂的机理目前仍不十分清楚，一般认为其固化反应如下。

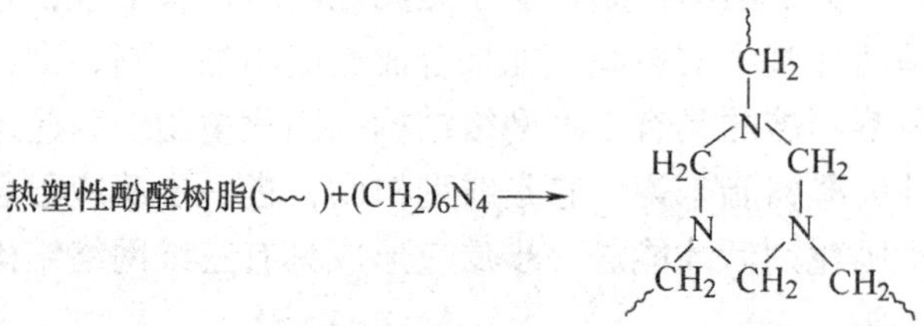

六亚甲基四胺的用量一般为树脂量的 10% ~15%，用量不足会使制品固化不完全或固化速率降低，同时耐热性下降。但用量太多时，成型中由于六亚甲基四胺的大量分解会产生气泡，固化物的耐热性、耐水性及电性能都会下降。

2.2.1.4　聚氨酯

聚氨酯是指分子结构中含有许多重复的氨基甲酸酯基团（$—NH—\overset{\overset{O}{\|}}{C}—O—$）的一类聚合物，全称为聚氨基甲酸酯，英文名称为 polyurethane，简称为 PU。聚氨酯根据其组成的不同，可制成线型分子的热塑性聚氨酯，也可制成体型分子的热固性聚氨酯。前者主要用于弹性体、涂料、胶黏剂、合成革等，后者主要用于制造各种软质、半硬质、硬质泡沫塑料。

聚氨酯于1937年由德国科学家首先研制成功，于1939年开始工业化生产。其制造方法是异氰酸酯和含活泼氢的化合物（如醇、胺、羧酸、水等）反应，生成具有氨基甲酸酯基团的化合物。其中以异氰酸酯与多元醇的反应为制造PU的基本反应，其反应式为

$$n\mathrm{OCN-R-NCO} + n\mathrm{HO-R'-OH} \longrightarrow \left[\mathrm{OCHN-R-NHCOO-R'-O}\right]_n$$

反应属逐步加成聚合，反应过程中没有低分子副产物生成。如异氰酸酯或多元醇之一具有三个以上的官能团，则生成立体网状结构。

异氰酸酯遇水会迅速反应并放出 CO_2，这是制造发泡材料的基本反应

$$\sim\sim\mathrm{RNCO}+\mathrm{H_2O} \longrightarrow [\sim\sim\mathrm{RNH-COOH}] \longrightarrow \sim\sim\mathrm{RNH_2}+\mathrm{CO_2}\uparrow$$

（1）合成聚氨酯的基本原料

合成聚氨酯的基本原料为异氰酸酯、多元醇、催化剂及扩链剂等。

①异氰酸酯　异氰酸酯一般含有两个或两个以上的异氰酸基团，异氰酸基团很活泼，可以跟醇、胺、羧酸、水等发生反应。目前，聚氨酯产品中主要使用的异氰酸酯为甲苯二异氰酸酯（TDI）、二苯基甲烷二异氰酸酯（MDI）和多亚甲基对苯基多异氰酸酯（PAPI）。TDI主要用于软质泡沫塑料；MDI可用于半硬质、硬质泡沫塑料及胶黏剂等；PAPI由于含有三官能度，可用于热固性的硬质泡沫塑料、混炼及浇注制品。

②多元醇　多元醇构成聚氨酯结构中的弹性部分，常用的有聚醚多元醇和聚酯多元醇。多元醇在聚氨酯中的含量决定聚氨酯树脂的软硬程度、柔顺性和刚性。聚醚多元醇为多元醇、多元胺或其他含有活泼氢的有机化合物与氧化烯烃开环聚合而成，具有弹性大、黏度低等优点。这类多元醇用得比较多，特别是应用于软质泡沫塑料和反应注射成型（RIM）产品中。聚酯多元醇是以各种有机多元酸和多元醇通过酯化反应而得到的。二元酸与二元醇合成的线型聚酯多元醇主要用于软质聚氨酯，二元酸与三元醇合成的支链型聚酯多元醇主要用于硬质聚氨酯。由于聚酯多元醇的黏度大，不如聚醚型应用得广泛。

③催化剂　在聚氨酯的聚合过程中还需加入催化剂，以加速聚合过程，一般有胺类和锡类两种，常用的胺类有三乙烯二胺、*N*-烷基吗啡啉等，锡类有二月桂酸二丁基锡、辛酸亚锡等。

④扩链剂　常用的扩链剂是低相对分子质量的二元醇和二元胺，它们与异氰酸酯反应生成聚合物中的硬段。常用的扩链剂有乙二醇、丙二醇、丁二醇、己二醇等。二元胺一般都采用芳香族二元胺，如二苯基甲烷二胺、二氯二苯基甲烷二胺等。由于乙二胺反应过快，一般不采用。

其他的添加剂还有发泡剂（如水、液态二氧化碳、戊烷、氢氟烃等）、泡沫稳定剂（用于泡沫制品，如水溶性聚醚硅氧烷等）、阻燃剂、增塑剂、表面活性剂、填充剂、脱模剂等。

聚氨酯树脂在具体制备时，要首先合成预聚体，然后再在使用时进行扩链反

应，形成软泡、硬泡、弹性体、涂料、黏合剂和密封胶等。

表2－18为聚氨酯的主要合成原料。

表2－18　　聚氨酯的主要合成原料

种　类	名　称	主要用途
异氰酸酯	TDI（甲苯二异氰酸酯）	软质泡沫材料
	MDI（4，4′－二苯基甲烷二异氰酸酯）	涂料、胶黏剂、RIM、半硬质泡沫塑料、硬质泡沫塑料
	PAPI（多苯基多亚甲基多异氰酸酯）	硬质泡沫材料、混炼、浇注制品
	HDI（六亚甲基二异氰酸酯）	非黄变聚氨酯
	NDI（萘二异氰酸酯）	弹性体
多元醇		
聚醚多元醇	PPG（聚丙二醇）	通用
	PTMG（聚四氢呋喃）	弹性体
聚酯多元醇	缩合型（二元酸与二元醇、三元醇缩合）	弹性体、涂料、胶黏剂
	内酯型（ε－己内酯与多元醇开环缩合）	弹性体、涂料
催化剂	如二月桂酸二丁基锡、辛酸亚锡 三乙烯二胺、*N*－烷基吗啡啉	
扩链剂	乙二醇、丙二醇、丁二醇、二苯基 甲烷二胺、二氯二苯基甲烷二胺	

（2）聚氨酯泡沫塑料

聚氨酯泡沫塑料是聚氨酯树脂的主要产品，约占聚氨酯产品总量的80%以上。根据所用原料的不同，可分为聚醚型和聚酯型泡沫塑料，根据制品性能不同，可分为软质、半硬质、硬质泡沫塑料。

软质泡沫塑料就是通常所说的海绵，开孔率达95%，密度约为0.02～0.04g/cm³，具有轻度交联结构，拉伸强度约为0.15MPa，而且韧性好、回弹快、吸声性好。目前软质泡沫塑料的产品占所有泡沫塑料产品的60%以上。

软质泡沫塑料是以TDI和二官能团或三官能团的聚醚多元醇为主要原料，利用异氰酸酯与水反应生成的CO_2作为发泡剂，其生产方法有连续式块状法及模塑法。连续式块状法是将反应物料分别计量混合后在连续运转的运输带上进行反应、发泡，形成宽2m、高1m的连续泡沫材料，熟化后切片即得制品。模塑法是把反应物料计量混合后冲模，发泡成型后即得产品。软质泡沫塑料主要用于家具用品、织物衬里、防震包装材料等。

半硬质泡沫塑料的主要原料为TDI或MDI，以及3～4官能团的聚醚多元醇，发泡剂为水和物理发泡剂。半硬质泡沫塑料有普通型和结皮型两类，其交联密度大于软质泡沫塑料。普通型的开孔率为90%，密度为0.06～0.15g/cm³，回弹性较好。结皮型的在发泡时可形成0.5～3mm厚的表皮，密度为0.55～0.80g/cm³，其耐磨性与橡胶相似，是较好的隔热、吸声、减震材料。

硬质泡沫塑料的主要原料为MDI以及3～8官能团的聚醚多元醇，发泡剂为水及物理发泡剂。硬质泡沫塑料具有高度交联结构，基本为闭孔结构，密度为 0.03 ~ 0.05g/cm^3，并有良好的吸声性，热导率低，为 0.008 ~ 0.025W/(m·K)，为一种优质绝热保温材料。

硬质泡沫塑料的成型加工可采用预聚体法、半预聚体法和一步法。对绝热保温材料可用注射发泡成型和现场喷涂成型；对于结构材料则可用反应注射成型（RIM）或增强反应注射成型（RRIM）。

反应注射成型和增强反应注射成型是一种新型成型加工工艺。它是把多元醇、交联剂、催化剂、发泡剂等作为 A 组分，而 B 组分通常仅由 MDI 构成。A、B 两组分通过高压或低压反应浇注机，在很短时间内进行计量、混合、注入，在复杂的模具内发泡而成。若在 A 组分中加入增强材料，则称为增强反应注射成型（RRIM）。

增强反应注射成型中由于加入了增强材料如玻璃纤维、碳纤维、石棉纤维、晶须等，可以改善聚氨酯的耐热性、刚度、拉伸强度、尺寸稳定性等，提高了聚氨酯泡沫塑料的使用性能。例如，采用含 5% ~ 10% 玻璃纤维增强的 RRIM 聚氨酯制造的汽车保险杠和仪表板，其制件质量和尺寸稳定性都得到了提高。

硬质泡沫塑料可用作绝热制冷材料，如冰箱、冷藏柜、保温材料；还可用于桌子、门框及窗框等，由于具有可刨、可锯，可钉等特点，还被称为聚氨酯合成木材。

（3）聚氨酯弹性体

聚氨酯弹性体具有优异的弹性，其模量介于橡胶与塑料之间，具有耐油、耐磨耗、耐撕裂、耐化学腐蚀、耐射线辐射等优点，同时还具有粘结性好、吸振能力强等优异性能，所以近年来有很大的发展。

聚氨酯弹性体主要有混炼型（MPU）、浇注型（CPU）和热塑型（TPU）。

①混炼型聚氨酯弹性体　可采用与天然橡胶相同的加工方法制成各种制品。硫化是通过化学键进行交联的硫化成型工艺，硫化剂可以是过氧化物（如 DCP）、硫黄和多异氰酸酯；也可以是过氧化物和多异氰酸酯并用的硫化剂。可加填料降低成本，也可加增强剂提高力学性能，还可加入各种助剂来提高某些性能。

②浇注型聚氨酯弹性体　可进行浇注和灌注成型，可灌注各种复杂模型的制品。可加溶剂作聚氨酯涂料，进行涂刷或喷涂施工；加溶剂浸渍织物，再加工制成麂皮；可加溶剂喷涂在布匹上，作人造毛皮等。这些产品可用作室内、汽车、火车内的铺装材料，体育场地板漆；体育场跑道，建筑用防水材料，家具和墙的内外装饰漆等。聚氨酯浇注胶加入适当的催化剂，可以室温硫化制成各种制品；可加发泡剂加工成弹性泡沫橡胶。

③热塑型聚氨酯弹性体　可通过像塑料一样的加工方法，制成各种弹性制品，可采取压缩模塑、注塑、挤出、压延和吹塑成型的加工方法。配溶剂可制作涂料，还可制造 PU 革，应用在衣料、包装材料和鞋面革等。

在加工时可加入各种填料和助剂，以降低成本和提高某些物理性能，也可加入各种着色剂，使制品具有各种鲜艳的色泽。

聚氨酯弹性体具有很好的力学性能，其抗撕裂强度要优于一般的橡胶，硬度变化范围比较宽，而且还具有很好的耐磨耗性能（见表2－19）。此外，聚氨酯弹性体还具有很好的减震性能，滞后时间长，阻尼性能好，因而在应力应变时吸收的能量大，减震的效果非常好，因此可在汽车保险杠、飞机起落架方面大量应用。

表2－19　　不同高分子材料的磨耗性能

材　料	磨耗量/mg	材　料	磨耗量/mg
聚氨酯	0.5～3.5	低密度聚乙烯	70
聚酯膜	18	天然橡胶	146
聚酰胺11	24	丁苯橡胶	177
高密度聚乙烯	29	丁基橡胶	205
聚四氟乙烯	42	ABS	275
丁腈橡胶	44	氯丁橡胶	280
聚酰胺66	49	聚苯乙烯	324

注：磨耗条件为CS17轮，1000g/轮，5000r/min，23℃。

聚氨酯弹性体还具有很好的耐油性、耐非极性及弱极性溶剂的能力，耐紫外线、耐臭氧、耐辐射性能都很好，并且有很好的生理相容性，因此，聚氨酯弹性体除了大量应用在耐磨、耐油、减震等方面，还可应用于人造血管、人造肾脏、人造心脏等方面。

除聚氨酯弹性体和泡沫塑料外，聚氨酯还可作黏合剂、涂料、合成革、纤维、橡胶等。聚氨酯黏合剂可对各种织物、塑料、橡胶、木材、金属玻璃、陶瓷及水泥制品进行黏合；聚氨酯涂料的耐油、耐磨、耐老化性、黏合性好，可应用于飞机、轮船、汽车等交通工具上；聚氨酯合成革具有许多聚氯乙烯合成革不能比拟的优点，是天然皮革的理想替代品；聚氨酯纤维的耐磨性好，可制成色彩鲜艳的各种织物；聚氨酯橡胶的弹性特别好，所以大量应用于沙发、座椅等方面。

2.2.1.5　其他类型的热固性树脂

（1）呋喃树脂　呋喃树脂是由糠醛或糠醇为原料单体，或者与其他单体进行缩聚反应而得的一类聚合物的总称。在呋喃树脂的大分子链中都含有呋喃环。

呋喃树脂的主要原料糠醛来源于农副产品，如棉籽壳、稻壳、甘蔗渣、玉米芯等。我国有着非常丰富的农副产品资源，充分利用这些废弃农副产物来发展呋喃树脂的生产和应用研究在我国是很有发展前途的。

呋喃树脂具有很好的耐热性、化学稳定性、硬度以及防水性。它的阻燃性能也很好。呋喃树脂主要用于化工厂，特别是作罐、槽、管道的衬里和化工反应釜等。利用呋喃树脂的防水性，用它处理过的蜂窝状结构的纸，在潮湿的环境中也保持很好的抗压强度。但是呋喃树脂由于其脆性大、粘结性差以及固化速度慢所带来的工艺性差等缺点，在很大程度上限制了它的发展与应用。到了20世纪70年代末期，由于树脂合成技术和催化剂应用技术的突破，基本上克服了呋喃树脂存在的上述缺点，它才得到了较大的发展和应用，并用于玻璃纤维增强复合材料的制造。

（2）脲醛树脂　由甲醛和尿素合成的热固性树脂称为脲醛树脂。习惯上人们又常将脲醛树脂及三聚氰胺甲醛树脂等这一类树脂称作氨基树脂。由氨基树脂形成的塑料又称为氨基塑料。

脲醛树脂的主要用途作为模塑混合料，还可用于粘合剂，纺织物处理剂等。在已制成的氨基树脂中，脲醛树脂是最重要的品种。与酚醛树脂一样，脲醛树脂的制品也是不溶不熔的交联材料。在应用时，首先制成低相对分子质量的产物或树脂，只是到了加工的最后阶段才进行交联。

与酚醛树脂相比，脲醛树脂价格便宜、色泽较浅、气味小，具有较好的抗电弧性。但其耐热性差，吸水量高。

绝大部分的脲醛模塑混合料用来制作电器配件及瓶盖等。用于瓶盖是由于其成本低。颜色范围广和不传播味道及气味。脲醛模塑料在低频下的电绝缘性好，且成本低，这些是脲醛塑料在用于电器配件方面优于酚醛塑料和其他材料的原因。脲醛树脂还可以制成泡沫塑料，这种泡沫塑料的密度为 0.008～0.048g/cm^3，而且导热系数也很低，可用于建筑物的隔热材料。脲醛树脂还可用来制作机场跑道用的泡沫塑料，其作用是作为制动垫以使在紧急着陆或起飞发生故障而越过的飞机停机。

（3）三聚氰胺甲醛树脂　三聚氰胺甲醛树脂是由三聚氰胺和甲醛缩聚而成的热固性树脂。是一种常用的氨基塑料、三聚氰胺甲醛树脂大量的用来制造模塑混合料、层压板材、粘合剂及其他材料。虽然三聚氰胺甲醛树脂在许多方面都要优于脲醛树脂，但其价格较为昂贵。

用三聚氰胺甲醛模塑粉制得的模塑料在吸水性、耐热性、在潮湿条件及高温下的电性能等都要优于脲醛树脂，三聚氰胺甲醛模塑粉的模压温度一般为 145～165℃，模塑压力为 30～60MPa。

三聚氰胺甲醛树脂还可制造装饰层压板。由于其具有耐热、耐刮刻、耐溶剂等优点，所以得到广泛的应用。利用其颜色范围宽等特点，可应用于公用建筑及公交车辆的壁面上。三聚氰胺甲醛层压板的成型压力约为 1.7～7MPa，成型温度范围为 125～150℃，固化时间为 10～15min。用玻璃纤维增强的三聚氰胺甲醛层压板的耐热温度可达 200℃，而且具有良好的电绝缘性，所以是很有价值的层压材料。

（4）聚酰亚胺树脂　聚酰亚胺是分子链中含有酰亚胺基团（$-\overset{\overset{\displaystyle O}{\|}}{C}-\overset{|}{N}-\overset{\overset{\displaystyle O}{\|}}{C}-$）的芳杂环聚合物，其分子通式为：

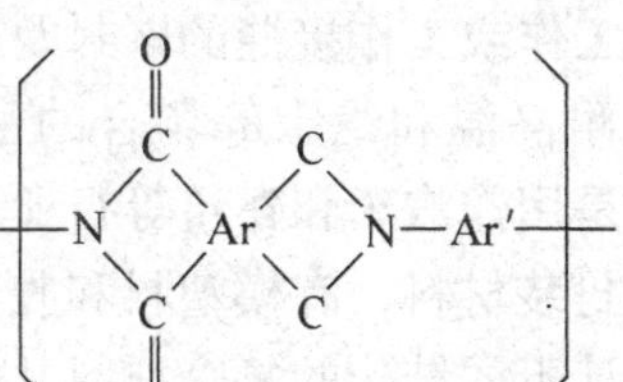

其中的 Ar 及 Ar′代表不同的芳基。

聚酰亚胺对热和氧化十分稳定，并具有突出的耐辐射性和良好的电绝缘性，它可以分为热固性聚酰亚胺和热塑性聚酰亚胺两种。

在聚酰亚胺分子中，不仅含有由氮原子组成的五元杂环，而且还含有刚性很强芳环以及其他极性基团，如胺基、醚基等，所以它是一种半梯形的环链结构聚合物。这种聚合物大分子刚性强，分子间作用力大，具有较高的玻璃化转变温度和熔点，大分子主链不易断裂或分解，显示出许多优异的性能，除耐热性、抗氧化性、耐辐射性、介电性能优良之外，它还具有优异的机械性、耐磨性及阻燃性能等。

对于热固性聚酰亚胺来说，它不溶不熔，成型比较困难，通常只采用冷压烧结生产模压制品或者用流延法生产薄膜。

对于热塑性聚酰亚胺，则可以采用一般热塑性树脂的加工方法来成型制品。它的玻璃化转变温度约为 275℃，分解温度为 570～580℃，加工温度为 330～360℃。热塑性聚酰亚胺的力学强度及耐热性都稍低于热固性聚酰亚胺。

聚酰亚胺是近年来发展较快的一类耐高温树脂。其优异的耐热性表现为：零强度温度（0.14MPa 载荷下 5s 破断的温度）为 800℃，比铝高 270℃。它在 250℃的情况下可以长期使用，无氧时可在 300℃下使用。它还是一种很强韧的材料，断裂伸长率可为原长的 10 倍。再加之它优良的力学及电性能、耐辐射、抗腐蚀性等，所以适合制造航空、航天工程中使用的复合材料。

（5）有机硅树脂　有机硅树脂是主链含有硅氧键（$-\overset{|}{\underset{|}{Si}}-O-\overset{|}{\underset{|}{Si}}-$），侧基为有机基团的高分子聚合物，它可按相对分子质量的大小分为：低相对分子质量的有机硅聚合物，这是一种液体状的硅油；高相对分子质量的弹性体硅橡胶，以及中等相对分子质量的热固性的硅树脂等。由于相对分子质量、取代基、交联度、配比等不同，可形成性能和用途千差万别的有机硅，属典型的量少品种多的聚合物，相关产品有数千种之多。用这类有机硅聚合物可制成各种塑料、橡胶、涂料、粘合剂、润滑油及复合材料等，在国民经济和现代技术领域中获得了广泛的应用。

有机硅具有独特的耐热和耐低温性能，良好的电性能和耐候性、化学稳定性、疏水防潮性、耐氧化性、透气性及弹性等，但附着力差，价格昂贵。有机硅密封性复合材料用的增强材料有炭黑、SiO_2、石棉、钛白粉和 Al_2O_3 等，另外可以加入硫化剂、促进剂、偶联剂和溶剂等助剂。

有机硅密封性复合材料可用作密封性、密封胶、密封剂和封装材料等。以作密封剂为例，可作建筑工业非工作或工作接缝的嵌封及其他方面的填缝用腻子。有机硅复合材料也能用于耐油、耐高温和绝缘等场合的密封垫、密封圈、皮碗和轴封等。有机硅复合材料更多的是用作汽车和建筑等行业补漏密封。另外，有机硅复合材料还可作电子电气设备的封装材料，有模塑料和胶粘剂两种形式，根据电子电气设备不同的使用要求，可设计不同结构的复合材料，如改变主链结构及与硅原子相连的有机基团，选择不同的反应、不同的增强材料、二次加工技术和共聚技术等。

有机硅模塑料由有机硅树脂、无机填料、固化剂、颜料和脱膜剂等组成，它具有耐高低温、防水、防潮、电气性能好、抗开裂、易加工等优点，可作半导体器件和集成电路封装材料；由硅橡胶和助剂组成的复合材料则主要用作有导电、散热和耐热要求的电子电气设备的封装材料。

2.2.2　热塑性树脂基体

热塑性树脂是以天然树脂和合成树脂为基础的一种线型高分子有机化合物。其中的合成树脂是以煤、电石、石油、天然气等为原料，通过化学方法合成得到的。它的来源丰富，价格低廉，有广阔的发展前景。

热塑性树脂的特点就是加热软化甚至熔融，冷却后硬化，这个过程是可以反复进行的，因此，热塑性树脂的加工成型是非常方便的。常用的热塑性树脂有聚乙烯、聚丙烯、聚氯乙烯、聚苯乙烯、聚酰胺、聚碳酸酯、聚甲醛、聚苯醚、聚砜、聚四氟乙烯等。虽然热塑性树脂复合材料的起步较晚，但由于热塑性树脂复合材料与热塑性树脂相比，通常，静态强度（如抗拉强度、抗弯强度、耐蠕变性和刚性）可提高2~3倍，动态强度（如疲劳强度、抗冲击强度）能提高2~4倍，成型收缩率可降低1/4~1/2，吸水率下降10%左右，此外，热变形温度也可有大幅度提高。因此，热塑性树脂复合材料近些年来发展得非常迅速。

2.2.2.1　聚烯烃树脂

聚烯烃的主要品种有聚乙烯、聚丙烯等。

（1）聚乙烯　聚乙烯是热塑性树脂中产量最高的一种，制造方法有高压法、中压法、低压法和辐射聚合法等，目前工业上多用密度大小来区别其种类。

聚乙烯的分子组成式为：

$$\left[CH_2-CH_2 \right]_n$$

高压法聚乙烯的聚合条件是：原料乙烯单体在温度为160~300℃，压力为100~200MPa下，以氧或有机过氧化物为引发剂，乙烯生成游离基，然后引发聚合成聚乙烯。这个反应是按游离基型聚合机理进行的。聚合时分子中的游离基有可能在分子内和分子之间引起传递而造成支化结构，这是高压法生产聚乙烯的工艺特点。与中低压法生产聚乙烯相比较，它所生产的聚乙烯大分子具有较多的支链，而且分子结构缺乏规整性。高压法生产的聚乙烯密度比较低，一般为0.91~0.925，所以也称为低密度聚乙烯。其结晶度也比较低，为60%~80%，软化点为105~120℃。机械强度比中、低压法的聚乙烯低，但透气性、透湿性较大，耐溶剂性较差。

高压聚乙烯具有优良的电性能，比中、低压聚乙烯具有更好的柔软性、伸长率、抗冲击性和透明性，适于用作薄膜、电线电缆包皮和涂层等。

中压法生产聚乙烯的条件在5~8MPa或更高的压力下，用金属氧化物作催化剂，使乙烯在烷烃或芳烃等溶剂中聚合成线型聚乙烯。工业上常用两种方法：一种是用分散于载体$SiO_2-Al_2O_3$上的氧化铬为催化剂，在5MPa的压力和125~150℃温度条件下使乙烯聚合；另一种是以分散于Al_2O_3载体上的氧化钼为催化剂，在

5～35MPa 的压力及 250℃温度下使乙烯在溶剂中聚合。两种方法相比，前一种采用较多。中压法聚乙烯的密度为 0.95～0.98g/cm^3，是聚乙烯中密度最大的一种，分子中支链较少，结晶度也比较高，为 90% 以上，软化点在 130℃左右，因此力学性能和耐温性能是各种聚乙烯中最高的，具有优良的电性能和化学稳定性。但透气和透湿性能较差。

中压法聚乙烯主要用于绝缘材料、汽车零件、生活用品、板材和瓶子以及电线电缆包皮等。

低压法生产聚乙烯是在 60℃以下的温度下，于常压或略加压的情况下，用三乙基铝和四氯化钛作为催化剂使乙烯在烷烃溶剂中聚合制得相对分子质量及密度都较高的聚乙烯。低压法聚乙烯的密度为 0.94～0.96g/cm^3，分子中支链较少，结晶度为 85%～90%，软化点在 120～130℃之间，其力学强度、硬度等要优于高压聚乙烯，最高使用温度可达 100℃。其用途与中压聚乙烯相同。

辐射聚合法生产的聚乙烯，其产品纯度高，质量好，但在工业上尚未普遍推广应用。由于辐射聚合法制得的聚乙烯的密度在 0.96g/cm^3 以上，结晶度高于 80%，在各种聚乙烯中其支链最少，且相对分子质量分布很窄，因而加工性能好、力学强度高、耐蠕变性和耐应力开裂性都很好。

（2）聚丙烯　聚丙烯是最重要的聚烯烃品种之一，是由丙烯聚合而得的高分子化合物。其分子结构式为$\leftarrow CH_2 - \underset{\displaystyle CH_3}{\underset{|}{CH}} \rightarrow_n$。

工业上原料丙烯主要有两个来源：一是在提炼高辛烷汽油时或热分解时精馏操作的副产物；二是从石油或低碳氢化合物热裂解制取烯烃时的一种产物。聚丙烯通常为一种白色半透明颗粒状固体。聚丙烯的分子结构，根据其侧链甲基（—CH_3）的空间排列有三种不同的形式：即无规、等规和间规。如果将聚合物分子主碳链拉伸在同一平面上，则三种不同聚丙烯的空间立体构型如图 2－2 所示。

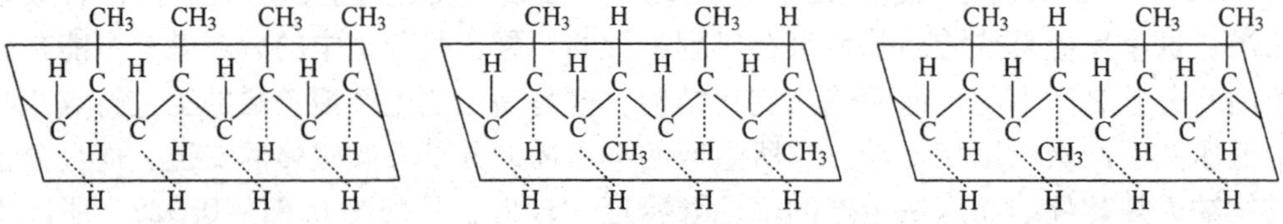

全同立构型（等规聚合体）　间同立构型（间规聚合体）　无规立构型（无规聚合体）

图 2－2　聚丙烯的立体构型

无规聚丙烯熔点很低，主链上的甲基是任意而无秩序的立体配置的，这种构型结晶困难，因此这种无规聚丙烯是无定形的黏稠物，常作改性组分来使用。等规聚丙烯的等规指数在 90%～95% 之间，等规指数是用不溶于正庚烷部分的百分数（%）来表示的。聚丙烯的性质与立体规整性结构有很大的关系，因此了解等规体的比例是很重要的。目前工业上生产的聚丙烯其等规指数约在 95%。

聚丙烯的结晶度为70%以上，密度为$0.9g/cm^3$，热变形温度超过100℃，其强度及刚度均优于聚乙烯，具有突出的耐弯曲疲劳性能、耐化学药品性和力学性能都比较好，吸水率也很低。其缺点是易老化、低温脆性大、成型收缩率大、耐蠕变性差及粘结性能不好等。

聚丙烯总产量的1/3用于合成纤维。纺制单丝和复丝，2/3用作塑料。聚丙烯的加工适应性强，所以其制品应用广泛，如法兰、接头、泵叶轮、阀门配件、电视机壳体，还可以作为耐热、耐化学药品的化工容器等。近些年来用玻璃纤维增强的聚丙烯得到了很大的发展，它的各方面性能都要优于未增强的聚丙烯。因此，受到人们广泛的关注。

2.2.2.2 聚氯乙烯

聚氯乙烯是氯乙烯单体在过氧化物、偶氮化合物等引发剂的作用下，或在光、热作用下按自由基聚合反应的机理聚合而成的聚合物，简称PVC。聚氯乙烯是最早工业化的塑料品种之一，目前产量仅次于聚乙烯之后，位居第二位。聚氯乙烯在工农业和日常生活中获得了广泛的应用。

聚氯乙烯为非结晶性聚合物，分子结构式为$\text{-}\!\![CH_2-\underset{}{\overset{Cl}{\overset{|}{C}}}H]\!\!\text{-}_n$。其原料来源丰富、价廉、成型性能优良。PVC难燃，离火即自行熄灭，燃烧时火焰呈黄色，下端呈绿色、白烟，有强烈的刺激性气味。

聚氯乙烯是一种多组分塑料，通常不能单独使用，根据不同用途可以加入不同的添加剂，因此随着组成的不同，聚氯乙烯制品可呈现不同物理力学性能，比如加不加增塑剂，或者加多少就使它有软硬之分。

聚氯乙烯的外观是一种白色粉末。它的化学稳定性良好，能够耐一般的酸碱腐蚀；由于结构中含有氯原子，因此聚氯乙烯的阻燃性优于聚乙烯、聚丙烯等塑料；聚氯乙烯的结晶度较小，只有5%左右，制品的透明性比较好；聚氯乙烯属于极性聚合物，氯原子的电负性强，它的电绝缘性一般；力学性能根据软、硬制品相差比较大。

聚氯乙烯的缺点：热稳定性差，受热容易分解，分解放出氯化氢会促进聚氯乙烯的分解，因此在加工时必须加入稳定剂，并严格控制温度。

聚氯乙烯软制品由于含有增塑剂，在使用时，增塑剂的迁移会使制品在低温时变硬。

聚氯乙烯的应用面极为广泛，从建筑材料到汽车制造业、儿童玩具，从工农业制品到日常生活用品，涉及各行各业，各个方面。例如可用于电气绝缘材料，如电线的绝缘层，目前几乎完全代替了橡胶，可作电气用耐热电线、电线电缆的衬套等。用于汽车方面，可作为方向盘、顶盖板、缓冲垫等。用于建筑方面，可用作各种型材，如管、棒、异型材、门窗框架、室内装饰材料、下水管道等。用作化工设备，可加工成各种耐化学药品的管道、容器和防腐材料。软质聚氯乙烯还可制成具有韧性、耐挠曲的各种管子、薄膜、薄片等制品。可用于制作包装材料、雨具、农用薄膜等。聚氯乙烯糊可涂附在棉布、纸张上，经加热在140～145℃很快发生凝胶，成型为薄膜，再经滚筒压紧，即成人造革，可制成各种制品。聚氯乙烯泡沫塑料还常用作衬垫、拖鞋以及隔热、隔声材料。

2.2.2.3 聚苯乙烯

聚苯乙烯是由苯乙烯单体通过自由基聚合而成的，其结构式为：

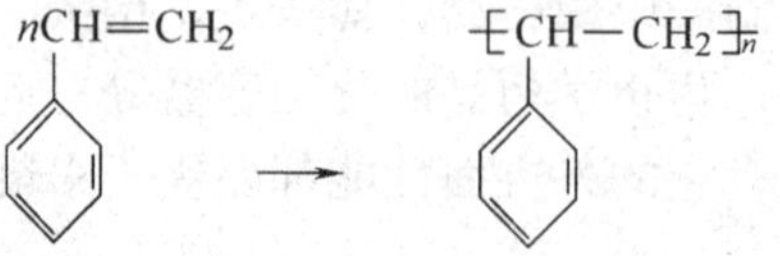

聚苯乙烯是非结晶聚合物，透明度达88%～92%，折射率为1.59～1.60，由于折射率高，所以具有很好的光泽。热变形温度为60～80℃，至300℃以上解聚，易燃烧。聚苯乙烯的导热系数不随温度而改变，因此是良好的绝热材料。聚苯乙烯具有优异的电绝缘性，体积电阻和表面电阻高，是良好的高频绝缘材料。聚苯乙烯能耐某些矿物油、有机酸、盐、碱及其水溶液，但可溶于苯、甲苯及苯乙烯中。

由于聚苯乙烯具有透明、价廉、刚性大、电绝缘性好、印刷性能好等优点，所以广泛用于工业装饰、照明指示、电绝缘材料以及光学仪器零件、透明模型、玩具、日用品等。它的另一类重要用途是制备泡沫塑料。聚苯乙烯泡沫塑料是重要的绝热和包装材料。

为克服聚苯乙烯脆性大，耐热低的缺点，发展了一系列改性聚苯乙烯，其中主要的有：ABS、MBS、AAS等。

ABS是丙烯腈、丁二烯、苯乙烯三种单体组成的三元嵌段共聚热塑性树脂，属复相结构的无定形高分子材料。其一般特性是具有坚韧、质硬、刚性大等优异的力学性能，使用温度范围为-40～100℃，具有良好的电绝缘性，缺点是耐候性差。应用范围很广，可用于制造齿轮、泵叶轮、轴承、把手、管道、电机外壳、仪表壳、冰箱衬里、汽车零部件、纺织器材等。

MBS是甲基丙烯酸酯、丁二烯和苯乙烯组成的热塑性树脂，其性能与ABS相仿，但透明性好，故有透明ABS之称。

AAS是丙烯腈、丙烯酸酯和苯乙烯三种单体组成的热塑性树脂，它是将聚丙烯酸酯橡胶的微粒分散于丙烯腈-苯乙烯共聚物中的接枝共聚物，橡胶含量约30%。AAS的性能、成型加工方法及应用与ABS相近，但耐候性要比ABS高8～10倍。

2.2.2.4 聚酰胺

聚酰胺，又称作尼龙，是指主链上含有酰胺基团（—NHCO—）的高分子化合物。聚酰胺可以由二元胺和二元酸通过缩聚反应制得，也可由ω-氨基酸或内酰胺自聚而得。分子主要由一个酰胺基和若干个亚甲基或其他环烷基、芳香基构成。聚酰胺的命名是由二元胺和二元酸的碳原子数来决定的。例如，己二胺（六个碳原子）和己二酸（六个碳原子）反应得到的缩聚物称为聚酰胺66（或尼龙66），其中第一个6表示二元胺的碳原子数，第二个6表示二元酸的碳原子数；由ω-胺基己酸或已内酰胺聚合而得的产物就称为聚酰胺6。

聚酰胺分子链段中重复出现的酰胺基是一个带极性的基团，这个基团上的氢，能够与另一个分子的酰胺基团链段上的羰基上的氧结合形成相当强大的氢键。

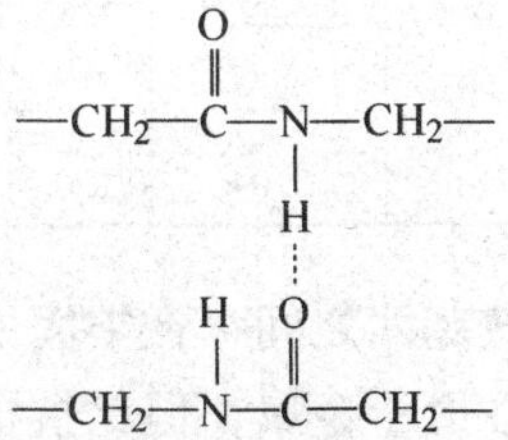

氢键的形成使得聚酰胺的结构易发生结晶化。而且由于分子间的作用力较大，因而使得聚酰胺有较高的力学强度和高的熔点。另一方面在聚酰胺分子中由于次甲基（$—CH_2—$）的存在使得分子链比较柔顺，因而具有较高的韧性。聚酰胺由于结构不同，其性能也有所差异。但耐磨性和耐化学药品性是共同的特点。聚酰胺具有良好的力学性能、耐油性、热稳定性。它的主要缺点是亲水性强，吸水后尺寸稳定性差。这主要原因就是酰胺基团具有吸水性，其吸水性的大小取决于酰胺基之间次甲基链节的长短，即取决于分子链中 $CH_2/CONH$ 的比值，如聚酰胺6（$CH_2/CONH = 5:1$）的吸水性比聚酰胺1010（$CH_2/CONH = 9/1$）的吸水性要大。表2－20表示了几种主要聚酰胺的性能。

表2－20　　几种聚酰胺的性能比较

性　能	尼龙6	尼龙66	尼龙610	尼龙1010	尼龙11	尼龙12	浇铸尼龙
密度/(g/cm^3)	1.13～1.45	1.14～1.15	1.8	1.04～1.06	1.04	1.09	1.14
吸水率/%	1.9	1.5	0.4～0.5	0.39	0.4～1.0	0.6～1.5	—
拉伸强度/(MPa)	74～78	83	60	52～55	47～58	45～50	77.5～97
伸长率/%	150	60	85	100～250	60～230	230～240	—
弯曲强度/(MPa)	100	100～110	—	89	76	86～92	160
冲击强度（缺口）/(kJ/m^2)	3.1	3.9	3.5～5.5	4～5	3.5～4.8	10～11.5	—
压缩强度/(MPa)	90	120	90	79	80～100	—	100
硬度（洛氏）	114	118	111	—	108	106	—
熔点/℃	215	250～265	210～220	—	—	—	220
热变形温度(1.86MPa)/℃	55～88	66～68	51～56	—	55	51～55	—
脆化温度/℃	－70～－30	－30～－25	－20	－60	－60	－70	—
线膨胀系数/($\times 10^{-5} \cdot 1/℃$)	7.9～8.7	9.0～10	9～12	10.5	11.4～12.4	10.0	7.1

续表

性　　能	尼龙 6	尼龙 66	尼龙 610	尼龙 1010	尼龙 11	尼龙 12	浇铸尼龙
燃烧性	自熄	自熄	自熄	自熄	自熄	自熄 至缓慢燃烧	自熄
介电常数（60Hz）	4.1	4.0	3.9	2.5~3.6	3.7	—	4.4
击穿强度/(kV/mm)	22	15~19	28.5	>20	29.5	16~19	19.1
介电损耗（60Hz）	0.01	0.014	0.04	0.020~0.026	0.06	0.04	—

尼龙是结晶性聚合物，酰胺基团之间存在牢固的氢键，因而具有良好的力学性能。与金属材料相比，虽然刚性逊于金属，但比抗拉强度高于金属，比抗压强度与金属相近，因此可作代替金属的材料。抗弯强度约为抗张强度的一倍半。尼龙有吸湿性，随着吸湿量的增加，尼龙的屈服强度下降，屈服伸长率增大。尼龙的抗冲强度比一般塑料高得多，其中以尼龙 6 最好。与抗拉、抗压强度的情况相反，随着水分含量的增大、温度的提高，其抗冲强度提高。尼龙具有优良的耐摩擦性和耐磨耗性，其摩擦因数为 0.1~0.3，约为酚醛树脂的 1/4。尼龙的使用温度一般为 -40~100℃，具有良好的阻燃性，在湿度较高的条件下也具有较好的电绝缘性，耐油耐溶剂性良好。

由于尼龙具有优异的力学性能、耐磨性，在 100℃左右的使用温度时，有较好的耐腐蚀性，因此广泛地应用于制造各种机械，电气部件，如：轴承、齿轮、辊轴、滚子、滑轮、涡轮、风扇叶片、高压密封扣卷、垫片、储油容器、绳索、砂轮粘合剂、接头等。

近些年来，聚酰胺的改性和新型品种不断涌现。其中的新品种主要有透明尼龙、高强、耐高温间位、对位芳酰胺聚合物等芳香族尼龙，高冲击尼龙等。改性品种中最重要的是碳纤维或玻璃纤维增强尼龙。例如，用 30%~40% 的玻璃纤维增强尼龙后，其力学强度、尺寸稳定性、冲击强度及热变形温度都有了大幅度的提高。由于增强效果显著，所以受到各方面的重视。此外，单体浇铸尼龙（MC 尼龙）、反应注射成型（RIM）尼龙、增强反应注射成型（RRIM）尼龙最近也得到迅速发展。

2.2.2.5 聚甲醛

聚甲醛是一种无侧链、高密度、高结晶度的线型聚合物，它具有优异的综合性能。聚甲醛根据其分子链化学结构的不同，分为均聚甲醛和共聚甲醛两种。

生产聚甲醛的单体，工业上一般采用三聚甲醛为原料，因为三聚甲醛比甲醛稳定，容易纯化，聚合反应容易控制。均聚甲醛是以三聚甲醛为原料，以三氟化硼-乙醚络合物为催化剂，在石油醚中聚合，再经端基封闭而得到的。其分子结构式如下：

$$CH_3-\underset{\underset{O}{\|}}{C}-O\!\left[CH_2O\right]_n\underset{\underset{O}{\|}}{C}-CH_3$$

其中 n 为 1000～1500。

共聚甲醛是以三聚甲醛为原料，与二氧五环作用，以三氟化硼－乙醚为催化剂的情况下共聚，再经后处理除去大分子链两端不稳定部分而成的。其分子结构式如下：

$$\left[\left(CH_2-O \right)_x \left(CH_2-O-CH_2-O-CH_2 \right)_y \right]_n$$

其中 $x:y=95:5$ 或 $97:3$。

从上述两种化学结构式中可以看到，均聚物的大分子是由—C—O—键连续构成的，而共聚物则在聚合物分子主链上分布有—C—C—键，而—C—C—键较—C—O—键稳定，在聚合物降解反应中—C—C—键是终止点。

均聚甲醛是一种高结晶度（75% 以上）的热塑性聚合物，熔点约为 175℃，并具有较高的力学强度、硬度和刚度，抗冲击性和抗蠕变性好，抗疲劳性也很好，耐磨性与聚酰胺很接近，并且耐油及过氧化物，但不耐酸和强碱，耐气候性差，对紫外线敏感。对于共聚甲醛来说，由于在其分子主链上引入了少量的—C—C—键可防止因半缩醛分解而产生的甲醛脱出，所以共聚甲醛的热稳定性较好，但大分子规整度变差，结晶性减弱。

均聚甲醛与共聚甲醛性能上的差异如表 2－21 所示。

表 2－21　　共聚甲醛与均聚甲醛的性能比较

性　能	均聚甲醛	共聚甲醛	性　能	均聚甲醛	共聚甲醛
密度/(g/cm^3)	1.43	1.41	热稳定性	较差，易分解	较好，不易分解
结晶度/%	75～85	70～75	成型加工温度范围	较窄，约 10℃	较宽，约 50℃
熔点/℃	175	165	化学稳定性	对酸碱稳定性略差	对酸碱稳定性较好
力学强度	较高	较低			

聚甲醛可采用一般热塑性树脂的成型方法，如挤出、注射、压制等。由于聚甲醛具有良好的物理、力学性能和化学稳定性，所以可以用来代替各种有色金属和合金。若用 20%～25% 玻璃纤维增强的聚甲醛，其强度和模量可分别提高 2～3 倍，在 1.86MPa 载荷下热变形温度可提高到 160℃；如用碳纤维增强改性的聚甲醛还具有良好的导电性和自润滑性。聚甲醛特别适合作为轴承使用，因为它具有良好的摩擦磨损性能，尤其是具有优越的干摩擦性能，因此被广泛地应用于某些不允许有润滑油情况下使用的轴承、齿轮。

2.2.2.6　聚碳酸酯

聚碳酸酯是指分子主链中含有 $\left(O-R-O-\overset{\overset{\large O}{\|}}{C} \right)$ 链节的线型高分子化合物。根据 R 基种类不同，可以是脂肪族、脂环族、芳香族的聚碳酸酯。目前最常用的是双酚 A 型聚碳酸酯。其分子结构式为：

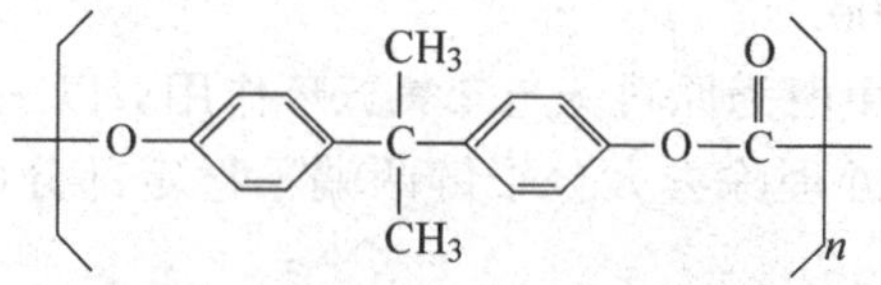

其中 n 在 100～500 内。聚碳酸酯可以看成是较为柔软的碳酸酯链与刚性的苯环相连接的一种结构，从而使它具有了许多优良的性能，是一种综合性能优良的热塑性工程塑料。聚碳酸酯具有较高的冲击强度、透明性、刚性、耐火焰性、优良的电绝缘性以及耐热性。它的尺寸稳定性高，可以替代金属和其他材料。缺点为容易产生应力开裂，耐溶剂性差、不耐碱、高温易水解，与其他树脂相容性差，摩擦因数大，无自润滑性。

用碳纤维、玻璃纤维、芳纶纤维等增强改性的聚碳酸酯，可以改善其耐热性、应力开裂性，提高抗张及抗压强度。例如，聚碳酸酯的热变形温度为 135～143℃，若用玻璃纤维增强之后可提高到 150～160℃，特别是它的线胀系数在加了玻璃纤维后更可降低 2/3。但在加了纤维等增强材料之后其冲击强度则会有所下降。

2.2.2.7 聚四氟乙烯

氟树脂是含氟树脂的总称，氟树脂的分子链结构中由于含有 C—F 键，碳链外又有氟原子形成的空间屏蔽效应，因此氟树脂具有优良的耐高低温性、电绝缘性、化学稳定性、耐老化性、自润滑性。由于氟树脂具有上述各方面的特性，因此已成为现代尖端科学技术、军工生产和各种工业部门不可缺少的材料之一，它的产量和品种都在不断地增长。从品种上来说，氟树脂主要有聚四氟乙烯、聚三氟氯乙烯、聚偏氟乙烯和聚氟乙烯等。其中最重要的品种是聚四氟乙烯，下面将聚四氟乙烯的主要性能及用途论述如下。

聚四氟乙烯的产量占氟树脂总产量的 85% 以上，用途非常广泛，有“塑料王”之称。其分子结构式如下：

$$\left(CF_2—CF_2 \right)_n$$

聚四氟乙烯是一种结晶型的高分子化合物，其结晶度在 55%～75%，而且具有很高的耐热性和耐寒性，长期使用温度范围在 -195～250℃，由于聚四氟乙烯的大分子是对称的无极性结构，高结晶度和不吸湿性决定了它具有优异的电性能，可作为潮湿条件下的绝缘材料。聚四氟乙烯是目前所有固体绝缘材料中介电常数最小的，介电损耗也是最小的。而且其介电性能基本上不受压力、温度、湿度、频率变化的影响。

聚四氟乙烯的另一个特点是具有极优越的化学稳定性。即使在高温下，浓酸、浓碱和强氧化剂对它也不起作用，它的化学稳定性甚至超过贵重金属（如金、铂等）、玻璃、搪瓷等。而且聚四氟乙烯具有很低的摩擦因数，是塑料中摩擦因数最低的一种，它的动静摩擦因数比较接近，因此是一种良好的减摩、自润滑轴承材料。此外，它还具有不黏性、着色性、自熄性以及良好的耐气候性能等。表 2-22 列出了目前国产的各种聚四氟乙烯的牌号及用途。

表 2-22　　各种牌号聚四氟乙烯树脂及用途

牌号	聚合方法	用途	牌号	聚合方法	用途
SFX-1-M	悬浮聚合	成形薄膜，特殊薄板制品	SFF-1-G	分散聚合	成形薄板及电缆等制品
SFX-1-B	悬浮聚合	成形板，棒、管材大型制件	SFF-1-D	分散聚合	成形棒及非绝缘性密封带等
SFX-1-D	悬浮聚合	成形垫圈及一般制件			

聚四氟乙烯根据其聚合方法的不同，可分为悬浮聚合和分散聚合两种树脂，前者适用于一般模压成型和挤压成型，后者可供推压加工零件及小直径棒材。若制成分散乳液时，则可作为金属表面涂层、浸渍多孔性制品及纤维织物、拉丝和流延膜用。

聚四氟乙烯的主要缺点是在常温下的力学强度、刚性和硬度都比其他塑料差些，在外力的作用下易发生“冷流”现象，此外，它的导热系数低、热膨胀大且耐磨耗性能差。为改善这些缺点，近 30 多年来，人们在聚四氟乙烯中添加了各种类型的填充剂进行了改性研究，并逐渐形成了填充聚四氟乙烯产品系列。填充聚四氟乙烯改善了纯聚四氟乙烯的多种性能，大大扩充了聚四氟乙烯的应用，尤其是机械领域，其用量已占聚四氟乙烯的 1/3。这类填充剂有石墨、二硫化钼、铅粉、玻璃纤维、玻璃微珠、陶瓷纤维、云母粉、碳纤维、二氧化硅等。如，用玻璃纤维填充的聚四氟乙烯具有优良的耐磨性、电绝缘性和力学性能，而且容易与聚四氟乙烯混合。特别是近年来由于液晶高分子（LCP）的出现，为聚四氟乙烯提供了理想的耐摩擦、自润滑、耐开裂的改性材料。采用高性能的 LCP 与聚四氟乙烯制备的复合材料，其耐磨性与纯聚四氟乙烯相比提高了 100 多倍，而摩擦因数与聚四氟乙烯相当。所以，它已成为高新技术和军工领域的重要材料。

2.2.2.8　聚砜

聚砜是 20 世纪 60 年代中期生产的，以后相继出现了聚芳砜和聚醚砜。聚砜是指分子主链中含有—SO_2—链节的树脂。

聚砜的合成是由双酚 A、氢氧化钠和 4，4′-二氯二苯砜在二甲基亚砜溶剂中缩聚而成的。其反应式如下：

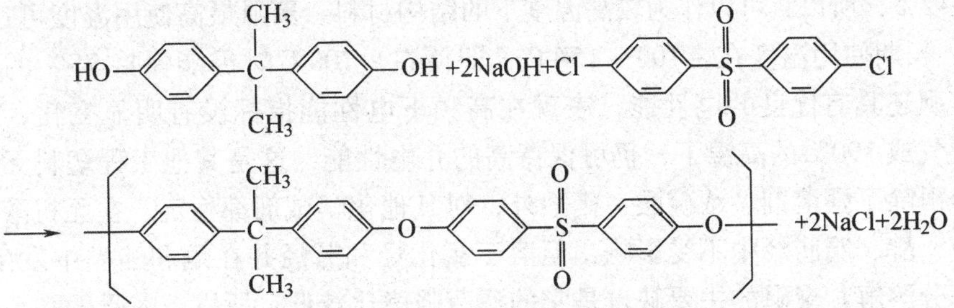

聚芳砜是以 4，4′-二苯醚磺酰氯和联苯为原料，在 $FeCl_3$ 存在的情况下在硝基苯溶剂中进行溶液共缩聚而制成的。其基本反应式如下：

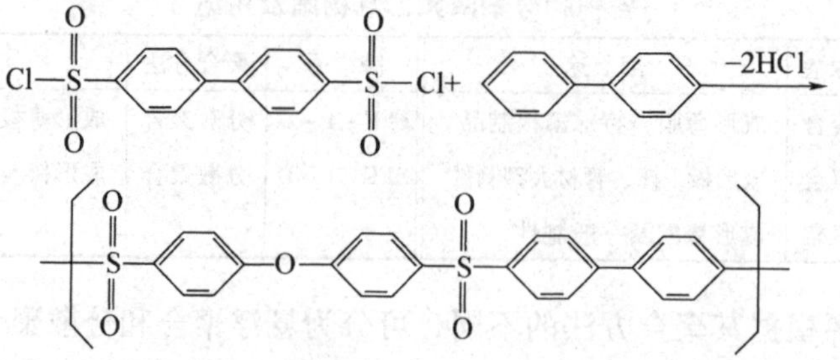

聚醚砜是由 4 - 二苯基醚磺酰氯在 $FeCl_3$ 存在下于硝基苯溶液中聚合而得到的。反应式如下：

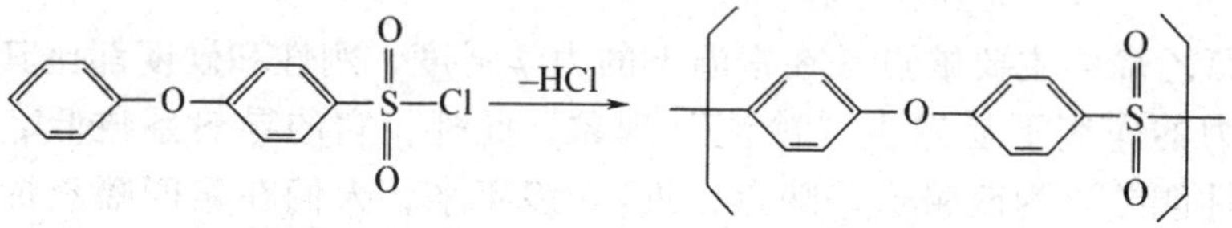

聚砜是透明而微带橙黄色的非结晶性高分子化合物，密度为 1.24g/cm³，吸水性为 0.22%，成型收缩率为 0.7%，尺寸稳定性较好，在湿热的条件下，其尺寸变化微小。见表 2 - 23。

表 2 - 23　　聚砜在湿热条件下尺寸的变化

条　件		重量变化/%	尺寸变化/(mm/mm)
22℃，50% 相对湿度，	28d	+0.23	<0.001
22℃，水中，	28d	+0.62	<0.001
100℃，水中，	7d	+0.85	+0.001
150℃，空气中和 60℃ 水中各 4h 为 7d 期，经 7d 后再在 150℃ 经 24h		-0.03	-0.001
150℃，空气中	28d	-0.10	-0.001

注：d 为天数。

聚砜具有优异的力学性能，由于大分子链的刚性，使得它在高温下的抗张性能好，抗蠕变性能突出，如在 100℃，20MPa 的载荷下，经一年之后的蠕变量仅为 1.5% ~2%，所以它可以作为较高温度下的结构材料。聚砜最高使用温度可达 150 ~ 165℃，长期使用温度在 -100 ~ 150℃，即使在 -100℃ 时仍能保持 75% 的力学强度。聚砜还具有优良的电性能，表现在高频下电性能指标没有明显变化，即使在水、湿气或 190℃ 的高温下，仍可保持高的介电性能，这是其他工程塑料无法相比的。聚砜除了强溶剂、浓硫酸、硝酸外，对其他化学试剂都稳定，在无机酸、碱的水溶液、醇、脂肪烃中不受影响，但溶于氯化烃和芳烃并在酮和酯类中发生溶胀，且有部分溶解。聚砜的主要缺点是它的疲劳强度比较低，所以，在受振动负荷的情况下，不能选用聚砜作为结构材料。

聚芳砜比聚砜有更好的耐高温性能，并且有突出的抗热氧化稳定性。使用温度可达260℃。聚芳砜的力学性能非常好，抗冲击强度也很高，比聚酰亚胺高3.5倍。在室温至240℃之间，其压缩弹性模量几乎不变，即使温度高达260℃时，仍可保持73%，其弯曲模量也能保持63%。聚芳砜能够耐酸碱，但由于砜基和醚键的存在，也使它溶于二甲基甲酰胺、丁内酯、N－甲基吡咯烷酮等极性溶剂。聚芳砜由于成型温度在300℃以上，所以加工条件比较苛刻。另外，由于聚芳砜具有吸湿性，所以加工前必须经过干燥处理。聚芳砜在电机及电器工业中用途很广。如在它当中加入聚四氟乙烯、石墨等填充剂后，就可作耐高负荷的轴承材料，其薄膜还可替代聚酰亚胺作耐高温薄膜。

2.2.2.9 聚苯醚

聚苯醚（PPO）又称聚苯撑氧，是分子主链中含有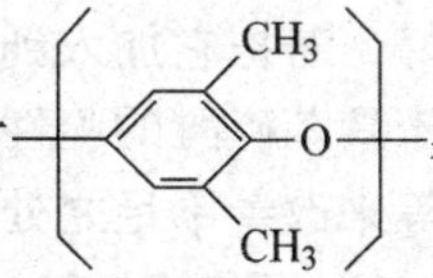基团的聚合物，其产量在工程塑料中占第四位，是以2，6－二甲基苯酚为单体在铜－胺络合物催化作用下，以芳烃为反应介质，通入氧气进行氧化偶合反应而制得。聚合方法可分为沉淀聚合和溶液聚合两种。

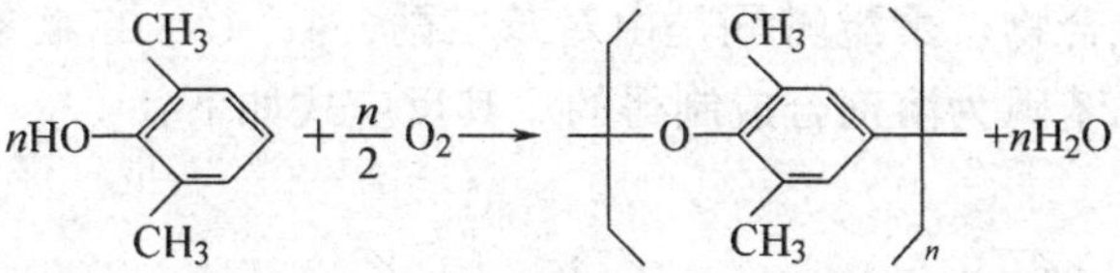

聚苯醚虽有一系列优异性能，但其熔融流动性差，价格较高，限制了其应用。所以目前聚苯醚主要以其改性产物获得广泛应用，主要改性产品有与聚苯乙烯的共混改性产物和用苯乙烯接枝的聚苯醚。

聚苯醚具有较高的耐热性，玻璃化温度210℃，分解温度350℃，脆化温度－170℃，长期使用温度为120℃，最高熔融温度为257℃。聚苯醚阻燃性好，有自熄性，介电性能优异，电性能十分稳定，电阻率高达10^7，具有优良的化学稳定性。聚苯醚硬而坚韧，硬度高于尼龙、聚碳酸酯（PC）和聚甲醛（POM），且蠕变较小成型收缩率亦小得多。可用注射、挤出、压制方法成型。聚苯醚最宜用于在潮湿而有载荷情况下需具备优良电绝缘性、机械性能和尺寸稳定性的场合，如电器零部件，滤材、阀座、潜水泵零件、医疗器械，较高温度下工作的齿轮、轴承、凸轮、机械零件、泵叶轮，化工设备部件：螺钉、紧固件及连接件等。

2.2.2.10 聚对苯二甲酸丁二醇酯（PBT）和乙二醇酯（PET）

PBT和PET分别是对苯二甲酸和1，4－丁二醇及乙二醇的缩聚物。PBT在用30%玻璃纤维增强后，其性能成倍增长。所以，PBT主要是以玻璃纤维增强的产品而应用。PET以前主要用作纤维，后又用于生产薄膜，改性后更广泛地用于生产中空容器“聚酯瓶”。PBT和PET作为热塑性聚酯已发展成为第五大类工程塑料，具有成型加工性能优异及优良的性能/价格比的特点。

2.2.2.11 聚苯硫醚

聚苯硫醚是以硫化钠和对二氯苯为原料制备的，在其分子链中含有苯硫基，分子结构式为右方所示。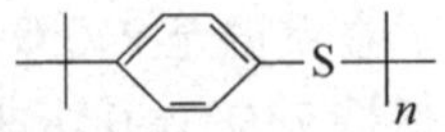

聚苯硫醚为一种线型结构，当在空气中被加热到345℃以上时，它就会发生部分交联。固化的聚合物是坚韧的，且是非常难溶的。聚苯硫醚具有优异的综合性能。表现为突出的热稳定性，优良的化学稳定性、耐蠕变性、刚性、电绝缘性及加工成型性。它在170℃以下不溶于所有的溶剂，如果温度过高除了强氧化性酸（如浓硫酸、氯磺酸、硝酸）外，不溶于烃、酮、醇，也不受盐酸及氢氧化钠的侵蚀，因此是一种比较理想的、仅次于聚四氟乙烯的防腐材料。另外，聚苯硫醚的熔体流动性比较好，若把它加入到难于加工成型的聚酰亚胺中去，就可改善聚酰亚胺的加工性。由于聚苯硫醚的脆性较大，因此，常常要加入玻璃纤维、碳纤维以及聚酯、聚碳酸酯等来改善不足之处。

2.2.2.12 聚醚醚酮

聚醚醚酮是分子主链上含有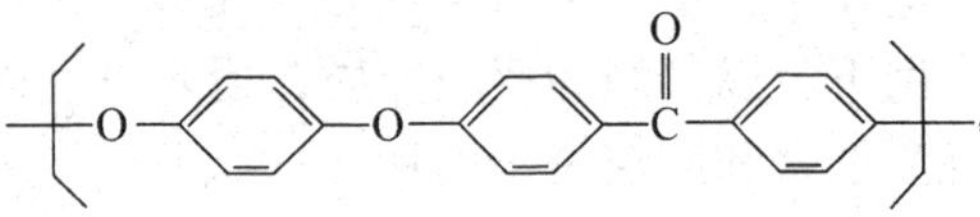链节的线型芳香族高分子化合物。聚醚醚酮是由对苯二酚，4，4′-二氟苯酮、碳酸钠或碳酸钾为原料，以二苯砜为溶剂合成制得的。其反应式如下：

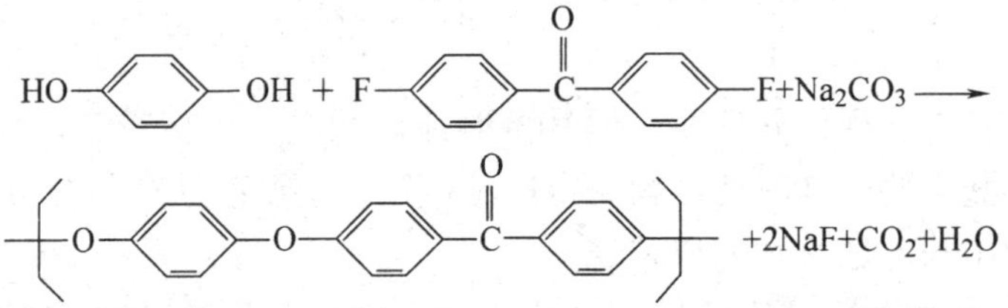

聚醚醚酮具有热固性塑料的耐热性、化学稳定性和热塑性塑料的成型加工性。聚醚醚酮还具有优异的耐热性。其热变形温度为160℃，当用20%～30%的玻璃纤维增强时，热变形温度可提高到280～300℃。聚醚醚酮的热稳定性良好，在空气中420℃、2h情况下失重仅为2%，500℃时为2.5%，550℃时才产生显著的热失重。聚醚醚酮的长期使用温度约为200℃，在此温度下，仍可保持较高的抗张强度和抗弯模量，它还是一种非常坚固的材料，有优异的长期耐蠕变性和耐疲劳性能。

聚醚醚酮的电绝缘性能非常优异，体积电阻率约为$10^{15}\sim10^{16}\Omega\cdot cm$。它在高频范围内仍具有较小的介电常数和介电损耗。例如，在10^4Hz时，在室温的情况下，它的介电常数仅为3.2，介电损耗仅为0.02。

聚醚醚酮的化学稳定性也非常好，除浓硫酸外，几乎对任何化学试剂都非常稳定，即使在较高的温度下，仍能保持良好的化学稳定性。另外，它还具有极佳的耐热水性和耐蒸汽性。在200～250℃的蒸汽中可以长时间的使用。

聚醚醚酮有很好的阻燃性，在通常的环境下很难燃烧，即使是燃烧，发烟量及有害气体的释放量也是很低的，甚至低于聚四氟乙烯等低发烟量的聚合物。此外，它还具有优良的耐辐射性。它对 χ、β、γ 射线的抵抗能力是目前高分子材料中最好的。用它包覆的电线制品可耐 11MGy 的 γ 射线。

聚醚醚酮在熔点以上有良好的熔融流动性和热稳定性，因而具有热塑性塑料的典型成型加工性能，因此可用注塑、挤出、吹塑、层压等成型方法，还可纺丝、制膜。虽然聚醚醚酮熔融加工温度范围为 360～400℃，但是由于它的热分解温度在 520℃以上，因而它仍具有很宽的加工温度范围。

尽管聚醚醚酮的发展历史仅为短短的二十几年，但是由于它具有突出的耐热性、耐化学腐蚀性、耐辐射性以及高强度、易加工性，使得它目前已在核工业、化学工业、电子电器、机械仪表、汽车工业和宇航领域中得到了广泛的应用。尤其是作为耐热性能优异的热塑性树脂，它可用作高性能复合材料的基体材料。

2.2.3 橡胶基体

常用的橡胶基体有天然橡胶、丁苯胶、氯丁胶、丁基胶、丁腈胶、乙丙橡胶、聚丁二烯橡胶、氟橡胶等。

橡胶基复合材料所用的增强材料主要是长纤维，常用的有天然纤维、人造纤维、合成纤维、玻璃纤维、金属纤维等。近年来已有晶须增强的轮胎用于航空工业。

橡胶基复合材料与树脂基复合材料不同，它除了要具有轻质高强的性能外，还必须具有柔性和较大的弹性。纤维增强橡胶的主要制品有轮胎、皮带、增强胶管、各种橡胶布等。纤维增强橡胶在力学性能上介于橡胶和塑料之间，近似于皮革。

2.2.3.1 天然橡胶

天然橡胶的主要成分橡胶烃是顺式－1，4－聚异戊二烯的线型高分子化合物，其结构式为：

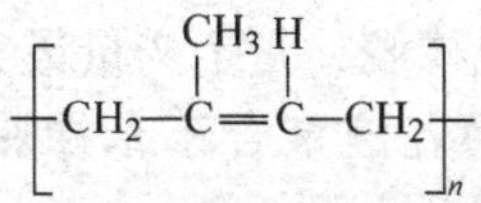

n 值平均为5000～10000 左右，相对分子质量分布指数（M_w/M_n）很宽（2.8～10），呈双峰分布，相对分子质量在 3 万～3000 万。因此，天然橡胶具有良好的物理机械性能和加工性能。

天然橡胶具有很好的弹性，在通用橡胶中仅次于顺丁橡胶。这是由于天然橡胶分子主链上与双键相邻的 σ 键容易旋转，分子链柔性好，在常温下呈无定形状态；分子链上的侧甲基体积小，数目少，位阻效应小；天然橡胶为非极性物质，分子间相互作用力小，对分子链内旋转约束和阻碍小。例如，天然橡胶的回弹率在 0～100℃范围内，可达 50%～85%以上，弹性模量为 2～4MPa，约为钢铁的 1/30000；伸长率可达 1000%以上，为钢铁的 300 倍。随着温度的升高，生胶会慢慢软化，到 130～140℃时完全软化，200℃开始分解；温度降低则逐渐变硬，0℃时弹性大幅度下降。天然橡胶的 T_g = －72℃，冷到 －72～ －70℃以下时，弹性丧失变为脆性物质。受冷冻的生胶加热到常温，仍可恢复原状。

天然橡胶具有较高的力学强度。天然橡胶能在外力作用下拉伸结晶，是一种结晶性橡胶，具有自增强性，纯天然橡胶硫化胶的拉伸强度可达17~25MPa，用炭黑增强后可达25~35MPa。天然橡胶的撕裂强度也很高，可达98kN/m。

天然橡胶具有良好的耐屈挠疲劳性能，滞后损失小，生热低，并具有良好的气密性、防水性、电绝缘性和隔热性。天然橡胶的加工性能好。天然橡胶良好的工艺加工性能，表现为容易进行塑炼、混炼、压延、压出等，但应防止过炼，降低力学性能。

天然橡胶的缺点是耐油性、耐臭氧老化和耐热氧老化性差。天然橡胶为非极性橡胶，易溶于汽油、苯等非极性有机溶剂；天然橡胶分子结构中含有大量的双键，化学性质活泼，容易与硫黄、卤素、卤化氢、氧、臭氧等反应，在空气中与氧进行自动催化的连锁反应，使分子断链或过度交联，使橡胶发生黏化或龟裂，即发生老化现象，与臭氧接触几秒钟内即发生裂口。

天然橡胶具有最好的综合力学性能和加工工艺性能，被广泛应用于轮胎、胶管、胶带以及桥梁支座等各种工业橡胶制品，是用途最广的橡胶品种。它可以单用制成各种橡胶制品，如胎面、胎侧、输送带等，也可与其他橡胶并用以改进其他橡胶或自身的性能。

2.2.3.2　丁苯橡胶

丁苯橡胶（SBR）是丁二烯和苯乙烯的共聚物，其分子结构式为：

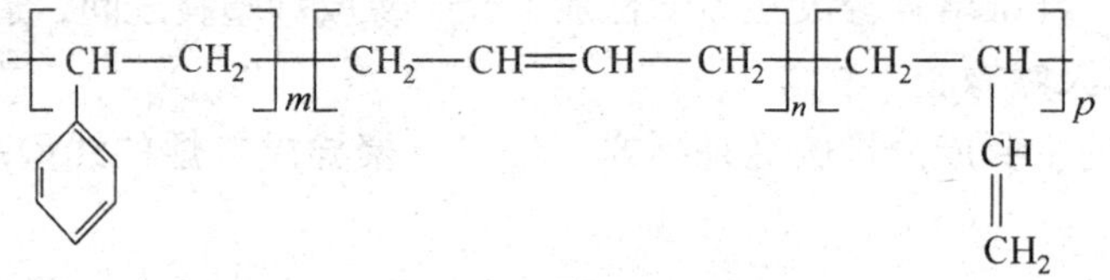

这是一类最早工业化的合成橡胶，是生产量最大的一类。

一般按照聚合工艺方法分为乳液聚合丁苯橡胶（E－SBR）和溶液聚合丁苯橡胶。

乳液聚合丁苯橡胶是丁二烯和苯乙烯两种单体，通过乳液聚合反应制得的共聚橡胶。工业生产方法有高温聚合（又称热法）和低温聚合（冷法）。高温聚合得到的产品分子量低，支化度大，分子量分布宽，质量不如低温法聚合产品，生产量只占20%；低温法聚合的产品，是一种新法聚合的产物，物性要比高温共聚的橡胶好。溶液聚合丁苯橡胶是丁二烯和苯乙烯两种单体，通过溶液聚合反应制得的共聚橡胶。此外还可按照充油改性又分为充油、充炭黑、充树脂丁苯胶等。

丁苯橡胶的分子结构不规整，属于不能结晶的非极性橡胶，分子链侧基（如苯基和乙烯基）的存在使大分子链柔性较差，分子内摩擦增大。因此，丁苯橡胶的生胶强度低，必须加入炭黑、白炭黑等增强剂增强，才具有实际使用价值。此外，丁苯橡胶的弹性、耐寒性较差，滞后损失大、生热高，耐屈挠龟裂性、耐撕裂性和黏着性能均较天然橡胶差。

丁苯橡胶的不饱和度（双键含量）比天然橡胶低，由于分子链侧基的弱吸电子效应和位阻效应，双键的反应活性也略低于天然橡胶，因此，丁苯橡胶的耐热性、耐老化性、耐磨性均优于天然橡胶，但高温撕裂强度较低。而且在加工过程中分子链不易断裂，硫化速率较慢，不容易发生焦烧和过硫现象。

丁苯橡胶的加工性能不如天然橡胶，不容易塑炼，对炭黑的润湿性差，混炼生热高，压延收缩率大等。丁苯橡胶的力学性能和加工性能的不足可以通过调整配方和工艺条件得到改善或克服。

丁苯橡胶的抗湿滑性能好，对路面的抓着力大，且具有一定的耐磨性，是轮胎胎面胶的好材料。目前，丁苯橡胶主要应用于轮胎工业，也应用于胶管、胶带、胶鞋以及其他橡胶制品。高苯乙烯丁苯（苯乙烯含量约为50% ~80%）橡胶适于制造高硬度、质轻的制品，如鞋底、硬质泡沫鞋底、硬质胶管、软质棒球、打字机用滚筒、滑冰轮、铺地材料、工业制品和微孔海绵制品等。

2.2.3.3 聚丁二烯橡胶

聚丁二烯橡胶是以1，3-丁二烯为单体聚合而成的一类通用合成橡胶。聚丁二烯橡胶的分类很多。按照聚合方式分为溶聚丁二烯橡胶、乳聚丁二烯橡胶和本体聚合丁钠橡胶（已淘汰）；按照分子结构分为高顺式、低顺式和中乙烯基聚丁二烯；按照催化剂体系分为镍系、钴系、钛系和稀土系。我国生产的聚丁二烯橡胶，为溶液法镍系高顺式1、4-聚丁二烯橡胶，国际通用代号为BR，简称顺丁橡胶。

顺丁橡胶同天然橡胶及丁苯橡胶相比，主要优点是弹性高，是橡胶中弹性最高的；耐低温性能好，其玻璃化温度-105℃，是通用橡胶中最好的；此外耐磨性优异，动负荷下生热低，耐屈挠龟裂性能好，适用于制造汽车轮胎及耐寒橡胶制品。其主要缺点是生胶的冷流倾向大，加工性能差，撕裂强度和拉伸强度较低，抗湿滑性不好，但可通过与其他橡胶并用等方法来弥补。

顺丁橡胶主要制造各种轮胎，在用于轮胎胎面、胎侧胶时可显著改善轮胎的耐磨性、耐屈挠龟裂性能，提高轮胎的使用寿命。顺丁橡胶还可以制造胶管、运输管、胶板、胶鞋、胶辊、文体用品及其他橡胶制品。也可作为合成树脂的增韧补强改性剂，如用来生产高抗冲聚苯乙烯（HIPS）以提高其冲击强度、耐候性和耐热性，并改善耐低温性能和耐应力开裂性能。

2.2.3.4 乙丙橡胶

乙丙橡胶是在齐格勒-纳塔立体有规催化体系开发后发展起来的一种通用合成橡胶，增长速率在合成橡胶中最快。乙丙橡胶是以乙烯、丙烯为主要单体，采用过渡金属钒或钛的氯化物与烷基铝构成的催化剂共聚而成，主要生产方法为悬浮法或溶液法。根据是否加入非共轭二烯单体作为第三单体，乙丙橡胶分为二元乙丙橡胶（EPM）和三元乙丙橡胶（EPDM）两大类。最早开始生产的二元乙丙橡胶，由于其分子链没有可以发生交联反应点的双键，不能用硫黄硫化，与通用二烯烃类橡胶不能很好的共混并用，因此应用受到限制，后来开发了三元乙丙橡胶，目前使用最广泛的也是三元乙丙橡胶。

二元乙丙橡胶是完全饱和的橡胶，三元乙丙橡胶分子主链是完全饱和的，侧基仅为1%～2%（摩尔分数）的不饱和第三单体，不饱和度低，所以EPM和EPDM同属非极性饱和橡胶。三元乙丙橡胶既保持了二元乙丙橡胶的各种优良特性，又实现了用硫黄硫化的目的。乙丙橡胶分子结构中丙烯的引入，破坏了乙烯的结晶，分子主链的乙烯与丙烯单体单元呈无规则排列，常用的乙丙橡胶是一种无定形橡胶。乙丙橡胶的内聚能密度低，无庞大的侧基阻碍分子链运动，因而能在较宽的温度范围内保持分子链的柔性和弹性。

由于乙丙橡胶基本上是一种饱和橡胶，所以其耐老化性能是通用橡胶中最好的一种。其具有突出的耐臭氧性能，优于以耐老化而著称的丁基橡胶；耐热性好，可在120℃下长期使用；具有较高的弹性和低温性能，仅次于天然橡胶和顺丁橡胶，最低使用温度－50℃以下；具有非常好的电绝缘性和耐电晕性；耐化学腐蚀性好，对酸、碱和极性溶剂有较大的抗耐性；另外，还具有较好的耐蒸汽性、低密度（860～870kg/m^3，是所有橡胶中最低的）和高的填充性。乙丙橡胶的缺点是硫化速度慢、不易与不饱和橡胶并用，自黏性和互黏性差，耐燃性、耐油性、气密性差。

乙丙橡胶主要用于汽车零件、电器制品、建筑材料、橡胶工业制品急家庭用品。如：汽车轮胎胎侧、内胎、散热器胶管、电缆绝缘材料、防水材料、耐热运输带、橡胶辊、耐酸碱介质的罐衬里材料、冰箱用磁性橡胶等。

2.2.3.5 丁基橡胶

丁基橡胶（IIR）的结构式为：

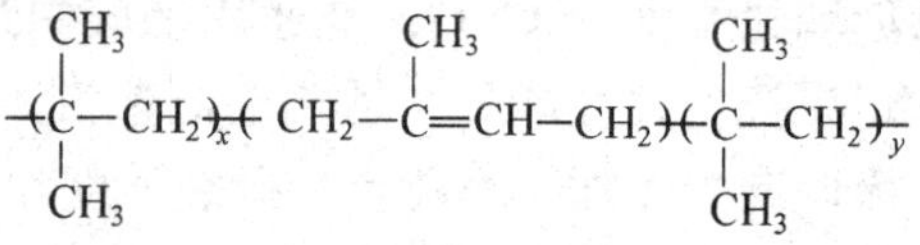

丁基橡胶的分子主链上含有极少量的异戊二烯，双键含量少，不饱和度极低，大约主链上平均有100个碳原子仅含有一个双键。分子主链的周围含有数目多而密集的侧甲基。丁基橡胶在低温下不易结晶，高拉伸状态下出现结晶。在低于－40℃下拉伸，结晶较快。因此，丁基橡胶是一种非极性的结晶橡胶。

丁基橡胶最独特的性能是气密性非常好，气透性是SBR的1/8，EPDM的1/13，NR的1/20，BR的1/30，特别适合制作气密性产品，如内胎、球胆、瓶塞等，作充气制品时有长时间保压作用，不必经常打气。

丁基橡胶和乙丙橡胶同属非极性饱和橡胶，具有很好的耐热性、耐天候老化性能、耐臭氧老化性能、化学稳定性和绝缘性。丁基橡胶的水渗透率极低，耐水性能优异，在常温下的吸水速率比其他橡胶低10～15倍，丁基橡胶适合应用于高耐热、电绝缘制品。

丁基橡胶的滞后损失大，吸震波能力强，在－30～50℃的温度范围内具有优异的阻尼性能，在玻璃化温度（－73℃）时仍具有屈挠性。在用于缓冲或冲击隔离的防震时，能很快使自由振动衰减，特别适用于对缓冲性能要求高的产品（如发动机座、减震器等）。

丁基橡胶的硫化速率慢，与天然橡胶等高不饱和度的二烯烃类橡胶相比，其硫化速率慢3倍左右，需要高温或长时间硫化。但不能采用过氧化物硫化，因为过氧化物会降解丁基橡胶分子链。丁基橡胶的自黏性和互黏性差，与天然橡胶、其他通用合成橡胶的相容性差，不宜并用，仅能与乙丙橡胶和聚乙烯等并用。丁基橡胶的包辊性差，不易混炼，生热高，加工时容易焦烧。

丁基橡胶主要用于充气轮胎的内胎。此外，丁基橡胶还应用于胶管、防水卷材、防腐蚀制品、电气制品、耐热运输带等。一般电气制品选不饱和度低的丁基橡胶。耐热制品选不饱和度高的丁基橡胶，因为丁基橡胶热老化后交联密度下降，制品变软、发黏，而不饱和度偏高的丁基橡胶硫化胶起始交联密度大，热老化后交联密度也较高，制品的硬度下降幅度较小，因此制品性能仍较好。

2.2.3.6 氯丁橡胶

氯丁橡胶（CR）是2－氯－1，3－丁二烯聚合而成的一种高分子弹性体，其结构式：

$$\left[CH_2-\underset{\underset{Cl}{|}}{C}=CH-CH_2 \right]_n$$

氯丁橡胶的品种牌号是合成橡胶中最多的一个。可以按照外观形态分为干胶、胶乳和液体胶；按照制造工艺中采用的分子量调节剂，分为硫磺调节型、非硫磺调节型、混合调节型；按照用途分为通用型、专用型，专用型氯丁橡胶是指用作粘合剂及其他特殊用途的氯丁橡胶。

氯丁橡胶的综合性能比较好。其优良的物理机械性能、拉伸强度和天然橡胶相似；由于氯丁橡胶分子链含有极性氯原子基团，能够保护双链使活性减弱，使聚合物对非极性物质有很大的稳定性，因此氯丁橡胶在耐光、耐热、耐老化、耐油、耐化学腐蚀性优于天然橡胶，尤其是耐燃性更是突出，可以算是通用橡胶中最好的；另外氯丁橡胶是结晶橡胶，有自补强性、生胶强度高、良好的粘着性、耐水性、气密性。氯丁橡胶的缺点主要是电绝缘性差、耐寒性能差、容易早期硫化及储存期短。

氯丁橡胶主要制作电缆护套、耐油胶管、胶板、运输带、胶皮水坝、各种密封圈垫以及化工设备防腐衬里、鞋类粘接剂等。

2.2.3.7 丁腈橡胶

丁腈橡胶（NBR）是由单体丁二烯和丙烯腈，在一定配料比及乳化剂等助剂存在和自由基引发下，经乳液共聚反应而生成的弹性体共聚物，其分子结构式为：

$$\left(CH_2-CH=CH-CH_2 \right)_m \left(CH_2-\underset{\underset{CN}{|}}{CH} \right)_n$$

丁腈橡胶的特点是耐油，是一种耐油的橡胶，因有极性氰基存在，所以对非极性或弱极性的脂肪烃、动植物油、液体燃料和溶剂等有较高的稳定性，而芳烃溶剂、酮、酯等极性物质则对其有溶胀作用。丙烯腈含量越高的丁腈橡胶，其耐油性越好，同时耐热性和气密性也有所提高。丁腈橡胶的耐热性能优于天然橡胶、丁苯橡胶和氯丁橡胶，可在空气中120℃下长期使用，若隔绝空气则可在160℃下使用。

丁腈橡胶的气密性较好，仅次于丁基橡胶。丁腈橡胶由于含有易被电场极化的氰基，因而降低了介电性能，属于半导体橡胶。

丁腈橡胶主要用于制作耐油、耐溶剂的橡胶制品，广泛用于模制品、压出制品、海绵制品、石棉制品、工业胶辊、设备衬里、纺织胶圈、耐油胶鞋、手套、电线电缆、胶布、胶粘剂、增塑剂以及建筑材料等。

2.2.3.8 氟橡胶

氟橡胶（FPM）是指主链或侧链的碳原子上含有氟原子的一类高分子弹性体，主要分为四大类：①含氟烯烃类氟橡胶；②亚硝基类氟橡胶；③全氟醚类氟橡胶；④氟化磷腈类氟橡胶。其中最常用的一类是含氟烯烃类氟橡胶，是偏氟乙烯与全氟丙烯或再加上四氟乙烯的共聚物，主要品种有：偏氟乙烯（VDF）-六氟丙烯（HFP）共聚物（26 型氟橡胶）、偏氟乙烯（VDF）-四氟乙烯（TFE）-六氟丙烯（HFP）共聚物（246 型氟橡胶）、偏氟乙烯-四氟乙烯-六氟丙烯-可硫化单体共聚物（改进性能的 G 型氟橡胶）、偏氟乙烯-三氟氯乙烯的共聚物（23 型氟橡胶）以及四氟乙烯（TFE）-丙烯（PP）共聚物（四丙氟胶）。

氟橡胶的最突出的特点是耐热、耐油、耐腐蚀。它的耐热性可与硅橡胶媲美，如氟橡胶-23 在石油或润滑油中于 200℃下长期使用，在含芳烃 15% 的汽油中于 205℃浸泡 500h，仍然具有良好的机械性能。此外氟橡胶对日光、臭氧及气候的作用也十分稳定，对各种有机溶剂及腐蚀性介质的抗耐性均优于其他橡胶。因此长期以来其一直是现代航空、导弹、火箭、宇宙航行等尖端科学技术部门不可缺少的材料。在民用领域主要用来制作胶管、垫片、密封圈、耐腐蚀服装等。氟橡胶的缺点是弹性差、加工性能差。

2.3 金属基体

以金属为基体的复合材料具有优异的耐热、导热、导电以及力学性能，其比模量可以跟聚合物基复合材料相媲美，而且也不存在聚合物基复合材料的老化、变质、耐热性不够高、传热性差、尺寸不够稳定等缺点，因此，可应用于航空航天及国防工业等高新技术领域。

一般用于复合材料的金属基体有钛及钛合金、铝及铝合金以及铜、镁、铅等。

钛及钛合金具有重量轻、较高的比强度，耐高温、耐腐蚀及良好的低温韧性等优点。钛合金的强度可达 1380MPa，密度为 4.505g/cm^3，力学性能也非常好。但目前钛及钛合金的加工条件比较复杂，而且价格昂贵，因此在很大程度上限制了它们的应用。钛合金可以用来制造 400℃以下长期工作的零件、要求一定高温强度的发动机零件以及在低温下使用的火箭、导弹的液氢燃料箱部件等。在 F—15 战斗机中，钛的用量达 31%。用碳化硅纤维增强的钛合金的强度在 815℃高温时比镍基超耐热合金还高 2 倍，是较为理想的涡轮发动机材料。用钼纤维增强钛合金复合材料具有很好的高温强度和弹性模量，如图 2-3 所示。可应用于飞机上的零部件。

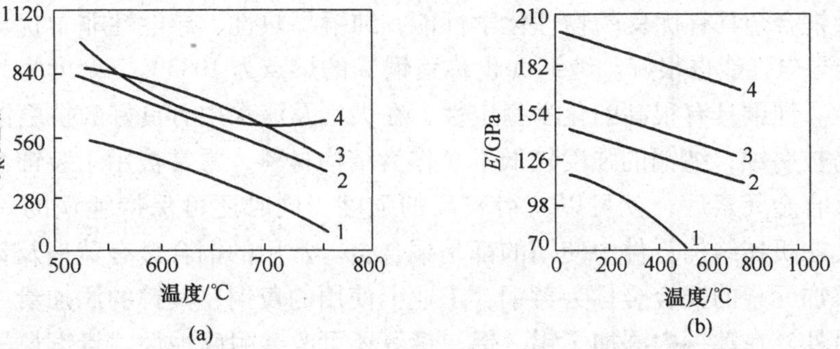

图2－3　钼纤维增强钛合金的强度和弹性模量与温度的关系

（a）强度　（b）弹性模量

1—Ti－6Al－4V 合金　2—含20%体积的钼纤维　3—含30%体积的钼纤维　4—含40%体积的钼纤维

铝是一种轻金属，密度为2.72g/cm^3，约为钢密度的1/3，当铝的纯度为99.96%时，其熔点约为660℃。铝合金的密度一般在2.5～2.88g/cm^{3}之间。铝具有良好的导热、导电性，其导电性仅次于银、铜，在室温下的导电率约为铜的63%。由于铝和氧之间的亲和力很大，使得铝及其合金的表面能形成一层坚固的氧化膜，阻止了氧向金属内部扩散，具有极强的抗大气腐蚀能力。其磁化率极低，接近于非铁磁性材料。铝及铝合金的塑性很好，便于进行各种冷、热压力加工，切削性能也很好。超高强铝合金成型后经热处理，可达到很高的强度。而且铝的资源丰富，价格也比较低。用碳化硅纤维增强的铝基复合材料具有高的比强度和比模量，表2－24为一般性能。而且在高温下具有良好的弯曲强度、拉伸强度，如图2－4，图2－5所示。所以它是用来制作导弹、飞机、发动机上零部件的高性能结构材料。

表2－24　碳化硅纤维/铝双向（正交）增强复合材料的一般性能（V_f=35%）

单位：MPa

拉伸强度	400～500
弯曲强度	500～600
弯曲疲劳强度/（10^7 循环）	250

注：V_f 为纤维体积含量。

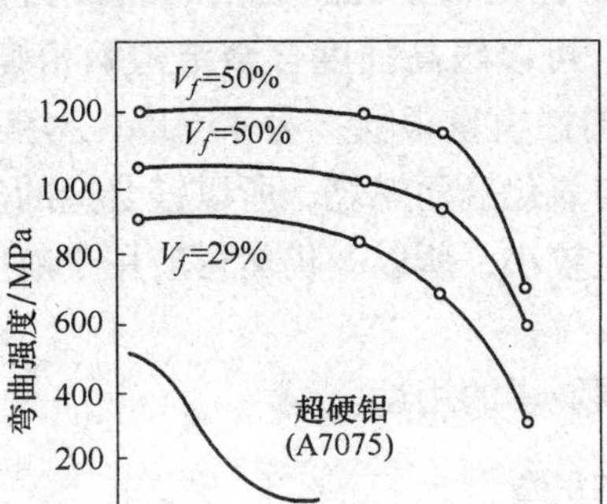

图2－4　碳化硅纤维/铝单向增强复合材料的高温弯曲特性（3点弯曲法）

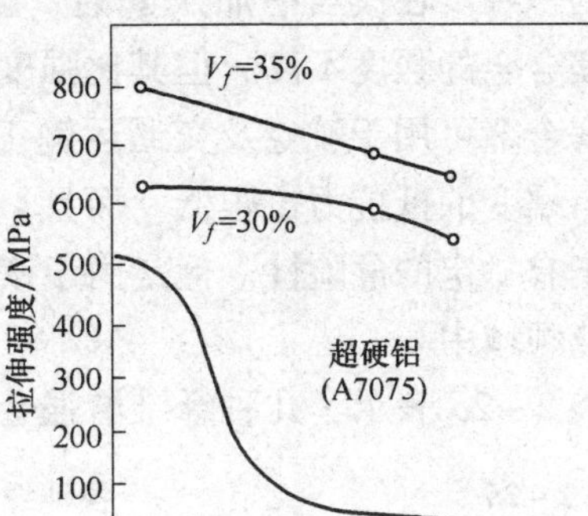

图2－5　碳化硅纤维/铝单向增强复合材料的高温拉伸特性

铜及铜合金具有优良的物理化学性能，纯铜导热性、导电性非常优异，铜合金的导热、导电性能也很好。纯铜（也称紫铜）的熔点为1083℃，密度为8.94g/cm³，不带磁性。纯铜具有很高的化学稳定性，在大气及淡水中有良好的抗腐蚀性，但在海水中易被腐蚀，纯铜的强度较低不易作为结构材料，常常被用于装饰性场合。在铜中加入合金元素后，就可以获得较高的强度，同时还可保持纯铜的一些优良性能，因此在机械结构零件中使用的都是铜合金。常用的铜合金有黄铜及青铜。以锌为主要添加元素的铜合金称为黄铜，工业上使用的黄铜，其锌的添加量一般都小于50%，另外，在黄铜中添加了锡、铝、锰等还可改善耐腐蚀性。青铜最早指的是铜锡合金，现在又发展了含铝、硅、铍、锰、铅的铜合金，也都称为青铜，所以青铜其实包含有锡青铜、铝青铜，铍青铜等。锡青铜在铸态时，随着锡含量的增加使强度和塑性有所增大。当锡含量为5%～6%时，塑性会急剧下降，而强度会继续增高。当锡含量达20%以后，合金的强度、塑性极差，所以工业上锡青铜的锡含量一般都在3%～14%。其中压力加工的锡青铜，其含锡量小于7%，而铸造锡青铜的含锡量为10%～14%。铝青铜中的含铝量一般为5%～7%时，它的塑性最好，适合于冷加工。当铝含量为10%时合金强度最高，但塑性较差。高于12%时的铝青铜塑性很差，难于加工成型。实际应用的铝青铜的含铝量一般为5%～12%。铝青铜与黄铜、锡青铜相比，具有更好的抗大气、海水腐蚀的能力、强度也优于黄铜及锡青铜，耐磨性能也比较好。若想进一步提高铝青铜的耐磨性、耐腐蚀性和强度，还可添加适量的铁、锰、镍等元素。铍青铜是以铍为基本合金元素的铜合金。工业上所使用的铍青铜铍含量一般在1.7%～2.5%。铍青铜中除了含铍外，还添加镍、钴和钛等合金元素。镍和钴的含量为0.15%～0.5%，添加的目的是使合金具有更好的弹性。添加钛的目的是改善工艺性能和提高强度。铍青酮具有疲劳强度、弹性极限高等优点，而且耐磨性、耐腐蚀性、导热性、导电性好，同时有抗磁性、受冲击时不产生火花等特殊性能。

镁是一种比铝更轻的金属，它的密度很小，仅有1.74g/cm³，是工业用金属中最轻的一种。在镁当中加入了铝、锰、锌、锆、钍及稀土元素之后，就成为镁合金。镁合金的强度不高，但其比强度却比较高，可以跟高强度合金结构钢相媲美，因而镁合金可用于航空及交通运输工具。镁的弹性模量很低，为45MPa，对疲劳、磨损、蠕变的抵抗力也很低。而且，由于镁易与氧化合而燃烧，所以镁合金的浇铸与加工有一定的危险性。但是由于镁合金的密度较小，所以，仍然可应用于航空航天工业领域中。

表2－25表示了几种纤维增强金属在不同领域中的用途。

表2－25　　各种纤维增强金属的用途

纤　维	基　体	潜在的用途
石墨	铝	人造卫星、火箭、直升飞机结构
	镁	空间和人造卫星结构

续表

纤　维	基　体	潜在的用途
石墨	铅	蓄电池板
	铜	电接触器和轴承
硼	铝	压缩机叶片和结构支撑体
	镁	天线结构
	钛	喷气式发动机风扇叶片
* Borsic	铝	喷气式发动机风扇叶片
	钛	高温结构件和风扇叶片
* * Alumina（FP）	铝	核聚变反应堆的超导限制器
	铅	蓄电池板
	镁	直升飞机通话结构件
碳化硅	铝	高温结构件
	钛	高温结构件
	特种合金（以钴为基础）	高温发动机部件
钼	特种合金	高温发动机部件
钨	特种合金	高温发动机部件

* Borsic—商品名，是在硼纤维上涂 SiC 的制品；

* * Alumina（FP）—氧化铝纤维，杜邦公司的临时商品名。

2.4　陶瓷基体

传统的陶瓷产品是指的陶器与瓷器，它是以黏土为主要原材料，经粉碎、加工、成型后，在高温窑炉中烧成的制品，所以陶瓷属于硅酸盐类材料。另外，玻璃、水泥、砖瓦、石灰、石膏、耐火材料等人造无机非金属材料也是由黏土、石灰石、石英、砂子等硅酸盐类材料制成的，所以，近代把这些材料都归类到陶瓷材料中。因此，现在的陶瓷材料就是无机非金属材料的同义语，不仅包括传统的陶与瓷，还包括硅酸盐材料以及含氧化物、碳化物、氮化物、硼化物等新型陶瓷材料。

工程陶瓷材料主要包含有无机玻璃、玻璃陶瓷和陶瓷三大种类。它们可作为结构陶瓷，用于制造一些工业构件、零件和工具。下面主要介绍陶瓷。

陶瓷具有很好的化学稳定性，耐高温性、耐磨损性、耐氧化性以及高熔点、高硬度、重量轻、弹性模量高、强度高等优良性能。因此陶瓷可以在高温、腐蚀、辐射等各种苛刻的环境下工作，是一种很有发展前途的工程结构材料。陶瓷的主要缺点就是脆性大，韧性低，容易因存在裂纹、空隙、杂质等缺陷而导致碎裂。

陶瓷主要有普通陶瓷（传统陶瓷）、特种陶瓷两大类。普通陶瓷主要是指黏土产品。按照其性能和用途来分，可有日用陶瓷、建筑陶瓷、化工陶瓷等。特种陶瓷是指具有特殊物理化学性能及力学性能的陶瓷。可分有电容器陶瓷、磁性陶瓷、压电陶瓷、高温陶瓷、金属陶瓷等。高温陶瓷在机械工程中占有非常重要的地位。按照化学组成来分，可分为两种。一种是氧化物陶瓷，如氧化铝、氧化铍、氧化钙、氧化镁、氧化锆等。另一种是非氧化物陶瓷，如碳化物、氮化物、硼化物等。高温陶瓷目前在各个领域中的应用是很广泛的。

普通陶瓷主要为长石、黏土和石英所组成。这类陶瓷质地坚硬、不氧化、耐腐蚀、不导电、成本低，但强度较低，使用温度也不能过高。普通陶瓷可广泛用于建筑、电工、化学化工等领域。由于建筑卫生陶瓷要求强度和热稳定性好、电工陶瓷要求力学强度高、介电性能和热稳定性好，而化学化工陶瓷要求耐各种化学介质的能力强，因此，常常要加入氧化镁、氧化锌、氧化钡来提高强度和耐碱性，加入氧化铝、氧化锆来提高强度和热稳定性，加入滑石来降低热胀系数，还可加入碳化硅来提高导热性和强度。表 2－26 表示了普通陶瓷的种类、性能和应用。

表 2－26　　普通陶瓷的种类、性能及应用

种　类	原　料	性　能	用　途
日用陶瓷	黏土、石英、长石、滑石等	具有一定的热稳定性、致密度、机械强度和硬度	生活器皿
建筑用瓷	黏土、长石、石英等	具有较好的吸水性、耐磨性、耐酸碱腐蚀性	铺设地面、输水管道、卫生间
电瓷	一般用黏土、长石、石英等配制	介电强度高，抗拉强度和抗弯强度较高，耐温度急变性能较好，有防污染性	隔电的机械支承件、瓷质绝缘器件
化工陶瓷	黏土、焦宝石（熟料）滑石、长石等	耐酸、碱腐蚀性好，不污染介质	石油化工、冶炼、造纸、化纤、制药工业
多孔陶瓷	原料品种多，如以石英砂、河砂为骨料等	作过滤材料，流体从气孔通过时达到净化过滤及均匀化的效果	耐强酸、耐高温的多孔陶瓷器件

特种陶瓷中的高温陶瓷，其熔点一般都高于 2000℃，这一特点给高温陶瓷带来了多方面的应用，尤其是在机械工程方面，使它们成为常用的高温结构材料之一。高温陶瓷应用得最多的是氧化铝、氧化锆、氧化镁、氧化铍以及氮化硅、碳化硅、氮化硼陶瓷等。氧化铝陶瓷的主要成分是 Al_2O_3 和 SiO_2。Al_2O_3 的含量越高则性能就越好，但成本也会增加。氧化铝陶瓷也可称为刚玉瓷。它具有很高的物理力学性能、热性能、电性能、良好的化学稳定性。可在 1600℃ 的高温下长期使用，在高频下有突出的电绝缘性能，每 mm 厚度可耐 8000V 以上的电压。因此可用来制造各种电绝缘、无线电、电真空等技术中使用的陶瓷元件，还由于耐磨性较好，可用于制作刀具、模具、轴承。氧化锆陶瓷的特点是弱酸性或惰性。导热系数小，熔点为 2667℃，所以使用温度一般为 2000～2200℃，主要用于高温下的绝热材料及各种耐火材料，例如耐火坩埚、反应堆的绝热材料以及火箭和喷气发动机的耐腐蚀

部件。氧化镁陶瓷有能抗各种金属碱性渣的作用，但在高温下容易挥发，所以其热稳定性较差。可用于制作坩埚、炉衬等。氧化铍是金属铍惟一的一种氧化物，其密度为3.02g/cm^3，熔点约为2570℃，沸点约为4000℃。氧化铍对碱及碱性熔体相当稳定，但在酸及酸性熔体中稳定性较差。氧化铍陶瓷的特点是具有很高的导热性，优良的热稳定性，但是力学性能不好。这种陶瓷消散高能辐射的能力强，热中子阻尼系数大，可用于熔制铍、铀、钠、钍等的坩埚，并可用作真空陶瓷和原子反应堆用陶瓷，还可作为氧化铀的模具。碳化硅、氮化硅、氮化硼陶瓷等耐高温陶瓷都属于非氧化物陶瓷。它们的特点是具有高的耐火度、硬度和高的耐磨性，但是这些材料的脆性都很大。碳化硅陶瓷是应用最广泛的陶瓷之一。它的密度为3.2g/cm^3，弯曲强度为200~250MPa，压缩强度为1000~1500MPa，突出特点是在高温下的强度高。例如，在1400℃的情况下，抗弯强度仍可保持在500~600MPa的水平。碳化硅具有很好的耐磨损性、耐腐蚀性和耐蠕变性，热传导能力很强，在陶瓷中仅次于氧化铍陶瓷，但耐强碱性较差。由于碳化硅陶瓷具有高温高强度的特点，所以可用于火箭尾喷管的喷嘴、热电偶套管、加热元件、以及燃气轮机的叶片、轴承等零件。氮化硅具有很高的硬度及耐磨性。硬度仅次于金刚石、碳化硼等几种物质。摩擦因数为0.1左右，相当于加油润滑的金属表面，它可作为研磨材料及高温轴承材料。氮化硅还具有优异的耐腐蚀性，可用于坩埚，热电偶保护管、密封件以及热处理炉的内衬。例如，在腐蚀介质中，用反应烧结氮化硅制作的密封环的寿命比其他陶瓷寿命高出6~7倍。另外，氮化硅还具有良好的高温强度、较高的导热系数及抗热震性能，还有较低的热胀系数。所以有可能成为使用温度达1200℃以上的新型高温高强度材料，它还可以作为火箭喷嘴、导弹发射台及燃气轮叶片的材料。氮化硼陶瓷有两种晶型：六方晶型与立方晶型。六方晶型具有与石墨相似的六方结构，性能也与石墨相似，因而也可称为"白石墨"。六方氮化硼的硬度不高，是惟一易于进行机械加工的陶瓷，可用作于介电质和耐火润滑剂。六方氮化硼在高温（1700℃左右）、高压（$6\sim9\times10^3$MPa）下会转变成为立方氮化硼。立方氮化硼有极高的硬度，接近于金刚石，是非常好的耐磨材料，现已用于高速切削刀具及模具材料。

2.5 碳 基 体

C/C（碳/碳）复合材料是一种碳纤维增强碳基体的复合材料，它是20世纪60年代发展起来的迄今最理想的耐高温材料，也是目前世界上高技术领域重点研究和开发的一种新型材料。C/C复合材料的组成元素只有一种，即碳元素，因而C/C复合材料具有许多碳和石墨材料的优点，如密度小，实际密度约为2.0g/cm^3（石墨理论密度为2.2g/cm^3），为镍基高温合金的1/4，陶瓷材料的1/2。此外还具有优异的热性能和力学性能：高温下高强、高模、良好的断裂韧性、耐磨性、低热膨胀系数和抗热震性能等，特别是温度达到2200℃时，强度不但不降低，反而升高并且表现出高断裂韧性和低蠕变的特性。这是其他聚合物基、金属基及陶瓷基复合材料无法相比的。因而在航空、航天、核能及许多民用领域受到极大关注，近二十年得到迅速发展和广泛应用。进入 20 世纪 90 年代后，主要开展了 C/C 复合材料的新工艺开发和民用领域的应用研究，并致力于缩短制造周期，降低成本，扩大其在航空、体育、医药等领域的应用。

由于碳在常压下不溶不熔，不能直接作为基体材料使用，C/C 复合材料的制法一般是先制成 CF 增强热固性树脂基复合材料，然后在气氛中缓慢热分解，使树脂基体分解，最后只留碳基体，因而 C/C 复合材料的性能很大程度上取决于碳纤维的性能和碳基体的致密化程度。CF 按前驱体的不同分为聚丙烯腈（PAN）CF、沥青（Pitch）系 CF 和人造丝系 CF 三种，后者基本上已被淘汰。目前主要以 PAN 系 CF 为主，但由于沥青系 CF 价格低廉，因而沥青系 CF 所占的比重会大大提高。其中，碳的短纤维、连续纤维、层合织物或三维立体编织物等都可用作增强材料。

作为 C/C 复合材料基体碳的前驱体，必须是碳化收率高。如果碳化收缩小，且不能使 CF 损伤。目前使用的基体碳是将有机物（树脂、沥青）碳化后而得到或以化学气相沉积法（CVD）热分解烃类气体制得。有机物碳化法是将 CF 或其编织成型物用有机物浸渍之后碳化以至石墨化。由于碳化时其质量或体积减小，在 C/C 中产生气孔或龟裂，因而为使密度增加，应再次用有机物浸渍充填、再碳化，反复操作数次。用于浸渍的沥青有石油沥青及煤焦油沥青；树脂主要有酚醛、环氧、糖醇和呋喃树脂等。化学气相沉积法是将气体原料通入到加热至 700～2000℃高温的纤维编织成型物中，使碳沉积在纤维上的方法。这种基体碳的作用是固定坯体的原始形状和结构，与增强纤维组成一个承载外力的整体，可将承载外力有效地传递给增强纤维，使坯体致密化。CVD 碳的沉积速度根据条件不同而有很大区别，气体原料有甲烷、丙烷、苯、三氯乙烯等。

这里，将碳基体分成液相浸渍碳、热解碳和烧结碳来分别讨论。

2. 5. 1　液相浸渍碳

液相浸渍碳包括树脂碳和沥青碳，它们是碳纤维预成型体经过浸渍树脂或沥青等浸渍剂后，经预固化，再经碳化获得的基体碳。

浸渍用的基体树脂应精心选择。它应具有残碳量高、有黏性、流变性好以及与碳纤维有良好的物理相容性，即为使纤维与基体之间很好地复合，两者的热膨胀系数应当匹配等特性。

液相浸渍就是把预成型体浸渍在液相浸渍剂中，浸渍碳纤维预制体，然后加热使沥青进行裂解、缩聚、排除挥发分或使树脂经过聚合和分解后留下碳，即通过浸渍—碳化—石墨化的多次循环来达到产品致密的目的。常用的浸渍剂有两类：热固性树脂如呋喃树脂（糠醛、糠酮和糠醇树脂）、环氧树脂、酚醛树脂，酚醛－呋喃或酚醛－环氧树脂混合物。热塑性树脂，如各向同性的石油沥青和煤沥青以及各向异性的中间相沥青。前者只能得到玻璃碳，碳化过程由于气体的逸出会导致内部热机械应力，不能进一步石墨化，性能较低。以沥青为基体的 C/C 复合材料表现出优异的抗热振性能和力学性能，主要是由于沥青和碳纤维具有良好的界面结合性，在碳化时形成的中间相沥青沿纤维方向定向排列，因此碳化后的沥青基体的热力学性能与纤维匹配较好。沥青的残碳率高，各向同性沥青残碳率可达 50% ~60%，中间相沥青则更高。凡是固体有机物，没有经过熔化这一阶段，直接碳化生成的碳，都是难石墨化碳。如由热固性酚醛树脂碳化生成的树脂碳等。有机物在升温处理时，经过熔融产生小球体、再生长、熔并碳化，是易石墨化碳。

制备 C/C 复合材料时，液态浸渍剂的选择原则主要考虑以下几点：

（1）黏度

黏度可以直接表征浸渍剂的流动性，为使浸渍剂易浸入到纤维或预成型体内，要求黏度适当。测定方法有多种，例如煤沥青的黏度可用动力黏度、运动黏度和恩氏黏度等表示。不同软化点的沥青在相同的黏度范围，具有相似的温度敏感性，温度上升，黏度迅速下降。对任何沥青黏度与温度间存在如下近似关系：

$$\lg\eta_t = \frac{711.8}{86.1 - t_s + t} - 4.175$$

式中　η_t——动力黏度，10^{-1}Pa · s

t_s——环球法软化点，℃

t——温度，℃

由此式，还可从煤沥青的软化点估算出不同温度下的黏度。浸渍剂选择在浸渍剂黏度小，而又不会变质的温度下进行以利浸渍。若采用热固性树脂如酚醛树脂，则浸渍后需先进行固化和后固化处理后再碳化。

（2）密度

密度是化学结构与组成的表征。树脂碳化时能形成张开型的裂缝和孔隙，多次浸渍可形成致密的 C/C 复合材料。较高密度的煤沥青碳含量较高，密度较大有利于提高制品的体积密度和力学强度。

（3）残碳率

残碳率也称焦化值。它是指浸渍经碳化后所得残渣占浸渍剂质量的百分数。残碳率高的浸渍剂可以提高 C/C 复合材料的质量，减少浸渍次数，在选择浸渍剂时，要选择碳化产碳率高的浸渍剂，如煤沥青比石油沥青好，树脂中酚醛树脂产碳率较高。这两种浸渍剂的残碳率约为 50% ~60%。

表 2 – 27 和表 2 – 28 分别列出了煤焦油沥青和酚醛树脂的基本特性。

表 2 – 27　　煤焦油沥青基本特性

软化点/℃	粘度 250℃ /Pa · s	焦化率（大气压）/%	密度/(g/cm³)	S 含量/%	灰分/%
94 ~107	0.003 ~0.005	52 ~62	1.28 ~1.31	0.1 ~0.6	0.2 ~0.5

表 2-28　　酚醛树脂的基本特性

焦化率/%	密度/(g/cm³)	黏度（25℃）/Pa·s	固体含量/%	固化时间 165/s	游离酚含量/%
50~60	1.08~1.09	0.012~0.020	60~62	85~105	11.5~13.5

2.5.1.1　沥青碳基体

沥青的主要来源有：石油原油分馏后的渣油制得的石油沥青；石油分馏热解制取乙烯时副产的热解沥青；煤炭焦化工业副产的煤焦油沥青。还有用合成树脂（如聚氯乙烯树脂 PVC）或纯芳烃类（如萘、蒽及其馏分油）缩聚制得的纯净无杂质的、相对分子质量分布窄的合成沥青。

沥青的组成十分复杂，含碳量大于 70%，平均相对分子质量在 200 以上，化学组成及结构千变万化，它是一种含有多种化合物的混合物。各种沥青的性质随沥青来源及低分子组成物的除去方式而变化。沥青中的某些化合物的熔点可高达数百度，但由于它们是混合物，因低共熔特性在较低温度下（50~100℃）即可熔化。沥青中的 H/C 原子比可很好地代表其芳香度，其值越小，沥青的芳香度越高。图 2-6 为各种沥青及其原料的 H/C 原子比。沥青的组成可借助溶剂溶解方式来粗略区分。一般采用石油醚（或正庚烷）、苯、喹啉（或吡啶）等有机溶剂抽提，将其分成具有不同化学成分和物理性质的组分。这些组分的含量和比例关系，直接影响到原料沥青的软化点、黏度、塑性、感温性、流变性及炭化性能。如图 2-7 为沥青各组分溶剂分离流程。

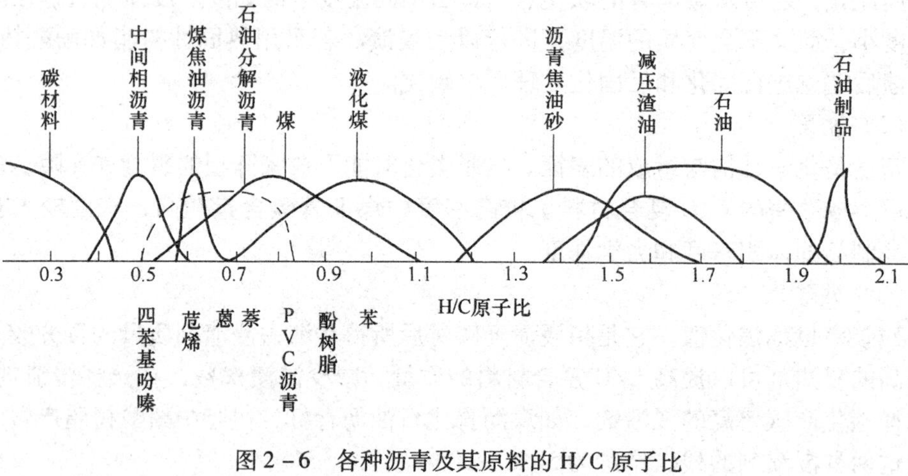

图 2-6　各种沥青及其原料的 H/C 原子比

上述不同溶剂中溶解度不同的组分称为树脂。α 树脂为沥青中不溶于喹啉（或吡啶）部分，又称为高分子树脂。β 树脂是沥青中在苯中不溶但在喹啉中可溶的部分，称为中分子树脂。γ 树脂则是溶于苯（甲苯）的轻馏分，称为低分子树脂。如表 2-29 列出了沥青中各树脂成分的性质。

沥青含有多种芳环和杂环化合物，其残碳量高，在热处理过程中形成易石墨化的中间相，具有更优异的力学性能，特别是模量高。

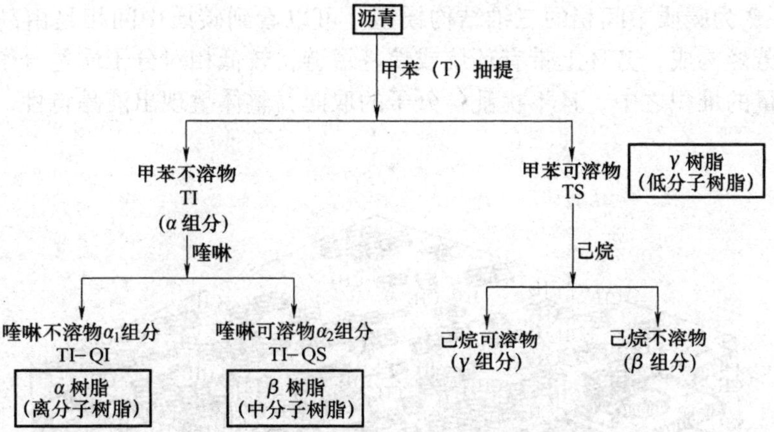

图2-7　沥青各组分溶剂分离流程图

表2-29　　　　沥青中各树脂的性质

组　分	平均相对分子质量	H/C原子比	组　分	平均相对分子质量	H/C原子比	组　分	平均相对分子质量	H/C原子比
γ树脂	<500	0.8~1.8	β树脂	300~2000	0.5~0.8	α树脂	>2000	<0.6

所谓碳质中间相就是指沥青类有机物向固体半焦过渡时的中间液晶状态，当沥青加热至350℃以上时，经过热解，气体及轻馏分逸出系统外，残留物经过热脱氢、环化、芳构化和热缩聚等一系列反应，逐步形成相对分子质量大、热力学稳定的多核芳烃化合物，形成的椭圆或圆形的多缩合芳烃化合物呈平面状。当平面状分子形成一定数量后，由于热运动而相互靠近，分子间在垂直方向因范德华力和分子偶极矩产生缔合，进一步缩聚，形成短程排列，按向列次序聚集堆积凝聚，当浓度达到或超过临界值时，所形成的新相要求体系最稳定，表面自由能最小，由此而转化为表面积最小的圆球形。形成的球晶不断长大并彼此插入，经反复熔并后形成整体中间相，如图2-8所示。

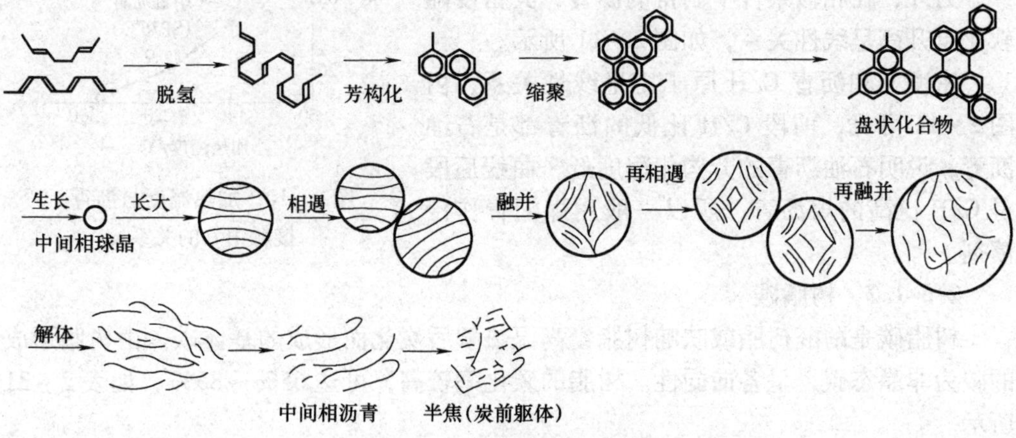

图2-8　中间相的形式历程

图2－9为碳质中间相的三维结构模型。可以看到碳质中间相是由高度发达的缩合多环芳烃构成，芳环上带有环烷或烷基短链，较低相对分子质量分子位于高相对分子质量的堆积之中，且不扰乱各分子的取向，整体呈现出液晶特性，可石墨化性能好。

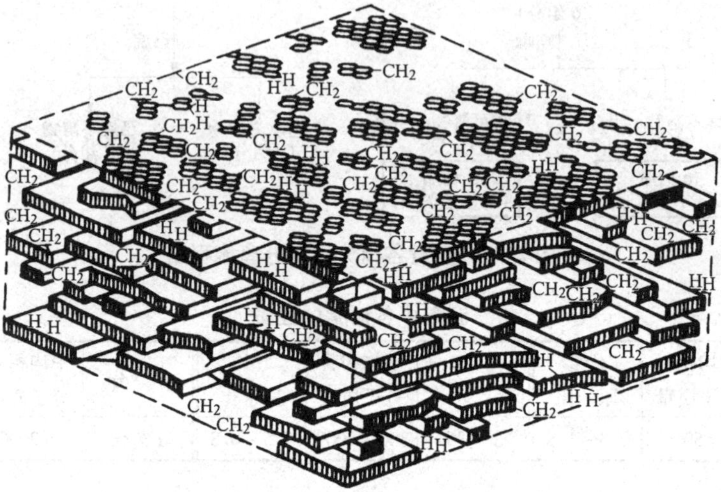

图2－9　碳质中间相三维结构模型

在浸渍过程中，随着温度的升高，呈现出流变特性，黏度下降，润湿性得到改善，接触角θ减小，易与孔壁粘接。图2－10加热温度与沥青接触角的关系。

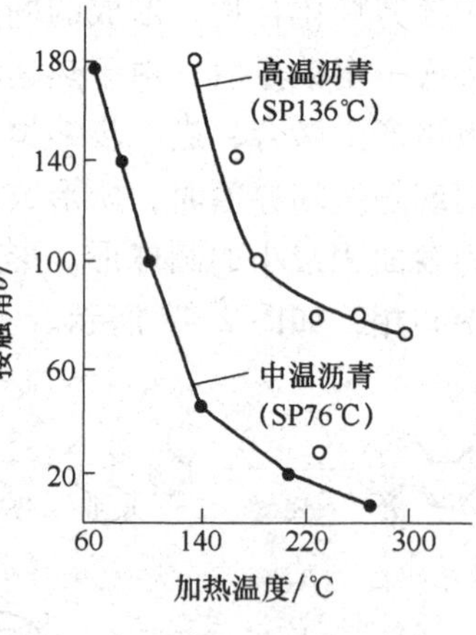

图2－10　加热温度与沥青接触角θ的关系

显然，中温沥青比高温沥青更适宜用作浸渍剂。

另外，在相似条件下制得的沥青，其密度随软化点升高呈线性关系，如图2－11所示。

密度又和沥青C/H原子比呈线性关系，由图2－11可见，前段C/H比低的沥青都是石油沥青，说明石油沥青的芳构化程度低，曲线后段是C/H比高的煤沥青，所以一般用煤沥青作浸渍剂。

2.5.1.2　树脂碳

树脂碳是酚醛树脂或呋喃树脂经高温热解后炭化而形成的基体碳。由树脂形成的碳为非晶态碳，呈各向同性。树脂的碳化率较高，可达65%～85%，如表2－31所示。

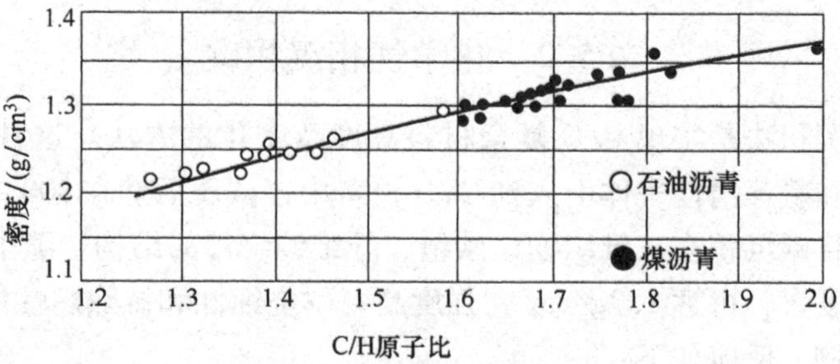

图 2－11　沥青密度与软化点的关系

表 2－30　　各种树脂焦化率比较　　单位：%

树脂	酚醛树脂	呋喃树脂	聚酰亚胺	聚苯并咪唑	聚苯撑	双酚树脂
焦化率	50～60	50～60	60	73	85	65

树脂浸渍剂中酚醛树脂或呋喃树脂的价格较为便宜。

（1）酚醛树脂

酚醛树脂是由苯酚及其同系物（甲酚、二甲酚）和甲醛反应而成。由于原料种类与配比、催化剂的不同，可分为热固性和热塑性两类树脂。热固性树脂在一定温度下受热后即固化；热塑性树脂受热时仅熔化，需加入固化剂，才可转变为热固性。作为浸渍剂，主要采用热固性酚醛树脂。热固性酚醛树脂一般分为高、中、低三种黏度产品，如表 2－31 所示。

表 2－31　　热固性酚醛树脂质量

黏度分级	游离酚含量/%	游离醛含量/%	水分/%	黏度（测定方法）
高黏度	13～17	1.3～1.5	<8	1～3h（落球法）
中黏度	14～17	1.8～2.5	10～12	5～20min（落球法）
低黏度	19～21	3～3.6	<20	20～60s（7mm 漏斗法）

高、中黏度常用作化工石墨设备的粘结剂；低黏度树脂适用于浸渍剂。

（2）环氧树脂

环氧树脂是环氧氯丙烷和双酚 A 或多元醇的缩聚产物。其特征是含有环氧基

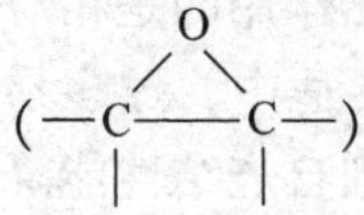，由于环氧基的化学活性，可用多种含有活泼氢的固化剂使其开环、固化交联而生成网状结构。

（3）呋喃树脂

呋喃树脂是由糠醇或糠酮制成的热固性树脂。它是优质的粘结剂与浸渍剂，也可作为玻璃碳等新型碳材料的原料。

2.5.2 化学气相沉积碳

化学气相沉积法是实现 C/C 复合材料高度致密化的方法。这种方法是将甲烷等烃类化合物和氩等惰性气体引入到 CVD 设备中，减压后约在 800 ~ 1500℃使其发生反应，从而将碳沉积在三维织物、碳毡、纤维缠绕件的结构空隙中。用这种方法制成的材料密度大，可达 1.9g/cm^3，强度高，耐烧蚀性和抗热震性能好。

以甲烷为例，反应如下：

$$CH_4(g) \xrightarrow{800 \sim 1200℃, 26660Pa} C(S) + 2H_2(g)$$

沉积碳根据不同沉积温度可获得不同形态的碳，如 950 ~ 1100℃为热解碳，1750 ~ 2700℃为热解石墨。

2.5.3 烧 结 碳

为制造高强高密的 C/C 复合材料，目前采用固体碳化的方法主要有两种：

①将适当的生焦调制、粉碎后添加粘合剂与碳纤维混合成型、碳化；

②将适当的生焦调制、粉碎后不加粘结剂作为 C/C 复合材料的碳基体，利用其自身带有的粘结树脂实现自烧结。

第①种一般是把沥青经 1000℃以上的热处理，制得焦炭，以此为骨料，再以沥青作粘结剂，制成固定形状，然后经焙烧而得到一定形状的材料。这种方法骨料基体不收缩，而粘结剂即使收缩，由于其是以薄膜状附着在骨料周围，碳化、石骨化时也不易产生裂纹。还由于骨料和粘结剂基本是同一种物质，相互亲和性好。因此，此法可用于制得大型的 C/C 复合材料。但该法由于粘结剂的使用使得成品的均质性差些。

有人提出了一种介乎于固相碳化和液相碳化成型的方法。将硬质中间相或沥青在 600℃以下焦化处理，得到已经不熔融，含有大量挥发分，碳化过程中本身有烧结性的所谓生焦，即自烧结焦。可利其残碳率高，自身含有粘结性树脂与碳纤维复合后热处理便得到高性能均质的 C/C 复合材料，该工艺无需致密化处理。此法缺点是制得的制品体积收缩仅 30%，为保证制品不产生裂纹碳化，目前最大的制品仅为边长 30cm 左右的方形。

自烧结焦主要是利用中间相沥青在热处理后，通过萃取基体中溶于苯的组分，留下含有 β 树脂的中间相构成的焦物，称之为自烧结焦。其中起粘结作用的是相对分子质量小、易挥发、压力下呈塑性流动的 β 树脂。β 树脂的含量要适中，过多易使焦粉在碳化过程中发生熔融膨胀导致基体气孔增多或裂纹，过少则自烧结性能降低，影响基体的粘合性。为此需将磨好的焦粉进行多次抽提或进行氧化处理，在此过程中抽提的次数或氧化程度就成了焦粉自烧结性能的重要的控制参数。另外，焦粉的直径大小也有影响，中间相沥青焦粉一般最好粉碎在 10μm 以下，它的自烧结性才比较好。

中间相沥青的制备方法有以下几种，见图2－12。

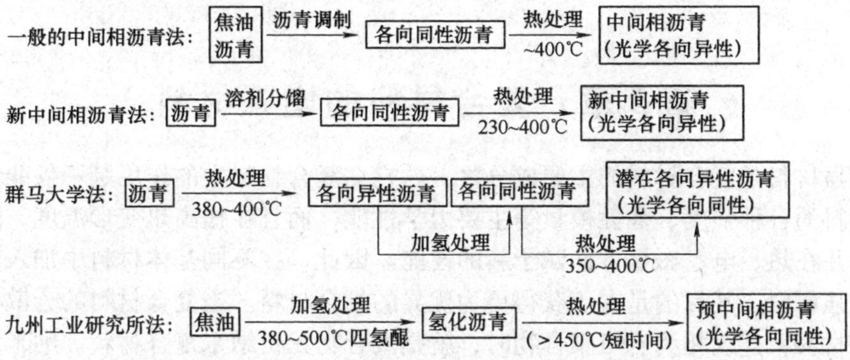

图2－12　几种中间相沥青的典型制备方法

第3章　复合材料的增强材料

增强材料是复合材料的主要成分之一。它在复合材料中的作用是不仅能够提高基体材料的各种强度、弹性模量等主要力学性能，而且在提高热变形温度，降低收缩率，并在热、电、磁等方面赋予新的性能。因此，在不同基体材料中加入性能不同的增强材料，其目的是在于获得更为优异的复合材料。当复合材料的分散项为无机纳米材料，连续相为有机聚合物时，就是聚合物无机纳米复合材料。纳米复合材料是指二相（或多相）微观结构中至少有一相的一维尺度达到纳米级尺寸（1～100nm）的复合材料。聚合物无机纳米复合材料通过分散相和连续相之间的偶合作用将无机纳米材料的高强度、高刚度、高硬度、高热稳定性与聚合物的高韧性、可加工性及介电性能等糅合在一起，从而产生出不同于一般宏观复合材料的许多特异的性能，在制备高力学和多功能（电子、光学、磁学、生物等）的复合材料方面具有十分广阔的前景。其中，碳纳米管（CNTs）自20世纪90年代初由日本学者Ii jima发现以来，其独特的结构、奇异的性能和潜在的应用价值，引起了科学家们极大的兴趣，10多年来一直是世界科学研究的热点之一，它被认为是理想的聚合物复合材料的增强填料。按物理形态分类，增强材料主要有三类：第一类，纤维；第二类，晶须；第三类，粉体增强材料。其中碳纤维、玻璃纤维和有机高分子纤维中的Kevlar纤维应用最为广泛，本章将一一作介绍。

3.1　玻璃纤维

玻璃纤维是一种性能优异的无机非金属材料，是现代材料家族中重要的一员，也是高新技术不可缺少的配套基础材料。它不仅具有不燃、耐高温、电绝缘、拉伸强度高、化学稳定性好等优良性能，还可以采用有机涂覆处理技术来进行制品深加工及扩大制品的应用。用玻璃纤维增强塑料已成为当今最热门的工业领域之一即复合材料工业的主体。因而玻纤已被越来越广泛地用于交通、运输、建筑、环保、石油、化工、电器、电子、机械、航空、航天、核能、兵器等传统产业部门和国防、高新技术部门。

玻璃纤维是美国于1893年研究成功的，1938年实现工业化并作为商品出售。国外已有70多年的发展历史，其产量、生产工艺、品种规格和应用领域得到发展。由于新技术、新工艺的出现，玻璃纤维得到了更广泛的应用，并促进了玻纤工业的飞速发展。国外玻纤主要特点是：普遍采用池窑拉丝新技术；大力发展多排多孔拉丝工艺；用于玻璃纤维增强塑料其直径逐渐向粗的方向发展，纤维直径达14～24μm，甚至达27μm；大量生产无碱纤维及无纺织玻璃纤维织物；无捻粗纱的短切纤维毡片所占比例增加；重视纤维－树脂界面的研究，偶联剂的品种不断增加，玻璃纤维的前处理受到普遍重视。据不完全统计，现在世界上有40多个国家生产玻璃纤维，品种达4000～5000种，用途4万种。玻璃纤维从总体上一直保持着较高的增长速度，发展过程以年总平均3%～5%的速度增长。

3.1.1 玻璃纤维的分类

玻璃纤维是由含有各种金属氧化物的硅酸盐类，经熔融后以极快的速度抽丝而成。由于它质地柔软，因此可以纺织成各种玻璃布、玻璃带等织物。

玻璃纤维的种类很多，一般可从玻璃原料成分、单丝直径、纤维外观及纤维特性等方面进行分类。

按玻璃原料分类：
- 有碱玻璃纤维（碱性氧化物含量 >12%，也称A玻璃纤维）
- 中碱玻璃纤维（碱性氧化物含量6%～12%）
- 低碱玻璃纤维（碱性氧化物含量2%～6%）
- 无碱玻璃纤维（碱性氧化物含量 <2%，也称E玻璃纤维）

玻璃原料是以不同含碱量来划分的。碱金属氧化物（Na_2O、K_2O）含量高，玻璃易熔，易抽丝，产品成本低。

按单丝直径分类：
- 粗纤维（单丝直径30μm）
- 初级纤维（单丝直径20μm）
- 中级纤维（单丝直径10～20μm）
- 高级纤维，也叫纺织纤维（单丝直径3～9μm）

对于单丝直径小于4μm的玻璃纤维称为超细纤维。一般5～10μm纤维作为纺织制品用；10～14μm的纤维一般做无捻粗纱、无纺布、短切纤维毡等较为适宜。

按纤维外观分类：
- 连续纤维
  - 无捻粗纱
  - 有捻粗纱（用于纺织）
- 短切纤维
- 空心玻璃纤维
- 玻璃粉
- 磨细纤维

按纤维特性分类：
- 高强度纤维，也称S玻璃纤维，具有高强度，可作结构材料；
- 低介纤维，也称D玻璃纤维，电绝缘性及透波性好，适用于作雷达装置的增强材料；
- 耐化学药品纤维，也称C玻璃纤维，特别是耐酸性好，适用于作耐腐蚀件和蓄电池套管等；
- 耐电腐蚀纤维，也称E－CR玻璃纤维；
- 耐碱纤维，也称AR玻璃纤维

3.1.2 玻璃纤维的制造方法

目前生产玻璃纤维最常用的方法有玻璃球法（也称为坩埚拉丝法）和直接熔融法（也称为池窑拉丝法）。

3.1.2.1 玻璃球法

玻璃球法生产工艺由制球和拉丝两部分组成。根据纤维质量要求，将砂、石灰石、硼酸等玻璃原料按一定的比例干混后，装入大约1260℃熔炼炉中熔融，熔融的玻璃流经造球机制成玻璃球供拉丝选用。

将制好的玻璃球经热水清洗、去污和挑选后放入坩埚加热熔化，再由高速（1000～3000m/min）转动的拉丝机拉丝制成直径很细（3～20μm）的玻璃纤维。图3－1是玻璃纤维的制备工艺示意图。

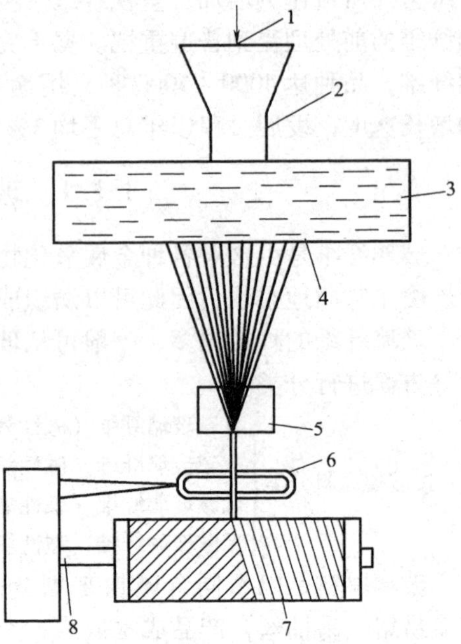

图3－1　玻璃纤维制备工艺示意图
1—配好的原料　2—具有筛孔的炉子
3—熔融玻璃　4—多孔筛　5—集束器
6—排线器　7—丝轴　8—卷绕

3.1.2.2 直接熔融法

直接熔融法是将玻璃配合料投入熔窑熔化后直接拉制成各种支数的连续玻璃纤维。这是生产连续玻璃纤维的一种新的工艺方法。与玻璃球法相比较有以下优点：

①省去制球工艺，简化工艺流程，效率高；

②池窑容量大，生产能力高；

③对窑温、液压、压力、流量和漏板温度可实现自动化集中控制，所得产品质量稳定；

④适用于采用多孔大漏板生产粗玻璃；

⑤废产品易于回炉。

3.1.3 玻璃纤维的组成和结构

玻璃的主要成分是二氧化硅以及钠和钾等的一价氧化物、钡等碱金属的二价氧化物、铝的三价氧化物等。表3－1列出了三种常见的制造复合材料纤维用的玻璃的典型成分。

表3－1　**用于制造玻璃纤维的玻璃的成分**　单位：%（质量分数）

成分＼玻璃	E玻璃	C玻璃	S玻璃
SiO_2	52.4	64.4	64.4
Al_2O_3，Fe_2O_3	14.4	4.1	25.0
CaO	17.2	13.4	—

续表

成分 \ 玻璃	E 玻璃	C 玻璃	S 玻璃
MgO	4.6	3.3	10.3
Na_2O，K_2O	0.8	9.6	0.3
Ba_2O_3	10.6	4.7	—
BaO	—	0.9	—

E 玻璃（E 代表英文 Electrical）是最常用的一种玻璃，具有优良的延展性和强度、刚度、电性能和抗老化性。C 玻璃（C 代表英文 Corrosion）具有比 E 玻璃更好的抗化学腐蚀性能，但其成本较高，强度较低。S 玻璃更比 E 玻璃昂贵，但具有更高的杨氏模量和更好的耐高温性能。S 玻璃常用在飞机制造业，在这里，以较高的代价获得更高的模量。

经研究证明，玻璃纤维的结构与玻璃的结构本质上没有什么区别，都是一种具有短距离网络结构的非晶结构。玻璃纤维的强度和模量主要取决于组成氧化物的三维结构。图 3－2 是硅酸钠盐玻璃纤维结构示意图。

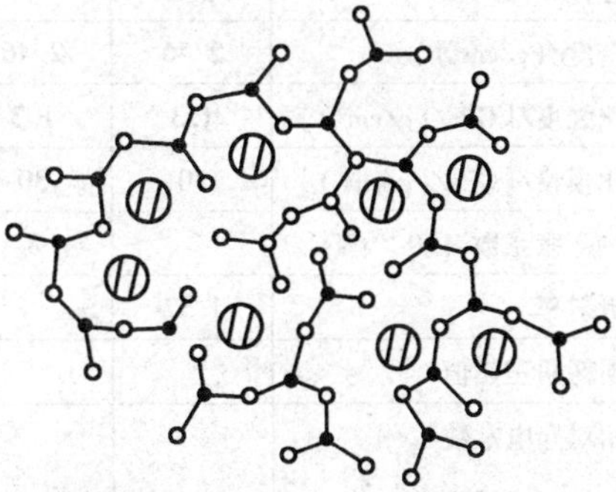

图 3－2　硅酸钠玻璃纤维结构示意图

玻璃是由二氧化硅的四面体组成的三维网络结构，网络间的空隙由钠离子填充，每一个四面体均由一个硅原子与其周围的氧原子形成离子键，而不是直接联到网络结构上。网络结构和各化学键的强度可以通过添加其他金属氧化物来改变，由此可生产出具有不同化学性能和物理性能的玻璃纤维。填充的 Na 或 Ca 等阳离子称为网络改性物。

3.1.4　玻璃纤维的性能

3.1.4.1　物理性能

（1）玻璃纤维的外观和密度

玻璃纤维的密度与其他纤维的比较见表 3－2。长玻璃纤维的密度比一般天然纤维、有机纤维的密度都高。

表 3－2　各种纤维的密度

纤维种类	羊毛	蚕丝	棉花	人造丝	Kevlar49	尼龙	碳纤维	石墨纤维	玻璃纤维	
									无碱	有碱
密度/(g/cm^3)	1.08～1.33	1.30～1.45	1.50～1.60	1.50～1.60	1.4	1.14	1.4	2.0	2.6～2.7	2.4～2.6

外观呈表面光滑的圆柱体，横截面几乎都是完整的圆形。这样有利于提高玻璃纤维的堆密度，从而增加玻璃钢制品中的玻璃含量。

（2）各项物理性能

玻璃纤维的物理性质由不同成分而制成的不同纤维而各异，如表3－3所示。

表3－3　不同玻璃纤维的性能

性能＼纤维	有碱纤维 A	化学纤维 C	低介电纤维 D	无碱纤维 E	高强度纤维 S	粗纤维 R	高模量纤维 M
拉伸强度/GPa	3.1	3.1	2.5	3.4	4.58	4.4	3.5
弹性模量/GPa	73	74	55	71	85	86	110
延伸率/%	3.6				3.37	4.6	5.2
密度/(g/cm^3)	2.46	2.46	2.14	2.55	2.5	2.55	2.89
比强度/[GPa/(g/cm^3)]	1.3	1.3	1.2	1.3	1.8	1.7	1.2
比模量/[GPa/(g/cm^3)]	30	30	26	28	34	34	38
热膨胀系数/(10^{-6}/K)		8	2～3			4	
折射率	1.52			1.55	1.52	1.54	
损耗角正切值			0.0005	0.0039	0.0072	0.0015	
相对介电常数							
10^6Hz			3.8			6.2	
10^{10}Hz				6.11	5.6		
体积电阻/μΩ·m	10^{14}			10^{19}			

由于随着纤维直径和长度的减小，纤维中的微裂纹会相应减少，因而玻璃纤维的强度随着纤维直径和长度的减小，纤维的强度从而提高。如表3－4、表3－5分别是玻璃纤维直径、长度与拉伸强度的关系。

表3－4　玻璃纤维直径与拉伸强度的关系

性能＼直径/μm	4	5	7	9	11
拉伸强度/MPa	3000～3800	2400～2900	1750～2150	1250～1700	1050～1250

表3－5　玻璃纤维长度与拉伸强度的关系

玻璃纤维长度/mm	纤维直径/μm	平均拉伸强度/MPa
5	13	1500
20	12.5	1210
90	12.7	360
1560	13	720

化学组成对强度也有很大的影响。无碱玻璃纤维比有碱纤维的拉伸强度高20%。含碱量越高，强度越低。

玻璃纤维的弹性模量比一般金属的弹性模量低得多，但比其他人造纤维大5~8倍。影响玻璃纤维的弹性模量的主要因素是组成纤维的化学成分。经实验证明，玻璃纤维中添加BeO、MgO能提高其弹性模量。

玻璃纤维是完全不燃烧的纤维，所以可以作为电气绝缘材料和防火材料。耐热性较高，软化点为550~580℃，热膨胀系数为4.8×10^{-6}/℃，玻璃的导热系数为0.7~1.3W/(m·K)，但拉制成玻璃纤维后，其导热系数只有0.034W/(m·K)。当玻璃纤维受潮时，导热系数增大，隔热性能降低。

作为电绝缘材料，常常使用无碱玻璃纤维。玻璃中最易移动的是碱金属离子Na^+、K^+，因此有碱玻璃的体积电阻率就比无碱玻璃小得多。玻璃结构中的离子只有在高温下才开始移动。

单独使用玻璃纤维，击穿电压与等厚的空气层击穿电压相等。玻璃介电损失的变化与绝缘电阻变化相似。石英玻璃和无碱玻璃的介电损失非常小，而有碱玻璃的介电损失最大。在玻璃纤维组成中，加入大量的氧化铁、氧化铝、氧化铜、氧化铋或氧化钒，会使纤维具有半导体性能。在玻璃纤维上涂敷金属或石墨，能获得导电纤维。

3.1.4.2 化学性能

玻璃纤维的耐化学药品性。玻璃容器往往用来盛装化学药品，同样，玻璃纤维除去浓碱、浓磷酸和氢氟酸外几乎耐所有的无机和有机化学药品。有碱纤维对酸的稳定性较高，无碱纤维的耐酸性很差，但耐水性较好；中碱玻璃纤维和无碱玻璃纤维耐弱碱液侵蚀的性能接近。玻璃纤维的化学稳定性主要取决于纤维中SiO_2及碱金属氧化物的含量。增加SiO_2的含量能提高玻璃纤维的化学稳定性、耐酸性（或提高SiO_2或Al_2O_3或ZrO_2及TiO_2的含量）；及耐碱性（或加入CaO、ZrO_2及ZnO）；而玻璃纤维中加入Al_2O_3、ZrO_2、TiO_2等氧化物可提高其耐水性；碱金属氧化物会使化学稳定性降低。

3.1.5 玻璃纤维制品及其应用

玻璃纤维可以制成各种制品，如无捻粗纱、短切纤维毡、各种类型的布和带等，它们都在树脂基复合材料中得到应用。生产玻璃纤维制品的主要设备是纺纱机和织布机，工艺流程如图3-3。

连续纤维加纺织型浸润剂经过退绕、加捻、并股、络纱可制成有捻纱；有捻纱再经过并捻、织造加工可进一步得到纤维绳、布和带。若加入增强型浸润剂，并经过并股、络纱可制得无捻纱。由此可进一步加工成粗纱布、短切纤维毡和表面毡。无捻粗纱中的纤维是平行排列的，拉伸强度高，易被树脂浸透，因而无捻粗纱多用于缠绕高压容器及管道等，同时也用于拉挤成型、喷射成型等工艺中。

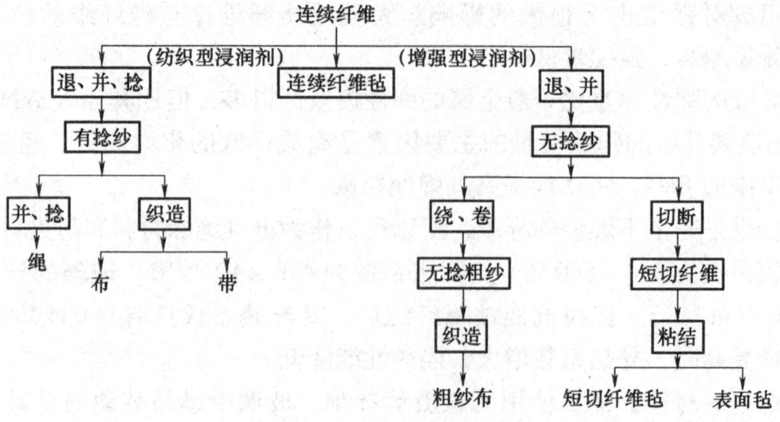

图 3-3　玻璃纤维制品生产工艺流程

3.1.6　特种玻璃纤维

3.1.6.1　高强度、高弹性模量玻璃纤维

生产高强、高模玻璃纤维的主要成分是：Al_2O_3、SiO_2、MgO 三元组成。它有高达 1442～1453℃的结晶上限温度，因此纤维成型温度高达 1500℃。高强度玻璃纤维绝大部分采用二步法生产，即先熔制成玻璃球，然后加入到特殊坩埚中拉成纤维。但亦有更先进的一步法，即池窑拉丝法生产，熔制好的玻璃经热调理后进入漏板，拉制成纤维。漏板孔数有 100 孔、200 孔、400 孔，大部分为 200 孔。由于拉丝温度高，漏板必须用特殊的耐高温合金材料制成（如含 Rh25% 以上的 Pt－Rh 合金，或 Pt－Rh－Ir 合金）。实际生产中在不降低纤维强度的前提下为了降低玻璃的熔制和拉丝温度，可加入少量的助熔剂（如 CaO、Na_2O、Sb_2O_3）。其中 CaO 的加入有助于提高纤维的弹性模量。

目前高强高模量玻璃纤维在世界形成一定的规模生产，西方把高强度玻璃纤维、碳纤维、凯芙拉纤维列为制作高级复合材料的三大高级纤维。三大高级纤维在美国以年均 16% 的速度增长，用于宇航领域的增长率为 22%。我国至今为止，制作高级复合材料的增强材料仍然以高强度高模量纤维为主。表 3－6 为几个国家生产的高强度高模量玻璃纤维的主要性能。

表 3－6　　各国生产的高强度高模量玻璃纤维的主要性能

种　类	美国 S－2	日本 T	法国 R	俄罗斯 BMΠ	中国 HS_2	中国 HS_4
新生态单丝强度/MPa	4580	4655	4400	4500～5000	40202	4600
拉伸弹性模量/MPa	85600	84300	83800	95000	83400	86000
密度/g·cm^3	2.49	2.49	2.55	2.56	2.54	2.53

3.1.6.2　高硅氧玻璃纤维

高硅氧玻璃纤维是在研究玻璃分相机理的基础上发展起来的一种耐高温玻纤产

品。许多硅酸盐玻璃经过热处理后都会形成分离的富 SiO_2 相和其他组成富集的相，它们或成孤立的圆滴状或成互联的蚯蚓状分布在整体玻璃中，分相颗粒大小 5 ~ 20nm（50 ~ 200Å）不等。当用酸处理这些分相玻璃后，绝大部分非骨架的玻璃组成会被沥滤出来，剩下多孔的 SiO_2 骨架，经烘结收缩成 SiO_2 含量大于 94% ~ 99% 的高硅氧玻璃或纤维。高硅氧玻璃生产流程如图 3 – 4。

图 3 – 4　高硅氧玻璃生产流程图

为了提高它的耐温性，还可对高硅氧纤维表面进行处理，一般用 Cr 的化合物。还有将多孔纤维在渗入 N_2 形成更强的结构键 Si—N 键，提高耐温性。这样处理后，可使高氧硅制品长期使用温度从 1000℃ 提高到 1200℃。

最常用的是由 SiO_2、B_2O_3、Na_2O 三元组成的玻璃来制造高硅氧纤维。该玻璃具有易分相、易制成高硅氧纤维的优点，但亦存在着玻璃原材料价格高，制得的纤维强度低的缺点。目前大部分发达国家均已放弃该生产方法，而采用 $SiO_2 - R_2O$ 二元玻璃生产高硅氧产品。该玻璃具有易熔，原材料成本低，拉丝作业稳定，产量高的特点。此外由于酸沥滤纤维时溶出物少，而最终高硅氧纤维强度高、柔软。研究结果表明，$SiO_2 - R_2O$ 纱的强度要比 SiO_2、B_2O_3、Na_2O 三元纤维的强度高 40% ~ 50%。

3.1.6.3　低介电玻璃纤维

低介电玻璃纤维具有低密度（<2.1g/cm³）、介电性能优异的特点（尤其是在 10^{10}Hz 的高频时，其介电常数 ≤4.0，介电损耗率 $\delta \leqslant 0.003$）。近年来因其具有好的吸波特性作为隐身材料而备受重视。低介电玻璃纤维的关键是玻璃成分的设计，由于 SiO_2、B_2O_3 氧化物能有效降低介电性能，因而它们是玻璃的主要组成，占总量的 95% 以上。

低介电玻璃纤维复合材料产品，已应用于战斗机机头雷达罩上。

3.1.6.4　空心和异型截面玻璃纤维

空心和异型截面玻璃纤维是采用特殊的玻璃纤维成型技术，改变纤维形状而达到特殊目的的产品。前者是为了减轻纤维和复合材料的重量，增加刚度和耐压强度；后者是为了改变圆柱型纤维，制成三角型、椭圆型、哑铃型、苜蓿等形状，增加纤维在复合材料中与树脂的粘合力，从而提高复合材料的强度和刚度。

它是采用铝硼硅酸盐成分，用特制坩埚拉制而成的。纤维的空心率为 10% ~ 65%，外径为 10 ~ 17μm。

3.1.6.5　抗碱玻璃纤维

普通硅酸盐玻璃纤维，在水泥高碱度（pH13 ~ 14）中难以持久，短期内能明显提高水泥制品的抗张强度和韧性，但长期在水泥的化学侵蚀和物理作用下，纤维强度会大幅度下降，失去增强的作用。因此必须改变玻璃组成，增加能耐水泥侵蚀的玻璃组成。研究表明，ZrO_2、TiO_2 等氧化物有着良好的抗碱性，因此耐碱玻璃纤维中都有10%以上的 ZrO_2，高的达21%。耐碱玻璃纤维采用一般纤维成型工艺生产，并用耐碱浸润剂改善纤维的加工性和耐碱性。

3.1.6.6 其他特种性能玻璃纤维

石英玻璃纤维具有高的耐温性、低的密度和良好的介电性能，它是宇航、耐烧蚀复合材料和高性能雷达制品的增强材料。它的生产是直接用高纯度的石英棒送到高温区熔化拉丝。一般在2000～2100℃下拉制，SiO_2 含量可达99%以上，可耐1700℃的高温。但由于生产工艺复杂、产量低、售价高，限制了它的应用。

耐辐照玻璃纤维是为了满足核工业发展需要而研制成的产品。它在累积中子通量 1×10^{20} 中子/cm^2、γ 射线剂量 $7.74\times10^6\sim12.9\times10^6$ C/kg 及温度高于280℃条件下，绝缘电阻仍可高达 $7.1\times10^9\Omega\cdot m$，被用作高温强辐照条件的电绝缘材料。

氮氧玻璃纤维是20世纪90年代新品种。此纤维的主要组成为Si—Ca—Mg—Al—O—N，采用特殊的技术使N原子取代玻璃中的O原子，提高了原子间的结合力，因而纤维强度、弹性模量和耐热性均大大提高。据报道，日本生产的该纤维直径10～20μm、密度2.9g/cm^3、弹性模量160～180GPa，拉伸强度4000MPa。

此外，我国还自行研制成功半导体玻璃纤维和氧化铝纤维。前者玻璃组成中含有相当数量的铜的氧化物，拉制成玻璃纤维后，经还原处理，使纤维表面形成极薄的一层金属铜膜，制成半导体玻璃纤维带等产品。它的绝缘电阻可在 $10^2\sim10^{10}\Omega$ 范围内选择。此类纤维制品主要用于高压大型电机之中，在电机运行中具有防晕作用。后者采用溶胶—凝胶法制成 Al_2O_3 纤维，耐温1350℃以上，是耐高温的增强材料，尤其适合增强金属。

3.2 碳　纤　维

碳纤维是一种耐高温、抗拉强度高、弹性模量大、质轻的纤维状材料。它是由有机纤维通过一系列阶段性的热处理碳化而制成的。

碳纤维的研究与应用已有100多年的历史，早在1880年爱迪生用棉、亚麻等纤维制取碳纤维用作电灯丝，因碳丝太脆，易氧化，亮度太低，后改为钨丝。致使碳纤维的研制一度停滞不前。20世纪50年代起，随着军事、航空航天工业的发展，碳纤维作为新型工程材料又重新得到重视。1959年美国联合碳化物公司（Union Carbide Corp.）研究出人造丝为原料进行碳纤维的工业生产，商品牌号为Thornel（索纳尔）。1962年日本大阪技术研究所的进腾昭男以聚丙烯腈（Polyacryonitrile，缩写为PAN）为原料研制出聚丙烯腈基碳纤维。1964年英国皇家研究所（RAE）的Watt等人在预氧化和碳化时对聚丙烯腈纤维施加应力牵伸，制得了高弹度、高模量的碳纤维。1963 年日本大谷杉郎以沥青为原料也成功地研制出碳纤维。此后，碳纤维向高强度、高模量方向发展。经过近 40 年的不懈努力，碳纤维已经在力学性能，工业化生产、品种、应用等方面，技术日趋成熟，遥遥领先于其他新材料。

3.2.1 碳纤维的分类及其制品

目前国内外由于对碳纤维性能和用途的衡量不同以及原料的来源不同，出现了许多分类方法，到目前仍未获得统一的认识。大多按照习惯将碳纤维分为以下几个类型：

①按前驱体纤维原料的不同，可分为黏胶基碳纤维、聚丙烯腈碳纤维、沥青基碳纤维和气相生长碳纤维；

②按纤维力学性能分类，可分为通用级碳纤维（GP）和高性能碳纤维（HP），其中高性能碳纤维包括中强型（MT）、高强型（HT）、超高强型（UHT）、中模型（IM）、高模型（HM）、超高模型（UHM）；

③按照碳纤维的制造方法不同分类，可分为碳纤维（800 ~ 1600℃）、石墨纤维（2000 ~ 3000℃）、氧化纤维（预氧丝 200 ~ 300℃）、活性碳纤维和气相生长碳纤维。

碳纤维与玻璃纤维一样有布、毡等，主要用于航空航天工业。

3.2.2 碳纤维的制造

3.2.2.1 黏胶基碳纤维的制造

黏胶基碳纤维是最早实现工业化生产的一种碳纤维。它以黏胶纤维为前驱纤维经碳化而成。

黏胶纤维的原料有木浆和棉浆。纤维素是多糖型有机化合物，化学式为 $(C_6H_{10}O_5)_n$。在惰性气氛中热解时，纤维排出水分、CO、CO_2 并生成焦油物质。黏胶纤维的碳化可分为以下四个阶段：

第一阶段：25 ~ 150℃　排出吸附水

第二阶段：150 ~ 240℃　纤维束环脱水

第三阶段：240 ~ 400℃　纤维束环热解，通过自由基反应，C—O 键及一些 C—C 键断裂，产生 CO_2、CO 和 H_2O 等小分子气体

第四阶段：400℃以上　芳构化反应

黏胶纤维的质量，碳化时的升温速率及热解产物的排除速率等对黏胶基碳纤维的质量和收率有很大影响。

黏胶纤维的直径越细，越有利于提高碳纤维的强度。原因是在黏胶纤维热解时，直径越细越有利于排除纤维中的挥发物质，石墨微晶的定向性好，使碳纤维的结构较为完整。如表 3 – 7 为黏胶基碳纤维直径和拉伸强度的关系。

表 3-7　　黏胶基碳纤维直径和拉伸强度的关系

黏胶基碳纤维直径/μm	拉伸强度/MPa	黏胶基碳纤维直径/μm	拉伸强度/MPa
5~7	745~896	146	193~227
20~25	331~365	205	128~152

黏胶基碳纤维虽是最早开发成功的碳纤维，但它作为结构材料，强度较低，力学性能差，且碳化收缩率很低（为20%~30%）。因此它有被淘汰的趋势。但黏胶纤维具有质轻、低热导率、高断裂伸长等优点，因而近期还不会完全被淘汰。

3.2.2.2 聚丙烯腈基碳纤维（PAN-CF）的制造

聚丙烯腈基碳纤维是继黏胶基碳纤维后第二个开发成功的碳纤维。它是目前各种碳纤维中产量最高、品种最多、发展最快、技术最成熟的一种碳纤维。

聚丙烯腈（PAN）是由丙烯腈（AN）聚合而成的链状高分子。

$$nCH_2{=}\underset{\underset{\text{AN}}{CN}}{CH} \xrightarrow{\text{聚合}} \left[CH_2{-}\underset{\underset{\text{PAN}}{CN}}{CH} \right]_n$$

由于PAN在它的熔点317℃以前就开始热分解，因此不能采用熔融纺丝而只能通过溶剂进行湿法或干法纺丝。

聚丙烯腈碳纤维的生产过程分为三步：（1）预氧化；（2）高温碳化处理；（3）高温石墨化处理。如图3-5为聚丙烯腈碳纤维的生产流程示意图。

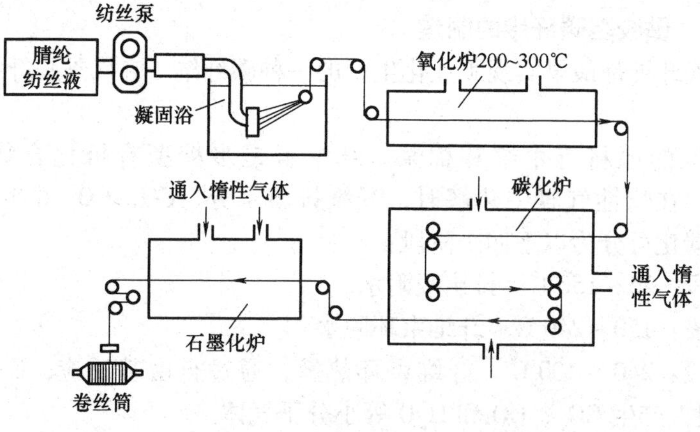

图3-5　PAN碳纤维的生产流程示意图

（1）聚丙烯腈原丝的预氧化

预氧化的目的就是为了防止原丝在碳化时熔融，通过氧化反应使得纤维分子中含有羟基、羰基，这样可在分子间和分子内形成氢键，从而提高纤维的热稳定性。如图3-6所示。在聚丙烯腈纤维预氧化过程中可能发生的主要化学反应有环化反应和氧化脱氢反应。

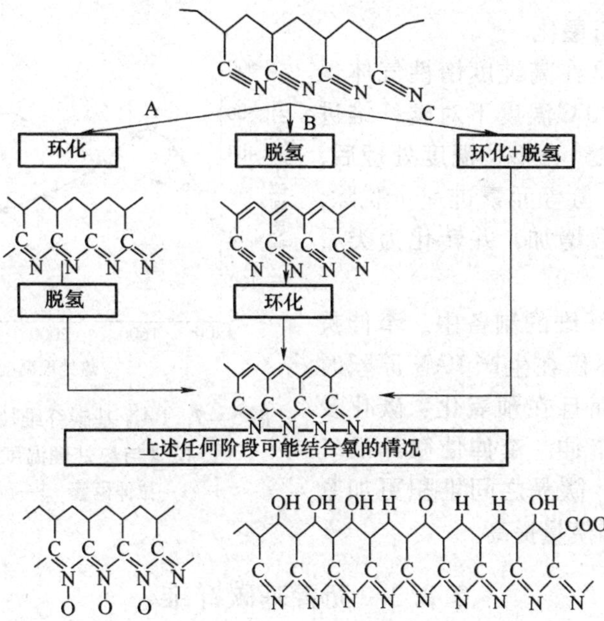

图3-6 聚丙烯腈在预氧化过程中可能发生的反应

分析结果表明在大约200℃左右约有75%氰基发生了环化反应。未环化的或环化的杂环发生氧化脱氢反应，使纤维中结合一部分氧。一般认为，在制造聚丙烯腈碳纤维时，纤维仅需部分氧化，含氧量在5%~10%较好。预氧化采用的方法有两种：空气氧化法和催化法。

原丝在200~300℃空气中预氧化时，其颜色从白→黄→棕→黑，说明聚合物发生了一系列的化学变化，并开始形成石墨微晶结构。催化环化是将聚丙烯腈原丝在225℃的$SnCl_4$二苯醚溶液中催化成环。催化法有可能使部分氰基未被环化，造成结构缺陷。目前工业生产上普遍采用的是空气预氧化法。

同时为了提高碳纤维的力学性能，在原丝预氧化时同时采用引力牵伸。

（2）预氧丝的碳化

预氧丝的碳化一般是在惰性气氛中，将预氧丝加热至1000~1800℃，从而除去纤维中的非碳原子（如H、O、N等）。生成的碳纤维的碳含量约为95%。

碳化过程中，未反应的聚丙烯腈进一步环化，分子链间脱水、脱氢交联，末端芳构化生成氨。随着温度的进一步升高，分子链间的交联和石墨晶体进一步增大。

碳化温度对碳纤维的力学性能有很大的影响。在碳化过程中，拉伸强度和弹性模量随温度的升高而升高。但拉伸强度在1400℃左右达到最大值。如图3-7所示。这是由于随温度的提高，碳纤维中的石墨晶体增大，定向程度提高，因而拉伸模量升高而拉伸强度趋于下降。

(3) PAN 的石墨化

石墨化过程是在高纯度惰性气体保护下于 2000~3000℃ 温度下对碳纤维进行热处理。碳纤维经石墨化温度处理后，纤维中残留的氮、氢等元素进一步脱除，六角碳网平面环数增加，并转化为类石墨结构。

在 PAN 石墨纤维的制备中，牵伸贯穿生产全过程。不仅在生产 PAN 原丝时需要多次牵伸，而且在预氧化、碳化及石墨化时仍需要牵伸。牵伸使微晶沿纤维轴向择优取向，微晶之间堆积更加紧密，从而使密度和模量提高。

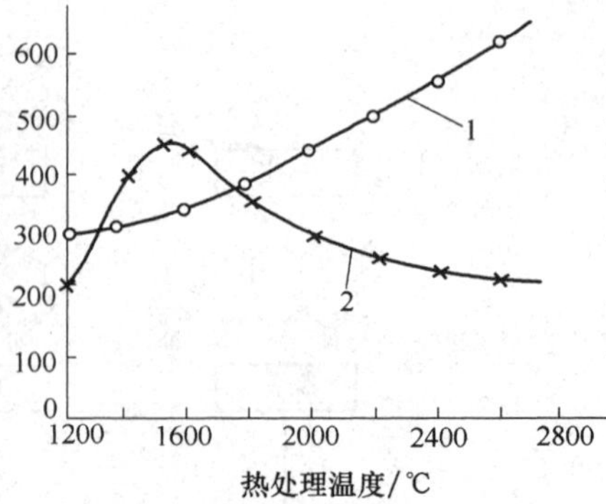

图 3-7　PAN 基碳纤维拉伸强度和拉伸模量与热处理温度的关系

1—拉伸模量　2—拉伸强度

3.2.3　沥青基碳纤维

制备沥青基碳纤维的原料除天然沥青外，主要的来源有：煤炭焦化副产物煤焦油沥青，石油原油分馏后的渣油制得的石油沥青；石油馏分热解制取乙烯时副产物热解沥青。也有用合成树脂（如聚氯乙烯树脂 PVC）或纯芳烃类（如萘、蒽及其馏分油）缩聚制得的纯净的、相对分子质量分布窄的合成沥青，但其成本较高。

由沥青碳纤维制得的碳纤维主要有两种类型：一是力学性能较低的通用级碳纤维，也可称为各向同性沥青碳纤维，另一种是力学性能较高的中间相沥青基碳纤维。两者在结构和性能上的差别主要取决于沥青原料的组成。因此沥青原料的调制是控制所得碳纤维性能的关键。

沥青是多种芳环缩聚物的混合物，软化点为 100~200℃，相对分子质量分布很广，平均相对分子质量在 200 以上，含碳量大于 70%。制造碳纤维的沥青原料必须满足具有一定的流变性和化学反应性，以利于纺丝和不熔化处理，且含碳量高及含喹啉不溶物、游离碳、S、N、O 及金属有机物或络合物少的条件。图 3-8 为沥青基碳纤维制造的工艺流程图。

各向同性沥青纤维的制造方法是：

①沥青的调制　通过调制使沥青的化学组成、相对分子质量的大小及分布能够满足制备碳纤维的要求，并使沥青具有一定的流动性。调制的方法包括溶剂萃取、蒸馏、加氢处理、添加适宜的化合物等工序；

②熔融纺丝　为了使沥青在黏流态下纺丝成形，纺丝温度一般比沥青的软化点高 50~150℃，使沥青由玻璃态转变为黏流态；

③稳定化处理　为了保持沥青纤维纺丝后碳化时不融并，必须对沥青纤维进行不熔化处理；

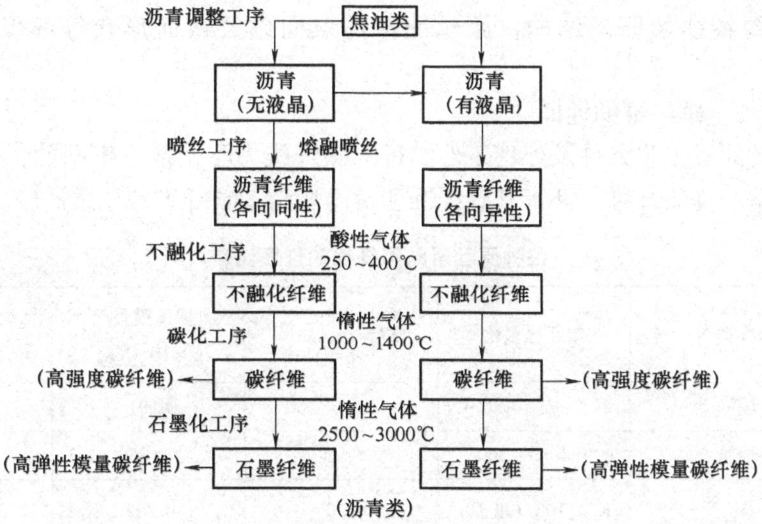

图3-8　沥青基碳纤维制造的工艺流程图

④碳化　将稳定化后的沥青纤维于惰性气体的保护下在1000~1500℃下进行碳化处理，除去氢、氮等非碳元素，使之转变成多晶石墨片层结构。

中间相沥青碳纤维的制备：①中间相沥青的调制。首先将沥青溶解在80~120℃的喹啉（或吡啶）溶液中，过滤除去不利中间相小球成长的喹啉不溶物；然后在惰性气氛下在300~350℃经脱氢和缩合调制出具有适当黏度和沿纤维轴方向高度定向的中间相沥青。②纺丝。为获得高性能的碳纤维，需严格控制纺丝温度、喷丝孔形状、气氛周围温度等。③中间相沥青纤维的不熔化处理。在空气中（或含NO2、O2）于275~350℃下进行处理，或经液相氧化（过氧化氢、硫酸、硝酸等）处理。④碳化。碳化时纤维中的芳烃大分子之间进行脱氢、脱水、缩合反应，排除非碳元素。

3.2.4　碳纤维的结构与性能

3.2.4.1　碳纤维的结构

（1）微观结构　碳纤维属于过渡形式碳，其微结构基本类似石墨，但层面的排列并不规整，属于乱层结构。随着热处理温度的升高，碳纤维的结构逐步向多晶石墨转化。微晶是碳纤维微结构的基本单元。构成多晶结构的基本单元是六角形芳环的层晶格，石墨片层就是由层晶格组成的层平面。原纤以网状结构存在，它是由带状的石墨层片组成的微原纤构成的。原纤之间的界面方向错乱复杂，并且有长而窄的间隙存在。随着温度的升高，原纤沿纤维轴取向排列。温度越高，张力越大，择优取向角越小，模量越高。层间距也随温度的升高而减小，趋近石墨的层间距（d_{002}=0.3354nm）。纤维由二维乱层石墨结构向三维有序的石墨结构转变。

（2）碳纤维的形态结构　主要取决于原丝和热处理条件。在碳化过程中，纤维的结构特征如原丝结构，原丝的择优取向以及截面形状等都保留在碳纤维中。

3.2.4.2 碳纤维的性能

不同的原丝工艺条件及处理条件制得的碳纤维力学性能是不同的，表3－8分别列出了粘胶基碳纤维、沥青基碳纤维和聚丙烯腈基碳纤维的性质比较。

表3－8　各种原丝所制碳纤维的性质比较

原丝种类	碳纤维名称	密度/(g/cm^3)	杨氏模量/($\times 10^2$GPa)	电阻率/($\times 10^{-4}\Omega \cdot cm$)
黏胶	Thornel－50	1.66	4.01	10
聚丙烯腈	Thornel－300	1.74	2.35	18
沥青（吴羽，各向同性）	KF－100（低温）	1.6	0.418	100
	KF－200（高温）	1.6	0.418	50
中间相沥青（各向异性）	Thornel－*P*（低温）	2.1	3.47	9
	Thornel－*P*（高温）	2.2	7.04	1.8
单晶石墨		2.25	10.2	0.4

通常聚丙烯腈碳纤维表现为高强中模量，中间相沥青碳纤维表现出中强高模量，各向同性沥青碳纤维为中强中模量。高模量碳纤维也可由聚丙烯腈碳纤维制得，但需约3000℃的石墨化处理。表3－9为热处理温度对石墨纤维性能的影响。

表3－9　热处理温度对石墨纤维性能的影响

温度/℃	拉伸强度/GPa	拉伸模量/GPa	断裂伸长/%	密度/(g/cm^3)	电阻率/$10^{-6}\Omega \cdot m$	直径/μm
原碳纤维	3.49	227.6	1.60	1.721	12.12	6.28
2000	2.69	268.0	1.03	1.751	7.63	6.07
2200	2.24	289.9	0.79	1.770	6.93	6.07
2400	2.03	300.6	0.69	1.761	6.36	5.86
2600	1.93	343.7	0.66	1.817	5.34	5.70
2800	1.89	408.1	0.49	1.919	4.24	5.23
3000	1.79	418.6	0.48	1.962	3.70	5.52

注：原碳纤维为吉林碳素厂生产的PAN碳纤维。

由表可以看到随着热处理温度的提高，碳纤维的电阻率随之降低。碳纤维属于半导体性质而石墨纤维的导电性比铝、铜还要高。

低热膨胀系数是碳纤维的又一个特性，所以碳纤维制品具有高度的尺寸稳定性。

3.3 有机高分子纤维

目前有机高分子纤维主要有：芳香族聚酰胺纤维、芳香族聚酯纤维和超高相对分子质量聚乙烯纤维。聚芳酰胺纤维以美国杜邦（Dupont）公司生产的商品名Kevlar（凯芙拉）纤维最早引起人们的重视。该纤维是美国杜邦公司1968年开始研制，当时的商品注册名为Aramid，1972年开始生产，曾经有PRD-49和纤维B等名称，1973年7月正式定名为Kevlar纤维。随后PRD改名为Kevlar49，纤维B改称为Kevlar29。Kevlar49的特点是强韧性好、弹性模量高、密度低，主要用于增强树脂基复合材料。Kevlar29主要用于增强橡胶和制造高强度绳索。我国开始Kevlar（在我国称为芳纶）的研究工作始于20世纪70年代初，并于1981年和1985年分别研制出芳纶14和芳纶1414。

目前，Kevlar纤维的品种已达20多种，它作为一种高强度、高模量、耐高温、耐腐蚀的新型有机材料广泛地应用在航空、航天、国防、造船业等领域，例如：飞机内部装饰材料、雷达天线罩、工业用高压防腐蚀容器、船体等。

3.3.1 芳香族聚酰胺纤维

芳香族聚酰胺（Aramid）是指酰胺键直接与两个芳环连接而成的线型聚合物，用这种聚合物制成的纤维即芳香族聚酰胺纤维。聚对苯二甲酰对苯二胺［Poly（p-phenylene、terephthalamide，PPTA）］纤维是芳香族聚酰胺纤维中最有代表性的高强、高模量和耐高温纤维。

3.3.1.1 制造方法

原料：Kevlar49纤维所用原料为对苯二胺与对苯二甲酰氯缩聚而成的聚对苯二甲酰对苯二胺。化学反应式为：

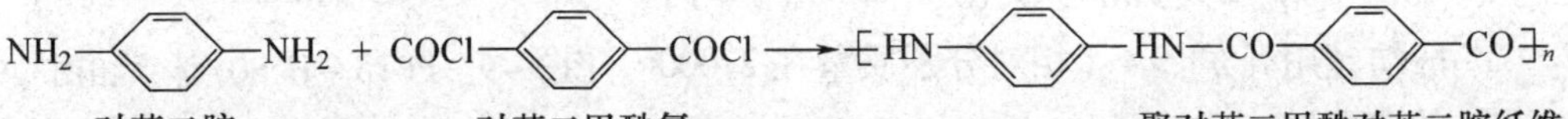

对苯二胺　　对苯二甲酰氯　　聚对苯二甲酰对苯二胺纤维

Kevlar29纤维为聚对苯酰胺，其化学结构式为：

制造步骤：

①使对苯二胺与对苯二酰氯在低温下进行溶液缩聚反应生成对苯二甲酰对苯二酰的聚合体（PPTA）。方法是将对苯二胺溶于溶剂中，边搅拌边加入等摩尔比的对苯二甲酰氯，反应温度为20℃；

②将聚芳酰胺聚合体溶解在浓硫酸中，在温度（51~100℃）下从喷丝头挤成纤维，穿过一小段空气层，落入冷水，洗涤后绕在筒管上干燥；

③干燥后的纤维为Kevlar29。在氮气保护下经550℃热处理得到Kevlar49纤维。

因而可以认为Kevlar29与Kevlar49的区别就在于热处理的不同。Kevlar纤维的化学结构为：

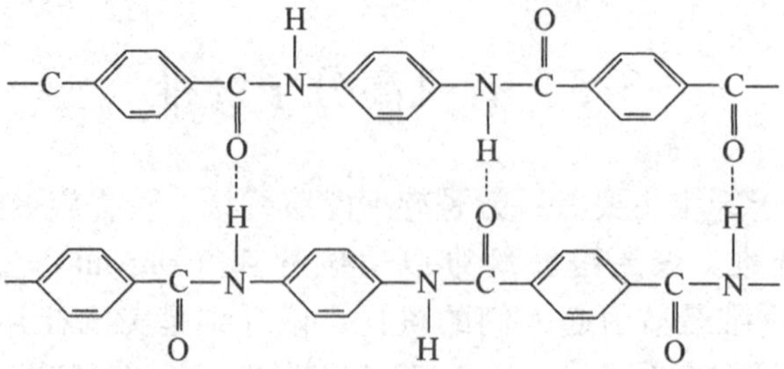

由于分子内含有酰胺基团，因此在分子间可以形成氢键，易结晶，所以它的熔点高于其分解温度。这样常常采用低温溶液缩聚反应。所用的溶剂有六甲基磷酰胺（Hexamethyl phosphoramide，HMPA），二甲基乙酰胺（Dimethyl acetamide，DMAC）、*N*－甲基吡咯烷酮（*N*－methylpyrrolidone，NMP）或 HMPA/NMP 混合溶剂。除溶液聚合外，也可采用气相聚合及不使用酰氯的直接聚合法。

PPTA 的纺丝成形常常采用以浓硫酸为溶剂，形成具有液晶性质的大分子进行纺丝。这种溶致性液晶（Lyotropic liquid Crystal）体系在一定条件下可从各向同性转变为各向异性即液晶态溶液，聚合物在溶液中呈一定取向状态，在外界剪切力的作用下，聚合物分子易沿剪切力的方向取向，有利于纺丝成形。

纺丝时要确立合适的纺丝浓度和温度范围。如图 3－9 所示，当 PPTA 浓度超过一定值后溶液体系才能形成均一的各向异性液晶态溶液。此时体系中 PPTA 的浓度虽高但黏度低，但当液晶达到最大浓度时，浓度再增加，溶液的黏度反而开始回升。可用经验公式来表示。浓硫酸中 PPTA 特性黏度〔η〕与平均相对分子质量 $\overline{M}r$（12000 以上）之间的关系

$$〔\eta〕=7.9\overline{M}r^{1.06}\times10^{-5} \qquad (3-1)$$

一般纺丝用〔η〕>4（相对分子质量在 27000 以上）的 PPTA。

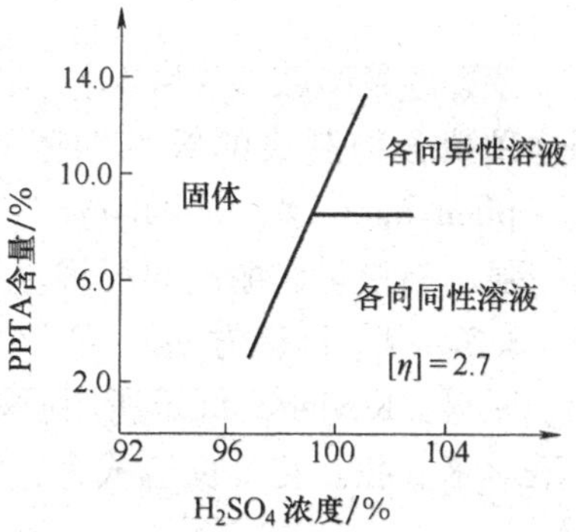

图 3－9　PPTA－H_2SO_4 体系相图

温度对 PPTA 溶液也有很大影响。当温度达到 80℃左右，PPTA 溶液转变成向列型液晶，具有向列态结构的液晶分子在流动过程中易相互穿越，呈取向状态，紧密排列，且黏度比各向同性溶液低。若进一步提高温度达 140℃左右，各向异性态又转变为各向同性态。因此纺丝温度一般不宜超过 80～100℃。

PPTA 的纺丝工艺最早采用传统的湿法纺丝。此法效率低，纤维力学性能差。自 1970 年出现 PPTA 干喷—湿纺工艺以来，至今仍被广泛采用，如图 3－10 所示。此法纺丝时溶液的浓度和温度比湿法纺丝时的高，并以较高的纺丝速度（2000m/min 左右）使液晶大分子在剪切力的作用下高度取向，即可获得纤维中所希望得到的分子取向排列。

此外，喷丝头拉伸比即卷绕速度与挤出速度之比也是纺丝工艺中的一个重要参数，其值至少要大于 3。

3.3.1.2 结构与性能

(1) 结构

PPTA 分子间缠结少，刚性很强。图 3-11 为 Kevlar 纤维分子的平面排列图。再经适当热处理后可制成具有较高取向度和结晶度的 Kevlar 纤维，如图 3-12 所示。

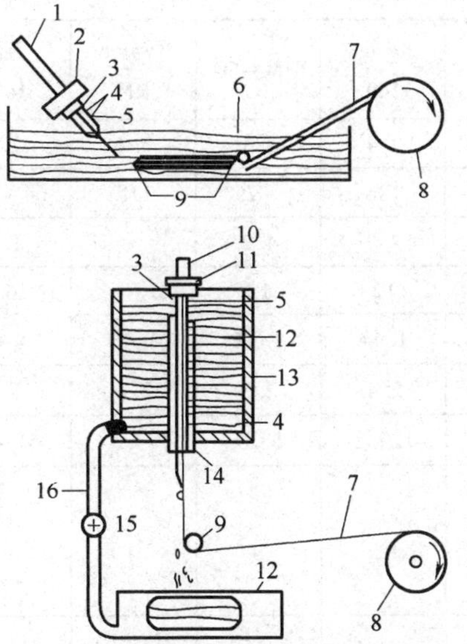

图 3-10 两种干喷湿纺的示意图

1、10—导管 2—喷纱装置 3—喷丝头 4—纤维 5—空气层 6、13—凝固液 7—加张毛纱 8—绕丝筒 9—导轮 11—喷丝装置 12—容器 14—喷丝管 15—泵 16—回流管

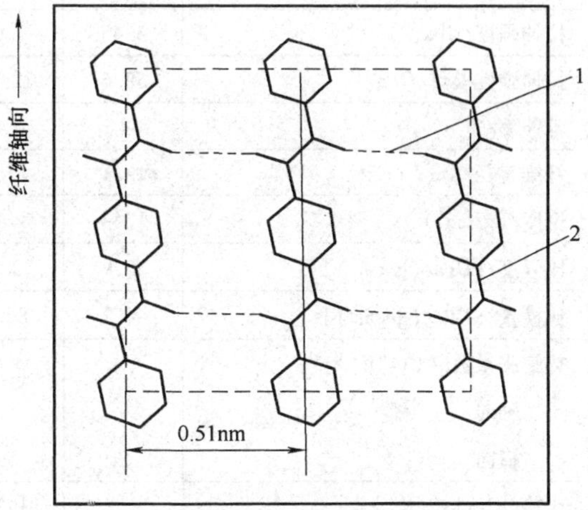

图 3-11 Kevlar 纤维分子平面的排列

1—弱的氢键 2—强的共价键

从纤维的立体结构来看，纤维内部是由垂直于纤维轴的层状结构所组成的，如图 3-13 所示。

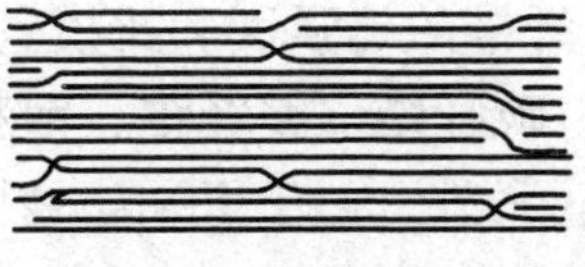

图 3-12 Kevlar 纤维结构模型示意图

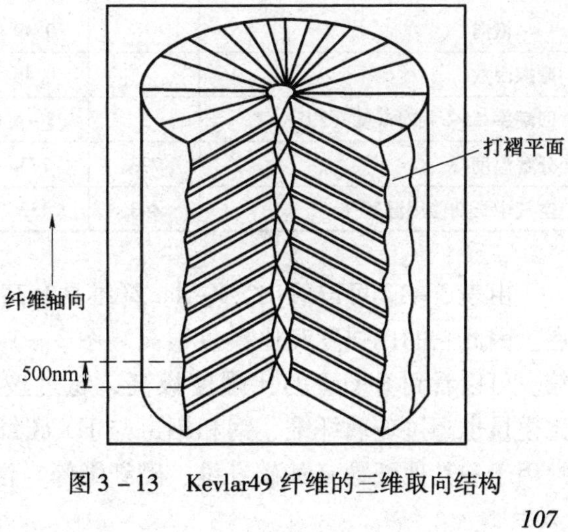

图 3-13 Kevlar49 纤维的三维取向结构

(2) 性能

Kevlar 纤维是一种外观呈黄色的纤维。

①力学性能。Kevlar 纤维的物理、力学性能如表 3－10 所示。

表 3－10　　Kevlar 纤维的物理、力学性能

性　能	Kevlar 20	Kevlar 49	Kevlar 149	HM－50	Twaron HM	芳纶 1414
拉伸强度/GPa	3.45	3.62	3.4	3.1	3.2	2.8
拉伸弹性模量/GPa	58.6	124.9	186	－75	115	64～102
延伸率/%	4	2.5	2.0	4.2		1.5
纤维直径/μm	12.1	11.9	12	12		16.7
密度/(g/cm^3)	1.44	1.44	1.44	1.39	1.45	1.45
比强度/[GPa/(g/cm^3)]	2.4	2.5	2.4	2.2	2.2	1.9
比模量/[GPa/(g/cm^3)]	40.7	86.1	129.2	53.9	79.3	44～70
热膨胀系数/($10^{-6}K^{-1}$)						
轴向		－2				
横向		59				
比热/[J/(kg·K)]		1420				
折光指数						
轴向		2.0				
横向		1.6				
介质损耗角正切 (10^{10}Hz)		0.005				
介电常数		3.21				
体积电阻/(μΩ·m)		10				
导热系数 (298K)/[W/(m·K)]						
轴向		1.57				
横向		0.49				
摩擦因数		0.46				
回潮率/55%相对湿度 (295K)	5	3.5～4.0				
分解温度/K	773	773				
空气中长期使用温度/K	443	433				

由表 3－12 可以看出，Kevlar 纤维具有高强度、高模量、密度低、韧性好的特点。因此它的比强度和比模量很高。图 3－14 是各类纤维的比强度和比模量的比较。可以看到 Kevlar 的比强度极高，超过玻璃纤维、碳纤维、硼纤维、钢和铝；比模量也超过玻璃纤维、钢和铝，与 HT 碳纤维接近。另外，由于 Kevlar 韧性好，常用于和其他纤维（如碳纤维、硼纤维等）混杂来提高复合材料的耐冲击性。

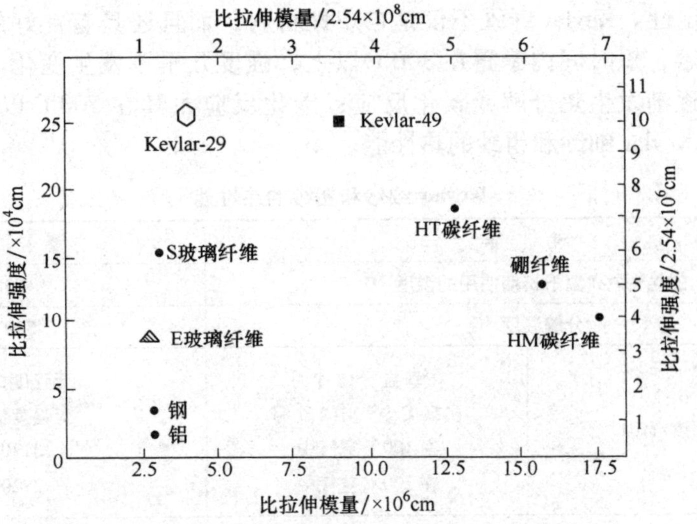

图 3-14　各类增强纤维比强度和比模量

②耐化学性能。Kelvar 纤维除少数几种强酸和强碱外，对其他介质（如普通有机溶剂、盐类溶液等）有很好的耐化学药品性，如表 3-11 所示。由于 Kevlar 纤维对紫外线比较敏感，因此不宜直接暴露在日光下使用；

表 3-11　　Kevlar 纤维在各种化学药品中的稳定性

化学试剂	浓度/%	温度/℃	试验时间/h	强度损失/%	
				Kevlar29	Kevlar49
醋酸	99.7	21	24	—	0
盐酸	37	21	100	72	63
盐酸	37	21	1000	88	81
氢氟酸	10	21	100	10	6
硝酸	10	21	100	79	77
硫酸	10	21	100	9	12
硫酸	10	21	1000	59	31
氢氧化铵	28	21	1000	74	53
氢氧化铵	28	21	1000	9	7
丙酮	100	21	1000	3	1
乙醇	100	21	1000	1	0
三氯乙烯	100	21	24	—	1.5
甲乙酮	100	21	24	—	0
变压油	100	60	500	4.6	0
煤油	100	60	500	9.9	0
自来水	100	100	100	0	2
海水	100	—	一年	1.5	1.5
过热水	100	138	40	9.3	—
饱和蒸汽	100	150	48	28	—
氟利昂 22	100	60	500	0	3.6

③热稳定性。Kevlar纤维不仅是自熄性材料，而且还具有良好的耐热性。它在高温下不熔，短时间内暴露在300℃以上，强度几乎不发生变化。随着温度的上升，纤维逐渐发生热分解或碳化反应；碳化反应尤其在500℃以上较为明显。表3-12为Kevlar细纱和粗纱的热性能。

表3-12　Kevlar细纱和粗纱的热性能

性　　能		数　　值
在空气中高温下长期使用的温度/℃		160
分解温度/℃		500
拉伸强度/MPa	在室温下16个月	无强度损失
	在50℃空气中2个月	无强度损失
	在100℃空气中	3170
	在200℃空气中	2720
拉伸弹性模量/GPa	在室温下16个月	无模量损失
	在50℃空气中两个月	无模量损失
	在100℃空气中	113.6
	在200℃空气中	110.3
收缩率/%		4×10^{-4}
热膨胀系数/($10^{-6}\times℃^{-1}$)	纵向0~1000℃	-2
	径向0~1000℃	50
室温比热容/(J/g·℃)		1.42
在室温下导热系数/[W/(m·K)]	垂直于纤维方向	4.110×10^{-2}
	平行于纤维方向	4.816×10^{-2}
燃烧热/(kJ/g)		34.8

Kevlar纤维纵向热膨胀系数为负值，这一点在制备Kevlar纤维复合材料时应加以考虑。

3.3.2　芳香族聚酯纤维

由芳香族聚酰胺溶致性液晶制备的纤维虽具有高的力学性能及耐高温并具有热稳定性的特点，但制造工艺较为复杂。于是人们又开辟了热致性液晶（Thermotropic liquidcrystal）制造Kevlar纤维的新途径。

聚芳酯液晶熔体经过喷丝孔道作剪切流动时刚性大分子沿流动方向高度取向，而离开喷丝板后几乎不发生解取向。无需后拉伸就能形成具有高度取向结构的初生纤维。

3.3.2.1　制造方法

几种典型的聚芳酯纤维的制造工艺如下：

a. Ekonol（商品名）　是由美国金刚砂（Carborundum）公司于1970年研究成

功的一种共聚芳酯。由对乙酰氧基苯甲酸、p，p′－二乙酰氧基联苯（D，p′－Diacetoxybiphenyl，ABP）、对苯二甲酸（Terephthalic acid，TA）及间苯二甲酸（Isophthalic acid，IA）缩聚而成：

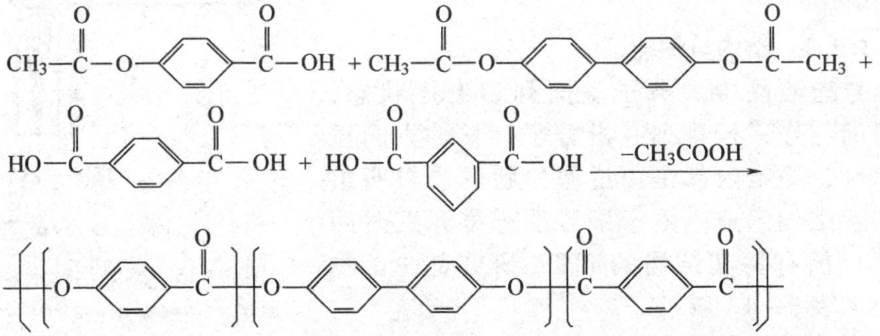

b. X－TG（商品名）　由美国伊斯特曼（Eastman）公司用对乙酰氧基苯甲酸（P－Acetoxybenzoic acid，ABA）与聚对苯二甲酸乙二酯（Polyethylene terephthalate，PET）反应所得的共聚芳酯：

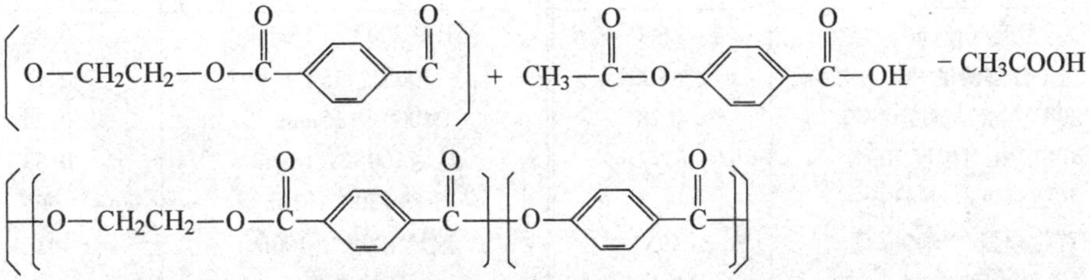

c. P（HBA/HNA）　是由美国塞拉尼斯（Celanese）公司研制成功的一种共聚芳酯。它是由对乙酰氧基萘甲酸（P－hydroxybenzoate acid）和6－乙酰氧基－2－萘甲酸（6－Acetoxy2－naphthoic acid，ANA）反应而成：

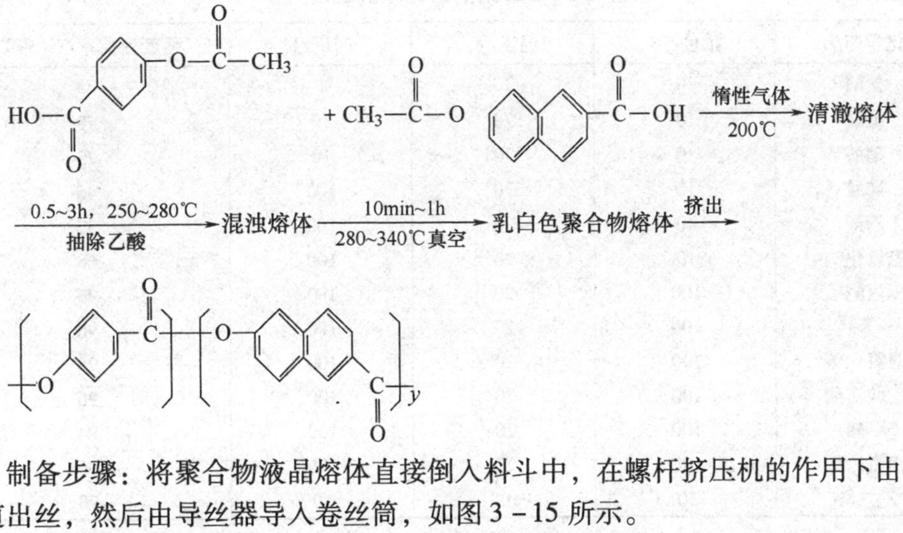

制备步骤：将聚合物液晶熔体直接倒入料斗中，在螺杆挤压机的作用下由纺丝甬道出丝，然后由导丝器导入卷丝筒，如图3－15所示。

一般情况下使用聚合度不太高的成纤聚芳酯纺丝成形，否则随着相对分子质量的增大，熔体黏度急剧升高，熔融纺丝成型比较困难。其后再在接近聚芳酯流动温度条件下进行热处理来提高纤维的相对分子质量，使纤维的力学性能增强。

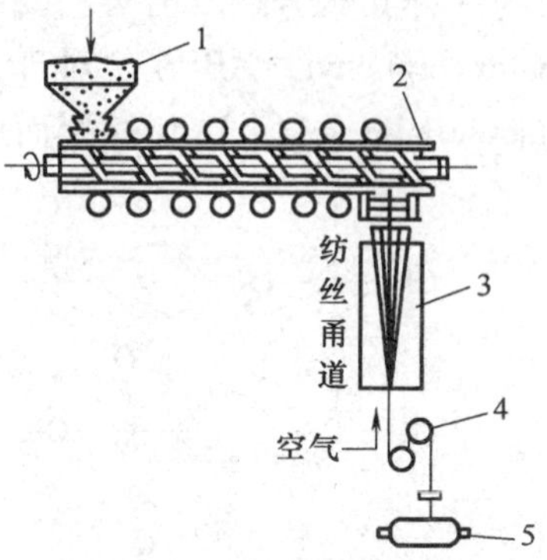

图3－15 熔融纺丝示意图

1—料斗 2—螺旋挤出机 3—纺丝甬道 4—导丝器 5—卷丝筒

3.3.2.2 结构与性能

聚芳酯液晶中大分子呈向列型有序状态，即分子间相互平行排列并沿分子链长轴方向显示有序性，纤维内部是由近似棒状的晶粒所组成的层状结构组成。由于聚芳酯纤维开发时间较短，目前有关其结构的PPTA研究甚少。物理性能如表3－13所示。

PPTA耐化学药品性如表3－14所示。

表3－13 PPTA纤维的物理性能

项 目	PPTA	项 目	PPTA
密度/(g/cm^3)	1.44	干热200℃，15min	0.05
分解温度/℃	>400	300℃，15min	0.16
20℃，相对湿度65%	4.28	400℃，15min	0.20
20℃，相对湿度100%	8.72	湿热100℃，15min	0.38
抗张强度/(cN/dtex)	18.7	干热250℃，10h	56
弹性模量/(cN/dtex)	492	湿热120℃，100h	43
断裂伸长/%	3.9	罗拉磨断	145
结节强度/(cN/dtex)	5.6	加捻磨断	945
勾节强度/(cN/dtex)	18.8		

表3－14 PPTA纤维的耐化学药品性

化学药品	浓度/%	温度/℃	时间/h	强度保持率/% PPTA
盐酸	10	70	1	73
硫酸	10	70	10	79
硝酸	10	70	10	23
磷酸	10	70	100	46
乙酸	40	70	100	37
氢氯化钠	10	20	100	68
丙酮	100	20	100	96
苯	100	20	100	96
四氯化碳	100	20	100	95
乙酸乙酯	100	20	100	96
甲酸	100	20	100	94
四氯乙烯	100	20	100	96
乙二醇	50	100	10	90

3.3.3 超高相对分子质量聚乙烯纤维

聚乙烯纤维是目前国际上最新的超轻、高比强度、高比模量、成本低的高性能有机纤维。1975 年荷兰 DSM（Dutch State Mines）公司采用冻胶纺丝 - 超拉伸技术试制出具有优异抗张性能的超高相对分子质量聚乙烯（Ultra - high Molecular Weight Polyethylene，简写为 UHMW - PE）。打破了只能由刚性高分子制取高强、高模纤维的传统局面。1985 年美国联合信号（Allied Signal）公司购买了 DSM 公司的专利权，并对制造技术加以改进，生产出商品名为“Spectra”的高强度聚乙烯纤维，纤维强度和模量都超过了杜邦公司的 Kevlar 纤维。之后日本东洋公司与 DSM 公司合作成立了 Dyneema VOF 公司，批量生产商品名为“Dyneema”的高强度聚乙烯纤维。目前我国也在探索试制 UHMW - PE 并取得一定进展。

3.3.3.1 制法

用于制造高强聚乙烯纤维较为成熟的方法有：纤维状结晶生长法；单晶片 - 超拉伸法；冻胶挤压 - 超拉伸法；冻胶纺丝 - 超拉伸法。

其中冻胶纺丝 - 超拉伸法具有工业应用价值。该法以十氢萘、石蜡油、煤油等碳氢化合物为溶剂，将超高相对分子质量聚乙烯调制成半稀溶液，经计量由喷丝孔挤出后骤冷成为冻胶原丝，再经萃取、干燥后进行约 30 倍以上的热拉伸（或者不经萃取而直接进行超拉伸），制成高强度聚乙烯纤维。图 3 - 16 为冻胶纺丝 - 超拉伸工艺示意图。

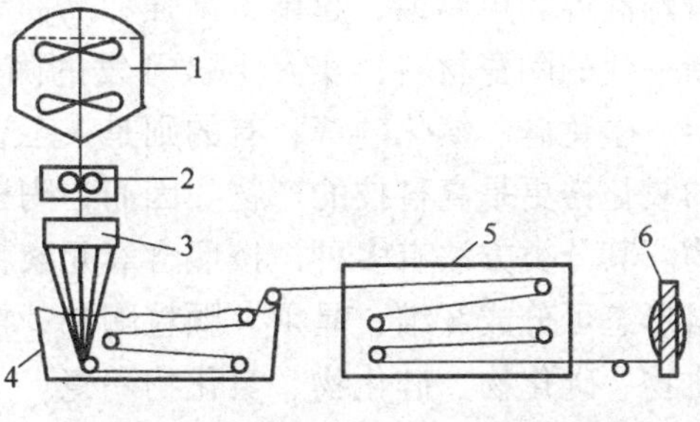

图 3 - 16 冻胶纺丝 - 超拉伸示意图

1—溶解釜 2—计量泵 3—喷丝头组件 4—冷却/萃取浴 5—拉伸 6—卷绕

目前制造高强度纤维所使用的聚乙烯，其相对分子质量一般都在 1×10^6 以上，即所谓超高相对分子质量聚乙烯。纤维强度随相对分子质量的增加而增大，这是由于增加相对分子质量可有效地减少纤维结构的缺陷，如减少分子末端数量，使大分子处于伸直的单相结晶状态。然而相对分子质量越大，加工过程中大分子的缠结程度亦随之明显增大，宏观上表现为熔体黏度升高，难以采用常规的熔融纺丝技术纺丝成形。为此人们研究采用将超高相对分子质量聚乙烯调制成半稀溶液的过程进行喷丝。这个过程实质上是大分子解缠的过程，而且制成的冻胶原丝中大分子的缠结状态基本与半稀溶液相似，这在超拉伸时有利于大分子链的充分伸直，提高纤维的取向和结晶程度，由此可得到高力学性能的超高相对分子质量聚乙烯纤维。

3.3.3.2 结构与性能

聚乙烯纤维的化学结构为：$\mathrm{-\!\!\!+\!CH_2-CH_2\!+\!\!\!-_{n}}$。采用冻胶纺丝的目的在于使大分子处于低缠结状态，纺丝后经超拉伸可使折叠状的柔性大分子伸直，沿纤维轴高度取向和结晶。

超高相对分子质量聚乙烯纤维的密度为 $0.97g/cm^3$，纤维的拉伸强度为 3.5GPa，弹性模量 116GPa，其比强度、比模量是有机纤维中最高的，伸长率为 3.4%。聚乙烯相对分子质量（*Mr*）与纤维强度（σ）之间的关系可用经验关系式表示：

$$\sigma \propto Mr^k \quad (k=0.2\sim0.5)$$

显然，随相对分子质量的增加，纤维的强度也增大。同时，加工过程中大分子的缠结程度亦随之增大，熔体黏度高，给加工造成一定困难。

超高相对分子质量聚乙烯纤维摩擦因数小，耐磨性优于其他产业用纤维，容易进行各种纺织加工。此外，它还具有优良的耐化学药品性以及不吸水、电磁波透过性好等特点。

3.4 陶瓷纤维

陶瓷大致上可以认为是金属与非金属元素构成的非均匀固体物质。这类材料具有耐高温、抗腐蚀、超硬、高强和高韧等优异性能。20 世纪 60 年代，人们开发了新一代的陶瓷材料，实际上被开发的陶瓷材料有的是传统材料的新利用。如氧化铝、碳化硅、氮化硅等；有的则是人工合成的新材料如碳化钨、碳化铌等；半稳定的氧化锆更是高科技的产物。因而，陶瓷所包含的范围远不止金属与非金属的化合物。其分类方法有多种，按照含氧元素将其分为非氧化物陶瓷和氧化物陶瓷；按材料形态可分成纤维、晶须、颗粒陶瓷；按化合物中的非金属元素可分成氧化物、氮化物、碳化物、硅化物、氢化物陶瓷。

陶瓷最重要的氧化物是几种简单类型的氧化物，如 AO，AO_2，A_2O_3，ABO_3 和 AB_2O_4 等（A，B 表示阳离子）。纯氧化物陶瓷的熔点多数超过 2000℃。应用最多的有 SiO_2，Al_2O_3，ZrO_2，MgO，CaO，BeO，ThO_2 和 UO_2 等，以及一些氧化物之间的化合物如 $Al_2O_3 \cdot 2SiO_2$（莫来石），$MgO \cdot Al_2O_3$（尖晶石）等。氧化物陶瓷主要是单相多晶材料，除了晶体相外，还含有少量的气相（气孔）和玻璃相。纯氧化物陶瓷在高温下都不会氧化，是很有用的高温耐火结构材料。Al_2O_3（刚玉）陶瓷主要成分是 Al_2O_3 和 SiO_2，Al_2O_3 含量越高，氧化铝陶瓷的性能就越好。非氧化物陶瓷指的是不含氧的金属碳化物、氮化物、硼化物和硅化物等。这类化合物在自然界很少有，需要人工合成。非氧化物陶瓷涉及的面很广，每一类都有许多化合物。如碳化物中有：TiC，ZrC，HfC，VC，NbC，B_4C 和 SiC 等，但目前工业上应用的并不多。

近年来，陶瓷增强体除颗粒、纤维及晶须材料外，还发展起一类二维板片状颗粒强韧化材料如板片晶 Al_2O_3 与 Y－TZP 的复合材料，主要利用板片晶的交织结构提高材料的抗热震性及强度。

纤维增强体的种类很多，根据直径的大小和性能特点可分为晶须和纤维两类。晶须是直径很小（约 1μm）的针状材料，长径比很大、结晶完美，因而强度很高。

晶须是目前所有材料中强度最接近于理论强度。其制造方法一般采用气相结晶法。但由于工艺过程复杂，生产成本高，因而一直未得到工业化开发。晶须的种类有石墨、碳化硅、氮化硅和氧化铝晶须等。

陶瓷纤维是直径为几至几十微米的多晶材料或非晶态材料，如氧化铝纤维、碳化硅纤维、氮化硅纤维，还有氧化锆纤维、氧化铍纤维、氧化镁纤维、氧化钛纤维、氮化硼纤维和硼化钛纤维等。其特点是能够耐 1260～1790℃的高温（在惰性和氧化气氛中），耐磨耐蚀性好和良好的物理力学性能，特别适合于陶瓷基复合材料。

陶瓷脆性材料在制成纤维后，其强度远远超过块状材料的强度，原因主要是随着材料的纤化，其表面和内部所包含的能导致脆性断裂的缺陷越小，力学性能越强。

3.4.1　碳化硅纤维

碳化硅纤维（Silicon Carbicle fiber. SF 或 SiCf）是以高纯碳化硅（SiC）为主要成分的一种陶瓷纤维，它是由日本东北大学金属材料研究所的矢岛圣使教授首次用有机硅烷加热转化成 β - SiC 纤维。随后日本炭素公司成立了碳化硅连续纤维工业研究中心，并正式批量生产商品名“Nikaron”的碳化硅连续纤维。

3.4.1.1　制法

生产方法分为复合碳化硅纤维和先驱丝法碳化硅纤维两类。先驱丝法碳化硅纤维是用聚碳硅烷纺丝，烧结制造碳化硅连续纤维。

首先，由二甲基二氯硅烷在氮气保护下于二甲苯中由金属钠脱氢制取聚二甲基硅烷（Polyolimethylsilane，PDMS），反应式如下：

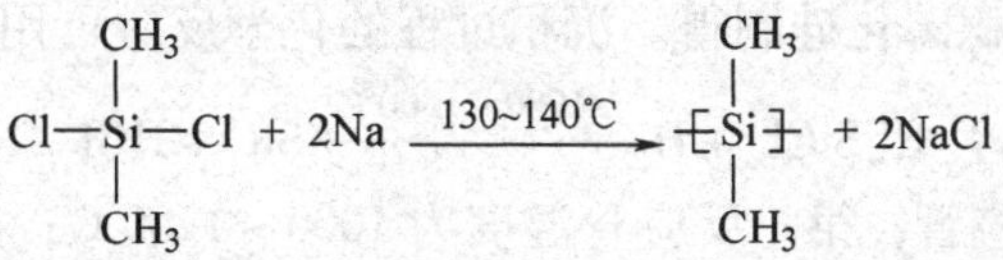

PDMS 为白色粉末状固体，不溶于有机溶剂，在空气中加热至约 150℃开始燃烧，但在室温下非常稳定。

然后，按下列其中方法之一在约 500℃的温度下使 PDMS 裂解重排制成聚碳硅烷：

①由 PDMS 直接高温高压裂解重排制成聚碳硅烷（Ⅰ型）；

②先由二甲基二氯硅烷与二苯基二氯硅烷及金属钠合成聚硅烷，再经高温高压裂解重排制成聚碳硅烷（Ⅱ型）；

③在 PDMS 中添加少量由二苯基二氯硅烷与硼酸反应制成的聚硼硅氧烷

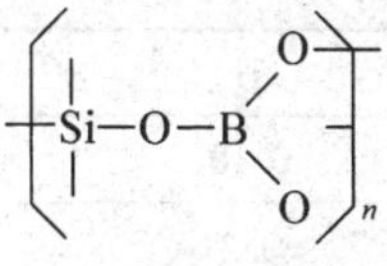
，高温裂解得到聚碳硅烷（Ⅲ型）。

若采用聚硼硅氧烷作催化剂，聚碳硅烷（Ⅲ型）的裂解重排可在常压下进行，而聚碳硅烷Ⅰ型和Ⅱ型需在高压下制成。Ⅱ型中含有少量二苯基硅烷结构单元，目的是改善树脂的成纤性能。

聚碳硅烷（PCS）为淡黄色的透明状树脂，平均相对分子质量约1000~2000，软化温度200℃左右。

聚碳硅烷经熔融纺丝，可以得到10~15μm的有机纤维。这种纤维很脆，容易软化（软化点在150~200℃），受热后易熔融和分解。为了使其在后续的高温烧结中保持纤维状态，需将这种纤维放在氧化性介质（空气、氧气、臭氧及各种氧化剂）中，进行不熔化交联处理。交联处理也可采用射线辐照交联。交联处理的结果使Si-H键减少，Si-O-Si键增多。原丝的脆性虽较强，但可通过高温下进行烧结处理，形成SiC纤维（Nicalon）。方法为：在1200~1500℃惰性气体下对交联后的聚碳硅烷纤维进行烧结处理，在烧结过程中，聚硅烷大分子上的侧基于200℃开始分解并释放出氢和甲烷，形成新的Si-C主链；随着温度的上升裂解重排的速度加快，烧结温度升到700℃左右大分子上的侧基几乎全部分解，基本上完成了纤维从有机物向无机物的转变，随后Si-C骨架开始向β-SiC结构转变，但纤维内部结构仍处于非晶态；随着温度升高到1250℃左右，微晶逐渐形成，在1300℃时SiC纤维的强度达到最高值，形成比较规整和稳定的β-SiC结晶结构，制成黑色的碳化硅纤维。在烧结时，施加一定的张力可使纤维获得较好的定向，并防止烧结后纤维发生扭曲。烧结温度继续升高，晶粒长大，纤维强度下降。该法反应设备简单，反应时间缩短，便于控制，适合大规模工业化生产。

复合碳化硅纤维：是采用四氯化硅—烷烃—氢、三氯甲基硅烷—氢、四氯化硅—四氯化碳—氢等反应气体，用化学气相沉积法（CVD），在连续移动并加热的钨丝或碳丝芯材上沉积碳化硅制得。沉积过程的化学反应可用下式表示：

$$R_mSiCl_n + H_2 \xrightarrow{1000\sim1500℃} SiC + HCl$$

该法经过两根反应管，第一反应管温度为1000~1200℃；第二反应管为1100~1300℃，沉积时间为80s，该法成本高，工艺复杂。

3.4.1.2 结构与性能

先驱丝法制得的碳化硅纤维，主要组成为β-SiC微晶，晶粒在10nm以下，纤维中还含有SiO_2和游离碳（约为SiC: C: SiO_2 = 1: 0.57: 0.31）。其化学组成如表3-15所示。它的每束丝500根，单丝直径10~15μm，密度2.55g/cm^3，抗拉强度为2.45~2.94GPa，模量为176~196GPa，断裂伸长率为1.5%，热膨胀系数（轴向）为$3\times10^{-6}℃^{-1}$。在1000℃氧化气氛中，力学性能保持不变。

表3-15 碳化硅纤维化学组成

元 素	Si	C	O	H
摩尔比	1.00	1.29	0.38	0.10
含量/%	54.3	30.0	11.8	0.2

复合法制得的碳化硅纤维单丝直径为100～150μm，密度3.1g/cm³，抗拉强度3.40GPa、初始模量400GPa。根据待增强的金属基体的不同，碳化硅纤维表面具有不同的涂层。这类纤维除具有高强度、高模量、耐热等性能外，还具有抗氧化性能。广泛应用于金属基，如铝钛等合金的复合材料增强体。

（a）化学稳定性好。碳化硅纤维具有良好的耐腐蚀性能。在80℃的6mol/LHCl、9mol/L H_2SO_4、7mol/L HNO_3、30% NaOH水溶液中浸蚀24h后，纤维质量损失在1%以下，其力学性能基本不变。

（b）与金属的相容性好。碳化硅纤维在1000℃以下，碳化硅纤维几乎不与一些金属发生反应。因而它可与多种金属复合，并与金属相容性好，常用于金属基和陶瓷基复合材料。如表3－16为碳化硅纤维与各种金属在高温下的反应活性。

表3－16　碳化硅纤维与金属的反应活性

金属	金属熔点/℃	处理温度/℃（在 H_2 中1h）											
		450	530	620	650	750	800	850	900	950	1000	1100	1200
Al	660	0	0	0									
Ag	961				0	0	0	0					
Cu	1083					0	0	0	0	0	0		
Ni	1453						0			0	0	×	×
Co	1495						0		0		△	△	×
Fe	1537						0		0		0	0	△
Ti	1668						△		△		△	△	△
Cr	1875								0		0	△	△
Mo	2610						0		0		0	0	0

注：0表示未观察到反应；△表示有轻微反应；×表示发生反应。

此外，碳化硅纤维还具有半导体性能，并且具有良好的吸波性能。

3.4.2　氧化铝纤维

氧化铝纤维［Alumina Fiber，AF或 $(Al_2O_3)_f$］是以 Al_2O_3 为主要成分、含有 SiO_2 的结晶态，也可以含有 B_2O_3 的一种陶瓷纤维，它是由美国杜邦公司开发研制的。氧化铝纤维是多晶连续纤维。除 Al_2O_3 外，常含有约15%的 SiO_2。SiO_2 的作用是抑制高温下 Al_2O_3 的相变，即由 $\gamma-Al_2O_3$ 转化为 $\alpha-Al_2O_3$。因为相变生成晶粒大的 $\alpha-Al_2O_3$ 会降低纤维的强度易使纤维发生脆裂。

Al_2O_3 纤维的种类有 $\alpha-Al_2O_3$、$\gamma-Al_2O_3$、$\delta-Al_2O_3$ 连续纤维和 $\delta-Al_2O_3$ 纤维。

3.4.2.1　制造方法

制造氧化铝纤维的方法比较多，主要有预烧结体法、凝胶法、淤浆法和无机盐法。

a. 预烧结体法　这种方法，是由日本的住友化学工业公司开发的，所以也叫住友化学法。

它首先将三烷基铝（AlR_3）水解聚合得到具有铝元素和氧元素连结成的无机高分子（$-Al-O-$），主链结构的聚氧化铝和硅酸酯等的硅化物溶解到甲苯溶剂中，调制成具有一定黏度的纺丝溶液，经干式喷丝后，得到预聚体纤维。然后再在1000℃以上的空气中对预聚体纤维进行烧结处理，除去残存的有机物，最后便得到含 SiO_2（0~30%）的氧化铝连续纤维。由此法得到的 Al_2O_3 纤维，是一种 $\gamma-Al_2O_3$ 纤维。加入 SiO_2 的目的是为了抑制在1200℃左右氧化铝由 γ 态急剧向 α 态转变。

b. 凝胶法　凝胶法是美国3M公司开发的一种方法。用这种方法得到的纤维，SiO_2 的含量较多，且含有 B_2O_3。

此法是在含有 $HCOO^-$、CH_2COO^- 等有机根的氧化铝凝胶中混合进适量的硅溶胶和硼酸，调制或具有黏性的纺丝溶液。将该液体经干法喷丝制成原丝。由于原丝非常脆，需将其在约900℃进行预烧结，然后再在张力作用下进一步在约1000℃烧结，从而制得 $\gamma-Al_2O_3$ 的长纤维。根据 B_2O_3 含量的不同，3M公司生产有14%和2%两个品种。

c. 淤浆法　淤浆法是杜邦公司开发的一种方法。这种方法首先将粒度小于0.5μm的 $\alpha-$氧化铝粉末、少量烧结助剂 $MgCl\cdot6H_2O$ 及粘结剂 $Al_2(OH)_5Cl\cdot2.2H_2O$ 混合形成黏度较高的呈淤浆状的纺丝溶液，经干式喷丝制成长原丝。在1000℃以上将这种预聚体纤维烧结成由 $\alpha-$氧化铝的晶粒集合而成的纤维。在此烧结过程中，$Al_2(OH)_5Cl\cdot2.2H_2O$ 热分解转变为 $\alpha-$氧化铝，$MgCl\cdot6H_2O$ 成为 MgO 在 $\alpha-$氧化铝表面扩散，形成 $MgAl_2O_3$ 表面层，抑制 $\alpha-$氧化铝微晶体的成长。这样会影响纤维的性能。因而可以再通过1500℃的燃气火焰，使晶粒烧结，从而得到 $\alpha-$氧化铝的纤维。然后在其表面上镀覆 SiO_2 来提高其性能。

d. 无机盐法　无机盐法既适合制造氧化铝短纤维，也可生产连续纤维。该法是将富铝的铝酸盐，辅以硅溶胶、聚硅氧烷等，添加水、酒石酸、氧化镁等调整剂，制成适当稠度的胶体用离心法或高速气流喷吹制成短纤维坯体，再在1000℃以上高温烧结制得 $\alpha-$氧化铝短纤维。或将固化成形的丝条缓慢卷绕并在空气中高温热处理便可得到氧化铝长纤维。

3.4.2.2　结构与性能

氧化铝纤维的强度及其他性质在很大程度上取决于它的微观结构，如纤维中晶粒的大小，气孔及缺陷等对纤维的性能都有显著的影响。这些影响主要来自于纤维的制备方法。晶粒尺寸越小，越有利于在烧结过程中获得结构致密的纤维。而结构致密而且表面光滑，就不容易出现应力集中，纤维强度则高。其强度可用下列的经验公式来计算。

$$\sigma = kD^{-a}\cdot\exp(bp)$$

式中，k、a、b 均为常数；D 为微晶尺寸；p 为孔隙率。显然微晶尺寸越小，纤维强度越高。若氧化铝纤维长期置于高于1100℃高温环境下，则有α－氧化铝或高铝红柱石结晶析出，使微晶尺寸增大，纤维强度降低。

表3－17为各公司氧化铝纤维的结构和性能。表3－18是各类型氧化铝纤维的物理力学性能。

表3－17　　各公司氧化铝纤维的结构和性能

纤维＼性能		密度/(g/cm^3)	直径/μm	抗拉强度/MPa	拉伸模量/GPa	最高使用温度/℃	熔点/℃
氧化铝纤维	Tyco法	3.99	250	2400	460	2000*	2040
	三M法	2.5	11	1750	150	1300	2040
	ICI法	3.4	3	1000	100	1600**	2040
	Du Pont法	3.9	20	1400	390	1100	2040
	住友化学法	3.2	9	2600	250	1300	2040

*1200℃时强度只有室温的1/3；**材料断裂的最高温度。

表3－18　　各种类型氧化铝纤维的物理力学性能

结晶结构＼化学组成	短纤维	连续长丝				
		$\alpha-Al_2O_3$	$\gamma-Al_2O_3$	$\delta-Al_2O_3$	硅酸铝	硅酸铝
Al_2O_3/%	80～97	99.5	85	80	62	70
SiO_2	3～20	—	15	20	24	28
MgO	—	0.5	—	—	—	—
B_2O_3	—	—	—	—	14	2
密度/(g/cm^3)	3.3～3.5	3.90	3.25	3.1	2.7	3.1
纤维直径/μm	3	20	17	10	10～12	10～12
纤维长度/mm	1～300	连续	连续	连续	连续	连续
抗拉强度/GPa	1～2*	1.4**	1.8***	1.6***	1.4～1.6	1.4～2.1
弹性模量/GPa	200～300	380	210	—	150	210～245

*测试长度1mm；**测试长度25mm；***测试长度未报道。

从表中可以看到氧化铝纤维具有很高的抗拉强度和弹性模量。氧化铝纤维还具有优良的耐热性和抗氧化性，多用于高温结构材料和各种先进复合材料，特别是在航空、宇航空间技术方面有广泛的应用前景。α－三氧化二铝纤维的化学性质稳定，与树脂粘结性差，对熔融金属的浸润性弱，这些不足可在纺丝溶液中加入Li等适当加以改进。γ－氧化铝纤维具有一定的活性，与树脂及熔融金属的相容性好，不需要进行表面处理。其缺点是密度较大，是所有纤维中最大的一种。

3.4.3　含硼纤维

硼纤维和氮化硼纤维是含硼纤维中的主要品种。

3.4.3.1 硼纤维（Boron Fiber，BF 或 Bf）

硼纤维是 1958 年由 C. P. Talley 首先发表用化学气相沉积（Chemical vapour deposition，简称 CVD）方法研制成功高模量的硼纤维。1959 年美国 AVCO 公司开始批量生产。1985 年日本真空冶金公司也试制出硼纤维。目前，硼纤维在美国的年产量约 50t。

（1）制造方法　常见的有两种方法：卤化法和有机金属法。

a. 卤化法　一般采用的方法是将直径大约 10μm 的钨丝加热，钨丝长度可达 3000m，然后气态的 BCl_3 与 H_2 在通电加热的钨丝上发生如下反应：

$$2BCl_3(g) + 3H_2(g) \longrightarrow 2B(s)\downarrow + 6HCl(g)$$

反应温度为 1100～1300℃，分解出的 B 沉积在钨丝的表面上厚度为 50～100μm。H_2 与 Cl 作用生成 HCI 被除去，图 3－17 为 CVD 法制造硼纤维的示意图。

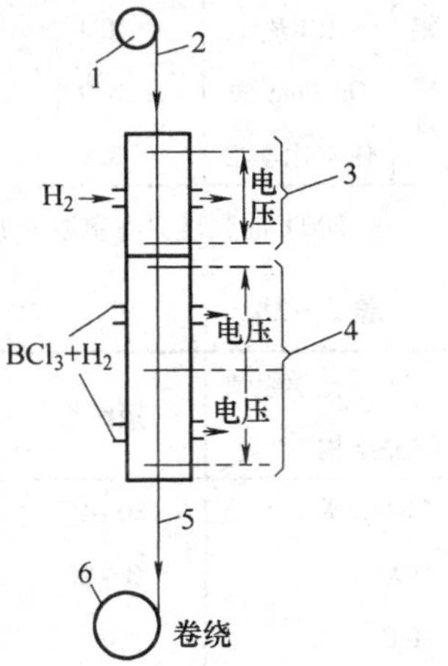

图 3－17　硼纤维制造设备的示意图

1—供给　2—钨丝（1～13μm）　3—清洗室　4—结晶室　5—硼纤维（100～140μm）　6—卷绕

b. 有机金属法　由于卤化法生产的硼纤维比较贵，而且较重。有机金属法是将一种硼的有机金属化合物，如三乙基硼［$(C_2H_5)_3B$］或硼烷系的一种化合物（如 B_2H_6 或 B_5H_4）进行高温分解使硼沉积在底丝上。有机金属法制造的硼纤维一般直径为 51～380μm。

在日本，真空冶金公司开发了精度非常高的反应管式温度控制技术，并开始制造高性能的硼纤维。由 CTI 公司开发的名为 Borsic 的纤维，是在硼纤维上包覆了 1～2μm 的碳化硅（SiC）。而由 AVCO 公司开发的纤维，通过在硼纤维表面形成约 7μm 厚的 B_4C 层，极大地改善了硼纤维和金属间的反应性。

（2）结构与特性　硼的结构形式有两种：菱形六面体和四方晶体。而硼纤维的结构和性能关键取决于沉积温度和沉积速度。

目前硼纤维的直径有 100、140、200μm 几种。截面积之比为 1∶2∶4，大直径纤维综合性能较好，但直径过大，缺陷增多。使用较多的是直径为 140μm 的硼纤维。

硼纤维抗拉强度值约 3500MPa，拉伸模量约 400GPa、密度约 2.5g/cm³。硼纤维具有耐高温和耐中子辐射性能。主要用作复合材料的增强体，其比强度、比模量高，在航空航天技术领域中，硼纤维增强铝复合材料已得到广泛应用（硼纤维增强金属时，为避免与基体金属复合而产生不良的界面反应，通常在纤维表面施加涂层）。硼纤维增强环氧树脂主要用于制造军用飞机（如 F－14，F－15 战斗机和 B－1 轰炸机）上的某些对减轻重量、增加刚度要求严格的部件。硼纤维的缺点是工艺复杂，不易大量生产，价格昂贵。

3.4.3.2 氮化硼纤维（Boron Nitrile Fiber，简写为 BN_f）

氮化硼纤维是 20 世纪 60 年代由美国研制成功的。

氮化硼纤维的制造方法是先将 B_2O_3 熔融纺成的前驱体纤维在高温 800℃ 氨蒸汽中进行氮化处理制得氮化硼纤维，然后在 2000℃ 下热牵伸烧结而成。

反应式如下：

$$B_2O_3 + 2NH_3 \longrightarrow 2BN + 3H_2O$$

由于氮化反应过程中气态的氮与固态的 B_2O_3 之间的反应为非均相反应，所以制得的氮化硼纤维质量不均匀。此法得到的氮化硼纤维抗拉强度为 200MPa，抗拉模量为 345GPa。

此外，还可由硼纤维制取氮化硼纤维，方法是：先将硼纤维加热到 560℃ 作氧化处理后，再将得到的氧化硼纤维在 1000～1400℃ 的 NH_3 气氛中氮化约 6h 制得氮化硼纤维。

谷口等人用三氯化硼与苯胺或甲苯胺反应，将所得产物再进一步与氨反应，即

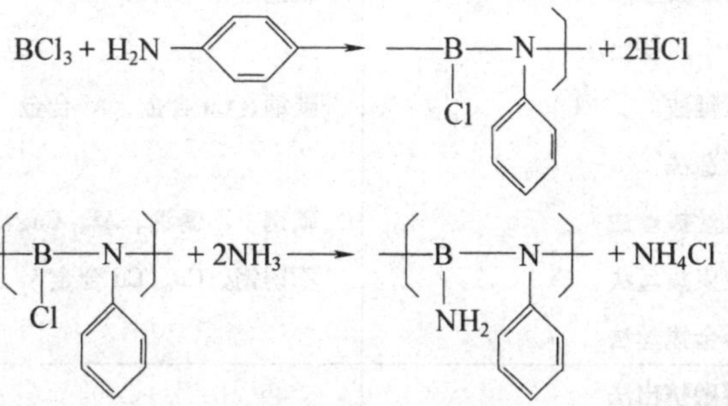

在 300℃ 以上对含硼产物进行固相聚合，得到软化点约 230℃ 的成纤聚合物。在 260℃ 左右熔融纺丝，然后在 NH_3 气氛下进行不熔化处理后，再于高温 1800℃ 左右 N_2 气氛下烧结，制成白色氮化硼纤维，其抗张强度大于 500MPa。

氮化硼纤维在 N_2 气氛中，通常可使用到 2000℃，最高可达 2500℃，晶粒尺寸和失重没有明显变化。其熔点为 3000℃。根据分析结果推测，氮化硼纤维具有六元氮硼环结构，加之 B－N 键强，使得氮化硼具有突出的耐热性和抗氧化性。在空气中，氧化开始温度为 850℃，当 B_2O_3 膜形成后，使用温度可达 1300℃。

美国金刚砂公司试制的氮化硼纤维，其密度 1.8～1.9g/cm³，单丝直径 6μm，抗张强度和模量分别为 830MPa 和 210GPa。

氮化硼纤维能耐常用酸碱的腐蚀，对 400℃ 的氯化锂、氯化钾共溶液以及铝、铁等熔体都有良好的抗侵蚀能力。与高温工程陶瓷等基体有良好的化学相容性。由于氮化硼纤维是少数能被熔融铝润湿的材料之一，故可用于制造金属铝基复合材料。它还可用作熔融铝及铁的过滤材料，以及制成耐化学侵蚀，防原子、中子的防护服。此外，氮化硼纤维与氮化硼陶瓷基体制成的复合材料既是绝缘体又是热导体，可用于电气及电子工业中。

3.5 金属纤维

金属细丝或金属纤维（Metallic filament）用作增强体的例子为数不多，主要原因是一般金属材料的密度高，其次当金属纤维用于聚合物增强时，两者之间的粘结力较差。金属材料在聚合物基复合材料中最大的应用是制造夹心材料中的蜂窝结构，常用的是铝纤维。金属纤维作为增强体应用最为熟悉的是将铁丝埋入橡胶中生产汽车轮胎。另外钨纤维被用作钴、镍超级合金的增强体，所制备的复合材料能在更高的温度下使用。还有在制备硼纤维和碳化硅纤维时用钨丝作为底丝。

金属纤维可采用拔丝、切削或熔融纺丝等方法加工制成。表3-19列出各种金属纤维的制造方法。

表3-19　各种金属纤维的制造方法

类　型	方　法	适用的金属材料
塑性加工	挤出成型法	碳钢
	静水压挤出法	
	压延法	碳钢、Cu合金、Al合金
	锻造法	
	单丝拔丝法	碳钢、不锈钢、Al、Cu、W、Mo、Ti、Be
	集束拔丝法	不锈钢、Cu、Cu合金
	合金拔丝法	
熔融纺丝	熔融挤出法	
	喷射骤冷法	
	转鼓法	非晶态金属
	玻璃被覆熔融纺丝法	碳钢、Pb
	熔体拔丝法	
	坩埚熔融成型法	碳钢、Pb
切削加工	旋削法	碳钢、不锈钢、Cu、Al
	切削法	碳钢、Mg
	金属线切割法	碳钢、Cu
	高频振荡切削法	碳钢、不锈钢、Cu、Cu合金、Al、Al合金、Ti
生长加工	涂层法	B
	CVD法	
	晶须生长法	Fe、Cr、Ni、Cu

用拔丝法生产的铍纤维，由于具有很低的密度（只有1.8g/cm^3），而且具有很高的弹性模量（245GPa），曾一度作为增强材料受到人们的重视。但其造价昂贵，使用温度低（最高为600℃），而且毒性很大，其应用已退次要位置。

表3-20列出一些金属纤维的主要性能。

表3-20　　金属纤维（线材）的主要性能

材　料		单丝直径/μm	密度/(g/cm³)	抗张强度/GPa	弹性模量/GPa	熔点/℃
高熔点金属	W	13	19.4	4.02	407	3340
	Ta	—	16.6	0.76	185	2993
	Mo	25	10.2	2.16	329	2630
	Nb	—	8.6	0.69	—	2415
铁系材料	高碳钢	13	7.7	4.12	196	1400
	高碳钢（Fe-Si）	6000	7.3	2.03	211	—
	钢琴弦	80	7.8	3.43	199	1400
	钢琴弦	100	7.8	2.99	196	—
	钢琴弦	700	7.8	2.5~2.7	196	—
	弹簧钢	2000	—	1.57~1.72	—	—
	弹簧用Fe-Cr-V	2000	—	1.57~1.72	—	—
	弹簧用Fe-Si-Cr	1600	—	1.96~2.11	—	—
	弹簧用Fe-Si-Mn	4000	—	1.47~1.81	—	—
	不锈钢（304）	15	7.8	2.30	196	1177
	不锈钢（304）	80	7.8	0.52	196	1177
非铁金属	Al	10	2.8	0.20	63	660
	Al	600	2.8	0.10~40.16	63	633
	Al-1%Si	10	2.7	0.04~1.25	63	—
	Al-1%Si	25	—	0.32	63	—
	Au(99.99)H	25~50	19.3	—	80	1093
	Au(99.999)S	25~50	19.3	—	80	1093
	Ag	25~50	10.5	—	74	960
	Be	127	1.8	1.27	245	1280
	Cu	1000	8.9	0.54	—	1083
	Cu	100	8.9	0.44~0.45	108	—
	Mg	—	1.8	0.22~0.37	41	650
	Ni	—	8.9	0.38	208	1446
	Ti	—	4.5	1.67	132	1800
复合型B		142	2.3	3.24~3.51	378~400	—
非晶态金属Co-Fe-Cr-Si-B		100	7.6	3.53	157	—

3.6　晶　　须

晶须（Whisker）是指由高纯度单晶生长而成的直径几微米、长度几十微米的单晶纤维材料。由于其原子结构排列高度有序，结构完整难以容纳大晶体中常存的缺陷，故其力学强度近似等于原子间价键力的理论强度，是一类力学性能十分优异的新型复合材料补强增韧材料。

自1948年美国贝尔电话公司首次发现晶须以来，人们已能制备出近百种晶须实验品。但能够进入工业化生产的晶须仅有SiC、Si_3N_4、TiN、Al_2O_3、钛酸钾和莫来石等少数几种晶须。

晶须的种类很多。按用途分为结构材料晶须和功能材料晶须；按导电性能分为绝缘型、半导体型、导电型和超导型晶须；按组成结构类型分为金属晶须（如Cu、Ag、Ni、Fe、Si、Ti、Cd、Pb、Pt、Co、Zn晶体等）、氧化物晶须（如ZnO、BeO、MgO、$A1_2O_3$、SnO_2、MnO_2、NiO、Y_2O_3、CdO、NbO、TiO_2、In_2O_3、GeO_3、Cr_2O_3晶须等）、碳化物晶须（SiC、TiC、ZrC、WC、B_4C晶须等）、氮化物晶须（Si_3N_4、TiN、ZrN、BN、AlN晶须等）、硼化物晶须（TiB_2、ZrB_2、NbB_2、TaB_2、CrB晶须等）、硅化物晶须（B_4Si、CrSi晶须等）和新开发的无机盐类晶须［如$K_2Ti_6O_{13}$、$Al_{18}B_4O_{33}$、$CaCO_3$、$Ca(PO_3)_2$晶须等］。

制备方法

晶须的制备方法有化学气相沉积（CVD）法、溶胶-凝胶法、气液固（VLS）法、液相生长法、固相生长法和原位生长法等。金属晶须的制备常采用金属盐的氢还原法和蒸发凝聚法。氢还原法是在接近或稍高于金属熔点的温度下通氢还原生长晶须；蒸发凝聚法是将金属气化后迅速导入低温区长成晶须。氧化物晶须制备常用蒸汽传递法，即将金属在潮湿的惰性气体或空气中加热使其氧化，再导入炉子低温区沉积出晶须。制备陶瓷晶须常用CVD法，即几种气态原料在高温下反应沉积在衬底基板上长成晶须。反应式如下：

$$2MCl_4(g)+4H_2(g)+N_2(g)=\!=\!=2MN(s)+8HCl(g)$$

$$MCl_4(g)+CH_4(g)=\!=\!=MC(g)+4HCl(g)$$

式中　M代表难熔金属，上式CH_4也可用CCl_4代替。

下面介绍几种典型的晶须。

3.6.1　碳化硅晶须

碳化硅晶须最早是1965年在美国开始工业化生产的，后来日本精工株式会社开始工业化生产。

碳化硅晶须的制备方法采用的是固相生长法。它是用由稻壳产生的无定形SiO_2与无定形碳之间的反应生长SiC晶须。具体过程：稻壳经酸处理后碳化生长无定形SiO_2。将SiO_2与C以一定的质量比放入高温烧结炉中烧结（氩气气氛，升温至1500~1800℃，保温4~6h）。在此过程中，随着温度的升高，SiO_2还原成的Si与C反应生成SiC，反应式如下：

$$SiO_2+3C\longrightarrow SiC+2CO$$

碳化硅晶须比其他材料在室温下抵抗弯曲变形的能力大，且弹性好，耐药品性好。室温下耐酸性也很好，碳化硅晶须性能见表3－21。

表3－21　　碳化硅晶须性能

密度/($g \cdot cm^{-3}$)	熔点/℃	抗拉强度/MPa	比强度/($10^6 m^2 \cdot s^{-2}$)	拉伸弹性模量/MPa	比模量/($10^6 m^2 \cdot s^{-2}$)
3.21	2700	21000	6.5	490000	152.6

3.6.2　碳酸钙晶须

碳酸钙晶须是一种十分常见的无机材料，它具有三种晶型，见表3－22。

表3－22　　碳酸钙的三种晶型

晶　型	方解石	文　石	球霰石
晶系	六方	斜方	六方
特征形貌	纺锤体或立方体	针状	球形
自然界存在形式	大理石、石灰石等	海洋沉积物和珍珠层中	无

在常温常压下方解石是稳定相，文石是亚稳相。目前使用和正在研究的高性能碳酸钙产品大多数是方解石型晶体。文石型碳酸钙具有针状的特殊晶体形状，有望在人工合成的条件下制备出成本低廉的晶须，在造纸、塑料、橡胶等工业部门大量使用。

文石型碳酸钙晶须可采用碳酸化制备，方法如下：

将一定量的方解石型碳酸钙煅烧消化后，加入到 $MgCl_2$ 溶液中得到悬浊液，充分搅拌并加热至不同温度，以一定的流量通入 CO_2 气体进行碳酸反应，生成碳酸钙沉淀。将沉淀过滤、洗涤后，在100℃烘干4～6h得到碳酸钙晶须。图3－18是碳酸钙晶须制备工艺流程。

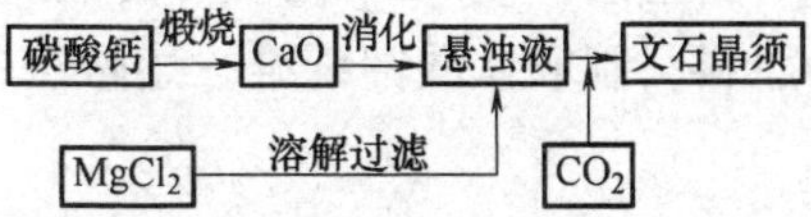

图3－18　碳酸钙晶须制备工艺流程

碳酸钙晶须直径为2～3μm，长度为35～45μm，均匀性较好。由于 $MgCl_2$ 可回收再利用，文石碳酸钙晶须的生产成本远低于现有的SiC、钛酸钾晶须，有望在工业中大量使用。

3.6.3　钛酸钾晶须

钛酸钾晶须是在1948年美国偶然发现了一种接近理论强度的高单晶纤维，商品名为Tyhex。它是一种具有独特物理性质的合成无机化合物。这种晶须可用 $K_2O \cdot nTiO_2$ 表示。

3.6.3.1　钛酸钾晶须的制造方法

制造方法主要有：溶剂法、熔融法、烧结法和慢冷烧结法。

溶剂法：将原料溶于溶剂中，在保证溶剂不蒸发的前提下进行冷却从而结晶出纤维，图 3－19 为这种方法的基本工艺流程图。

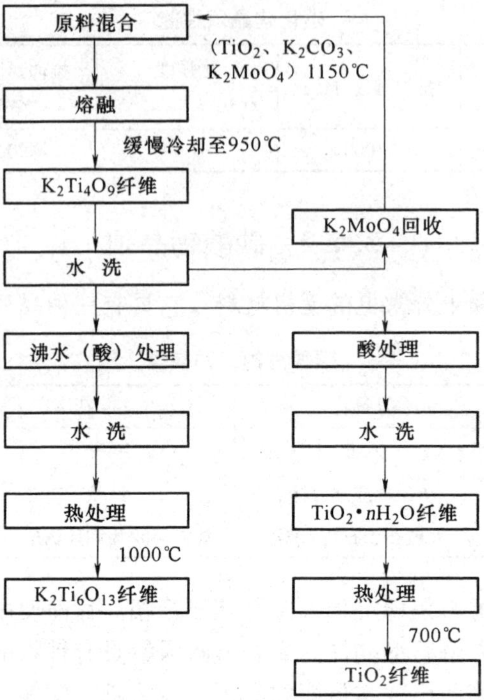

图 3－19　溶剂法制造钛酸钾晶须的工艺流程

熔融法：使 TiO_2 和 K_2CO_3 在 1000℃熔融，骤冷后得到二钛酸钾纤维，再以此为原料，制取钛酸钾纤维，熔融法的工艺流程见图 3－20。

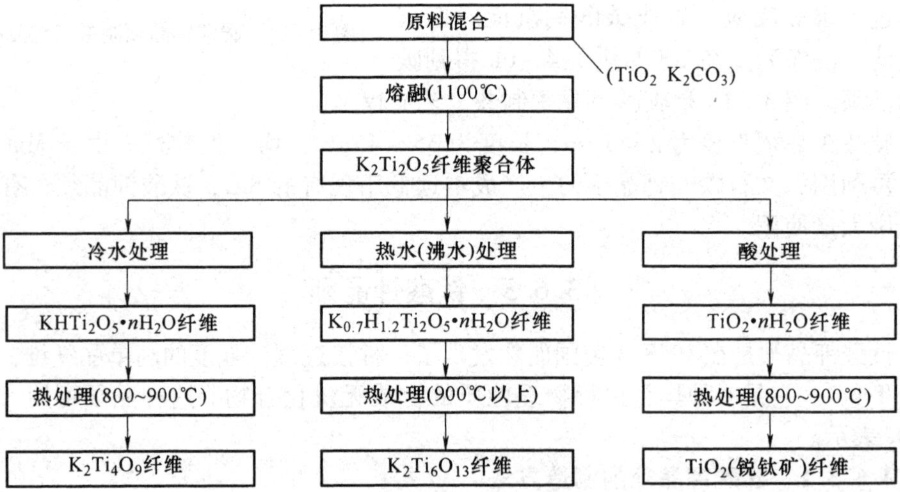

图 3－20　熔融法制造钛酸钾晶须的工艺流程

①烧结法　将原料 TiO_2 和 K_2CO_3 用水充分混合，干燥后在 600～1200℃进行烧结，然后再进行酸处理、加热处理；

②慢冷烧结法　该法是将 TiO_2 和 K_2CO_3 混合原料在高温下分解熔融，一边将其慢冷，一边生长晶须的一种新方法。慢冷烧结法的优点是完全不同溶剂，制造成本低，如图 3－21 是慢冷烧结法制造钛酸钾晶须的工艺流程图。

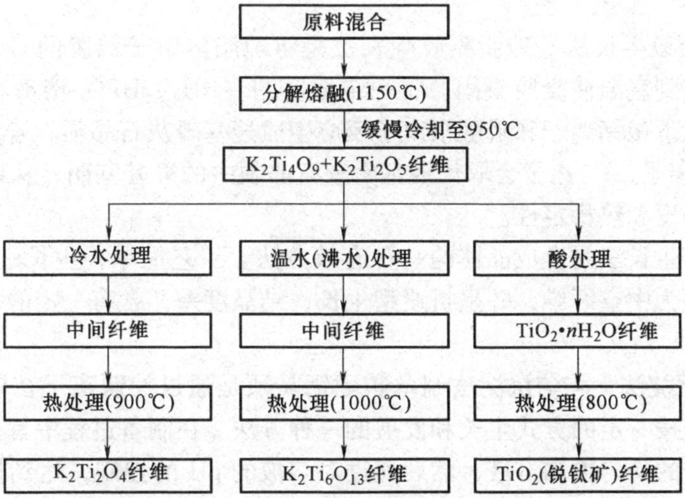

图 3－21　慢冷烧结法制备钛酸钾晶须的工艺流程

3.6.3.2　钛酸钾晶须的结构与特性

钛酸钾晶须的晶体结构根据砚的取值范围不同而各异。当 $n=2$ 和 4 时（二钛酸钾和四钛酸钾），Ti－O 多面体主链呈层状结构。当 $n=6$ 时（六钛酸钾），Ti－O 多面体呈隧道结构。

钛酸钾晶须直径为 0.10～0.16μm，由于非常细，所以难以折断，即使由于熔融树脂的黏度上升，也达不到玻璃纤维的破损程度，成型中剪切应力小，因而纤维的长度几乎不变短。

钛酸钾晶须的抗拉强度为 7000MPa，弹性模量为 280000MPa。该晶须还具有优异的绝热性、耐酸性、耐碱性及耐热性。如表 3－23 是钛酸钾晶须的各项物理性能。

表 3－23　钛酸钾晶须的各项物理性能

性　能	六钛酸钾纤维（D）	性　能	六钛酸钾纤维（D）
色、形状	白色、针状结晶	抗拉强度/MPa	7000
化学组成	$K_2O \cdot 6TiO_2$	拉伸弹性模量/MPa	280000
平均纤维长度/μm	10～20	电阻率/Ω·cm	3.3×10^{15}
纤维直径/μm	0.2～0.5	耐酸性	室温下 10% 酸中稳定
密度/($g \cdot cm^{-3}$)	3.3	耐碱性	30% 碱在沸腾情况下稳定
熔点/℃	1300～1500		

3.6.4 磷酸钙晶须

磷酸钙晶须由于具有良好的生物活性和生物相容性，对人体无毒副作用，成为生物材料最佳的增强材料。与其他晶须相比，它不仅能克服陶瓷材料的脆性，而且具有良好的生物相容性及骨传导作用。磷酸钙晶须的制备研究始于20世纪80年代末90年代初，目前的制备方法主要有琼脂凝胶生长法、均匀沉淀法、水热生长法和玻璃结晶法。

a. 琼脂凝胶生长法　琼脂凝胶生长法是将琼脂溶解于沸腾的 $Ca(NO_3)_2$ 溶液中，然后冷却到室温使凝胶凝固。将一定浓度的 $(NH_4)_2HPO_4$ 溶液小心地倒入凝胶中，在室温下使钙离子和磷酸根离子反应生成羟基磷灰石晶须。若在琼脂凝胶系统中加入 F^- 离子，F^- 离子会取代羟基磷灰石晶须中的羟基基团，从而提高了磷酸钙晶须的结晶度和热稳定性。

琼脂凝胶生长法是合成晶体的一种有效方法。工艺简单，生长过程容易控制。缺点是该晶须为中空纤维，并呈折线型生长，结晶度差，含有一定的钙缺陷，力学性能差。

b. 均匀沉淀法　均匀沉淀法制备磷酸钙晶须是通过控制离子在体系中的释放速度，使晶核按一定的方式生长和发展的一种方法。在制备过程中首先制备含钙和含磷酸根离子的均匀饱和溶液，然后通过对溶液的 pH 的控制，达到控制离子在体系中的释放速率或成核速率，使晶核生长。

其中含钙原料主要有 $Ca(OH)_2$、$Ca(NOS_3)_2$、乳酸钙、柠檬酸钙、草酸钙等，含磷酸根原料主要有磷酸、磷酸氨、磷酸钾以及其他有机磷化合物。该法是制备具有较好结晶度的羟基磷灰石晶须的一种新方法。

c. 玻璃结晶法　玻璃结晶法是利用磷酸盐玻璃结晶形成纤维状 $\beta-Ca(PO_3)_2$ 的特性以及超磷酸钙玻璃的化学不稳定性，将磷酸盐玻璃在一定温度下结晶并通过浸渍法将化学不稳定的可溶性玻璃溶出，从而形成 $\beta-Ca(PO_3)_2$ 纤维。

d. 水热法　水热法合成羟基磷灰石晶须的研究是近几年才开始的。该法是将原料放在高压釜较热的底部，晶种悬挂在温度较低的上端，将高压釜内填充适当的溶剂介质，釜内由于温差上下部产生对流，这样可将高温饱和溶液带至晶种区形成过饱和而结晶，使得通常难溶或不溶的物质在高温高压下溶解且重新结晶，合成装置如图3－22。

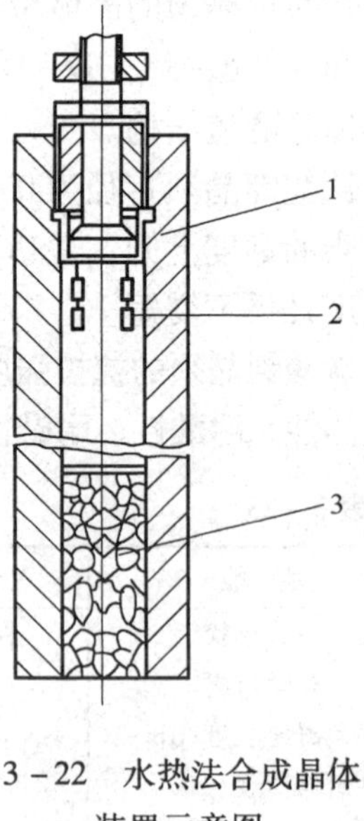

图3－22　水热法合成晶体的装置示意图

1—高压釜　2—籽晶　3—培养体

该法合成的羟基磷酸钙晶须直径1～4μm，长径比为5～35，再经800～900℃，1h 热压烧结，可制得多孔羟基磷灰石陶瓷。该法制得的晶须纯度高，形状单一且有较高的结晶度。

3.6.5 氧化锌晶须

四脚状氧化锌（T - ZnO）晶须是晶须家族中目前发现的惟一具有规整三维结构的四脚状晶须。正是由于其独特的结构，除其可较大幅度提高复合材料的力学性能外，还可赋予材料功能性。如：抗静电性，吸波和减振、提高材料的耐老化性及耐热性。

制备方法主要有以下四种：

①将表面含有一层氧化膜的锌粉先在惰性气氛中加热气化，然后再与含氧气体接触制备 T - ZnO 晶须；

②将表面含有一层氧化膜的锌粉在含氧的气氛中直接加热气化获得 T - ZnO；

③将表面含有一层氧化膜的锌粉与沸石混合后，在含氧的气氛中加热气化制备 T - ZnO 晶须；

④将锌粉与碳粉混合后，在大气中加热制备 T - ZnO 晶须。

T - ZnO 晶须宏观上为白色松软物质，微观具有四脚三维空间结构，其长径比一般为几十，任意两个针状体间的夹角为 109°，晶体结构属于六方晶系纤锌矿结构。表 3 - 24 列出了 T - ZnO 晶须的一般物理性质。

表 3 - 24　　T - ZnO 晶须的物理性质

分子式 ZnO		分子式 ZnO	
密度/$g \cdot cm^{-3}$	5.78	体积电阻/$\Omega \cdot cm$	7.14
表观相对密度	0.05 ~ 0.5	热膨胀系数/$℃^{-1}$	4×10^{-6}
升华点/℃	1720	弹性模量/GPa	100
直径/μm	0.14 ~ 14	伸长率/%	3.3
长度/μm	3 ~ 300		

从物理性质看，T - ZnO 晶须与普通 ZnO 晶体及其他针棒状晶须作为复合材料的增强体具有不同的特性，表现在：

①高度形态规整性及尺寸均一性。T - ZnO 晶须具有较高的形态规整性及尺寸均一性，晶体生长完整；

②各向同性。T - ZnO 晶须具有三维空间的规整性，作为增强体能赋予其补强增韧的复合材料的机械等性能各向同性；

③半导体性质。T - ZnO 是 n 型半导体，体积电阻率 7.14Ω · cm，具有一定的导电性；

④吸收紫外线。T - ZnO 晶须在紫外光区（波长 200 ~ 400nm）具有显著的吸收特性，可改善高分子基体材料的抗老化性；

⑤高密度性。通常添加剂的相对密度在 2% ~ 3%（如碳酸钙 2.7% ~ 2.9%，玻璃纤维 2.5% ~ 2.6%），而 T - ZnO 晶须的相对密度为 5.78%，这种性能使其用作隔音减振材料的填料，尤其适用于制造音响器材。

3.7 粉体增强材料

粉体增强材料一般是指具有高强度、高模量、耐热、耐磨、耐高温的用以改善基体材料性能的粉体材料。

粉体增强材料按其相对于基体的弹性模量的大小可分为两类：一类是刚性粉体增强材料，它在基体中起提高耐磨、耐热、强度、模量和韧性的作用。如碳化硅、氧化铝、氮化硅、碳化钛、碳化硼、石墨、细金刚石等。例如，在Al合金中加入体积为30%，粒径为0.3μm的Al_2O_3颗粒，材料在300℃时的拉伸强度仍可达220MPa，并且所加入的颗粒越细，复合材料的硬度和强度越高。在Si_3N_4陶瓷中加入体积为20%的TiC颗粒，可使其韧性提高5%。另一类是延性粉体增强材料，主要通过第二相粒子的加入在外力作用下产生一定的塑性变形或沿晶界滑移产生蠕变来缓解应力集中，达到增强增韧的效果，主要为金属粉体。如Al_2O_3中加入Al，WC中加入Co等可以增强材料的韧性。

根据粉体颗粒大小及其对复合材料性能产生的影响，又可进一步分为颗粒弥散强化复合材料和真正颗粒复合材料。

颗粒弥散强化复合是利用第二相超细粒子（直径从几纳米至几微米）与基体晶粒之间的弹性模量与热膨胀系数上的差异，在冷却中粒子和基体周围形成残余应力场。这种应力场与扩展裂纹尖端应力交互作用，从而产生裂纹偏转、绕道、分支和钉扎等效应，对基体起增韧作用。一般选择弥散相的原则如下：

ⓐ弥散相往往是一类高熔点、高硬度的非氧化物材料如SiC，TiB_2，B_4C，CBW等，基体一般为Al_2O_3，ZrO_2，莫来石等。此外，ZrO_2相变增韧粒子是近年来发展起来的一类新型颗粒增强体；

ⓑ弥散相必须有最佳尺寸、形状、分布及数量，对于相变粒子，其晶粒尺寸还与临界相变尺寸有关，如t-ZrO_2，一般应小于3μm；

ⓒ弥散相在基体中的溶解度须很低，且不与基体发生化学反应；

ⓓ弥散相与基体须有良好的结合力。

真正颗粒复合材料指的是含有大量的粗大颗粒，这些颗粒不能有效阻挡裂纹扩展，设计这种复合材料的目的不是为了提高强度，而是为了获得不同寻常的综合性能，如混凝土，砂轮磨料等即为此类颗粒复合材料。表3-25列出了常用颗粒增强体的性能。

表3-25　　常用颗粒增强体的性能

颗粒名称	密度/(g/cm^3)	熔点/℃	热膨胀系数	导热系数/[J/(cm·℃)]	硬度/MPa	弯曲强度/MPa	弹性模量/GPa
碳化硅（SiC）	3.21	2700	4.0×10^{-6}/℃	753.6	27000	400~500	
碳化硼（B_4C）	2.52	2450	5.73×10^{-6}/K		27000	300~500	360~460

续表

颗粒名称	密度/(g/cm^3)	熔点/℃	热膨胀系数	导热系数/[J/(cm·℃)]	硬度/MPa	弯曲强度/MPa	弹性模量/GPa
碳化钛（TiC）	4.92	3300	7.4×10^{-6}/℃		26000	500	
氧化铝（Al_2O_3）		2050	9×10^{-6}/℃				
氮化硅（Si_3N_4）	3.2～3035	2100 分解	2.5～3.2×10^{-6}/℃	125.6～293	HRA89～93	900	330
莫来石（$A1_2O_32SiO_2$）	3.17	1850	4.2×10^{-6}℃		3250	～1200	
硼化钛（TiB_2）	4.5	2980					

另外，粉体增强材料除具有增强作用以外，有的还具有物理作用，目的是为了制成具有特种功能的复合材料。如加入银粉、石墨粉、铜粉等可改善导电性；加入铁磁粉，则具有导磁性；加入中空微珠可减少重量并可提高耐热性；加入 MoS_2 可提高耐磨性等。

（1）对粉体材料的要求

粉体的特性在相当大程度上决定或影响了其后陶瓷制备技术以及所获得的陶瓷材料的性能。随材料体系、制备工艺及材料用途的不同，对粉体材料的要求不完全相同。但可根据它们的共性归纳如下几个方面：

a. 高纯　粉料的化学组成及杂质对由其制得的材料的性能影响很大。如非氧化陶瓷料的含氧量对材料的高温力学性能有着很大的影响，氯离子的存在将严重影响材料的烧结性，微量杂质的存在对功能陶瓷的性能起改善或降低的作用。

b. 粉料材料的形状　粉体材料的形状大致可分为圆球状、粒状、片状、柱状、纤维状等。一般来说，纤维状、片状粉料对复合材料的机械强度有利，但对成型加工不利；而圆球状粉料可提高材料的成型加工性能，而降低复合材料的机械强度，一般要求粉料粒子尽可能为等轴状或球形，且粒径分布范围窄。采用这种粉料成型时可获得均匀紧密的颗粒排列，并避免烧结时由于粒径相差很大而造成的晶粒异常长大及其他缺陷。

c. 无严重的团聚　由于比表面积的增加，一次粒子的团聚成为超细粉料的严重问题。为此，粉料制备时必须采取一定的措施减少一次粒子的团聚或减小其团聚程度，从而获得密度均匀的粉料成型体及克服烧结时团聚颗粒先于其他颗粒致密化的现象。例如炭黑的粒径从 10μm 到 500μm 不等。炭黑在生长过程中，粒子不断长大，除球形颗粒外，也有些聚熔的粒子连结起来形成三度空间的链状结构，形状如串珠，称为聚熔体，即一次结构。炭黑一次结构在粒子间熔合处是以化学键结合的。炭黑的一次结构粒子彼此以范德华力结合形成的更大的粒子等统称为二次结构。一次结构结合比较牢固，在炼胶和研磨时不易破坏，二次结构比较脆弱，极易被剪切力所破坏，但也易于重新形成。炭黑的一次结构和二次结构的总和称为总结构或结构性。

d. 粉料的结晶形态　对于存在多种结晶形态的粉料由于烧结时致密化行为不同，或其他原因，往往要求粉料为某种特定的结晶形态。如对 Si_3N_4 粉料就要求 a 相含量越高越好。

e. 超细　由于纳米粒子细化，晶界数量大幅度地增加，可使材料的强度、韧性和超塑性大为提高。其结构颗粒对光、机械应力和电的反应完全不同于微米或毫米级的结构颗粒，使得纳米材料在宏观上显示出许多奇妙的特性，例如：纳米相铜强度比普通铜高5倍；纳米相陶瓷的韧性是极高的，这与大颗粒组成的普通陶瓷完全不一样。纳米材料从根本上改变了材料的结构，可望得到诸如高强度金属和合金，塑性陶瓷、金属间化合物以及性能特异的原子规模复合材料等新一代材料，为克服材料科学研究领域中长期未能解决的问题开拓了新的途径。许多专家认为，如能解决单相纳米陶瓷的烧结过程中抑制晶粒长大的技术问题，从而控制陶瓷晶粒尺寸在50nm以下的纳米陶瓷，则它将具有高硬度、高韧性、低温超塑性、易加工等传统陶瓷无与伦比的优点。

（2）粉体材料的表征

随着粉体材料新的制造技术的发展，人们越来越注重从显微结构中来研究材料的物相，即粉体尺寸、形貌和分布的控制，团聚体的控制和分散，块体形态、缺陷、粗糙度以及成分的控制，因而对粉料特性表征内容也越来越多。表3-26列出了对陶瓷粉料的表征内容及表征技术。

表3-26　陶瓷粉料的表征内容及表征技术

分类和表征特性	所用仪器	分类和表征特性	所用仪器
粒子形状 粒径（包括结晶粒子粒径） 粒径分布 粒子形状 密度 微孔分布	 光学显微镜、粒径分布测定仪 电子显微镜、比表面积测定仪 X射线衍射仪 密度测定仪 微孔分布测定仪	**结晶学性质** 结晶性 结晶相：晶型、种类、数量晶格常数 缺陷：种类、数量 晶格畸变	 热分析仪 红外分光光度计 喇曼分光光度计 X射线衍射仪 电子显微镜
团聚状态 团聚程度 团聚体尺寸 团聚体形状 团聚体密度	 光学显微镜 电子显微镜 粒度分布测定仪 密度测定仪	**表面性状** 比表面积 表面电位 表面自由能	 比表面积测定仪 ζ电位测定仪 热量计
化学组成 主要成分： 种类、数量及非化学计量微量成分（杂质）： 种类、数量、分布	X射线荧光分析仪、 中子放射分析 原子吸收光谱仪、 (C. H. O. N) 元素分析仪 发射光谱分析仪、电子显微镜 ICP发射光谱分析仪	**粉末特性** 流动性 堆积密度等	

(3）粉体材料的制取

绝大多数粉体增强复合材料的制备是通过粉体的烧结制备的，因而在加工之前有一个粉体制取的过程。这个过程的起点就如采矿，将矿物转化为所需要的化学物质，再加工成所需的粒径尺寸与尺寸分布。传统陶瓷用的原料粉料多采用机械粉碎的方法制备。粉碎设备有球磨机、振动磨等。由于机械粉碎方法获得的粉料粒径一般最小为微米级或亚微米级，且粒径分布范围很宽。在加工过程中，不免带入物理缺陷和化学缺陷。物理缺陷包括粒子上的微孔和缺口，化学缺陷则指混入不需要的元素或杂质。这些缺陷对普通的陶瓷生产没有什么影响，但对先进陶瓷尤其是功能陶瓷影响很大。因而传统的机械粉碎方法已不能满足先进陶瓷材料超细制备的要求。为改进机械粉碎方法，可采用助磨剂以提高粉碎效率；采用颗粒分级以获得粒径分布范围窄的粉料；采用酸洗除去粉碎时引入的杂质或采用与被粉碎粉料相同材质的磨衬及研磨介质避免引入杂质。近年来采用效率更高的气流粉碎磨及搅拌磨。气流粉碎磨是利用在高速流动气流中粉料粒子的相互碰撞达到粉碎的目的。搅拌磨是利用被搅拌棍搅动的研磨介质之间的研磨将粉料粉碎的。它们的粉碎效率都很高，仍存在粉料被研磨介质污染的问题。

更先进的粉体加工工艺是在20世纪80年代以来开发的，主要有液相法、气相法。其中液相法包括：沉淀法、溶胶－凝胶法、溶剂蒸发法和液相界面反应法四种。气相法根据加热方式的不同可分为等离子合成、激光合成、金属有机聚合物热解等方法。下面分别作以介绍。

a. 液相法　主要用于氧化物陶瓷粉料的制备。

(a）沉淀法。采用各种水溶性的化合物经混合、反应生成不溶解的氢氧化物、碳酸盐、硫酸盐或有机盐等沉淀，将过滤洗涤后的沉淀物热分解而获得高纯超细粉。

(b）溶胶－凝胶法。采用溶胶－凝胶法工艺制备粉料的特点是：高纯、超细、均匀性高、颗粒尺寸及形状可控及烧结温度低。采用此法可制备出超细（10～100nm)、化学组成及形貌均匀的多种单一或复合氧化物粉料，已成为一种重要的超细粉的制备方法。溶胶－凝胶技术可分为两种：金属有机醇盐的水解或聚合及在酸或碱中无机盐或胶体的溶解。

(c）溶剂蒸发法。此法是采用喷雾干燥、火焰喷雾及冷冻干燥等方法将可溶性盐的水溶液蒸发的同时采取一定的措施防止干燥后的固体粒子接触长大，再经热分解即可获得超细粉料。

(d）液相界面反应法。将 $SiCl_4$ 的有机溶液与液氨置于密闭的低温容器中，由于比重的差别有机溶液与液氨之间将形成一定的界面。在界面上将发生如下反应：

$$SiCl_4 + 6NH_3(\text{液}) \longrightarrow Si(NH)_2 + 4NH_4Cl$$

经过滤清洗反应副产物 NH_4Cl 及除去有机溶剂后，将 $Si(NH)_2$ 加热分解，得到无定形 Si_3N_4，再经结晶化处理即获得高纯超细 α 相含量的优质 Si_3N_4 粉料。

b. 气相法　气相法主要用于非氧化物超细粉的制备。主要方法：

(a) 将固相物质加热蒸发生成气相，再经急剧冷却凝聚获得超细粒子；

(b) 气相物质在高温下反应生成超细粒子。

对固态物质的蒸发再凝聚的方法称为蒸发-凝聚法。用这种方法可获得50~100nm(500~1000Å) 的超细粉。固态物质蒸发气化的热源可为电阻炉、高频感应炉及电弧或等离子体等。用气相物质在高温下反应制备超细粉的方法称为气相反应法。根据反应性质不同，气相反应法分为：气相化学反应法、化学气相沉积法、气相氧化法、气相热分解法及气相还原法。气相反应法的加热方式有：激光法、等离子法、化学燃烧法等。

由硅有机前驱体材料制备SiC、Si_3N_4或SiC/Si_3N_4复合粉料，由于采用的有机前驱体材料不同，制备粉料的过程可能是固相热解、液相热解及气相热解。

下面介绍几种粉体材料。

3.7.1 碳　酸　钙

碳酸钙在自然界中以各种形态存在，如石灰石、方解石等。将碳酸钙填充在橡胶、塑料中能使制品光泽度高、伸长度大、抗张力高、抗撕力强、耐弯曲、龟裂性良好，是优良的白色补强填料。采用不同的制法可以分别制得性质不同的碳酸钙：轻质碳酸钙、重质碳酸钙和胶质碳酸钙。它们各自的制法和性质如表3-27所示。

表3-27　由不同方法制备的不同性质的碳酸钙

	轻质碳酸钙	重质碳酸钙	胶质碳酸钙
制备方法	工业上常采用三种方法制备 (1) 氯化钙与碳酸钠溶液反应 (2) 氢氧化钠和碳酸钙反应 (3) 将高纯度致密质石灰石和煤按一定比例混配，再经高温煅烧、精制、加水制成石灰乳后，再通入二氧化碳气体，生成沉降的碳酸钙，再经过过滤、干燥粉碎加工	由石灰石经选矿、粉碎、分级、旋风分离、表面处理而制得。其中粉碎方法可分为干式和湿两种	制备方法与轻质碳酸钙制法不同之处是用硬脂酸钠进行表面处理在其粒子表面吸附一层脂肪酸皂，使其具有胶体活化性能
性质	无味，无嗅的白色粉末，粒径10μm以下，80%的为3μm以下。密度为2.4~2.7g/cm³。其含量：$CaCO_3$≤98.2%，盐酸不溶物≤0.10%，Fe_2O_3≤0.15%，水分≤0.30%；锰≤0.0045%，游离碱（以CaO计）≤0.10%	无味、无嗅的白色粉末。粒径10μm以下，其中50%约为3μm以下。密度为2.7~2.95g/cm³。其含量：$CaCO_3$≥95%，Fe_2O_3≤0.1%，盐酸不溶物≤0.5%	无味、无嗅的白色细腻粉末。密度为1.99~2.01g/cm³。其含量：$CaCO_3$≥97%，盐酸不溶物≤0.3%，含脂量≤0.5%，水分≤0.3%

最近又新研究出纳米级超细碳酸钙，其粒径在1～100nm之间，由于纳米级碳酸钙粒子的超细化，其晶体结构和表面电子结构发生变化，产生了普通碳酸钙所不具有的量子尺寸效应、小尺寸效应、表面效应和宏观量子效应，在磁性、催化性、光热阻和熔点等方面与常规材料相比显示出优越性能。由于纳米级超细碳酸钙具有光泽度高、磨损率低、表面改性及疏油性等特性，可填充在聚氯乙烯、聚丙烯和酚醛塑料等聚合物中，现在又被广泛用于聚氯乙烯电缆填料中。纳米级超细碳酸钙不仅可增容降低成本，用于塑料、橡胶和纸张中，还具有补强作用。粒径小于20nm的碳酸钙产品，其补强作用与白炭黑相当。粒径小于80nm的碳酸钙产品，可用于汽车底盘防石击涂料。其制法是将精选的石灰石煅烧，得到氧化钙和窑气。使氧化钙消化，并将生成的悬浮氢氧化钙在剪切力作用下粉碎，多级旋液分离除去颗粒及杂质，得到一定浓度的精制的氢氧化钙悬浮液。通入二氧化碳气体，加入适当的晶形控制剂，碳化至终点，得到要求晶形的碳酸钙浆液。进行脱水、干燥、表面处理，得到所要求的碳酸钙产品。

3.7.2 氮 化 硅

氮化硅是由人工合成的材料，是一种共价键化合物。它有两种晶型即$\alpha-Si_3N_4$和$\beta-Si_3N_4$。α是低温型，β是高温型，都属六方晶系；$\alpha-Si_3N_4$，$\alpha=7.7491\sim7.7572$Å，$c=5.6164\sim5.6221$Å，c/α相对恒定，$\beta-Si_3N_4$，$\alpha=7.608$Å，$c=2.911$Å，$c/\alpha=0.383$。制造高强和高韧的氮化硅制品要求粉末原料的$\alpha-Si_3N_4$相含量高、粒度细。为了避免制品有过多的晶界相而损害高温性能，要求粉末有很高的纯度。

Si_3N_4粉末的制备主要有以下四种。

（1）硅粉直接氮化法

$$3Si+2N_2\longrightarrow Si_3N_4$$

工业上使用的氮化硅粉末大多数是按此法制得的。反应初期控制N_2流量并避免局部过热超过Si_3N_4的熔点，使β-相增多。

（2）二氧化硅还原和氮化

$$3SiO_2+6C+2N_2\rightarrow Si_3N_4+6CO$$

此法是采用高比表面积的SiO_2与过量的碳在<1450℃的温度下进行的。加入更多量的碳有利于SiO_2反应完全，但此反应过程较为复杂，易生成纤维状物质，需控制反应速度避免SiC的形成。

（3）亚胺硅或氨基硅的分解

$$3Si(NH)_2\longrightarrow Si_3N_4+2NH_3$$

$$3Si(NH_2)_4\longrightarrow Si_3N_4+8NH_3$$

（4）卤化硅或硅烷与氨的气相反应

把SiC_4挥发气或SiH_4在高温下与NH_3直接进行气相反应：

$$3SiCl_4+16NH_3\longrightarrow Si_3N_4+12NH_4Cl$$

$$3SiHl_4 + 4NH_3 \longrightarrow Si_3N_4 + 12H_2$$

近年来还开发了氮化硅粉体新的制备工艺，这些先进的制备方法包括溶胶—凝胶转化、金属有机氨化物的液相还原、等离子体或激光催化的气相反应、聚合物热解等方法。

3.7.3 碳 化 硅

碳化硅是典型的共价键结合材料，单位晶胞是由相同四面体构成。硅原子处于中心，周围是碳，所有多型体结构均由 SiC 四面体堆积而成，所不同的只是平行结合或者反平行结合，见图 3－23。

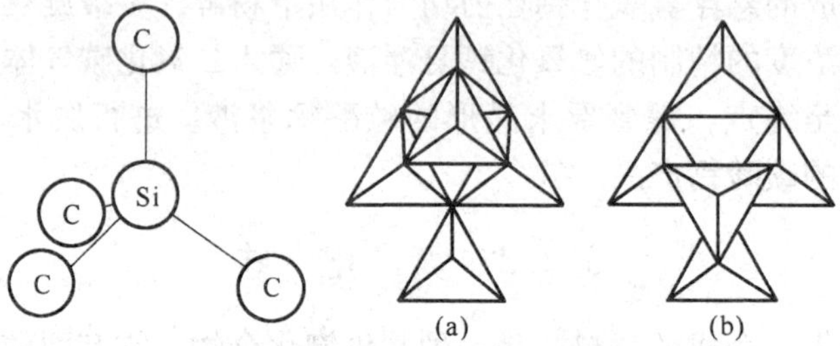

图 3－23 SiC 四面体和六方层状排列中四面体的取向

（a）平行 （b）反平行

碳化硅粉末采用 Acheson 法生产。将石英砂（SiO_2）加焦炭直接通电加热至高温还原而制成。还原温度一般在 1900℃以上。

$$SiO_2 + 3C = SiC + 2CO$$

根据反应时间与温度的不同，还原产物可能是细粉末，也可能是团块。为了制备高纯、细散的碳化硅，可采用：（1）硅烷与碳氢化合物反应；（2）三氯甲基硅烷热解；（3）聚碳硅烷 1300℃以上热分解等方法。

3.7.4 碳 化 硼

碳化硼（B_4C）的晶体结构除了立方结构外，通常是以斜方六面体为主，它的点阵属于 $D_{3d}^5 - R_{3m}$空间群。单位晶胞含 15 个原子（相应于 $B_{12}C_4$），由 12 个原子构成的 20 面体串成，每串直接由共价键和通过二十面体中间 3 个原子链连结成。B_4C 结构是由 $B_{11}C$ 构成的 20 面体和 20 面体间的 C－B－C 链构成的。

碳化硼制备方法有两种：

（1）将三氧化二硼与碳在熔炉中作用生成；

（2）用 Mg 进行还原来制备 B_4C 粉末，反应式：$2B_2O_3 + 6Mg + C \longrightarrow B_4C + 6MgO$，反应温度 1000～1200℃。此反应是强烈放热反应，最终产物用 H_2SO_4 或 HCl 酸洗，然后用热水洗涤可得较纯且粒度细（0.1～5μm）不含碳的材料。

3.7.5 氧 化 锆

氧化锆（ZrO_2）具有熔点和沸点高、硬度大、常温下为绝缘体而高温下则具有导电性等优良性质。氧化锆具有良好的化学性质。它是一种弱酸性氧化物，对碱溶液及许多酸性溶液（热浓 H_2SO_4、HF 及 H_3PO_4 除外）都具有足够的稳定性。用 ZrO_2 制成的坩埚可熔炼钾、钠、铝和铁等多种金属。它对硫化物、磷化物等也是稳定的。

二氧化锆有3种晶型，属多晶相转化的氧化物。三种晶型分别为：立方结构（c相）、四方结构（t相）和单斜结构（m相）。稳定的低温相为单斜晶结构（m－ZrO_2），高于1000℃时四方晶相（t－ZrO_2）逐渐形成，直至2370℃只存在四方晶相，高于2370℃至熔点温度则为立方晶相（C－ZrO_2）。ZrO_2 在加热升温过程中伴随着体积收缩，而在冷却过程中则体积膨胀。在使用时为使其不发生体积变化，必须进行晶型稳定化处理。常用的稳定剂有 Y_2O_3、CaO、MgO、CeO_2 和其他稀土金属氧化物。加入适量的稳定剂后，t相可以部分地以亚稳定状态存在于室温，称为部分稳定氧化锆。在应力作用下发生 t→m 马氏体转变称为“应力诱导相变”。这种相变过程将吸收能量，使裂纹尖端的应力场松弛，增加裂纹扩展阻力，从而实现增韧。稳定剂含量越高，C－ZrO_2 越稳定，高温对其性能的影响越小；稳定剂含量越低，析出 t－ZrO_2 量增多，相变增韧效果较好。因而常以 t－ZrO_2 来增韧诸如 Al_2O_3、莫来石、Si_3N_4 等为母体的陶瓷材料。其中，ZrO_2 增韧 Al_2O_3 的效果最好，如图3－24在 Al_2O_3 中加入少量的 ZrO_2，可以显著提高材料的抗弯强度，尤其是加入5Vol% ZrO_2 时效果最好。

在莫来石中加入 ZrO_2 增韧效果也很好。如图3－25热压莫来石的抗弯强度 σ 和断裂韧性 K_{1C} 与 ZrO_2 含量的关系。

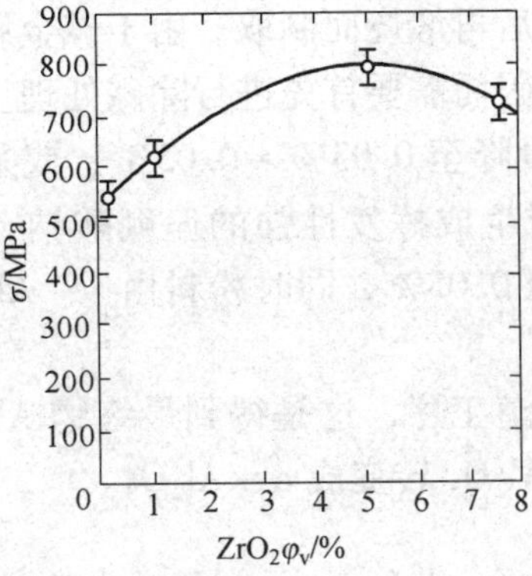

图3－24 热压 Al_2O_3 的抗弯强度与 ZrO_2 含量的关系

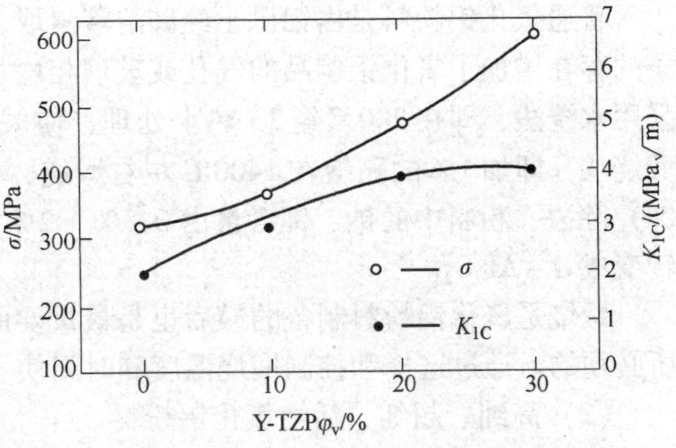

图3－25 热压莫来石的抗弯强度 σ 和断裂韧性 K_{2C} 与 ZrO_2 含量的关系

目前有关氧化锆粉体的制备主要采用液相法，其中包括共沉淀法、醇盐水解法及水热反应法。常用的制备方法是共沉淀法，即将氯氧化锆或其他锆盐和用作稳定剂的相应盐类的水溶液充分混合后用氨水共沉淀，沉淀物再经过过滤、漂洗、干燥、粉碎（造粒）等工序后制成粉体。此方法得到的沉淀物其表面由于易吸附带负电荷的 Cl^-，而漂洗后的沉淀物中遗留下的 Cr^- 的多少直接影响粉体的烧结温度和制成材料的性能。近年又开发了低温强碱法制备氧化锆粉体。此法使氯氧化锆分子在反应过程中始终处于强碱环境下，逐步将氯氧化锆加入到氢氧化钠中进行搅拌、研磨、反应，然后将沉淀物清洗、过滤、醇洗后烘干，工艺过程如图 3－26。

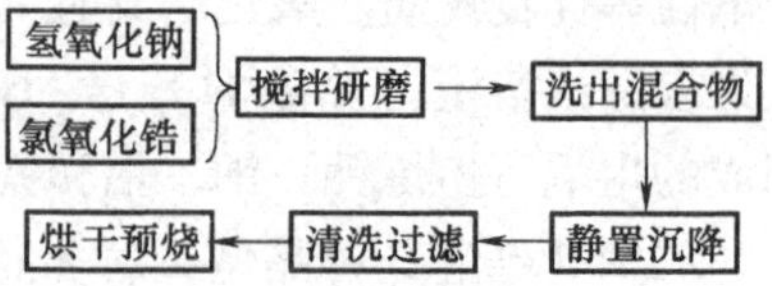

图 3－26　低温强碱法制备氧化锆粉体工艺流程

这种方法制备氧化锆粉体具有处理温度低、烧结活性好，化学纯度高，没有液相法中常存在的氯离子问题的特点。氧化锆粉体纯度高，杂质含量少。本方法制备的氧化锆粉末中，检测不到如液相法中容易残存的 Cl^-。但 Na_2O 的清除有待于进一步研究。

3.7.6　氧　化　铝

氧化铝（Al_2O_3）具有突出的物理性质，硬度是氧化物中最高的，熔点高达 2050℃。氧化铝粉体主要晶型有 $\alpha-Al_2O_3$ 和 $\gamma-Al_2O_3$ 两类，其他如 $\delta-Al_2O_3$、$\xi-Al_2O_3$ 则含量甚少。$\alpha-Al_2O_3$ 具有六角的刚玉结构，是 1200℃以上惟一可用作结构材料与电子材料的稳定形式。则一结构是 $\gamma-Al_2O_3$，只用于催化作用。以下只介绍 $\alpha-Al_2O_3$。

常用的氧化铝粉料可分为两类：一类是工业用的普通氧化铝粉料，它是从天然铝矾土（$Al_2O_3 \cdot 2H_2O$）制取。另一类是用化学方法制取的高纯、超细活性粉料。

（1）普通氧化铝粉料

普通氧化铝粉料是由铝矾土经碱溶液浸取，然后再煅烧而制取。由于碱金属离子的存在增加了氧化铝制品的气孔或玻璃相增加，因而需要首先进行除碱处理。可采用水浸法，即在 200℃经 2h 热水处理，使碱含量降至 0.03%～0.05%；或采用煅烧法，即加 1% 的硼酸在 1400℃左右煅烧，使碱生成挥发性强的偏硼酸钠（或钾）除去，粉料中的钠、钾含量由 0.3%～2% 降至 0.05%，同时粉料由 $\gamma-Al_2O_3$ 转变成 $\alpha-Al_2O_3$。

煅烧是氧化铝粉料制备的最后也是最重要的一道工序，这是得到最终物 Al_2O_3 所必须的。通过选择和控制煅烧温度和时间使 $\gamma-Al_2O_3$ 转变成 $\alpha-Al_2O_3$。

（2）高纯、超细、活性氧化铝粉料

a. 铝铵矾热分解法　这种方法是将铝铵矾经过多次结晶提纯制取的高纯度铝铵矾快速加热分解，制得分散性好，比表面积大的 $\gamma-Al_2O_3$ 粉料，再经加热至 1100～1300℃转相变化制得 $\alpha-Al_2O_3$ 粉料。

如将多次重结晶的硫酸铝铵热分解。反应如下：

$$Al_2(NH_4)_2(SO_4)_4 \cdot 24H_2O \xrightarrow{1000℃} \gamma-Al_2O_3 + 3SO_3 + SO_2 + 24H_2O \xrightarrow{1000\sim1300℃} \alpha-Al_2O_3$$

b. 高压釜法　用高纯铝（99.99%）直接在300～500℃的高压蒸汽中（34～340Pa）氧化生成$\gamma-Al_2O_3$，再经高温转相即得到以$\alpha-Al_2O_3$为主相的粉料。

c. 低温化学法　将一定浓度的$Al_2(SO_4)_3$溶液喷入干冰或丙酮冷却的己烷液内，使液滴速冷成珠状，将液滴冻珠脱水，干燥后经1050～1300℃分解、转相，可制得分散性好的超细$\alpha-Al_2O_3$为主的粉料。

3.7.7　莫来石粉料

莫来石是$Al_2O_3-SiO_2$系中惟一稳定的二元化合物，其组成可在$3Al_2O_3 \cdot 2SiO_2$至$2Al_2O_3 \cdot SiO_2$间变化，$3Al_2O_3 \cdot 2SiO_2$为化学计量莫来石。其中Al_2O_3的含量在71.8%～77.3%内波动。莫来石晶体是由硅氧四面体与铝氧四面体有规则交替地连接成双链式的硅铝氧结构团，由六配位的铝离子把一条条双链连接起来，构成莫来石整体结构。

莫来石粉料有两类：普通莫来石粉和高纯超细莫来石粉料。普通莫来石工业上多用天然高铝矾土、黏土或工业氧化铝等为原料，采用烧结或电熔法合成莫来石熔块，然后破碎成各种粒度的莫来石粉料。一般合成温度高于1700℃。普通莫来石因原料纯度低，其组分除Al_2O_3、SiO_2外，还有TiO_2、Fe_2O_3、CaO、MgO、Na_2O、K_2O等杂质，因而其制品中有相当数量的玻璃相，致使其力学、热学性质较差。一般仅用于对强度要求不太高的电绝缘材料、耐热材料，如电瓷、炉管、坩埚、瓷舟、泵材等。

近年来以合成高纯超细莫来石粉料来制备不含易熔玻璃相的高温结构陶瓷逐渐引人注目。高纯超细莫来石粉料的制备方法有溶胶—凝胶法、水解法、喷雾热分解法、共沉淀法、水热法等。其高温性能优于氧化铝陶瓷，与Si_3N_4、SiC等非氧化物陶瓷相比，具有制备工艺简单、成本低的优点。

研究表明，用喷雾热分解法合成高纯莫来石粉料（杂质含量<1300mg/kg），在1650℃保温4h常压烧结制得的陶瓷，其抗弯强度为380MPa，并可保持至1300℃。若杂质含量小于300mg/kg以下，则强度值可保持至1400℃不降低。

高纯莫来石陶瓷的韧性很低，常温下K_{1C}仅为2～2.5MPam$^{1/2}$。这是它作为结构陶瓷使用的一大障碍。引入ZrO_2相变增韧及SiC晶须或颗粒，可提高其韧性。

高纯莫来石粉料可用来制作要求抗热冲击及高温强度良好的夹具或辊道窑用辊棒材料，以及高温（>1000℃）氧化气氛下变形小、寿命长的喷嘴、炉管或热电偶用保护管等。

3.7.8　炭　　黑

炭黑是一种工业生产的基础原材料，是现代国民经济不可缺少的重要产品之一。由于炭黑能赋予橡胶制品一系列优异性能，因此它主要用于橡胶工业，橡胶工业所用炭黑约占炭黑总量的90%左右，其次用于油墨、涂料和塑料等产品的生产。

(1) 炭黑的分类

按制造方法不同，炭黑分为接触法炭黑（如槽法炭黑、混气炭黑和滚筒炭黑）、炉法炭黑（如油炉法炭黑和气炉法炭黑等）和热裂解法炭黑（如乙炔炭黑等）。

槽法炭黑是用天然气和油气混合为原料，经不完全燃烧并于槽铁上冷却沉积，收集加工而成。槽法炭黑收率很低，成本高，且不能满足合成橡胶的性能要求。主要用来生产颜料。油炉法炭黑是指油类喷入特制的圆形反应炉内经不完全燃烧，急冷和尾气收集而成的炭黑。炉法炭黑对合成橡胶适应性较好。由于生产炉黑的原料丰富，加上合成橡胶的大量应用和发展，该法得以急剧发展。热裂解法是以天然气为原料经热裂解而制成的。

炭黑的命名有时也根据炭黑对橡胶的补强效果和加工性能来规定，如高耐磨炉黑（HAF）、超耐磨炉黑（SAF）、中超耐磨炉黑（ISAF）、易混槽黑（EPC）、快压出炉黑（FEF）、半补强炉黑（SRF）和细粒子热裂炭黑（FI）等等。

当前的分类是按照美国材料试验协会（ASTM）的规格，根据碘吸附量、DBP（邻苯二甲酸二丁酯）吸油量等基本性质加以分类。该分类法用表示加硫速度的英文字母（S 表示慢速加硫的酸性槽黑；N 表示普通加硫速度的中性或碱性炭黑）与 3 个数字（第一数字从 0 ~ 9，表示粒径范围）组合而成，如表 3 – 28 所示。

表 3 – 28　　炭黑的品种分类和轮胎用途

分类	ASTM 标号	旧名称	粒径/nm	CTAB 表面积/(m^2/g)	主要的轮胎用途
胎面炭黑	N100	SAF	11 ~ 19	123 ~ 250	超耐磨性轮胎胎面
硬质炭黑	N200	ISAF	20 ~ 25	100 ~ 123	轮胎
	N300	HAF	26 ~ 30	70 ~ 100	轮胎
胎体炭黑	N500	FEF	40 ~ 48	40 ~ 55	胎面，胎体
软质炭黑	N600	GPF	49 ~ 60	34 ~ 40	胎体，侧胎，内胎
	N700	SRF	61 ~ 100	20 ~ 34	胎体，内胎

(2) 炭黑的组成和结构

炭黑主要由碳组成，其碳含量为 90% ~ 99%，其次是氧 0.1% ~ 8%，氢 0.1% ~ 0.7% 和硫 0 ~ 0.7%。炭黑不同于金刚石和石墨，它属于无定形碳。芳香层面不够大，层与层之间受到扭转和平移，不像石墨而是三度有序排列形成乱层微晶结构，如图 3 – 27 所示。这种微晶平均由 3 ~ 4 个层间距为 0.34 ~ 0.38 的乱层面构成。高温处理后部分石墨化的炭黑具有准石墨微晶的特性，呈同心取向状，如图 3 – 28 所示。

炭黑的粒子很小，属于胶体粒子范围。粒径从 10μm 到 500μm 不等。

炭黑在生长过程中，基本凝聚体粒子（10 ~ 300nm）不断长大形成复杂不规则的聚熔体，即一次结构。利用图像分析可以将聚熔体的形态定性分成三大类八小类，见图 3 – 29。

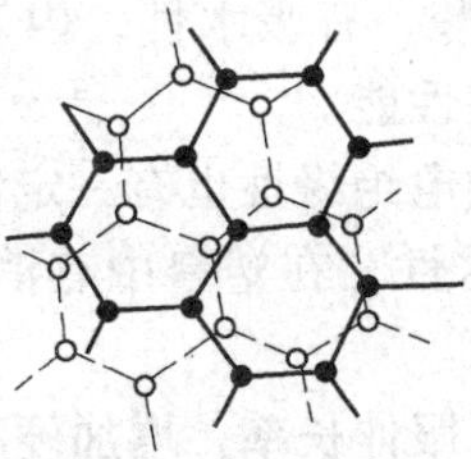

图 3－27　炭黑微晶的乱层结构

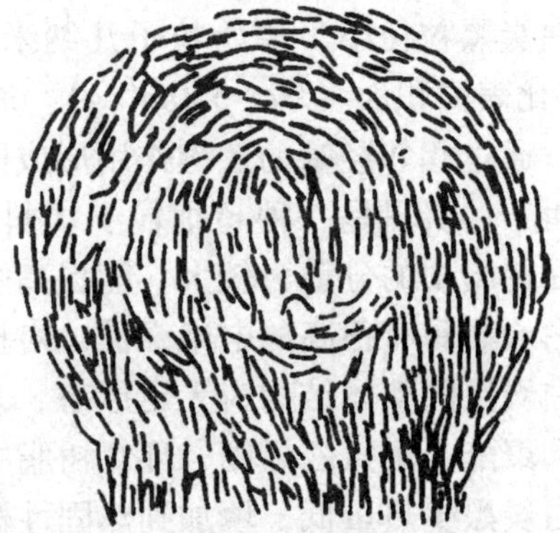

图 3－28　炭黑的同心取向准石墨结构

第一大类：球形；第二大类：椭球形，其中还分有三小类；第三大类：纤维形，又分为四小类。每种炭黑一般或多或少都有这八类形态的单元，但各种炭黑的每类单元分布数不同。炭墨一次结构在粒子间熔合处是以化学键结合的。此键比较牢固，在炼胶和研磨时都不易破坏。炭黑一次结构粒子彼此以范德华力结合形成更大粒子称为二次结构，它较为脆弱，易被剪切力破坏。

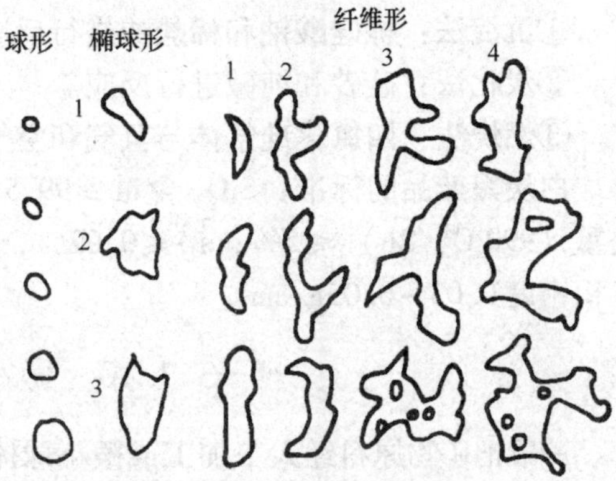

图 3－29　炭黑聚熔体的形态分类

(3) 炭黑的基本性质及其对胶料性能的影响

炭黑的三个主要性质：即炭黑的粒径，结构性及粒子表面的化学性质对胶料的工艺及制品的物理力学性能起着决定性的影响。粒径是指炭黑粒子的平均直径，粒子越小，细度越大，炭黑所具有的比表面积就越大，这样增加了胶料的混炼时间，发热量增加，大大提高了对硫化胶的补强性能。炭黑的一次结构和二次结构的总和称为总结构或结构性，其大小是指炭黑粒子熔合成链状三维空间结构的程度。炭黑的结构性越高，对橡胶的补强作用越大，炭黑在胶料中的分散也越容易。炭黑粒子的表面粗糙度和化学活性大小同样也是很重要的。表面粗糙度越大，化学活性越高，补强性能也越好。炭黑粒子表面含氧官能团的多少对硫化速度都会产生影响。

3.7.9　白　炭　黑

白炭黑是由人工合成的白色二氧化硅微粉。它具有很高的绝缘性，不溶于水和酸，高温下不分解且表面积大的特点。因其色白，补强效果仅次于炭黑，超过其他任何白色补强剂，故称为白炭黑。白炭黑是橡胶工业中重要的白色补强剂之一。

白炭黑的显著特征表现在以下几个方面。

①白炭黑粒径小（原始粒子几纳米～几十纳米，聚集体粒径为几微米～几十微米），比表面积大（20～350m^2/g）。表面的硅醇基（S—OH）使粒子之间产生相互作用，通过相邻羟基的氢键作用形成网络结构，有助于体系增稠和悬浮。

②由于白炭黑是一种超细粒子填料，不溶于水和酸，有吸水性，内表面积很大，它在树脂中的分散力较大，能提高塑料制品的物理性能。

③白炭黑具有很高的电绝缘性，对提高塑料制品的电绝缘性也有一定作用。

④白炭黑的整体结构为无定形态，表面羟基有亲水性，在塑料中有消光作用，在不饱和聚酯、聚氯乙烯糊、环氧树脂中有增粘作用。

⑤白炭黑生热量低，填加到热固性树脂中可降低屈服伸长率，增加硬度从而保证制品的尺寸稳定性等。

白炭黑的制备主要有三种：

①沉淀法：稀硅酸钠和稀盐酸进行反应。

②炭化法：硅砂和纯碱进行反应。

③燃烧法：四氯化硅气体与氢气和空气的均匀混合物反应。

白炭黑产品的标准：SiO_2 含量≥99.5%，游离水（110℃，2h）≤3%；灼烧失重（990℃，2h）≤5%；铬≤0.02%，铁≤0.01%，铵≤0.03%，pH＝4～6，容积密度0.03～0.05g/cm^3。

3.7.10 微小球体粉料

一般把矿物原料经人工加工成微小球体作填充材料，微小球体粉料作填充材料主要有两种：一种是中间空心的，叫中空微珠；另一种是中心实体的，叫实体微珠。

3.7.10.1 中空微珠

中空微珠由于具有密度小、大小均匀、孔隙率和比表面低的特点，这可以使复合材料轻量化，提高比强度和耐热性，提高绝缘性能。

中空微珠是直径为几微米的极薄中空小珠，原料有无机系（如氧化铝、二氧化硅、氧化锆、氧化镁、玻璃、各种飞灰、灰和高岭土等）、有机系（蛋白、藻酸盐、天然橡胶、酚醛树脂、脲醛树脂、聚乙烯醇、聚苯乙烯、聚乙烯、聚氯乙烯、有机玻璃、聚酯、聚氨酯、环氧、聚酰胺等）和金属系多种系列。

成型方法主要有以下几种：

a. 喷气封入法　把原料熔融或溶解，加热后向其中喷射空气，冷却后凝固或析出，形成中空微珠。

b. 气化原料中加入挥发成分的方法　首先加热使原料中的挥发成分气化，产生的气体将固定在小球壳体中。

c. 芯材被覆成型方法　把微米级大小的粒子用原料涂覆，加热熔融，除去芯材形成中空微珠。

d. 填加发泡剂方法　在原料中填加发泡剂加热后能分解出气体，使物料熔融的同时形成中空微珠。

e. 碳中空微珠　把含有碳的有机物珠体在惰性气体中加热分解，形成碳中空微珠。

例如空心玻璃珠的生产是将含有发泡剂的小颗粒通过高温区，使小颗粒在高温区熔化或软化，并在软化的玻璃中产生气体，由于气体膨胀，使颗粒成为中空珠。空心玻璃珠的密度为0.1～0.7g/cm³，空心珠尺寸为0.025～51mm。最常用的是直径为75μm，密度为0.3g/cm³ 的空心玻璃微珠。将玻璃微珠加到热固性树脂中制成的复合泡沫材料能够生产具有漂浮能力的产品，如潜水艇及海上营救工具等。

3.7.10.2　中心实体的微珠

这类填充材料主要是人工制造的微米级球体。例如将玻璃球粉碎成玻璃粉，通过火焰落下，由于其熔融状态的表面张力作用，形成平均直径为30μm，软化温度为730℃，密度约为2.5g/cm³ 的实心微珠。如作为塑料的填充材料，可使复合材料表面平滑、耐火焰，防火性能有所提高。

3.7.11　热塑性树脂粉末

把热塑性树脂如聚乙烯、氟树脂、聚丙烯、聚酰胺、聚氨酯树脂等原料粉碎成粉末即可。粉末颗粒的平均粒径为15μm左右。这些粉末可作为SMC、BMC的填充材料，可以增加材料的平滑性、绝缘性，提高击穿电压，减少吸水性及复合材料的收缩率。

其他一些粉体填充材料还有气相二氧化硅、石墨、云母、高岭土、膨润土、滑石粉、硅藻土、石英粉、金属粉、木粉等。

3.8　碳纳米管增强材料

3.8.1　碳纳米管的结构

碳纳米管是由类似石墨结构的六边形网格卷绕而成的、同轴中空“微管”，两端的“碳帽”由五边形或七边形网格参与封闭，根据石墨片层数的不同，碳纳米管可分为单壁管（SWNT）和多壁管（MWNT）两种。随直径和螺旋性的不同，碳纳米管可呈现金属或半导体特性。根据纳米管中碳六边形网格沿纳米管轴取向不同而映射过程出现不同的夹角，可将其分为锯齿型、扶手椅型和螺旋型三种（图3－30）。

MWNTs是由几个到几十个单层围绕中心轴按一定的螺旋角卷曲而成的无缝纳米级圆柱状结构（图3－31），每层纳米管是一个由碳原子通过sp^2杂化与周围3个碳原子完全键合后所构成的六边形平面组成的圆柱面，其平面六角晶胞边长为24.6nm，最短的C－C键长14.2nm。MWNTs的层间接近ABAB……堆垛，层间距为0.34nm±0.01nm，与石墨中炭层间距（0.3354nm）大体相当。MWNTs的典型直径和长度分别为 2 ~ 30nm 和 0.1 ~ 50μm。SWNTs 典型的直径和长度分别为 0.75 ~ 3nm 和 1 ~ 50μm。与 MWNTs 相比，SWNTs 是由单层圆柱型石墨层构成，其直径大小的分布范围小，缺陷小，具有更高的均匀一致性。无论是 MWNTs 还是 SWNTs 都具有很高的长径比，一般为 100 ~ 1000，最高可达 1000 ~ 10000，完全可以认为是一维分子。

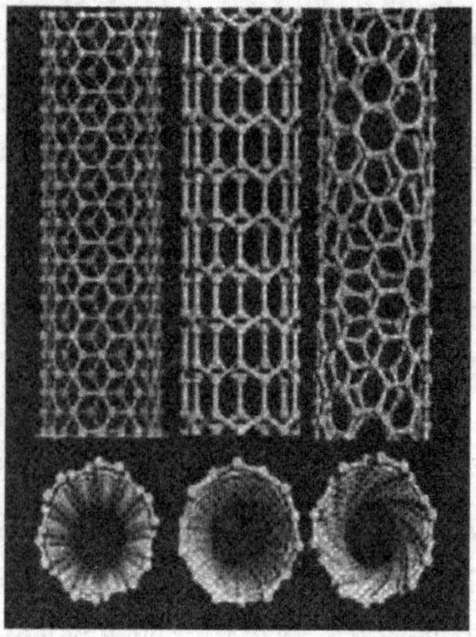

图 3 – 30　不同类型（锯齿型、扶手椅型和螺旋型）单壁碳纳米管（SWNTs）的模型

3.8.2　碳纳米管的力学性能

Treacy 等通过在透射电镜下观察碳纳米管的热振动行为得到碳纳米管的杨氏模量，结果表明碳纳米管的杨氏模量可达 10TPa 以上，比一般的碳纤维高一个数量级，大约为钢的一百倍，而密度却只有钢的六分之一。Walters 利用 LFM（lateral force microscopy）研究了在自由悬空条件下单壁管的拉伸弹性，拉伸强度达（45 ± 7）GPa，是高强钢的 20 倍。由于碳纳米管具有这些优良的力学性能，它被认为是理想的聚合物复合材料的增强填料。

3.8.3　碳纳米管的制备方法

碳纳米管常规的制备方法主要有三种：电弧放电法、化学气相沉积法（又称热解法）和激光蒸发法。

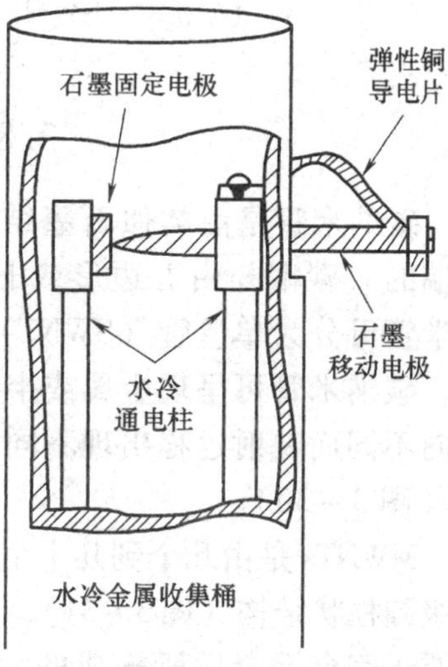

图 3 – 31　制备 CNT 的电弧炉示意图

电弧放电法　电弧放电设备主要由电源、石墨电极、真空系统和冷却系统组成（图 3 – 31）。在电弧放电过程中，反应室内的温度可高达 2700℃ ~ 3700℃，生成的 CNT 高度石墨化。电弧放电法可以生产结构比较完整的单壁管和多壁管，其缺点主要是生产的碳纳米管无序、易缠结、纯度低，产率也仅有 30% 左右。

激光蒸发法　激光蒸发法是制备单壁碳纳米管的一种有效方法。图 3 – 32 是制备 CNT 的电弧炉示意图。用高能 CO_2 激光或 Nd/YAG 激光蒸发掺有 Fe、Co、Ni 或其合金的碳靶制备单壁碳纳米管和单壁碳纳米管束，管径可由激光脉冲来控制。激光蒸发（烧蚀）法的主要缺点是 SWNTs 的纯度较低、易缠结。

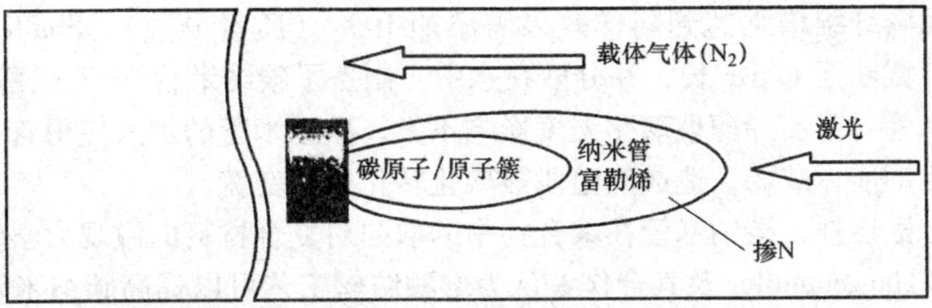

图3-32 激光蒸发法制备CNT的电弧炉示意图

化学气相沉积法 是目前应用较为广泛的一种制备碳纳米管的方法（图3-33），该方法主要采用过渡金属作催化剂，适于碳纳米管的大规模制备，产物中的碳纳米管含量较高，但碳纳米管的缺陷较多。

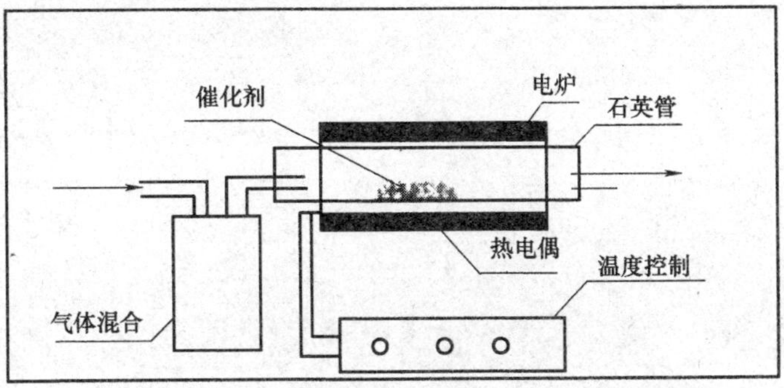

图3-33 化学气相沉积法制备CNT装置示意图

在研究碳纳米管批量生产的同时，新的制备技术也不断涌现，如水热法、火焰法、固相复分解反应制备法、超临界流体技术法和气相反应法等。这些新的方法主要要解决的问题包括两个方面：①降低能耗、简化生产设备，从而降低成本；②实现碳纳米管的可控生长，包括直径、管壁厚度以及管的均匀性。

3.8.4 碳纳米管的改性

由于碳纳米管径向的纳米级尺寸和高的表面能导致其在聚合物中容易团聚，分散性较差，使得碳纳米管的增强效果变差，提高碳纳米管在聚合物中分散性的方法主要是高能超声、表面活性剂、碳纳米管的化学修饰和改性以及复合材料的制备工艺。

Gong等研究了非离子性表面活性剂对碳纳米管在环氧树脂聚合物中分散性的影响，加入表面活性剂后，添加1%（质量分数）的碳纳米管可使聚合物的玻璃化温度由63℃提高到88℃，弹性模量增加30%，研究表明表面活性剂起到分散和增塑的效果，活性剂的憎水端靠近碳纳米管而亲水端与环氧树脂形成氢键作用。Qian等通过高能超声用溶液蒸发法制备了分散性较好的CNT/聚苯乙烯（PS）复合材料膜，1%（质量分数）的添加量，使得弹性模量增大36%～42%，断裂应力增长

25%，而用碳纤维增强达到同样效果需添加 10%（质量分数）。Shaffer 和 Windle 将碳纳米管截断至 11μm 长，并分散在水中，制备了碳纳米管/聚乙烯醇复合材料，认为碳纳米管对聚乙烯醇玻璃化温度影响不大，碳纳米管的加入使得管周围的聚合物分子的活动能力减弱，造成高温段玻璃化转化区域变宽。

除了分散性外，碳纳米管在聚合物中的取向对复合材料的微观力学性能也有较大的影响。Haggenmuller 及其合作者认为熔融纺丝工艺可以提高碳纳米管在聚合物中的取向。Andrews 等将 5%（质量分数）的单壁碳纳米管分散到各向同性的沥青中，制备碳纳米管线性取向的沥青基碳纤维，与未添加碳纳米管的沥青碳纤维相比，拉伸强度增加了 90%，弹性模量增加了 150%，电导率提高了 340%，这为设计和制备硬度高又柔软的碳纤维提供一个新的方法。

第 4 章　纤维复合材料及其制造方法

4.1　聚合物基复合材料

4.1.1　概　　述

聚合物基复合材料是以有机聚合物为基体，纤维类增强材料为增强剂的复合材料。它是结构复合材料中发展最早、研究最多、应用最广、规模最大的一类复合材料。

20 世纪 40 年代初到 20 世纪 60 年代中，是聚合物复合材料发展的第一阶段，以 1942 年玻璃钢的出现为标志，1946 年出现玻璃纤维增强尼龙，以后相继出现其他的玻璃钢品种。因此，这一阶段主要是玻璃纤维增强塑料（GFRP）的发展和应用。

然而，玻璃纤维模量低，无法满足航空、航天等领域对材料的要求，人们努力寻找新的高性能纤维。1964 年，硼纤维研制成功，其模量达 400GPa，强度达 3.45GPa。硼纤维增强塑料立即被用于军用飞机的次承力构件，如 F－14 的水平稳定舵，垂尾等。但由于硼纤维价格昂贵，工艺性差，其应用规模受到限制，随着碳纤维的出现和发展，硼纤维的生产和使用逐渐减少，除非用于一些特殊场合，如增强金属，卫星、宇航等领域里的特殊构件。

1965 年，碳纤维在美国一诞生，就显示出强大的生命力。1966 年，碳纤维的抗拉强度和模量还分别只有 1.1GPa 和 140GPa，其比强度和比模量还不如硼纤维和铍纤维。而到 1970 年，碳纤维的拉伸强度和模量就分别达到 2.76GPa（早期 T－300）和 345GPa。现在，碳纤维的强度和模量已高达 7.0GPa（Toray T－1000）和 827GPa（Thornel p－120）。自此，碳纤维增强树脂基复合材料得到迅速发展和广泛应用，碳纤维及其复合材料的性能也不断提高。

1972 年，美国杜邦公司研制出高强、高模的有机纤维——聚芳酰胺纤维（商品名“Kevlar”），其强度和模量分别达到 3.4GPa 和 130GPa，使树脂基复合材料的发展和应用更为迅速。

从 20 世纪 60 年代中期到 20 世纪 80 年代初，是复合材料发展的第二阶段，也是复合材料日益成熟和发展阶段。作为结构材料，复合材料在许多领域获得应用。同时，金属基复合材料也在这一时期发展起来，如硼纤维，碳化硅纤维增强的铝基、镁基复合材料。

20 世纪 80 年代后期，聚合物基复合材料的工艺、理论逐渐完善，除了玻璃钢的普遍使用外，复合材料在航空航天、船舶、汽车、建筑、文体用品等各个领域都得到全面应用。同时，先进热塑性复合材料以1982年英国ICI公司推出的APC-2为标志，向传统的热固性树脂基复合材料提出了强烈的挑战，热塑性树脂基复合材料的工艺理论不断完善，新产品的开发和应用不断扩大。同时，金属基、陶瓷基复合材料的研究和应用也有较大发展，因而形成了复合材料发展的第三阶段。

4.1.1.1 分类

聚合物基复合材料可按聚合物为基础进行分类也可按增强剂为基础进行分类。按聚合物的特性可分为树脂基复合材料和橡胶基复合材料，树脂基复合材料又分为热固性树脂基复合材料和热塑性树脂基复合材料；根据增强剂的类型，又可分为玻璃纤维增强塑料，碳纤维增强塑料，芳纶纤维增强塑料，硼纤维增强塑料等；按增强纤维在复合材料中的分布状态，聚合物基复合材料又可分为连续纤维和不连续纤维增强复合材料，单向铺层及多向铺层复合材料等。

4.1.1.2 性能特点

聚合物基复合材料是最重要的高分子结构材料之一，它具有以下几个方面的特点。

a. 比强度大，比模量大　例如高模量碳纤维/环氧树脂的比强度是钢的5倍，为铝合金的4倍，其比模量为铜、铝的4倍。

b. 耐疲劳性能好　金属材料的疲劳破坏常常是没有明显预兆的突发性破坏。而聚合物基复合材料中，纤维与基体的界面能有效阻止裂纹的扩展，破坏是逐渐发展的，破坏前有明显的预兆。大多数金属材料的疲劳极限是其拉伸强度的30%～50%，而聚合物基复合材料如碳纤维/聚酯，其疲劳极限可达其拉伸强度的70%～80%。

c. 减震性好　复合材料中的基体界面具有吸震能力，因而振动阻尼高。

d. 耐烧蚀性能好　因纤维基复合材料的比热大，熔融热和气化热也大，高温下能吸收大量热能，是良好的耐烧蚀材料。

e. 工艺性好　制造工艺简单，过载时安全性好。

由于上述的优异性能，纤维增强聚合物复合材料在国民经济各个领域特别是航空和航天工业中得到广泛应用。

4.1.2 聚合物基复合材料的制造方法

4.1.2.1 聚合物基复合材料的工艺特点

聚合物基复合材料在性能方面有许多独到之处，其成型工艺与其他材料加工工艺相比也有其特点。

首先，材料的形成与制品的成型是同时完成的，复合材料的生产过程也就是复合材料制品的生产过程。在复合材料制品的成型中，增强材料的形状虽然变化不大，但基体的形状却有较大改变。复合材料的工艺水平直接影响材料或制品的性能。如复合材料制备中纤维与基体树脂之间的界面粘结是影响纤维力学性能发挥的重要因素，它除与纤维的表面性质有关外，还与制品中的空隙率有关，它们都直接影响到复合材料的层间剪切强度。又如在各种热固性复合材料的成型方法中都有固化工序，为使固化后的制品具有良好的性能，首先应科学地制订工艺规范，合理确定固化温度、压力、保温时间等工艺参数。成型过程中纤维的预处理、纤维的排布方式、驱除气泡的程度，是否挤胶，温度、压力、时间控制精确度等都直接影响制品性能。利用树脂基复合材料形成和制品成型同时完成的特点，可以实现大型制品一次整体成型，从而简化了制品结构，减少了组成零件和联接件的数量，这对减轻制品质量，降低工艺消耗和提高结构使用性能十分有利。

其次，树脂基复合材料的成型比较方便。因为树脂在固化前具有一定的流动性，纤维很柔软，依靠模具容易制得要求的形状和尺寸。有的复合材料可以使用廉价简易设备和模具，不用加热和加压，由原材料直接成型出大尺寸的制品。这对制备单件或小批量产品尤为方便，也是金属制品生产工艺无法相比的。一种复合材料可以用多种方法成型，在选择成型方法时应该根据制品结构、用途、生产量、成本以及生产条件综合考虑，选择最简单和最经济的成型工艺。

4.1.2.2 聚合物基复合材料的制造技术

聚合物基复合材料的制造大体包括如下的过程：预浸料的制造，制件的铺层，固化及制件的后处理与机械加工等。复合材料制品有几十种成型方法，它们之间既存在着共性又有着不同点，从原材料到形成制品的过程，如图 4－1 来表示。

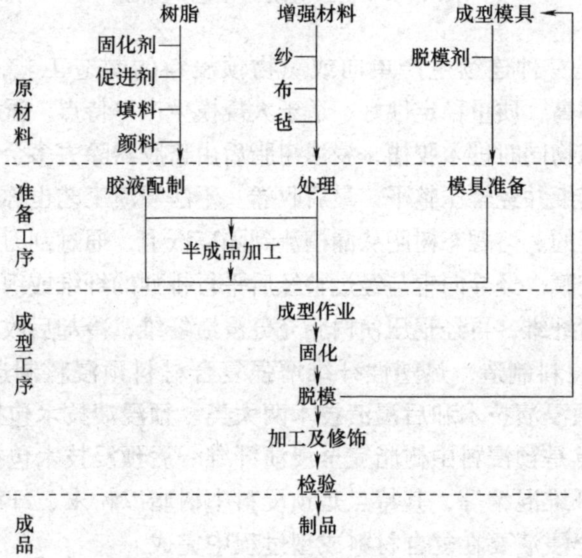

图 4－1 复合材料制品的生产流程图

(1) 预浸料及其制造方法

预浸料是将树脂体系浸涂到纤维或纤维织物上，通过一定的处理过程后贮存备用的半成品，预浸料是一个总称。根据实际需要，按照增强材料的纺织形式预浸料可分为预浸带、预浸布、无纺布等；按照纤维的排布方式有单向预浸料和织物预浸料之分；按纤维类型则可分为玻璃纤维预浸料、碳纤维预浸料和有机纤维预浸料等。一般预浸料在 -18℃下存储以保证使用时具有合适的粘度，铺复性和凝胶时间等工艺性能，复合材料制品的力学及化学性质在很大程度上取决于预浸料的质量。

a. 热固性预浸料的制备　按照浸渍设备或制造方式的不同，热固性纤维增强树脂预浸料的制备分轮鼓缠绕法和列陈排铺法；按浸渍树脂状态分湿法（溶液预浸法）和干法（热熔预浸法）。

轮鼓缠绕法是一种间歇式的预浸料制造工艺，其浸渍用树脂系统通常要加稀释剂以保证黏度足够低，因而它是一种湿法工艺，其原理如图 4-2 所示。从纱团引出的连续纤维束，经导向轮进入胶槽浸渍树脂，经挤胶器除去多余树脂后由喂纱嘴将纤维依次整齐排列在衬有脱模纸的轮鼓上，待大部分溶剂挥发后，沿轮鼓母线将纤维切断，就可得到一定长度和宽度的单向预浸料。该法特别适用于实验室的研究性工作或小批量生产。

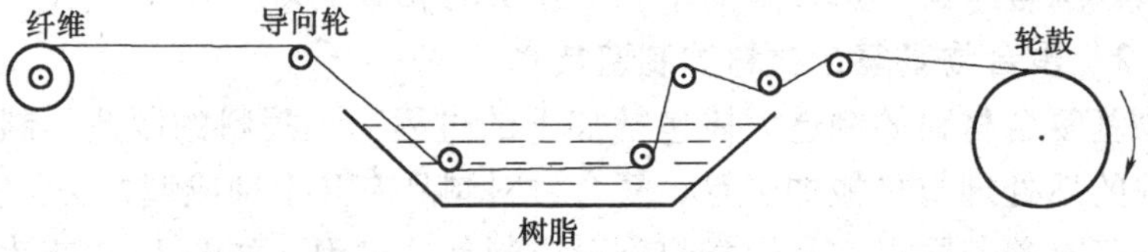

图 4-2　轮鼓缠绕法工艺示意图

陈列排铺法是一种连续生产单向或织物预浸料的制造工艺，有湿法和干法两种。具有生产效率高、质量稳定性好、适于大规模生产等特点。湿法原理是许多平行排列的纤维束或织物同时进入胶槽，浸渍树脂后由挤胶器除去多余胶液，经烘干炉除去溶剂后，加隔离纸并经辊压整平，最后收卷。干法浸渍工艺也称热熔预浸法，是在热熔预浸机上进行的。熔融态树脂从漏槽流到隔离纸上，通过刮刀后在隔离纸上形成一层厚度均匀的胶膜，经导向辊与经过整经后平行排列的纤维或织物叠合，通过热鼓时树脂熔融并浸渍纤维，再经辊压使树脂充分浸渍纤维，冷却后收卷。

b. 热塑性预浸料制造　热塑性纤维增强复合材料预浸料制造，按照树脂状态的不同，可分为预浸渍技术和后浸渍技术两大类。预浸渍技术包括溶液预浸和熔融预浸两种，其特点是预浸料中树脂完全浸渍纤维。后预浸技术包括膜层叠、粉末浸渍、纤维混杂，纤维混编等，其特点是预浸料中树脂以粉末、纤维成包层等形式存在，对纤维的完全浸渍要在复合材料成型过程中完成。

溶液浸渍是将热塑性高分子树脂溶于适当的溶剂中，使其可以采用类似于热固性树脂的湿法浸渍技术进行浸渍，将溶剂除去后即得到浸渍良好的预浸料。该工艺的优点是可使纤维完全被树脂浸渍并获得良好的纤维分布，可采用传统的热固性树脂的设备和类似浸渍工艺。缺点是成本较高并造成环境污染，残留溶剂很难完全除去，影响制品性能，只适用于可溶性聚合物，对于其他类溶解性差的聚合物应用受到限制。

将熔融态树脂由挤出机挤到特殊的模具中浸渍连续通过的纤维束或织物，是为熔融预浸。原理上，这是一种最简单和效率最高的方法，适合所有的热塑性树脂，但是，要使高粘度的熔融态树脂在较短的时间内完全浸渍纤维却是相当困难的。这就要求树脂的熔体粘度要足够低，且高温长时间内稳定性要好。

膜层叠是将增强剂与树脂薄膜交替铺层，在高温高压下使树脂熔融并浸渍纤维，制成平板或其他一些形状简单的制品的方法。增强剂一般采用织物，使之在高温、高压浸渍过程中不易变形。这一工艺具有适用性强、工艺及设备简单等优点。粉末浸渍是将热塑性树脂制成粒度与纤维直径相当的微细粉末，通过流态化技术使树脂粉末直接分散到纤维束中，经热压熔融即可制成充分浸渍的预浸料的方法。粉末浸渍的预浸料有一定柔软性，铺层工艺性好，比膜层叠技术浸渍质量高，成型工艺性好，是一种被广泛采用的纤维增强热塑性树脂复合材料的制造技术。纤维混编或混纺技术是将基体先纺成纤维，再使其与增强纤维共同纺成混杂纱线或编织成适当形式的织物，在物品成型过程中，树脂纤维受热熔化并浸渍增强纤维。该技术工艺简单，预浸料有柔性，易于铺层操作，但与膜层叠技术一样，在制品成型阶段，需要足够高的温度、压力及足够的时间，且浸渍难以完全。

图 4 -3 是以片状模塑料为代表的短切纤维增强复合材料预浸料的工艺示意图。连续纤维被切成一定长度的短纤维，散落在连续输送的塑料薄膜上，在薄膜上涂有一层含填料的糊状树脂。将含有纤维、填料和树脂混合物的塑料薄膜卷绕起来就成为片状模塑料。如果把这种半成品按要求尺寸剪裁、撕去表面保护塑料薄膜，铺叠在模具中经热压固化即可制成复合材料成品。玻璃纤维毡增强热塑性树脂片材是法国 Arjomair 公司研制成功的一种片状复合材料半成品。它是将玻璃短切纤维或连续纤维与粉状热塑性树脂如聚丙烯等配制成悬浮液，搅拌均匀后沉积制成网状坯料，再经层合、烘干制成片状半成品，剪裁后通过模压或冲压成型可制成各种复合材料制品。

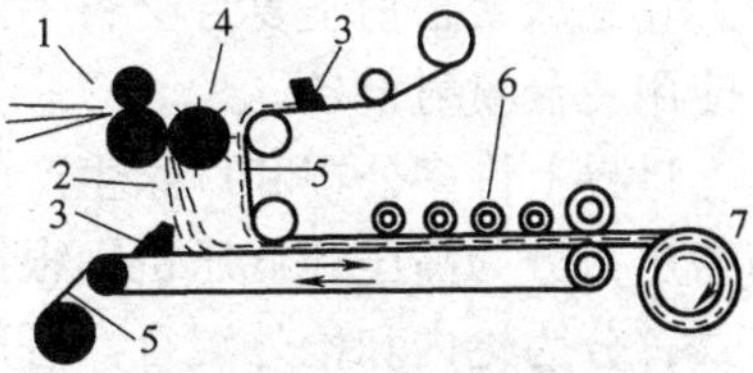

图 4 -3　片状模塑工艺

1—连续纤维　2—短切纤维　3—树脂/填料糊状物　4—切刀　5—塑料薄膜　6—压辊　7—卷料装置

（2）手糊成型工艺（Hand Lay - up）

手糊工艺是聚合物基复合材料中最早采用和最简单的方法。其工艺过程是先在模具上涂刷含有固化剂的树脂混合物，再在其上铺贴一层按要求剪裁好的纤维织物，用刷子、压辊或刮刀挤压织物，使其均匀浸胶并排除气泡后，再涂刷树脂混合物和铺贴第二层纤维织物，反复上述过程直至达到所需厚度为止。然后热压或冷压成型，最后得到复合材料制品。其具体工艺流程如图 4 -4 所示。为便于在树脂固化前排除多余的树脂和从模具上取下制品，预先应在模具上涂覆脱模剂。脱模剂的种类很多，包括石蜡、黄油、甲基硅油、聚乙烯醇水溶液、聚氯乙烯薄膜等。手糊工艺使用的模具主要有木模、石膏模、树脂模、玻璃模、金属模等，最常用的树脂是能在室温固化的不饱和聚酯和环氧树脂。

手糊成型是一种劳动密集型工艺，通常用于性能和质量要求一般的玻璃钢制品。具有操作简单，设备投资少，产品尺寸不受限制，制品可设计性好等优点，适于多品种和小批量生产。同时也存在着生产效率低，产品质量不易控制，操作条件差，生产周期长，制品性能较低等缺点。

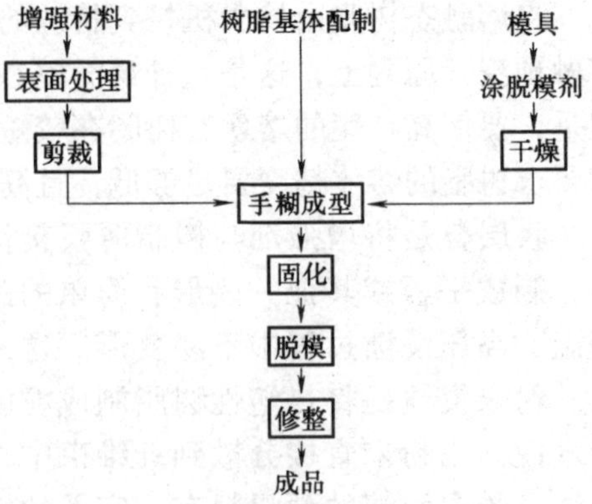

图 4-4　手糊成型工艺流程

手糊成型法可以制作汽车车体，各种渔船和游艇、贮罐、槽体、卫生间、舞台道具、波纹瓦、大口径管件、机身蒙皮、整流罩、火箭外壳、隔音板等复合材料制品。

(3) 喷射成型工艺（spray - up）

用喷枪将纤维和雾化树脂同时喷到模具表面，经辊压、固化制取复合材料的方法。它是从聚合物基复合材料手糊成型开发出的一种半机械化成型技术，主要改革是使用一台喷射设备。

世界上许多公司和厂家生产的各种型号和性能的喷射设备各具特点，根据使用喷射压力分为高压和低压机；根据树脂和固化剂的混合方式以及树脂和纤维的混合方式，分为枪内和枪外混合。一般认为，采用低压、树脂和固化剂枪内混合，而短切纤维和树脂在空间混合较好，并称为低压无气喷射成型。

喷射成型对所用的原材料有一定的要求，例如树脂体系的粘度应适中，容易喷射雾化、脱除气泡和润湿纤维以及不带静电等。最常用的树脂是在室温或稍高温度下即可固化的不饱和聚酯等。喷射法使用的模具与手糊法类似，而生产效率却可以提高数倍，劳动强度降低，能够制作大尺寸制品。用该方法虽然可以成型形状比较复杂的制品，但其厚度和纤维含量都较难精确控制，树脂含量一般在60%以上，孔隙率较高，制品强度较低，施工现场污染和浪费较大。利用喷射法可以制作浴盆、汽车壳体、船身、广告模型、舞台道具、贮藏箱、建筑构件、机器外罩、容器、安全帽等。

(4) 袋压成型工艺（Bag - molding）

袋压成型是最早及最广泛用于预浸料成型的工艺之一。将纤维预制件铺放在模具中，盖上柔软的隔离膜，在热压下固化，经过所需的固化周期后，材料形成具有一定结构的构件。

袋压成型可分为三种（如图 4-5 所示）：真空袋压成型，压力袋压成型和热压罐成型。

真空袋压法是在纤维预制件上铺覆柔性橡胶或塑料薄膜，并使其与模具之间形成密闭空间，将组合体放人热压罐或热箱中，在加热的同时对密闭空间抽真空形成负压，进行固化。大气压力的作用可以消除树脂中的空气，减少气泡，排除多余的树脂，使制品表面更加致密。图4－6为真空袋压法示意图。由于真空袋压法产生的压力小，只适于强度和密度受压力影响小的树脂体系如环氧树脂等。对于酚醛树脂等，固化时有低分子物逸出，利用此方法难以获得结构致密的制品。如果向真空袋内通入压缩空气或氮气等对预制件进行加压固化，则真空袋压法就成为压力袋压法。

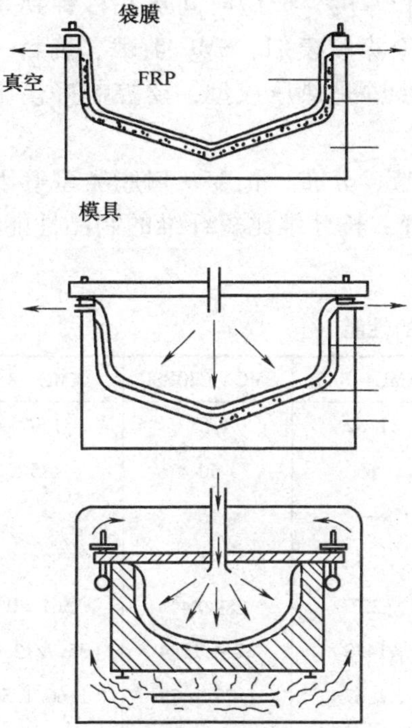

图4－5　袋压成型方法

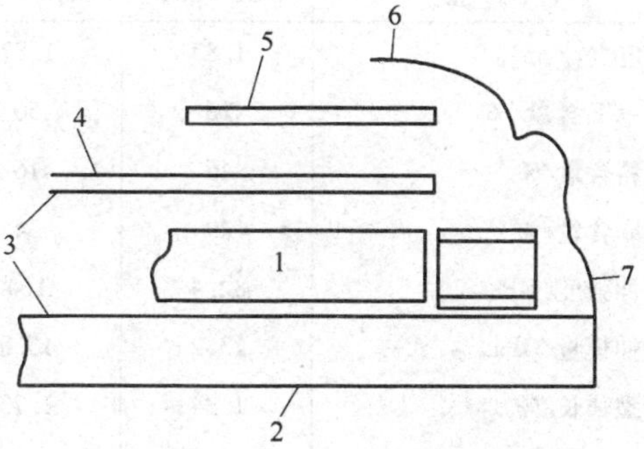

图4－6　真空袋压法示意图
1—预制件　2—台板　3—脱模层　4—排胶层
5—压板　6—真空袋　7—真空袋密封圈

热压罐法相当于将真空袋压法的抽气、加热及加压固化放在压力罐中进行。一般热压罐是圆筒形的压力容器，可以产生几个大气压。采用热压罐成型工艺时，加热和加压通常要持续整个固化工艺的全过程，而抽真空是为了除去多余树脂及挥发性物质，只是在某一段时间内才需要。用热压罐法制成的纤维复合材料制品，具有孔隙率低，增强纤维填充量大，致密性好，尺寸稳定、准确、性能优异，适应性强等优点，但该方法也存在着生产周期长，效率低、袋材料昂贵，制件尺寸受热压罐体积限制等缺点。因而该法主要用于制造航空，航天领域的高性能复合材料结构件。

（5）模压成型工艺（compression molding）

在封闭的模腔内，借助加热和压力固化成型复合材料制品的方法。具体地讲，将定量的模塑料或颗粒状树脂与短纤维的混合物放入敞开的金属模中，闭模后加热使其熔化，并在压力作用下充满模腔，形成与模腔相同形状的模制品，再经加热使树脂进一步发生交联反应而固化，或者冷却使热塑性树脂硬化，脱模后得到复合材料制品。模压成型是广泛使用的对热固性树脂和热塑性树脂都适用的纤维复合材料的成型方法，用模塑料成型制品时，装入模内的模塑料由于与模具表面接触加热，黏度迅速减小，在3～7MPa成型压力下就可以平滑地流到模具的各个角落。模塑料遇热之后迅速凝胶和固化。依据制品的尺寸和厚度，成型时间从几秒钟到几分钟。SMC（模塑料）模压工艺一般包括在模具上涂脱模剂、SMC剪裁、装料、热固化成型、脱模，修整等几个主要步骤。关键步骤是热压成型，要控制好模压温度、模压压力和模压时间三个工艺参数。

SMC和胚料模压制品性能受纤维类型、含量、分布、长度及树脂类型等因素影响，一般使用碳纤维或环氧树脂的制品性能好，长纤维比短纤维的制品性能好。表4-1列出了典型SMC制品的主要性能数据。

表4-1　　各种SMC复合材料的性能

性　能	SMC-R25	SMC-R50	SMC-R65	SMC-C20R30	XMC-3[1]
密度/(g/cm^3)	1.83	1.87	1.82	1.81	1.97
E-GF含量/%	25	50	65	50	75
填料含量/%	46	16	—	16	—
树脂含量/%	29	34	35	34	25
拉伸强度/MPa	82.4	164	227	289/84[2]	561/70
拉伸模量/GPa	13.2	15.8	14.8	21.4/12.4	35.7/12.4
断裂伸长/%	1.34	1.73	1.67	1.73/1.58	1.66/1.54
压缩强度/MPa	183	225	241	306/166	480/160
弯曲强度/MPa	220	314	403	645/165	973/139
弯曲模量/GPa	14.8	14.0	15.7	25.7/5.9	34.1/6.8
层间剪切强度/MPa	30	25	45	41	55
热膨胀系数/10^{-6}℃	23.2	14.8	13.7	11.3/24.6	8.7/28.6

1. XMC-3含质量分数50%的连续粗纱（与纵向成±7.5°）和质量分数25%、25.4mm长的短切纱。
2. 在斜线“/”前后的数据分别为复合材料的纵向和横向性质。

模压成型工艺广泛用于生产家用制品、机壳、电子设备和办公室设备的外壳、卡车门和轿车仪表板等汽车部件，也用于制造连续纤维增强制品。当生产批量为几千件以上时，一般使用钢模，或表面作适当处理的钢模。在生产批量比较少或产品开发阶段，模具也可以用高强度环氧树脂浇铸而成。它一般分为三类：坯料模压、片状模塑料模压及块状模塑料模压。坯料模压工艺是将预浸料或预混料先制成样品的形状，然后放入模具中压制（通常为热压）成制品的过程。这一工艺适合尺寸精度要求高，需要量大的制品生产。

除上述热模压成型工艺外，还有其他一些模压成型方法，如树脂迁移成型工艺（Resin transfer molding）是将纤维增强材料预先放在模腔内，合模后注入聚合物，经固化成型的复合材料制品的一种工艺方法，又称树脂传递成型。它始创于20世纪40年代初，到20世纪80年代才迅速发展，20世纪90年代成为先进复合材料制备工艺。所用基体材料主要是各种液态的黏度低于1000CP的热固性树脂。树脂迁移法成型过程如图4-7所示，首先清理好模具、铺放增强材料，然后用泵注入树脂基体，经固化、脱模、检查修整即可得到复合材料制品。树脂迁移法成型工艺的优点是，复合材料制品厚度与增强材料含量准确，两面光滑，材料浪费少，能成型尺寸大、形状复杂的制品，其经济性在各种复合材料工艺中仅次于拉挤工艺。主要用于制作椅子、小船、汽车部件、飞机机身、机翼等结构复合材料，如何缩短工艺周期是研究的主要目标。

（6）缠绕成型工艺（Filament Winding）

缠绕成型是一种将浸渍了树脂的纱或丝束缠绕在回转芯模上、常压下在室温或较高温度下固化成型的一种复合材料制造工艺，是一种生产各种尺寸回转体的简单有效的方法。具体工艺流程如图4-8所示。缠绕机类似一部机床，纤维通过树脂槽后，用轧辊除去纤维中多余的树脂。为改善工艺性能和避免损伤纤维，可预先在纤维表面涂覆一层半固化的基体树脂，或者直接使用预浸料。纤维缠绕方式和角度可以通过计算机控制。缠绕达到要求厚度后，根据所选用的树脂类型，在室温或加热箱内固化、脱模便得到复合材料制品。

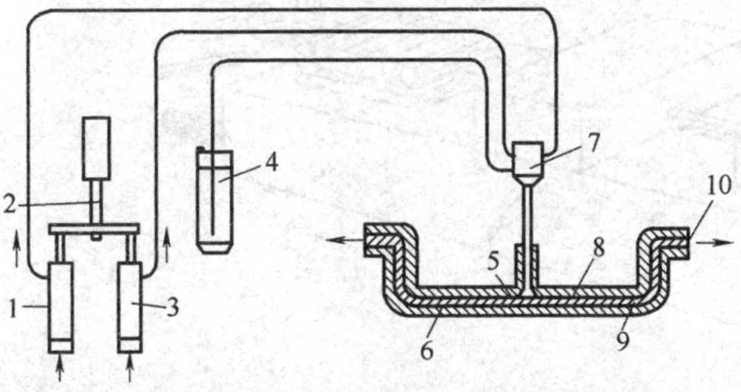

图4-7　树脂迁移法成型工艺示意图

1—比例泵　2—树脂泵　3—催化剂泵　4—冲洗剂　5—树脂基体　6—增强材料　7—混合器　8—阳模　9—阴模　10—排气孔

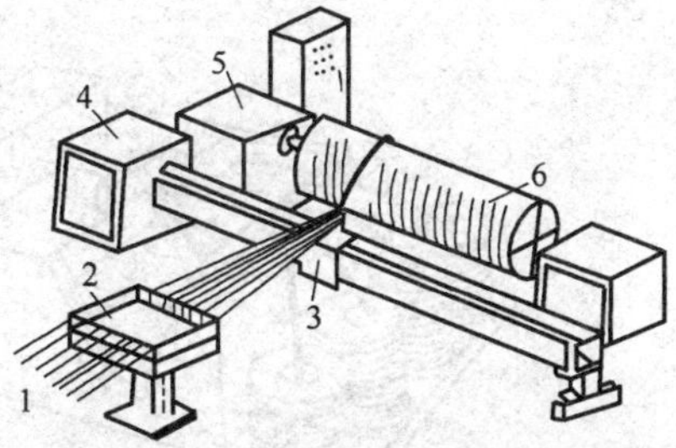

图4-8　纤维缠绕成型示意图

1—连续纤维　2—树脂槽　3—纤维输送架　4—输送架驱动器　5—芯模驱动器　6—芯模

按基体浸渍状态，缠绕工艺分为湿法和干法两种。湿法缠绕是将增强材料浸渍基体和缠绕成型相继连续进行；干法缠绕又称预浸带缠绕，为浸渍工艺和缠绕成型分别进行。近年来出现湿干法工艺，是干法工艺的发展，不同之处仅在于树脂基体不存在凝胶化的B阶段，仍处于“湿”状态。增强材料在芯模表面上的铺放形式称为缠绕线型。主要有螺旋缠绕、平面缠绕（极缠绕）和环向缠绕三种线型。所用的主要工艺设备是纤维缠绕机，有卧式螺旋缠绕机、立式平面缠绕机和球形容器缠绕机等。基本型卧式缠绕机主要由芯模旋转系统和带动绕丝头平行于芯模轴线往复运动的"小车"两部分组成。三轴以上称为多轴机。目前轴数最多的是九轴缠绕机。卧式缠绕机常用于湿法工艺，螺旋缠绕线型和环向缠绕线型。湿法工艺对各类制品的适用性强，应用广泛。采用热熔预浸工艺制备的预浸材料，基体含量、均匀性和纱带宽度均能实现精确控制，这种干法工艺多用于航空、航天和重要的工业和民用制品。

纤维缠绕成型的主要特点是，能按性能要求配置增强材料，结构效率高；自动化成型，产品质量稳定，生产效率高。主要用于固体火箭发动机及其他航天、航空结构，压力容器、管道及管状结构、电绝缘制品、汽车、飞机、轮船和机床传动轴、贮罐及风力发电机叶片等。缠绕成型的发展方向主要是提高缠绕制品竞争能力，扩大应用领域；三通、弯头类管件等非回转体缠绕成型的实用化；热塑性复合材料缠绕成型研究。

（7）拉挤成型工艺（Pultrusion）

将浸渍过树脂胶液的连续纤维束或带状织物在牵引装置作用下通过成型模定型，在模中或固化炉中固化，制成具有特定横截面形状和长度不受限制的复合材料型材的方法。一般情况下，只将预制品在成型模中加热到预固化的程度，最后固化在加热箱中完成，图4－9为拉挤成型工艺示意图。

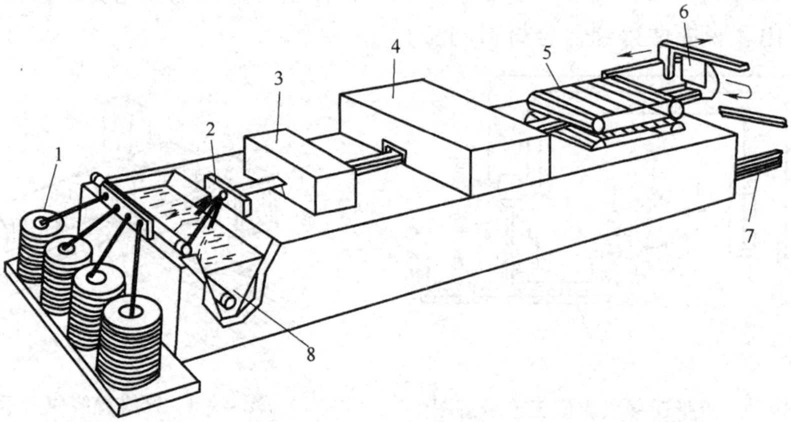

图4－9　拉挤成型工艺示意图

1—纤维　2—挤胶器　3—预成型　4—热模　5—拉拔　6—切割　7—制品　8—树脂槽

按工艺过程的连续性，分为间断拉挤成型和连续拉挤成型两种。早期主要是间断拉挤成型。在直线形等截面复合材料型材生产领域，它很快被连续拉挤成型所取代。现代拉挤成型复合材料有95%以上是采用连续拉挤成型。20世纪80年代，间断拉挤成型演变成拉模成型（Pulforming）。它实际上是拉挤和模压的结合，主要用于制造汽车板簧、工具手柄之类截面积不变、截面形状改变的直的或弯曲形状的制品。主要增强材料是玻璃纤维无捻粗纱、连续纤维毡及聚酯纤维毡、碳纤维和芳纶及其混杂纤维。热固性基体和热塑性基体均可用于拉挤成型。热固性树脂，尤其是聚酯树脂和乙烯基树脂应用量广泛，其次是环氧树脂和改性丙烯酸树脂。酚醛树脂由于发烟量特别低，近年来得到重视。热塑性复合材料的拉挤已进入实用阶段，主要基体有 ABS、PA、PC、PES、PPS 及 PEEK 等。拉挤设备种类很多，但基本原理和组成大致相同，都是由基体浸渍装置、预成型模、加热主成型模、牵引装置和切断装置五部分组成。设备能力基本上以型材横断面尺寸和牵引力表示。拉挤速度与基体材料、制品壁厚、加热方法等多种因素有关。拉挤工艺参数还与增强材料种类有关。采用玻璃纤维和芳纶时，可以采用射频加热，而采用碳纤维时则只能采用感应加热。

拉挤成型的最大特点是连续成型，制品长度不受限制，力学性能尤其是纵向力学性能突出，结构效率高，制造成本较低，自动化程度高，制品性能稳定。主要用作工字型、角型、槽型、异型截面管材，实芯棒以及上述断面构成的组合截面型材。主要用于电气、电子、化工防腐、文体用品、土木工程和陆上运输等领域。

近年来，在复合材料的成型方法上也出现了几种工艺“复合”使用的情况，即用几种成型方法同时完成一件制品。例如成型一种特殊用途的管子，在采用纤维缠绕的同时，还用布带缠绕或用喷射方法复合成型。随着复合材料生产的发展，复合材料工艺朝着省力、节能、机械化和自动化的目标努力，表 4 – 2 列出了各种复合材料成型方法的详细比较。

表 4 – 2　　纤维增强聚合物复合材料成型方法一览表

项目 / 工艺		树脂系统	增强材料	纤维含量 /%	制品厚度 /mm	固化温度 /℃	模具类型与材料
手糊		聚酯，环氧，呋喃	玻璃纤维、碳纤维和其他纤维	25 ~ 35	2 ~ 25 （一般 2 ~ 10）	室温 ~ 40	单模，木材、玻璃钢等
喷射		聚酯，环氧	玻璃纤维	25 ~ 35	2 ~ 25 （一般 2 ~ 10）	室温 ~ 40	单模，木材、玻璃钢等
袋压		聚酯，环氧预浸料，SMC	玻璃纤维、碳纤维和其他纤维	25 ~ 60	2 ~ 6	室温 ~ 50 （预浸料，SMC80 ~ 160）	单模，玻璃钢、金属等
树脂注射模压		环氧，聚酯	连续粗纱毡和布	25 ~ 30	2 ~ 6	室温 ~ 50	对模玻璃钢或铝
压缩模压	冷压	聚醇，环氧	玻璃纤维、碳纤维及其他纤维	25 ~ 50	1 ~ 10	40 ~ 50	对模玻璃钢或金属
	热压	酚醛预混料预浸料 DMC，SMC	玻璃纤维、碳纤维及其他纤维	25 ~ 60	1 ~ 10	100 ~ 170	对模金属

续表

工艺 \ 项目	制品尺寸	使用设备	生产量（考虑模具成本）	生产效率	劳动强度	制品质量	典型制品
手糊	不限	手辊和刷子	一件以上	低	大	取决于操作者，制品只有一个光滑面	船身、建筑用平板、大型制品
喷射	不限	喷射机、喷枪和手辊	一件以上	低	大	取决于操作者制品只有一个光滑面	中等制品
袋压	受真空袋加压设备、功率、尺寸的限制	热压罐真空泵气压机等	一件以上	低	大	取决于装袋技术，两个光滑面	机身，各种板件及结构件
树脂注射模压	取决于模具尺寸	树脂注射泵	10～1000 件	中等	中等	制品质量好、有两个光滑面	船身，雷达罩等复杂形状零件
压缩模压 冷压	取决于压机能力	油压机	100～1000 件	高	低	制品各部都较光滑	汽车，电气用中小型零件
压缩模压 热压	取决于压机能力	热压机	1000 件以上	高	低	质量很好	汽车，电气用中小型零件

4.1.3 聚合物基复合材料的基本性能

纤维增强聚合物复合材料是由物化性质截然不同的纤维增强材料和有机高分子化合物通过一定工艺方法复合而成的多相固体材料。与传统的均质材料相比，聚合物复合材料具有许多优异的性能，以最常见的玻璃纤维增强聚酯一聚酯玻璃钢为例，它不仅在设计制造方法有许多优点，如投资少、上马快、设计自由度大、成型工艺简单、制品尺寸不限及着色自由等，而且还具有优异的基本性能，如热固性、比强度和比刚度高、电性能和热性能良好、耐化学腐蚀性良好、耐水性优异、耐候性和耐紫外线性良好、阻燃性和半透明/透明等特点。

由于原材料选择、结构设计方法确定及成型工艺的选定具有较大的自由度，因此，影响聚合物基复合材料性能的因素也具复杂多样性。首先，增强材料的强度及弹性模量以及基体材料的强度及化学稳定性等是决定复合材料性能的最主要因素；原材料一旦选定，则增强材料的含量及其排布方式与方向又跃居重要地位；此外，采用不同的成型工艺，制品性能亦有较大差异；最后，增强纤维与基体树脂的界面粘接状况在一定条件下也会影响复合材料的性能。由此可见，纤维增强树脂基复合材料的基本性能是一个多变量函数。表 4－3 和表 4－4 分别列出了不同成型工艺，不同原材料的复合材料的基本性能数据和玻璃纤维制品类型及成型方法对树脂基复合材料性能的影响。

表 4-3　　增强材料及成型方法和强度的关系

性能 \ 成型方法	手糊成型			真空袋成型		加压袋成型	热压釜成型	模压成型
增强材料	玻璃毡（600g/m²）	无捻粗纱布（900g/m²）	玻璃布（340g/m²）	玻璃毡（600g/m²）	玻璃布（340g/m²）	玻璃毡（600g/m²）	玻璃毡（600g/m²）	玻璃毡（600g/m²）
成型压力/MPa	0~0.07			0.84		10.5~28.0	17.5~70.0	35.0~120.0
纤维含量/%	23	51	46	38	50	41	48	50
密度/(g/cm³)	1.52	1.64	1.63	1.50	1.67	1.53	1.61	1.63

表 4-4　　纤维增强聚合物复合材料的一般性能

性能数据 \ 成型工艺	手糊	手糊	喷射
增强材料	短切纤维毡	玻璃布	无捻粗纱
树脂	聚酯	聚酯	聚酯
纤维含量/%	30~40	45~55	30~40
密度/(g/cm³)	1.4~1.8	1.6~1.8	1.4~1.6
拉伸强度/MPa	70~140	210~350	60~130
拉伸模量/GPa	5.6~17.2	10.5~31.6	5.6~12.7
延伸率/%	1.0~1.5	1.6~2.0	1.0~1.2
压缩强度/MPa	110~180	210~390	110~180
弯曲强度/MPa	140~180	310~530	110~200
弯曲模量/GPa	8.0~13.0	14.0~28.0	7.0~8.4
冲击强度/(kJ/m²)	0.9~4.6	3.7~3.5	0.9~2.8
洛氏硬度	H40~105		H40~105
导热系数/[W/(m·K)]	0.18~0.26	0.26~0.32	0.17~0.21
比热容/[J/(g·K)]	1.25~1.38	1.08~1.17	1.29~1.42
线膨胀系数/($10^{-6}K^{-1}$)	18~32	7~11	22~36
热变形温度/℃	180~200	180~200	180~200
常用温度极限/℃	65~150	65~150	65~150
绝缘强度/(10^3V/cm)	79~160	79~160	79~160
性能数据 \ 成型工艺	模压	模压	模压
增强材料	毡或预成型坯	预混料	预浸布
树脂	聚酯	聚酯、环氧、酚醛	聚酯、环氧、酚醛
纤维含量/%	30~50	10~45	50~65
密度/(g/cm³)	1.5~1.7	1.8~2.2	1.5~1.9

续表

性能数据 \ 成型工艺	模压	模压	模压
拉伸强度/MPa	70~170	35~70	280~390
拉伸模量/GPa	10.5~31.6	10.5~14.1	10.5~31.0
延伸率/%	1.0~1.5	0.3~0.5	1.6~2.0
压缩强度/MPa	130~210	90~190	250~420
弯曲强度/MPa	180~320	40~180	350~560
弯曲模量/GPa	8.8~13.0	11.0~18.0	18.0~28.0
冲击强度/(kJ/m^2)	1.8~3.7	0.2~4.6	3.7~3.5
洛氏硬度	H40~105	H80~112	H80~112
导热系数/[W/(m·K)]	0.18~0.25	0.18~0.24	0.28~0.32
比热容/[J/(g·K)]	1.25~1.38	1.04~1.46	1.08~1.17
线膨胀系数/($10^{-6}K^{-1}$)	18~32	23~34	7~11
热变形温度/℃	180~200	200~260	180~200
常用温度极限/℃	65~180	100~200	65~220
绝缘强度/($10^3V/cm$)	79~160	59~236	59~275
增强材料	无捻粗纱	无捻粗纱	无捻粗纱
树脂	聚酯	聚酯	聚酯、环氧
纤维含量/%	29~36	50~80	60~90
密度/(g/cm^3)	1.5~1.9	1.6~2.2	1.7~2.3
拉伸强度/MPa	90~140	560~1300	560~1800
拉伸模量/GPa	10.5~11.6	28.0~42.0	28.0~63.0
延伸率/%	1.5~1.7	1.6~2.5	1.6~2.8
压缩强度/MPa	150~270	210~490	350~530
弯曲强度/MPa	190~300	700~1300	700~1900
弯曲模量/GPa	9.5~12.5	28.0~42.0	35.0~49.0
冲击强度/(kJ/m^2)		8.3~11.0	7.4~11.0
洛氏硬度		H80~112	H98~120
导热系数/[W/(m·K)]		0.28~0.32	0.28~0.32
比热容/[J/(g·K)]		0.96~1.04	0.96~1.04
线膨胀系数/($10^{-6}K^{-1}$)		5~14	4~11
热变形温度/℃		160~190	180~200
常用温度极限/℃		65~240	100~240
绝缘强度/($10^3V/cm$)		79~160	79~160

4.1.3.1 力学性能

(1) 力学性能的特点

a. 比强度高　纤维增强树脂基复合材料的密度在1.4~2.2g/cm^3，约为钢的1/5~1/4，而强度与一般碳素钢相近。因此，树脂基复合材料的比强度很高。

b. 各向异性　纤维增强树脂基复合材料的力学性能呈现明显的方向依赖性，是一种各向异性材料。因此在设计和制造该类复合材料时，应尽量在最大外力方向上排布增强纤维，以求充分发挥材料的潜力，降低材料消耗。

c. 弹性模量和层间剪切强度低　玻璃纤维增强树脂的弹性模量较低，因此作为结构件使用时，常感到刚度不足。例如含玻璃纤维30%的单向复合材料板，其弹性模量为50GPa，为钢的1/4，铝的7/10。双向复合材料板，主应力方向的弹性模量为钢的1/14，铝的1/5。玻璃纤维增强树脂的剪切弹性模量更低。一般金属的剪切弹性模量为其拉压弹性模量的40%，而双向复合材料的仅为拉压弹性模量的20%，单向的则不到10%。纤维增强树脂基复合材料的层间剪切强度亦很低，一般不到其拉伸强度的10%。碳纤维增强树脂基复合材料的弹性模量和层间剪切强度较高，60%体积含量的碳纤维增强环氧树脂具有135GPa的弹性模量，高于铝（70GPa）和钛合金（110GPa）（6Al-4V）的弹性模量值。

d. 性能分散性大　由于纤维增强树脂基复合材料受一系列因素（甚至包括操作人员熟练程度和工作态度）的影响，因此其性能是不稳定的，离散系数较大。例如3号钢屈服强度极限的离散系数为3%，而手糊平衡型双向复合材料的强度离散系数有时可达15%。

(2) 力学性能

a. 拉伸性能　实验表明，单向增强树脂基复合材料沿纤维方向的拉伸强度 σ_L 及拉伸模量 E_L 均随纤维体积含量 φ_{V_L}（体积分数）的增大而正比例增加。对于采用短切纤维毡和玻璃布增强的复合材料层合板来讲，其拉伸强度及拉伸模量虽不与 φ_{V_f} 成正比增加，但仍随 φ_{V_f} 增加而提高。一般，等双向复合材料的纤维方向的主弹性模量大约是单向的0.5~0.55倍；混杂纤维增强树脂基复合材料近似于各向同性，其弹性模量大约是 E_L 的0.35~0.40倍。表4-5给出了手糊成型不饱和聚酯复合材料的力学性能。

表4-5　手糊成型不饱和聚酯复合材料的力学性能

项目＼成型方法	手糊成型	手糊成型	喷射成型
增强材料	短切纤维毡	玻璃纤维布	无捻粗纱
纤维含量/%	30~40	45~55	30~40
密度/(g/cm^3)	1.4~1.8	1.6~1.8	1.4~1.6

续表

成型方法 项目	手糊成型	手糊成型	喷射成型
延伸率/%	1.0～1.5	1.6～2.0	1.0～1.2
拉伸强度/MPa	70～140	210～340	60～130
压缩强度/MPa	110～180	210～380	110～180
弯曲强度/MPa	140～180	310～530	110～200
冲击强度/(kJ/m^2)	90～440	360～540	90～230
拉伸模量/GPa	6～17	10～31	6～17
弯曲模量/GPa	8～13	14～27	7～9

注：树脂配方：不饱和聚酯树脂100份；固化剂4份；促进剂2份。

b. 压缩性能　树脂基复合材料的压缩破坏取决于基体材料的破坏，而拉伸破坏取决于纤维增强材料的破坏。因此，提高树脂基复合材料压缩性能应着眼于选用抗压强度较高的树脂基体。纤维增强树脂基复合材料的压缩特性类似于拉伸特性，在应力很小、纤维未压弯时，压缩弹性模量与拉伸弹性模量接近。另外，增强材料的选择也会影响复合材料的压缩特性，玻璃布增强的玻璃钢的压缩弹性模量大体是单向增强的0.5～0.55倍，纤维毡增强的玻璃钢的压缩弹性模量大体上是单向增强的0.14倍。

c. 弯曲性能　玻璃钢的弯曲强度和弯曲弹性模量都随体积含量的上升而提高，而且依纤维增强材料的种类、铺层方式、纤维织物种类的不同而各异。纤维增强树脂复合材料的弯曲破坏首先表现为增强纤维与基体材料界面的破坏，其次是基体材料的破坏，最后才是增强材料的破坏。

d. 剪切性能　由于纤维增强树脂复合材料的剪切强度与纤维的拉伸强度并无多大关系，而与纤维－树脂界面粘结强度和基体树脂强度有关。因此纤维增强树脂复合材料的层间剪切强度与纤维含量有关，常取值在100～130MPa。实验表明，随纤维含量增大，复合材料的剪切弹性模量上升，剪切特性亦呈现方向性。

4.1.3.2　疲劳性能

影响树脂基复合材料疲劳特性的因素很多，其疲劳强度随静态强度的提高而增大，若以疲劳极限比（疲劳强度/静态强度）表示，则10^7次时比值大约在0.22～0.41。每种纤维增强复合材料都存在一个最佳纤维体积含量，如无捻粗纱玻璃布增强的玻璃钢层合板的最佳纤维体积含量约为35%，斜纹玻璃布增强的玻璃钢层合板的最佳纤维体积含量约为50%。当纤维体积含量低于或高于最佳值时，其疲劳强度都会下降。表4－6所列为各种树脂基复合材料的疲劳强度值。

表 4-6 **FRP 的疲劳强度**

树脂	增强材料	成型方法	纤维含量/%	试验机形式	疲劳强度/MPa
聚酯树脂	M	压制	54.5	定振幅	70
	M	压制	21.5	定振幅	30
	SC	压制	52.2	定载荷	90
	SC	真空袋	59.3	定振幅	55
	SC + M + PC	手糊	30.0	定振幅	35
	PC + M + R + M + PC	手糊	30.0	定振幅	27
	PC	压制	40.0	定振幅	70
	无	浇注	0	定载荷	16
环氧树脂	SC + R′	压制	58.0	定载荷	250
	SC	压制		定载荷	150
酚醛树脂	SC	压制	54.0	定载荷	120
	PC	压制		定振幅	70
	TC	压制		定振幅	25
	P	压制			25
	TC	压制	50	定载荷	29
	FC	压制	50	定载荷	27
	PC	压制	40	定载荷	57

注：M—玻璃毡；SC—斜纹布；PC—平纹布；R—无捻粗纱布；R′—无捻粗纱；TC—粗棉布；FC—细棉布；P—纸测试值为经受 10^7 次平面弯曲的疲劳程度。

4.1.3.3 冲击性能

纤维增强树脂基复合材料的冲击特性主要决定于成型方法和增强材料的形态。不同成型法的制品的冲击强度不同，一般地说，纤维缠绕制品的冲击性能最佳，约 $500kJ/m^2$，模压成型的次之，约 $50 \sim 100kJ/m^2$，手糊成型和注射成型的较低，在 $10 \sim 30kJ/m^2$。玻璃布增强树脂基复合材料的冲击性能在 $200 \sim 300kJ/m^2$，玻璃毡增强的复合材料则在 $100 \sim 200kJ/m^2$。

此外，纤维的体积含量、种类、基体材料及界面粘结状况等因素都会影响复合材料的抗冲击强度。实验表明，纤维含量提高，冲击强度提高；而疲劳次数增加，冲击强度亦降低。

4.1.3.4 蠕变性能

复合材料在恒定应力作用下，形变随时间的延长而不断增大，这种现象称为蠕变。这是由于基体材料的链段或整链运动不能瞬间完成，而需要一定时间的结果。蠕变严重时将导致材料或制品尺寸不稳定。提高材料抗蠕变性能的途径有：提高基体材料的交联度，选用碳纤维等能增加制品刚性的增强材料。

4.1.3.5 物理性能

（1）电性能

纤维增强树脂基复合材料的电性能一般包括：介电常数，介质损耗角正切值，体积和表面电阻系数，击穿强度等。复合材料的电性能随着树脂品种、纤维表面处理剂类型、环境温度和湿度的变化而不同。此外，电性能还受频率的影响。

纤维增强树脂的电性能一般介于纤维和树脂的电性能之间，因此改善纤维或树脂的电性能对于改善复合材料的电性能是有益的。树脂基复合材料的电性能对于纤维与树脂的界面粘结状态并不敏感，但杂质尤其是水分对其影响很大。无碱玻璃纤维的电绝缘性优良，其电阻为 $10^{11} \sim 10^{13}\Omega$；石英玻璃纤维和高硅氧玻璃纤维的介电性最佳，其体积电阻率可达到 $10^{16} \sim 10^{17}\Omega \cdot cm$；碳纤维属于半导体材料，其导电性能随热处理温度的升高而提高。树脂的电性能与其分子结构密切相关。一般而言，分子极性越大，电绝缘性越差。分子中极性基团的存在以及分子结构的不对称性均影响树脂分子的极性，也就影响着树脂的电性能。表 4－7 所列为常用的热固性树脂的介电性能。

表 4－7　　热固性树脂的介电性能

性能	酚醛树脂	不饱和聚酯树脂	环氧树脂
体积电阻率/Ω·cm	$10^{12} \sim 10^{13}$	$10^{13} \sim 10^{14}$	$10^{16} \sim 10^{17}$
介电常数/60Hz	6.5～7.5	3.0～4.4	3.6～4.0
介电强度/(kV/mm)	14～16	15～20	16～20
耐电弧性/s	100～125	120～130	150～180

（2）温度特性

纤维增强树脂基复合材料的热性能包括导热系数、比热容、线膨胀系数和热变形温度等。在室温下，树脂基复合材料的导热参数一般在 0.17～0.48W/(m·K) 范围内，而金属材料的导热系数多在 35～232W/(m·K) 范围之间。因此树脂基复合材料具有良好的隔热性能，可作隔热材料使用。一些材料的导热系数列于表 4－8。

表 4－8　　不同材料的导热系数

材料	导热系数/[W/(m·K)]	材料	导热系数/[W/(m·K)]
酚醛泡沫塑料	0.033	木材	0.14
玻璃棉	0.036	玻璃钢	0.39
PVC 泡沫塑料	0.041	多孔砖	0.66
聚苯乙烯泡沫塑料	0.043	玻璃纤维	0.034
空气	0.047	铁	583
矿渣棉	0.058	铝	2039

纤维增强树脂基复合材料的热膨胀系数一般在 $(4 \sim 36) \times 10^{-6}℃^{-1}$ 范围内，金属材料的一般在 $(11 \sim 29) \times 10^{-6}℃^{-1}$ 范围内，两者相近，因此在一定温度范围内，纤维增强树脂基复合材料具有较好的热稳定性和尺寸稳定

性。复合材料的热膨胀系数取决于树脂基体的热膨胀系数，还与纤维含量有关，纤维含量越高，其热膨胀系数越小，而且沿纤维方向上膨胀最小。树脂基复合材料的热变形温度和耐热温度很低，如各种复合材料的热变形温度在100～200℃之间，耐热极限大多不超过250℃。因此，一般来说纤维增强树脂基复合材料的耐热性并不好。提高复合材料耐温性能的关键在于基体材料的选择，如脂环族环氧树脂、聚酰亚胺树脂等，可使材料的使用温度提高到250℃以上。

（3）阻燃性能

当纤维增强树脂基复合材料接触火焰或热源时，温度升高，进而发生热分解，着火，持续燃烧等现象。阻燃性复合材料即指采用阻燃自熄或燃烧无烟的树脂制造的复合材料，其阻燃性主要决定于树脂基体。制作阻燃复合材料时，要在树脂分子中引入卤素，或掺入含锑、磷等元素的化合物。按阻燃剂的作用机理可以分为反应型和添加剂型两大类。

反应型阻燃复合材料是将卤素元素直接引入树脂分子中，其阻燃作用是靠燃烧时在表面形成难燃的卤素气体保护层，隔绝材料与氧气的接触，达到阻燃的目的。反应型阻燃树脂的阻燃效果较好，但是成本比较高。

添加型阻燃树脂基复合材料是通过物理混合的方法，将具有自熄性的化合物作为填料掺和到树脂中。这类化合物有如下几种：

- 有机卤化物，如：氯化石蜡，六溴代苯等。
- 磷酸酯类，如磷酸三苯酯，磷酸三丙烯酯等。
- 无机阻燃剂类，如三氧化二锑、氢氧化铅、水合硼酸锌、明矾等。

有机卤化物阻燃机理为受热后分解释放出卤化氢气体，因为卤化氢气体密度大于空气，沉积于燃烧物表面，形成阻燃层。磷酸酯类阻燃剂受热分解，生成偏磷酸。氢氧化铅受热分解吸收大量的热量，起降温作用，同时产生水蒸气保护层。另外，将三氧化二锑加入添加型或反应型阻燃树脂中，会与卤素产生协同作用，阻燃效果更佳，其添加量一般为2%～4%。

（4）光学性能

影响树脂基复合材料透光性的主要因素有：增强材料和基体材料的透光性，增强材料和基体材料的折射率及其他（如复合材料厚度，表面形状和光滑程度、纤维形态、含量，固化剂的种类和用量、着色剂、填料的种类和用量等）。

在玻璃纤维增强聚酯制品中，采光用的波形瓦和平板的透光性最佳，其全光透过率为85%～90%，接近于普通平板玻璃的透光率；但是，由于其散射光占全透过光的比例很大，因此，不像普通玻璃那样透明。产生散射的原因是由于增强材料与基体材料的折射率不同所致。为使增强材料和基体材料的折射率相接近，一般选用无碱玻璃纤维布为增强材料，再用丙烯酸或甲基丙烯酸单体调整树脂的折射率，表4－9给出一些增强材料和树脂的折射率。

表 4-9　一些纤维和树脂的折射率

原材料	品种	折射率
玻璃纤维	无碱	1.548
	耐酸	1.532
单体浇铸体	聚苯乙烯	1.592
	聚甲基丙烯酸甲醇	1.485 ~ 1.500
不饱和聚酯树脂浇铸体	顺酐型	1.50 ~ 1.55
	丙烯酸型	1.50 ~ 1.57
	乙烯基酯型	1.55 ~ 1.57
	聚醋酸乙烯甲基丙烯酸型	1.53 ~ 1.54

(5) 老化性能

复合材料在长期的使用和贮存过程中，由于各种物理和化学因素的作用而发生的物化性能的下降或变差的现象叫劣化或老化，影响因素有氧、光、水、热、化学物质和机械摩擦等。而物化性能则包括力学性能、电性能、透光率和光泽等。复合材料的耐老化性实际上反映了它的长期工作性能，又称为耐久性。

a. 耐化学腐蚀性能　复合材料的耐化学腐蚀性能是指其抵抗酸、碱、盐及有机溶剂等化学介质腐蚀破坏的长期工作性能，优异的耐化学性对于石油、化工等工业具有重大意义。事实证明，纤维增强树脂基复合材料具有优良的耐化学腐蚀性。

对玻璃纤维而言，酸、碱和水都是通过破坏 SiO_2 网络而腐蚀玻璃的，一般而言，玻璃纤维的耐碱性较差，有碱纤维更甚，而耐酸性则以有碱纤维为好。对碳纤维而言，在大多数腐蚀性介质中都非常稳定。聚丙烯腈基高模型碳纤维在不同试剂中浸渍 257 天，中模型碳纤维在酸、碱或次氯酸钠中浸渍 213 天，对纤维束均未发现有任何影响，表明碳纤维的耐腐蚀性能较好。

化学介质对树脂基体的作用主要有物理作用和化学作用两种。物理作用是指化学介质使树脂发生溶胀，从而产生增塑作用，导致强度和弹性模量下降。一般地讲，树脂和有机溶剂的极性越大，溶胀增塑作用越强烈，但该作用是可逆的，当介质分子除去后，复合材料的性能可部分恢复。化学作用是指在一定条件下，酸碱盐和有机溶剂等与树脂大分子发生化学反应而导致复合材料的性能变坏。反应主要包括水解、降解、氧化等。一般地讲，树脂分子中活性官能团越多，化学稳定性越差。多数化学反应是不可逆的，因此化学作用导致的树脂基复合材料的变劣也是不可逆的。

值得指出的是，化学介质不仅侵蚀纤维和树脂，同时也会破坏纤维—树脂粘接界面，从而使腐蚀作用沿界面向纵深发展，加剧腐蚀程度。

b. 耐候性能　是指复合材料在户外使用时，抵抗各种气候因素如日光、O_2、O_3、热、雨、风、霜、雪、雾、沙等的侵蚀破坏的能力。

一般而言，在户外使用中，日晒温度不足以破坏纤维增强树脂基复合材料，但空气中的水分可以侵入树脂或纤维—树脂界面中，从而破坏界面粘接，降低复合材料的弯曲强度。在太阳光中只有小于5%的紫外光（290～400nm）会有害于树脂基复合材料，并且只作用于树脂。纯粹的紫外光老化几乎不存在，树脂一般在紫外光和氧的共同作用下发生老化，受二者共同作用树脂发生光氧化、光降解、交联，形成氧化产物，发生分子链断裂。外观表现为变黄发脆，透光率大幅度下降。风沙对树脂基复合材料产生机械磨损，导致表面光泽度下降，表面层脱落、纤维外露等。

为提高复合材料的耐候性，需采取如下措施：

ⓐ选用耐候性优良的树脂；

ⓑ在树脂中加入紫外线吸收剂；

ⓒ在复合材料表面涂覆保护层，如刷胶衣树脂、使用表面毡和涂漆等；

ⓓ表面贴附薄膜。

4.2 碳基复合材料

4.2.1 概　　述

C/C（碳/碳）复合材料是碳纤维增强碳基体复合材料的简称，具有相对密度轻（理论密度为2.2g/cm^3），高温下强度、模量高，断裂韧性良好，耐磨性能优异，耐烧蚀等特点，特别是随温度升高强度不仅不降低反而升高，因此在航空、航天、核能及许多民用工业领域受到极大关注，近年来得以迅速发展和广泛应用。

C/C复合材料首次出现于1958年的Chance Vought航空公司实验室，在最初的十年间发展缓慢，到20世纪60年代末期才开始发展成为工程材料中新的一员。20世纪70年代，C/C复合材料在美国和欧洲获得很大发展，推出了碳纤维多向编织技术，高压液相浸渍工艺和化学气相浸渗法（CVI），有效地得到高密度的C/C复合材料，为其制造、批量生产和应用开辟了广阔的前景。20世纪80年代以来，

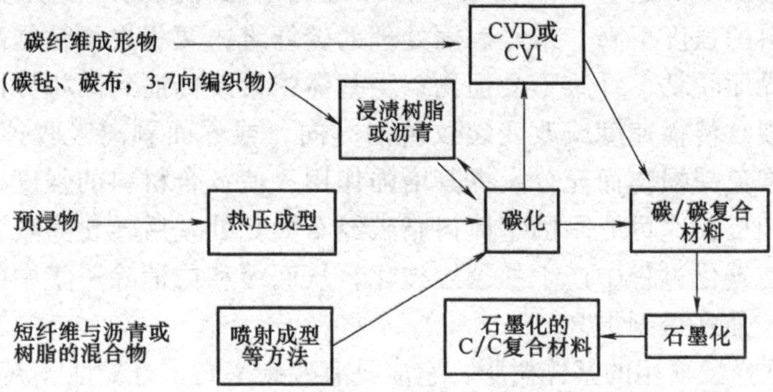

图4－10　碳/碳复合材料的制造方法

C/C复合材料研究极为活跃，新工艺新技术新方法不断涌现，在提高性能、快速致密化工艺、抗氧化研究及扩大应用等方面取得很大进展。C/C 复合材料已成为 21 世纪关键新材料之一。

C/C 复合材料的制法很多，各种工艺过程大致可归纳为如图 4 – 10 所示的几种方法，主要工序是坯体的预成形，浸渍、碳化、致密化，石墨化和抗氧化涂层等。

4.2.2 碳纤维与基体的选择

在制造碳/碳复合材料时，对碳纤维的基本要求是碱金属等杂质含量尽量低、具有高强度、高模量和较大的断裂伸长，至于是否进行表面处理则需根据实际情况而定。

用于耐烧蚀材料使用的碳/碳复合材料要求钠等碱金属含量越低越好，因为碱金属是碳的氧化催化剂。在 20 世纪 70 年代，制造 C/C 复合材料大多数采用钠含量在 100×10^{-6}以下的粘胶基碳纤维，到了 20 世纪 80 年代中后期，PAN 基碳纤维的碱金属含量已降低到 100×10^{-6}以下，被广泛用来制造 C/C 复合材料。因此，研制超纯碳纤维已列入议事日程。此外当 C/C 复合材料用来制造宇航飞行器的耐烧蚀部件时，飞机在飞行过程中由于热烧蚀而在尾部形成含钠离子流，易被敌方探测和跟踪，因此希望碳纤维中的钠含量尽可能低。

采用高模中强或高强中模碳纤维制造 C/C 复合材料时，不仅强度和模量的利用率高，而且具有优异的热性能，例如选用 HM、MP（中间相）或 MJ 系列碳纤维时，由于发达的石墨层平面和良好的择优取向，抗氧化性能不仅优于通用的乱层石墨结构碳纤维，而且热膨胀系数小，可减小浸渍与碳化过程中产生的收缩以及减少因收缩而产生的裂纹，使整体的综合性能得到提高。

碳纤维表面处理对 C/C 复合材料的性能有着显著的影响，如图 4 – 11 所示。图中 A、B、C 是经过表面处理的石墨纤维 M40 与基体呋喃树脂的界面粘结强度；在碳化过程中由于两相断裂应变不同而在收缩过程中纤维受到剪切应力或被剪切断裂；同时基体收缩产生的裂纹在通过粘结界面时，纤维产生应力集中，严重时导致纤维断裂。这些不利因素使碳纤维的增强作用得不到充分发挥，导致 C/C 复合材料的强度下降。未经表面处理的碳纤维，两相界面粘结薄弱，基体的收缩使两相界面脱粘，纤维不会损伤；当基体中裂纹传播到两相界面时，薄弱界面层可缓冲裂纹传播速度或改变裂纹传播方向，或界面剥离吸收掉集中的应力，从而使碳纤维免受损伤而充分发挥其增强作用，使复合材料的强度得到提高。石墨化处理正相反，这可能是因基体树脂碳经石墨化处理后转化为具有一定塑性的石墨化碳，使碳化过程中产生的裂纹枝化，从而缓和或消除了集中的应力，使纤维免受损伤，强度得到提高。

应精心选择浸渍用的基体树脂，它应具有残碳率高、有黏性、流变性好以及与碳纤维具有良好物理相容性等特点。常用的浸渍剂有呋喃树脂、酚醛树脂、糠酮树

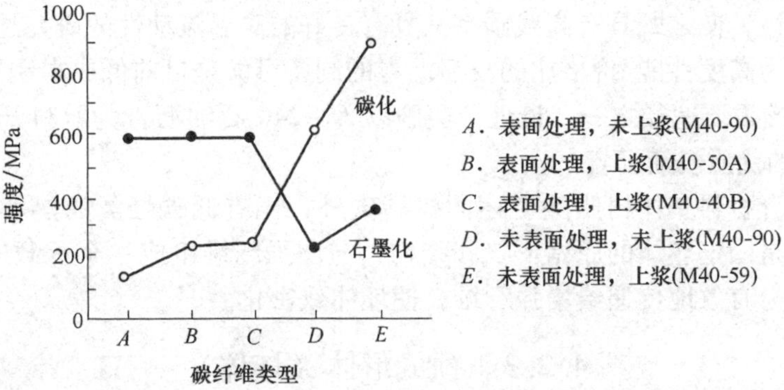

图 4－11　碳纤维表面处理对 C/C 复合材料强度的影响（呋喃树脂）

脂等热固性树脂和石油沥青、煤焦油沥青等。酚醛树脂经碳化后转化为难石墨化的玻璃碳，耐烧蚀性能优异；石油沥青 A－240 等的石墨化程度高，与碳纤维一样具有良好的物理相容性。物理相容性主要是指热膨胀系数和固化或碳化过程中的收缩行为。图 4－12 所示为液相浸渍和气相沉积致密化的示意图。沥青与气孔壁有良好的润湿和粘接性，碳化后残留的碳向孔壁收缩，有利于第二次再浸渍和再碳化；树脂与孔壁粘接不良而自身粘接强，碳化后树脂碳与孔壁脱粘，自身成为一团而堵塞气孔，不利于再浸渍和密度的再提高。

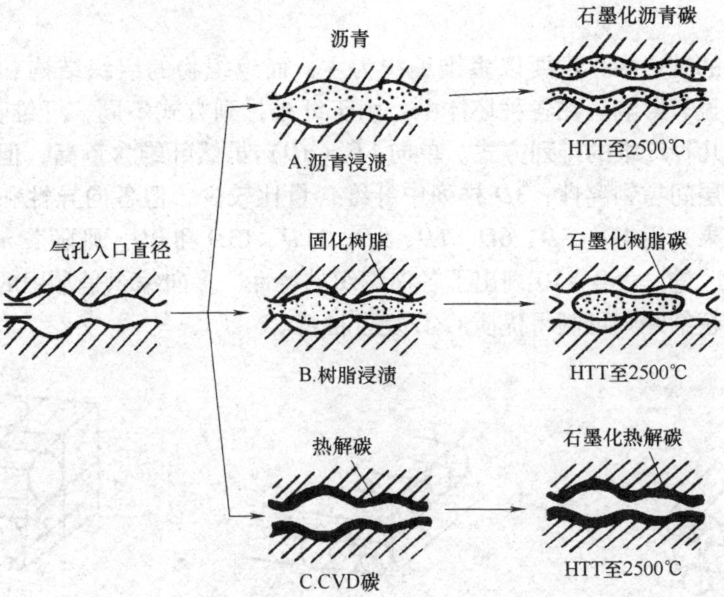

图 4－12　液相浸渍和气相沉积的填孔和堵塞图解

沥青是含有多种稠环芳烃的混合物，其残碳量高，在热处理过程中形成易石墨化的中间相，具有更优异的力学性能。在浸渍过程中随着温度的升高，呈现出流变特性，黏度下降，润湿性得到改善，接触角 θ 减小，易与孔壁粘接。目前，针对浸渍沥青的改性，使之既具有高残碳率又具有良好的高温流动性的研究逐渐引起人们的重视，认为高度性能/价格比的浸渍沥青的制备可能是目前低成本制造高性能 C/C 复合材料的重要途径之一。最近，美国以 A－240 石油沥青为原料开发了软化点约在 200℃的优质浸渍沥青。

C/C 复合材料基体树脂除上述的树脂碳外，还有低碳烃类的热解碳。这些基体碳的作用是固定坯体的原始形状和结构，与增强纤维组成一个承载外力的整体，可将承载外力有效地传递给增强纤维，使坯体致密化。

4.2.3 预成形体（坯体）

在沉积碳浸渍树脂或沥青之前，增强碳纤维或其织物应预先成型为一种坯体。坯体可通过长纤维（或带）缠绕、碳毡、短纤维模压或喷射成型、石墨布叠层的 z 向石墨纤维针刺增强以及多向织物等方法制得。

碳纤维长丝或带缠绕方法和玻璃纤维增强树脂的缠绕方法一样，可根据不同的要求和用途选择适宜的缠绕方法。碳毡可由人造丝毡碳化或聚丙烯腈毡预氧化、碳化后制得。碳毡叠层后可用碳纤维在 x、y、z 的方向三向增强，制得三向增强毡。喷射成型是把短切碳纤维配制成碳纤维－树脂－稀释剂的混合物，然后用喷枪将此混合物喷涂到芯模上使其成型的方法。用碳布或石墨纤维布叠层后进行针刺，可用空心细径针管针刺引纱，也可用细径金属棒穿孔引纱。

在坯体的制造中，主要以多维编织为主，而编织物的组织结构和性能对 C/C 复合材料有显著影响。在各种坯体中，由于纤维排列方式不同，纤维含量也不同。图 4－13 为几种纤维的排列方式。单向 1D（uD）虽然纤维含量高，但具有显著的各向异性和层间易剥离性；3D 排列中纤维含量比较少，但各向异性和层间剥离得到改善，如果采用 4D、5D、6D、7D、9D、11D、13D 和 nD，则随着 n 的增加，各向异性得到改进。表 4－10 列出了各向编织的特性，多向编织是常用的坯料编织方法，细编和超细编则可制得优质 C/C 复合材料。

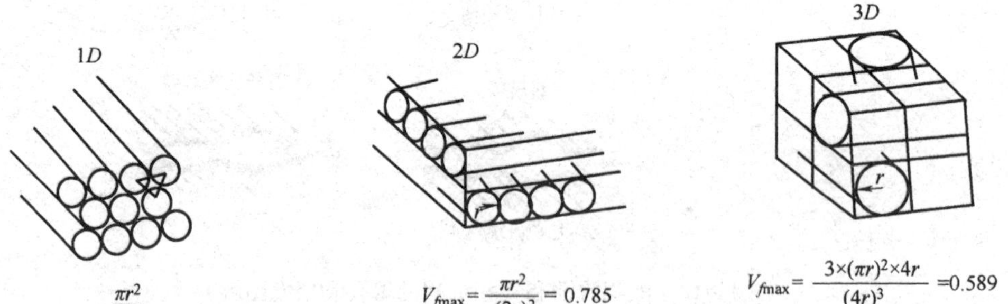

$$V_{f\max}=\frac{\frac{\pi r^2}{2}}{2r\sin\frac{\pi}{3}}=0.907$$

$$V_{f\max}=\frac{\pi r^2}{(2r)^2}=0.785$$

$$V_{f\max}=\frac{3\times(\pi r)^2\times 4r}{(4r)^3}=0.589$$

图 4－13　增强纤维的排列方式与相应的纤维最大含量

表 4-10 碳纤维的编织法及其特性

特性	3D	4D	6D
网目结构	直交网目	倾斜交网目	倾斜交网目
纤维束交错角	2×90	3×70.5	1×90 3×60
纤维最大含量/%	59	68	49.5
气孔形态	闭孔	开孔	开孔
各向同性程度	弱	良	优
刚性程度	弱	良	优
层间剥离	容易	无	无
最小面内纤维含量/%	19.7	34	24.7

碳布或石墨纤维布叠层，用工向穿刺可制得坯体，Mod-3 坯体就是用此法制的；用整体预氧化纤维毡也可作为坯体，所制 C/C 复合材料的强度和模量较低，但因短纤维可阻止裂纹的传播，使其断裂应变增加，改善了抗热振性能。

4.2.4 制备工艺

4.2.4.1 化学气相沉积工艺（Chemical Vapor Deposition，CVD）

CVD 工艺始于20世纪60年代，是最早采用的一种 C/C 复合材料致密化工艺。其过程是易挥发的烃如甲烷、丙烷、苯和其他低相对分子质量碳化合物通过热解沉积在热的基体表面的孔隙中，以达到致密化目的，同时产生易挥发的副产物。以甲烷为例，反应如下：

$$CH_4(g) \xrightarrow{800 \sim 1200℃,133.3Pa} C(s) + 2H_2(g)$$

沉积碳直接沉积在碳纤维的孔壁的表面及丝束之间的孔隙里，有利于提高产品性能，且沉积碳易石墨化，与碳纤维的物理相容性好，所得 C/C 复合材料结构致密，强度高。CVD 法包括等温法、热梯度法、压差法、脉冲法、等离子体辅助 CVD 法，前两种方法用的最多，其加热炉于图 4-14 和图 4-15 所示。但 CVD 法是在表面沉积，易在织物外表面堵塞，过程需反复沉积，因而工艺过程长，成本高，并且零件尺寸受炉子尺寸限制。

一般研究认为，CVD 由反应气体进入到扩散，并进行反应有以下过程：

①反应气体通过层流向沉积衬底的边界层扩散；

②沉积衬底表面吸附反应气体，反应气体产生反应并形成固态产物和气体产物；

③所产生的气体产物解吸附，并沿一边界层区域扩散；

④产生的气体产物排出。

CVD 过程受反应温度及压力影响较大，一般低温低压下 CVD 受表面反应动力学控制，而在高温高压下则是扩散为主。在由烃类形成沉积碳的过程中，在预成型体的表面发生一系列脱氢/聚合反应，最后得到热解碳。研究表明，热解碳的结构与反应温度、压力、反应气体流量以及载气流量、分压等都有关系。在 CVD 过程中为防止预成型体中孔隙入口处因沉积速度太快而造成孔的封闭，在工艺参数控制时应使反应气体和反应生成气体的扩散速度大于沉积速度，如图 4-16 所示。在 CVD 时导入反应气体的同时往往需要导入惰性气体，如氦、氩、氮气等，它们起稀释反应气体的作用，目的是改善反应气体的扩散条件。

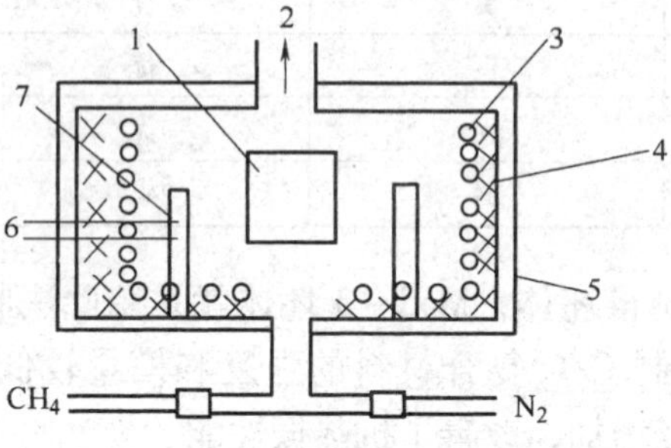

图 4-14　均热法 CVD 炉示意图

1—试样　2—废气　3—感应线圈　4—冷却水　5—中空钢壳　6—热电偶　7—发热体

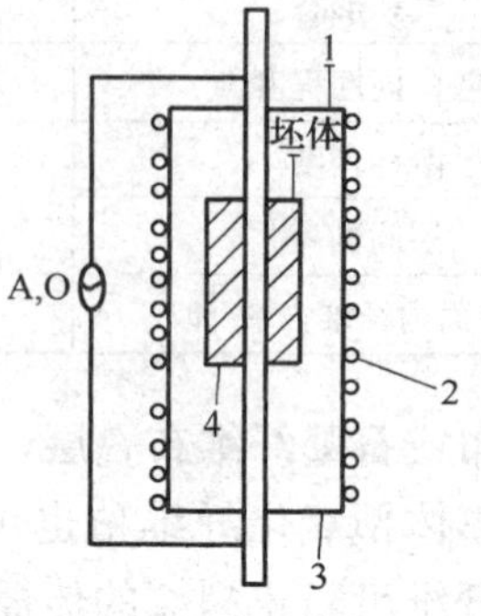

图 4-15　热梯度法沉积炉

1—废气　2—冷水管　3—甲烷　4—石墨元件

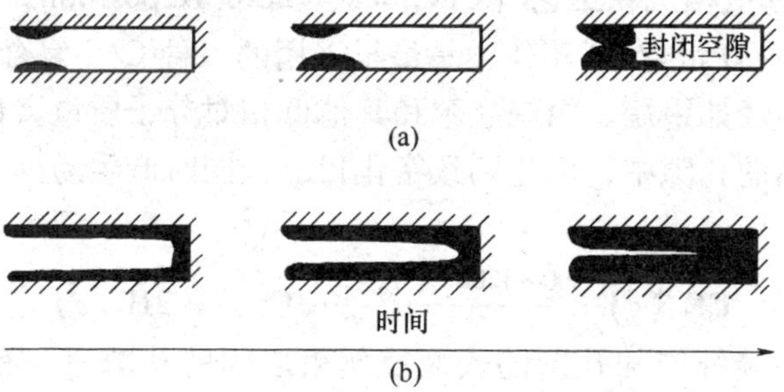

图 4-16　扩散与沉积速度对孔隙封闭影响示意图

（a）沉积速度 > 扩散速度　（b）扩散速度 > 沉积速度

等温 CVD 是目前 C/C 复合材料制备中应用最广泛的一种简单易行的工艺方法。该工艺是将预成型体放入一个均温 CVD 炉中，导人碳氢化合物气体，控制炉温和导入气体的流量和分压，主要是控制好反应气体和反应后生成的气体在空隙中的扩散，以便在预成型体内的各处都得到均匀的沉积。为了防止预成型体的表面结壳和内部空隙入口处的封闭，应使反应表面速率（沉积速率）低于扩散速率。这意味着沉积碳的增长速度非常缓慢，整个工艺周期需要很长的时间。

压力梯度工艺是在等温工艺中沉积速度受到扩散速度限制的情况下提出的一种改进工艺。该工艺的原理是利用反应气体通过 C/C 复合材料预成型体时强制流动，在通过预成型体时对流动气体产生阻力而形成压力梯度。研究发现，随着工艺过程的进行，沉积速度不像等温工艺中会因空隙的闭合而逐渐变慢，而是随着孔隙的不断填充，压力梯度反而会增加。并且压力梯度 CVD 工艺中碳的沉积速度与通过预成型体的压力成正比。因此该工艺的最大特点是沉积速度增大。由于该工艺是利用预成型体的阻力形成压力梯度，因此这一工艺只局限于单件 C/C 复合材料构件的生产，且要求 CVD 炉耐高压和压力密封，对设备提出了更高的要求。使得该工艺在实际生产中尚不能广泛应用。

温度控制 CVD 工艺是一种扩散控制工艺，其原理是利用并控制预成型体内、外两侧的温度，并形成温度差。这样在内、外侧的扩散与沉积速度不同，内侧温度高于外侧，可以避免等温工艺时外侧表面的结壳。这种工艺一般适合于对称的筒体或锥体。该工艺特点是沉积速度明显高于等温 CVD 工艺，大约提高一个数量级。由于降低了预成型体的外表面结壳的倾向，该工艺可以不像上述两种工艺那样需要多次 CVD 循环后的坯料机加工。温度梯度 CVD 工艺甚至可以在大气压下进行操作，因此简化了工艺设备要求，不需要维持压力的容器和泵等设备。该工艺的缺点和压力梯度工艺相同，只局限于单件生产。

4.2.4.2 液相浸渍法

液相浸渍就是把预成型体浸渍在液相浸渍剂中，通过浸渍－碳化－石墨化的多次循环来达到产品致密的目的。常用的浸渍剂有两类：热固性树脂如呋喃、糠醛和酚醛；热塑性树脂，如各向同性的石油沥青和煤沥青以及各向异性的中间相沥青。前者只能得到玻璃碳，碳化过程由于气体的逸出会导致内部热机械应力，不能进一步石墨化，性能较低，图 4－17 所示为树脂浸渍－碳化循环次数对 C/C 复合材料密度的影响。以沥青为基体的 C/C 复合材料表现出优异的抗热震性能和机械性能，主要是由于沥青和碳纤维具有良好的界面结合性，在碳化时形成的中间相沥青沿纤维方向定向排列，因此碳化后的沥青基体的热力学性能与纤维匹配较好，沥青的残碳率高，各向同性沥青残碳率可达 50%～60%，中间相则更高。碳化时由于与纤维有良好的润湿和粘结性易产生开孔，利于再浸渍和密度的提高。为了进一步提高基体残碳率、增加密度、改善 C/C 的各种性能，人们发展了高压液相浸渍碳化工艺（PIC），利用内外压差使低黏度基体渗透到纤维织物的孔隙里去。残碳率受压力影响非常显著，各向同性沥青的残碳率可由常压下的 50%～60% 提高到 70%～80%。有效地提高了致密化程度。但高压液相浸渍法工艺流程长，操作危险性大，对设备要求高。在实际 PIC 工艺中往往采用等静压浸渍－碳化工艺（HIPIC）。为获得高质量的 C/C 复合材料，需要严格按照工艺规范的规定进行工艺参数如温度、压力的控制，一般需采用计算机等现代化控制技术来进行工艺参数控制。HIPIC 工艺多用于大尺寸的块状或厚壁轴对称形状的多维

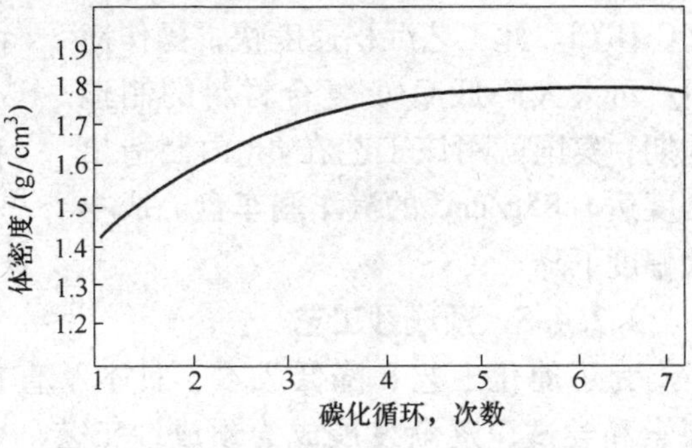

图 4－17　树脂浸渍－碳化循环次数对 C/C 复合材料密度的影响

C/C复合材料，因为在等静压下既可以提高沥青的残碳率，也可降低 C/C 复合材料的开裂危险。

4.2.4.3 化学气相浸渗工艺（Chemical Vapor Infiltration，CVI）

由于在非 CVI 工艺中，树脂和沥青基体在碳化和石墨化时要收缩，使纤维受到损伤，减弱基体和纤维的粘结，降低复合材料的机械性能。因此，为了得到高性能结构用的 C/C 复合材料，人们通常用 CVI 工艺。在目前的制造工艺中，CVI 方法得到的材料的性能最好，但成本也最高。CVI 和 CVD 原理相似，目前用的最多的是等温化学气相浸渗法。源气体热解的 C 扩散到更为细小的 C 纤维孔隙中，然后在纤维束间沉积，可得到致密的 C/C 复合材料，CVI 工艺可将 1 ~ 10μm 的孔隙减小到接近零，其强度和抗氧化性也比其他方法的好一些。但是它的扩散和渗透速率比较慢，使得浸渗时间特别地长，并在复合体中产生密度梯度。这不仅增加了成本，而且使工艺复杂，稳定性差。

现在世界有些国家将液相浸渍工艺与 CVI/CVD 法结合起来，先用液相浸渍法使基体与纤维孔壁紧密粘结，然后用 CVD 或 CVI 法进行致密化处理，使热解碳填充更细小的孔隙，制得高性能的 C/C 复合材料。

4.2.4.4 快速致密化工艺

1984 年由法国人发明了一种快速致密化工艺，其碳沉积速率比传统的等温 CVl 工艺的（0.1 ~ 0.25μm/h）高两个数量级。该技术采用液态低分子有机物为碳源前驱体，将预成型体浸入其中后，加热至液体沸腾，随着温度的提高，液体沸腾也越剧烈，当达到碳源的分解温度时，由于温度梯度和动态反应前沿（mobile reacting front）的形成，热解碳首先在预成型体的内部沉积，沉积带逐渐外移，直到预成型体内外热梯度消失，致密化过程结束，图 4 – 18 为沉积区域内液气相扩散的示意图。不同的碳源的沉积速度也不一样，如 $C_6H_{12} < C_6H_6 < C_6H_5Cl$。此工艺沉积速度快，操作简单，可大大降低 C/C 复合材料的制造周期。美国就用该工艺在 8h 内制造出密度达 1.85g/cm^3 的汽车刹车盘。成本大幅度下降。

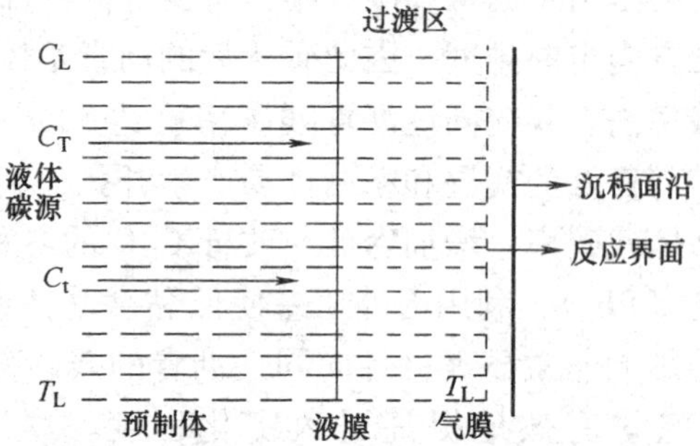

图 4 – 18 沉积区域内液气相扩散示意图

C_L 为预制件液体浓度；C_T 为沉积前沿碳源浓度；

T_L 为预制件外液体温度；C_t 为沉积前沿稳度；

$\Delta C = (C_L - C_t) >> 0; \Delta T = (T_T - T_t) > 800 \sim 900℃$

4.2.4.5 预成纱工艺

为了简化工艺和降低成本，日本一直在引入价格便宜的固相沥青焦粉方面探索和尝试，逐渐发展成为预成纱工艺。将粒径约为 3.5 ~ 5μm 的焦粉和沥青粘结剂（一般为中间相沥青）混合均匀，包裹在碳纤维束中，用聚丙烯丝或尼龙丝（Ny – lon6）包起来，制成预包纱。工艺流程见图 4 – 19 和图 4 – 20。这种纱是柔性的，可以编织成各种预成型工件（单向、三向、布、带）。然后在600℃温度下模压焙烧成待用预制件（如管、棒等）。这些预制件再经第二次热处理，成为最后的C/C复合材料制品。第二次热压时只需保持2h。其工艺过程比传统工艺简化很多。由此法制得的单向预包纱片材（含40%的沥青焦粉），其弯曲强度为125.4GPa。即使不浸渍，其性能值也是以酚醛树脂为基体的普通方法的1.3倍。并且截面的微观检测中没有发现任何孔，基体与纤维结合很好。

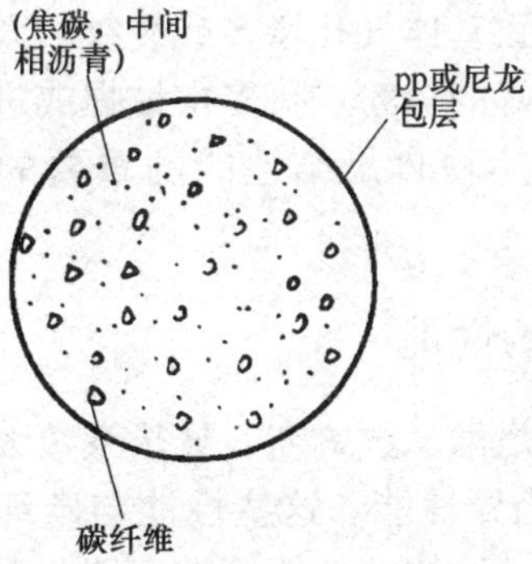

图4－19　预成纱的横截面

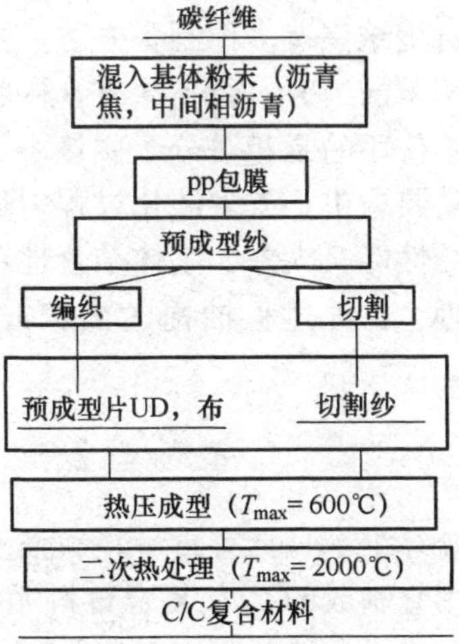

图4－20　预成纱工艺流程

4.2.4.6　自烧结性焦烧结法

以残碳率高的自烧结性焦为基体，不用粘结剂与碳纤维复合后热处理便得到高性能的C/C复合材料，工艺不需致密化处理。其工艺如图4－21所示。

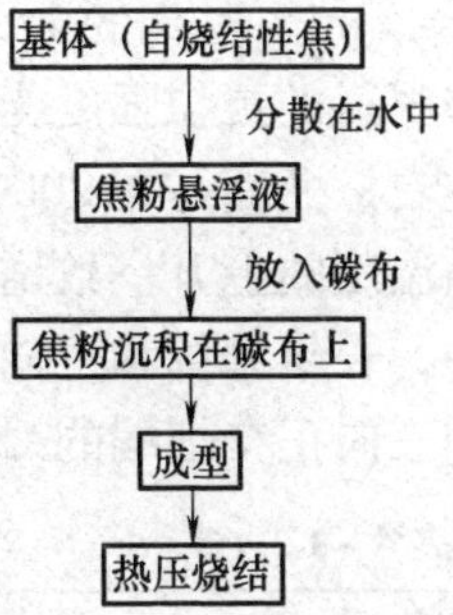

图4－21　自烧结焦工艺

中间相沥青焦粉最好粉碎到10μm以下，它的自烧结性才比较好。为了使粉末均匀地分散在纤维中，可采用电泳沉积法或喷雾涂布法，按照所需的形状将处理后的碳纤维成型，然后将其热压烧结。为防止基体原料在加压时流出来，可采用逐步加压的方法。岩田幸一用此法得到密度为1.73g/cm^3、弯曲强度为63MPa的C/C复合材料。

也有研究者在热压10h后，得到C/C复合材料的性能如表4－11。自烧结性焦法制得C/C复合材料的层剪切强度较低，可能是因为碳纤维没有进行氧化处理，或者自烧结焦的粘结性较低引起的。若用沥青基碳纤维增强，沥青自烧结性焦为基体，所得C/C复合材料性能会更好。

表 4-11 C/C 复合材料的力学性能

热处理温度/℃	2000
密度/(g/cm^3)	1.75
开孔隙率/%	8.5
弯曲强度/MPa	260
压缩强度/MPa	300
层间剪切强度/MPa	21

自烧结焦有多种制备方法。主要是利用中间相沥青在热处理后，通过萃取基体中溶于苯的组分，留下涂有β树脂的中间相构成的碳粉，称之为自烧结性焦。真正起粘结作用的是相对分子质量小、易挥发、压力下呈塑性流动的β树脂。但β树脂的含量要适中，太多碳化过程中焦粉的熔融膨胀导致基体气孔增多或裂纹，太少的自烧结性能又太差，基体结合性不好。为此需将磨好的焦粉进行多次抽提或进行氧化处理，在此过程抽提的次数或氧化程度就成了焦粉自烧结性能的重要的控制参数。

4.2.5 C/C 复合材料的性能

碳纤维本身具有重量轻、强度大、模量高、耐烧蚀、抗蠕变、导热系数大等优点，用它制成的 C/C 复合材料无疑也会保留这些优异性能。这些性能与碳纤维的类型、增强方式、制造工艺及基体碳的种类、组成、结构、性能等有密切关系，可在很大范围内波动。

4.2.5.1 力学性能

碳纤维的密度在 1.6～1.75g/cm^3 之间，而 C/C 复合材料的密度为 1.35～1.95g/cm^3，是钢的 1/5～1/4，是铝的 1/2～2/3，是陶瓷、玻璃的 1/3～1/2。C/C 复合材料的抗拉强度为 300～3000MPa、抗拉模量为 20～350GPa，比强度是钢的 3 倍左右，尤其是在 2000℃以下强度不随温度的升高而下降，反而略有上升，模量则随温度的上升一致增加，这是任何材料所无法比拟的。在各类坯体形成的复合材料中，长丝缠绕和三向织物制品的强度最高，其次是毡/化学气相沉积碳的复合材料和三向正交细编的 C/C 复合材料。各种耐热结构材料的特性列于表 4-12。

表 4-12 各种耐热结构材料的特性

材料	最高温度/℃	强度/MPa	模量/GPa	密度/(g/cm^3)
铝合金	177	320	70	2.77
钛合金	400	620	80	4.33
T800/PmR-15	300	420	49	1.6
SF/Al	300	600	120	2.7
C/C	1500	264	128	1.44

C/C 复合材料属于脆性材料，其断裂应变仅为0.15%～3.0%，但应力－应变曲线则呈“假塑性效应”，如图4－22所示，在加荷初期呈线性关系，后期变为双线性关系。由于有碳纤维增强，使裂纹不能进一步扩展，在卸荷之后可再加负荷至原来的水平。这种“假塑性效应”使C/C复合材料在使用过程中有更高的可靠性，避免了像石墨材料那样的脆性断裂，且断裂形状也随碳纤维形态的不同而不同，3D 材料的断裂能最高达5000～6000J/m^2，其韧性在2400℃时出现最大值。

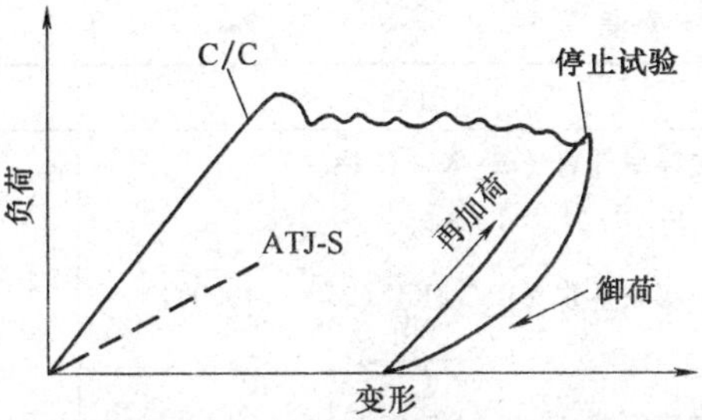

图4－22　C/C 复合材料的负荷－变形曲线

有资料显示，航天飞机和人造关节的疲劳试验，其重复次数在10^4～10^7，除面内剪切强度下降很多以外，其他强度几乎没有任何下降，说明 C/C 复合材料具有较高的疲劳特性。

4.2.5.2　热物理性能

C/C 复合材料的热膨胀系数是金属材料的1/10～1/5，并能在剧变的温度条件下保持相对的尺寸稳定，特别适用于温度变化特大的太空环境。C/C 复合材料的导热系数比较高，室温时为1.6～1.9W/cm·℃，当温度为1650℃时则降到0.43W/cm·℃。在 C/C 复合材料的制造过程中这一性能可以调节。C/C 复合材料与其他碳材料一样，属于晶格导热，导热系数 K 可用 Debye 公式表示：

$$K=\frac{1}{3}\rho\cdot c_v\cdot L_a$$

其中 ρ 为密度，c_v 为比定容热容，L_a 为晶格波传递速率，显然，石墨化程度越高，K 值越大。C/C 复合材料，尤其是石墨化后的 C/C 复合材料不仅热容量大，而且热容易随温度的升高而增加。通过计算还表明，它的抗热震性因子相当大，最高达普通石墨的40倍。

C/C 复合材料除热导率高以外，比热也比较大，但热膨胀系数和摩擦因数较小，是理想的高级制动刹车材料。表4－13是2D C/C 刹车材料的特性值，摩擦因数 μ 可通过调节材料的密度和热处理温度来加以控制在0.1～0.5范围内。

表4－13　　制动用的2D C/C 复合材料的特性

性能	C/C 复合材料	铸铁（FC20）
密度/(kg/cm^3)	1700～1900	7200～7300
熔点/K	>3080（升华）	～1800（Fe）
拉伸强度/MPa	70～100	195～245
弯曲强度/MPa	120～150	370～460
冲击强度/(J·cm^{-1})	3～7	2～5
比热容/[kJ/(kg·k)]（1000℃）	2.0	0.7

续表

性能	C/C 复合材料	铸铁（FC20）
热导率/[W/(m·K)](24℃)	100（‖）	
	10（⊥）	50～54
热膨胀系数/(10^{-6}/K)（24℃～1000℃）	-0.4～1.0（‖）	
	6.2～8.2（⊥）	10～15
摩擦因数/(C/C 对 C/C)	0.1～0.6	
(C/C 对 F/C)	0.1～0.2	

C/C 复合材料置于高温和快速加热的环境中，由于蒸发升华和可能的热化学氧化，其部分表面可被烧蚀，但其表面的凹陷浅，良好地保留其外形，且烧蚀均匀而对称，这正是它被广泛用作防热材料的原因之一。碳的升华温度是 3700℃，因此 C/C 复合材料的表面烧蚀温度高，在这样高的温度下通过表面辐射除去了大量热能，使传递到内部的热量相应减少，即使在 10MPa 的驻点压力下，其线烧蚀率也只有 0.6～0.8mm/s。表 4－14 所列为几种耐烧蚀材料的有效烧蚀热。显然 C/C 复合材料的有效烧蚀热比高硅氧/酚醛高 1～2 倍，比尼龙/酚醛高 2～3 倍。

表 4－14　　不同材料的有效烧蚀热的比较

材料	C/C	聚苯乙烯	尼龙/酚醛	高硅氧/酚醛
有效烧蚀热（kJ/kg）	11000～14000	1730	2490	4180

4.2.5.3　化学稳定性

C/C 复合材料除含有少量的氢、氮和痕量的金属元素外，几乎 99% 以上都是由元素碳组成，因此它具有和碳一样的化学稳定性，在常温下不与绝大多数元素及化合物发生反应，但在高温下能与 Al、Fe、Si、Ni 等元素反应，其最大缺点是耐热氧化性差，在空气中 500℃以上就明显氧化，不过这一缺点可通过相应的措施来解决。

4.2.5.4　抗氧化防护

碳材料在 500℃以上就开始氧化，对 C/C 复合材料而言，基体碳中有很多孔隙，与空气接触表面积大，氧化数率比碳纤维大很多，因而 C/C 复合材料在非惰性气氛下，氧易沿基体向内部深入氧化，造成灾难性破坏，因而稳定持久的抗氧化防护是 C/C 复合材料作为高温结构材料的关键。首次进行 C/C 复合材料抗氧化防护是于 20 世纪 70 年代早期，应用方向是航天飞机的前缘和鼻锥体。自 20 世纪 80 年代，高性能 C/C 复合材料的抗氧化防护得到了深入的研究。

制备抗氧化 C/C 复合材料有两种方法：涂层法和添加抗氧化剂方法。涂层法是在制备好的 C/C 材料上进行 SiC 或其他耐火材料的涂层，包括扩散法和化学气相沉积法等。扩散法是将 C/C 复合材料埋在 Al_2O_3（10%），Si（30%）和 SiC（40%）的混合物粉末中，在 1650℃下长时间进行化学反应，使其生成 SiC 涂层。化学气相沉积法是用 CH_3SiCl_3 或 $SiCl_4$ 与碳氢化合物的混合物，高温下在 C/C 复合材料的表面生成 SiC 涂层。由于 SiC 与 C/C 复合材料的热膨胀系数不一致，涂层将产生裂纹。所以用四乙基硅酸盐或硼酸盐浸渍材料表面以弥补裂纹。选择涂层的要求是：①起隔离作用，能阻止氧向材料内部扩散和碳向外扩散；②有良好的化学稳定性和低挥发性，能抵抗高速气流的冲刷与腐蚀；③与 C/C 复合材料基体有良好的化学相容性和物理相容性。在制备 C/C 复合材料的过程中，往碳基体中加入一些抗氧化剂，如硼酸盐等，其抗氧化的机理是在氧化过程中硼酸盐或其他耐火材料变成玻璃相覆盖在材料的表面或者填充材料表面的裂纹，阻止氧化。

C/C 复合材料的抗氧化问题是国际材料界主攻的方向之一，也是热点之一，涂层法是最常用也是最有效的方法。1800℃以下的氧化防护通常采用 SiC 和 Si_3N_4 涂层。涂层的上限使用温度（T_{cl}）对抗氧化 C/C 材料的性能影响很大，当温度超过 T_{cl}后涂层不再起保护作用。SiC 和 Si_3N_4 涂层通常和玻璃密封剂并用，外层为 SiC 和 Si_3N_4 涂层，内层为玻璃密封剂。使用玻璃密封剂有三个作用：一是在温度低于 Tmc 时，对涂层中的裂纹进行密封；二是防止 C/C 材料和涂层间的相互扩散，防止碳和 SiC 反应；三是调节涂层材料和 C/C 材料间的相容性，填补外涂层在热循环使用过程中产生的裂纹。玻璃密封剂有 B_2O_3，P_2O_5，SiO_2 等。要在 1800℃以下长期使用，国外研制出三层涂层体系，通常采用 CVD - SiC 作为内涂层，玻璃密封剂和正硅酸乙酯（TEOS）作外涂层。硅基陶瓷和玻璃密封剂对碳、碳化物界面的极限保护温度约为 1800℃。1800℃以上抗氧化性能最佳的陶瓷是 HfB_2 及其与 SiC 的混合物。即便如此，对 H_fB - SiC 涂层，在 1927℃氧化 100h 也会生成 2.0mm 厚的氧化层。这表明，对任何抗氧化陶瓷涂层，在 1800℃以上氧化条件下长期使用，最终都会被氧化生成氧化物层。1800℃以上氧化条件下长期使用涂层可采用以下方法：外层为难熔氧化物（ZrO_2、ThO_2 和 H_fO_3），内层是低氧透气率的 SiO_2 玻璃层，再内是难熔氧化物层（作为玻璃和碳材料间的过渡层），最内层是难熔碳化物层。这层难熔碳化物的作用是防止碳和氧化物间相互扩散和反应，因此应具有低的碳扩散率。这些碳化物主要有 ZrC，TaC，TiC 和 H_fC。总之，在 C/C 材料的抗氧化研究中，1700℃以下的抗氧化问题已得到解决，但耐 1700℃以上长期防护的抗氧化涂层还没有完全解决，仍是今后的一个研究重点。

4.3 混杂纤维复合材料

一般地讲，混杂纤维复合材料是指两种或两种以上纤维混杂增强一种基体构成的复合材料，最早研制和投入应用的是碳纤维与玻璃纤维混杂增强环氧树脂复合材料，它既有碳纤维增强树脂基复合材料的高比强度和高比模量，又利用了玻璃纤维的良好断裂韧性和低成本。一般，混杂纤维增强复合材料中的两种增强纤维，一种是高模量，低断裂延伸率（$\varepsilon_b \leqslant 1\%$）的高性能增强纤维，如碳纤维、硼纤维、碳化硅纤维和氮化硅纤维等；另一种为普通增强纤维，其断裂延伸率及强度均较高，但模量一般要比金属材料低一个数量级，如常用的玻璃纤维等。

混杂复合材料研究的重要意义在于：

①节约成本，通过采用便宜的玻璃纤维取代昂贵的碳纤维来降低成本；

②通过对所用纤维及其体积含量的优化选择，从而达到较宽范围的物理和机械性能；

③可以得到独特的单项或组合的性质，这是只用单一类型纤维所不易得到的。

4.3.1 混杂纤维复合材料的结构形式

研究表明，影响混杂纤维复合材料性能的因素，除了包括一般复合材料性能的影响因素之外，还与所用混杂纤维的类型、混杂比、混杂方式等有关，其中增强纤维的混杂方式（亦称混杂复合材料的结构形式，即两种纤维在混杂复合材料中的分布状况）具有重要意义。

关于混杂纤维增强复合材料的结构形式，目前还没有统一的分类方法，下面介绍一种较易为人们所接受的分类法：

a. 层内混杂复合材料——A 型　由两种纤维按一定的混杂比均匀地分散在同一基体中而构成的复合材料。

b. 层间混杂复合材料——B 型　由两种不同的单纤维复合材料层以不同的比例及方式交替地铺迭在一起所构成的复合材料。

c. 夹芯结构——C 型　通常是由一种普通纤维增强复合材料作为芯层（core），另一种高性能纤维增强复合材料作为表层（shell）所构成的复合材料。在力学分析中可以看成是一种结构。

d. 层内/层间混杂复合材料——AB 型　由 A 型和 B 型两种结构形式迭加而成。

e. 超混杂复合材料——D 型　由金属材料、各种单一复合材料（包括蜂窝夹芯、泡沫塑料夹芯等）所组成的复合材料。

上述几种混杂纤维增强复合材料示意图见图 4－23。

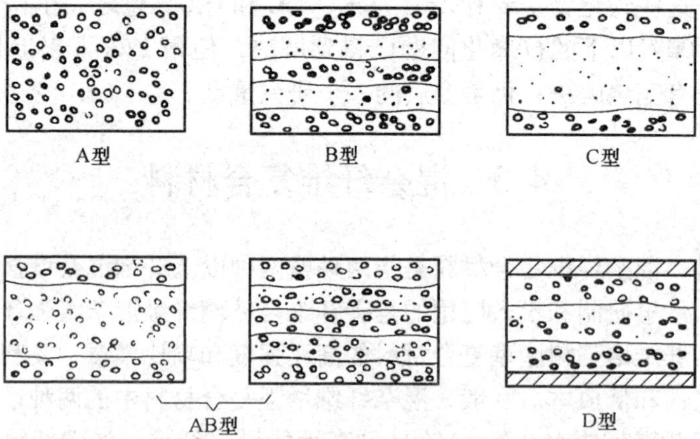

图 4－23　混杂复合材料示意

—·—纤维Ⅰ　°—纤维Ⅱ　□—基体　▭—金属

4.3.2 混杂纤维复合材料的特性

混杂纤维复合材料最大的特点是多种材料性能的兼容性，可以最大限度地针对不同的应用条件和要求，进行复合材料结构设计，充分发挥混杂纤维和基体的性能，获得具有更好的综合性能及更高性能价格比的复合材料，甚至包括同时兼有相反性能的复合材料，如导电而绝热，强度优于钢而弹性优于橡胶等性能的材料。另外，选定最佳的纤维混杂比及混杂方式，可以使材料的某单项性能指数达到最大值，来满足工程上的特殊要求。

混杂纤维增强复合材料的特性具体表现为以下几个方面：

a. 冲击强度和断裂韧性显著提高　普通碳纤维/环氧复合材料的冲击强度很低，该材料在冲击载荷下呈明显的脆性破坏，在复合材料中属脆性材料。若将该材料中15%的碳纤维用玻璃纤维代替，构成“碳－玻－环氧”混杂复合材料，其冲击强度可以增加2~3倍，而且加入玻璃纤维后，由于混杂效果，混杂复合材料的破坏应变可提高40%。

b. 相对于高级单纤维复合材料　混杂纤维增强复合材料的成本明显降低。高性能增强材料，如碳纤维、硼纤维、碳化硅纤维等，它们的模量比普通玻璃纤维约高出一个数量级，但价格却比玻璃纤维高出数十倍到数百倍，故用这些纤维制作的复合材料价格十分高昂，且其综合性能并不理想，而将少量的高级增强纤维以合理的方式加入到一般纤维复合材料中，则可能得到综合性能好的混杂纤维增强复合材料，而成本却大大降低。

c. 提高疲劳强度　相对于普通纤维复合材料，混杂纤维复合材料的疲劳强度大为提高，在某些特定纤维含量及铺迭形式下，混杂纤维复合材料的疲劳强度可高于构成它的普通纤维复合材料中的最高者。如玻璃纤维复合材料的疲劳强度随应力循环次数呈非线性递减，由于碳纤维具有较高的模量和损伤容限，所以引入碳纤维后，混杂复合材料的疲劳性能有所改善，当加入50%的碳纤维时，混杂复合材料的疲劳强度转变为线性递减，而加入65%的碳纤维时，混杂复合材料的疲劳寿命可接近于单一碳纤维增强复合材料的水平。

d. 改善刚度性能　一般而言，高级增强纤维均具高模量，它的加入可使普通纤维复合材料的刚度大大提高，尤其夹芯结构的混杂复合材料更是如此。如玻璃纤维复合材料由于模量较低，在一些主承力构件上的应用受到限制，如加入50%的碳纤维复合材料作为表层的夹层结构，其模量可达碳纤维增强复合材料的90%，故可采用这种夹层结构制得不易失稳破坏的大面积无支撑的薄板和薄壳。

e. 特殊的热膨胀性能　诸如石墨、芳纶等高级增强纤维，沿纤维轴向具有负的热膨胀系数，用这些纤维和具有正的热膨胀系数的纤维混杂，可以获得预定的热膨胀系数，甚至零膨胀系数的复合材料，这在实际应用中具有特殊的意义，如前者和热膨胀系数相同的材料构成结构件时，可以避免热应力的不利影响，后者可在计量仪器及通讯卫星等领域发挥重要作用。

由于混杂复合材料具有多种材料性能的兼容性，而且可具有上述一种或数种优异特性，因此，必将不断扩大和完善复合材料的应用领域。

4.4 其他复合材料

4.4.1 功能复合材料

功能复合材料是指除具有良好的力学性能外，还同时具备某一其他特殊性能的复合材料。它一般是通过力学性能与其他性能进行材料设计与复合，以期产生特殊的功能。如由电性能与力学性能复合产生的导电复合材料，光学性能与力学性能复合形成的光功能复合材料等。尽管功能复合材料的发展历史还不长，但已初步形成了体系，比较有代表性的分类情况为：

- 导电复合材料；
- 磁性复合材料；
- 压电复合材料；
- 摩擦功能复合材料；
- 含能复合材料；
- 隐身复合材料；
- 电磁屏蔽复合材料；
- 抗声纳复合材料；
- 抗 X 射线辐射复合材料；
- 烧蚀复合材料。

4.4.1.1 导电复合材料

导电复合材料目前主要是指复合型导电高分子材料，它是将聚合物与各种导电物质通过一定的复合方式构成。包括导电塑料、导电橡胶、导电涂料、导电纤维和导电胶粘剂等。最常用的成型加工方法有：表面导电膜形成法、导电填料分散复合法、导电材料层积复合法等。

表面导电膜形成法，可以用导电涂料蒸镀金属或金属氧化物膜（包括真空蒸镀、溅射、离子镀等），也可以采用金属热喷涂、湿法镀层（化学镀、电解电镀）等形成表面导电膜。例如，聚酯薄膜上蒸镀金、铂或氧化铟等制成透明的导电性薄膜。用电镀法可以在聚四氟乙烯表面镀上各种金属，从而得到表面导电性良好的材料，可用来制作电容器，也可用于需要降低表面电阻、消除静电的场合。

导电填料分散法，是目前生产导电高分子材料的主要方法，可用于制造各类导电高分子材料。导电填料过去常用炭黑（如乙炔黑、石油炉墨、热裂法炭黑等），现在多采用碳纤维、石墨纤维、金属粉、金属纤维及碎片、镀金属的玻璃纤维及其他各种新型导电填料（见表4－15所示）。碳纳米管和石墨烯是近年来就出现的具有优越导电性能的碳纳米材料，极小的添加量（$<1\%$）就能大大提高聚合物的导电性，显示出极高的应用前景。

表4－15　　各种导电填料及添加量

填料	典型添加量/%	填料	典型添加量/%
炭黑	35	铝纤维	30
炉法炭黑	30～40	铝粉	30
Ketjen 炭黑	5～15	铝片	40
PAN 纤维	30	铜粉	30
石墨纤维	10	不锈钢纤维	5
石墨毡片	35	涂覆的玻纤	30
镀镍石墨纤维	10	镀金的玻纤	30

导电材料层积复合法是将碳纤维毡、金属丝、片、带等导电层与塑料基体层叠压在一起制成的导电塑料。采用的金属丝、片、带主要有钢、铝、铜和不锈钢。

复合导电塑料采用的基体树脂范围相当广泛，常用的有：ABS、PE、PVA、PA、PC、PP、PET、POM，以及改性的PPO、PBT、PVC，聚对苯撑氧和掺合物PC/ABS等。

目前，复合型导电高分子材料的应用日趋广泛，在电子、电气、石油化工、机械、照相、军火工业等领域，用于包装、保温、密封、集成电路材料等，其主要作用为：

（1）防止静电

普通高分子材料在加工和使用过程中，静电现象十分严重，在某些情况下，不但会影响材料的使用性能，甚至还会造成危害，如降低感光胶片的使用性能；塑料包装材料的静电吸尘，降低了商品价值；易燃、易爆环境（石油化工、煤矿、电器、制药等）使用的各种塑料制品（管道、设备壳体、地板等）和电子产品（开关、矿灯、测量仪器等）由于静电引起的火花爆炸及燃烧。所有这些都应该采用导电复合材料，以提高材料的抗静电能力。一般要求抗静电材料的表面电阻为$10^4 \sim 10^9\Omega$，而对于电子工业广泛采用的MOS或MIS线路构成的集成电路所采用的导电塑料，表面电阻要求在$10^4\Omega$以下。

（2）作为新型屏蔽材料

所谓对电磁波的屏蔽作用是指限制电磁波的能量由材料的一面向另一面传递，使电磁场强度或辐射强度降低，其屏蔽效果用电磁波衰减的分贝值dB表示，每衰减10dB，表示电磁波强度下降一个数量级。目前在塑料中填加金属箔片和金属纤维，是制造电磁波屏蔽用导电塑料的主要方法。如将直径5～6μm，长5～6mm的不锈钢纤维均匀地分散在聚乙烯中，进行特殊加热，连续制成厚50μm的薄膜，导电率为$10^{-1} \sim 10^{-3}(\Omega \cdot cm)^{-1}$，在500MHz下的屏蔽效果，当掺合20%纤维时，为20dB；当掺合50%纤维时，为40dB。

由于电子、通讯、信息技术的迅速发展，无线电射频干扰（信号干扰）不可避免，对屏蔽和隐身材料提出了更高的要求。铁氧体具有吸收电磁波的特性，但其加工工艺限制了它的应用，如果把铁氧体粉末与树脂复合则可用热压方法制成各种形状的屏蔽零件或采用涂敷的方法制成表面吸收涂层以满足需要。

(3) 电气工程及其他

复合导电塑料还大量用作高压电缆的内、外部的半导体层，以及低压电缆的外部半导体层。导电橡胶气密性好，经常用于密封材料。另外，导电橡胶在电子和电真空技术中经常用到，它可以克服由于锡焊造成的缺点，具有一定的强度和导电性。

4.4.1.2 磁性复合材料

磁性复合材料或称为塑料永磁体，是20世纪70年代发展起来的一种新型永磁材料。根据所用的磁粉不同可分为两大类：铁氧体复合材料和稀土复合材料。塑料永磁体与烧结永磁体不同，它是将各种磁粉与树脂基体均匀混合，经过压铸或注射成型制得的一种磁性复合材料。塑料永磁体兼有磁铁的特性和塑料的性能，因此，它弥补了以往传统铸造和烧结磁铁脆弱易坏的缺点，特别是对于复杂形状的制品的大批量生产，可以一次成型无须后加工，并保证较高的尺寸精度，从而提高了生产效率和成品合格率，有效地促进了机电设备、电子仪器、家用电器、医疗保健等制品朝轻型化、薄型化和微型化方向发展。

虽然塑料永磁体的磁性比烧结永磁体低一些，但在生产和应用中具有许多独特的优点：

①工艺简单，生产效率高，简化了烧结工序，节约了大量能源；

②产品尺寸精度高，成品综合合格率比烧结法提高20%以上；

③韧性好，抗压强度高，制品不易开裂或破碎，有利于各种异形、高精度复杂制品的成型和加工，特别是薄片和微型磁体的成型和加工；

④材料利用率高，可以回收利用，特别是热塑性塑料永磁体，可以反复加工成型，降低成本；

⑤良好的化学稳定性，对酸、碱、油、水等介质稳定性好；

⑥密度小（5~6g/cm^3），磁性能均匀稳定，是实现产品“轻、微、薄、小”较为理想的基础材料之一。

磁性复合材料成型过程中有两个技术关键：一是如何提高制品的力学性能，可采用增强复合材料的各种技术措施；二是如何提高制品的磁性能，这方面应注意下列几个问题。

a. 磁粉的种类与含量　大多数塑料系磁铁所用的磁粉几乎都是铁氧体磁粉，但铁氧体磁粉的磁特性较差，现在正逐步采用高性能的稀土类磁粉。磁粉含量一般高达80%~90%（质量分数）。

b. 基体树脂的选择　必须考虑两个因素：一是保证足够的力学强度；二是有

较好的加工流动性能。为此多采用聚酰胺系树脂。同时选用适合的偶联剂和加工助剂，以利于进一步增加力学强度和改善加工流动性。

c. 磁粉粒径分布　一般来说，磁粉粒径分布范围越广，成型时的流动性能越好；但磁粉粒径分布范围越窄，越有利于磁性能的提高。

d. 成型压力　制品的磁性能随成型压力相应提高，但由于模具和机械条件的限制，压力的提高有一定限度。

e. 磁场强度　磁化所用的磁场强度一般要达到磁体的饱和磁通密度，通常控制在（8～16）$\times 10^5$ A/m。

磁性复合材料的主要应用领域如下：

（a）机电设备。各类电机及转动机械，汽车发动机马达、触发器、燃料分配器、油面传感器等。

（b）电子仪器及仪表。印刷机磁头、磁放大器、磁性过滤器、电磁吸盘、相位传感器、时间继电器等，以及温度计、流量计、转速计等。

（c）医用磁体。磁疗背心、腰带、磁疗鞋、磁疗椅、磁疗眼镜、手表等，磁性按摩器、旋磁机等。

（d）其他。磁导线开关、磁性门锁、磁水器、节油器、电磁灶、磁性玩具、各类磁卡等。

随着科学技术的进步和发展，磁性复合材料的应用前景将日益广阔，但目前的材料性能需从以下几个方面予以提高。

a. 提高磁特性　目前塑料磁体的性能还比不上同类型的烧结磁体。作为稀土类磁粉，现在多用钐钴系磁粉，第三代磁粉钕铁硼的出现和开发，将会提高磁性复合材料的磁性能。

b. 提高耐热性　目前磁性复合材料的耐热上限仅为150℃，为适应各种用途，需将耐热上限提高到200℃。

c. 提高力学性能　通过对磁粉结构、基体树脂、偶联剂、助剂进行研究和筛选，进一步提高磁性复合材料的机械力学性能。

4.4.1.3　压电复合材料

信息检测需要各种换能器及换能材料，压电材料就是一种换能材料，即给材料施加一定的外应力，材料相应地产生一定的电荷；或者反之，给材料施加一定的电压，材料产生相应的变形。比较早的压电材料有石英晶体、酒石酸乙二胺（EDT）、酒石酸二钾（DKT）等，而应用的最多的还是陶瓷多晶体钛酸钡、锆钛酸铅，这些无机压电材料虽然压电性好，但硬而脆，难以加工成型。而将锆钛酸铅粉末分散在以聚缩醛为主体的树脂基体中构成复合驻极体，不仅制成柔性易加工成型的压电材料，而且压电系数 g_h 有所提高，这是因为：

$$g_{\mathrm{h}} = k \cdot \overline{d}_{\mathrm{n}} / \varepsilon$$

式中　$\overline{d}_{\mathrm{n}}$——材料的平均流体静压压电系数

　　ε——材料介电常数

k——比例常数

由于锆钛酸铅的介电常数太大，所以尽管$\bar{d}_n$也大，但仅影响g_h值。与高分子复合后，ε明显降低，从而提高了g_h值，特别是在高分子基体中再加入导电填料（如碳、锗、硅等），使极化电场均匀，则g_h值还能进一步提高，这些数据列入表4-16中。

表4-16　压电复合材料的压电系数

压电材料	ε	$\tan\delta$	$\bar{d}_h$	g_h
PZT（固体锆钛酸铅）	1800	0.015	30	2
PZT（70）+树脂（30）	100	0.030	10	10
PZT（68.5）+碳粉（1.5）+树脂（30）	120	0.078	30	30
PZT（66）+锗粉（4）+树脂（30）	90	0.081	17	22
PZT（68.5）+硅粉（1.5）+树脂（30）	85	0.075	18	23

4.4.1.4　摩擦功能复合材料

摩擦功能复合材料（frictional composites）具有低摩擦因数或高摩擦因数的复合材料。前者常称为减摩复合材料、自润滑复合材料，而后者则称为摩阻复合材料。

承受压力作用的互相接触的两个物体在其接触面作相对运动时产生摩擦。有些场合，高摩擦是必要的，否则机械或车辆不能及时停止运动或改变运动的速度和方向，故摩阻复合材料常用来制作制动器、离合器或转向机构中的摩擦件；有些场合，低摩擦是必要的，这样可以减小摩擦功引起的能耗以及摩擦热造成的材料性能恶化，因而在高真空、超低温、强辐照、腐蚀介质等润滑油脂难起作用的苛刻环境中，或需防止油脂污染及难以补偿油脂的机械中，用自润滑复合材料制作摩擦件是有效的减摩手段。

减摩复合材料的低摩擦特性是由具有低摩擦因数的固体润滑剂提供的。常用的固体润滑剂有石墨、二硫化钼等层状结构物质，聚四氟乙烯、聚乙烯等聚合物，银、铅等软金属以及某些耐高温的氟化物。减摩复合材料的基体可为聚合物或金属。最广泛采用的聚合物基体是聚四氟乙烯。它的摩擦因数低，耐低温性、耐化学性优异，通过加入石墨、玻璃纤维、青铜粉等填料，可改善其耐磨性、承载性及耐热性。金属基减摩复合材料以20世纪60年代发明投产的Du材料为优。它由不锈钢背衬、烧结的青铜粒子中间层及聚四氟乙烯-铅混合物面层构成，以低摩擦、高承载、导热良好等特性著称。

摩阻复合材料高而稳定的摩擦特性是其各组分宏观表面特性的综合表现。以改性酚醛树脂等聚合物为基体，以石棉纤维或经表面处理过的玻璃纤维、碳纤维、有机纤维、矿石纤维、钢纤维为增强纤维，以莫氏硬度为2~9的天然矿石粉、合成氧化物粉、石墨粉、橡胶粉、金属粉为摩擦性能调节剂的摩阻复合材料，广泛应用于250℃以下的各种环境中。当金属粉与石墨粉的含量超过一半时，使用温度可高达500℃。以铁、铜等金属为基体的金属陶瓷摩阻复合材料采用粉末冶金工艺成型。价格虽高，但可应用于温度更高的特殊机械结构中。新开发的碳/碳摩阻复合材料价格昂贵，但摩擦因数稳定，耐磨损，传热和耐热性能优良，现已应用到飞机、汽车的盘式制动器中。

4.4.1.5 含能复合材料

主要由黏合剂和氧化剂组成的固态非均相体系，是一类特殊的能源材料，广泛应用于军事和民用领域，如复合推进剂，塑料粘结炸药等。

作为固体推进剂，含能复合材料是目前发展最迅速的一类。常用的固体推进剂可分为三大类：双基推进剂系列，复合推进剂系列和复合双基推进剂系列（又称改性双基推进剂系列）。

复合推进剂系列主要是由无机氧化剂和金属粉为填料分散在高分子粘合剂中所组成的非均相固态体系，用做固体火箭发动机的能源。燃烧时迅速生成大量的高温燃气，并通过喷管膨胀而产生推力。常用的氧化剂有高氯酸盐和硝酸盐系，其中以高氯酸铵应用最广泛。金属粉一般为铝粉。常用的粘合剂是高分子化合物，如聚氨酯、聚丁二烯、聚氯乙烯等。采用配浆浇注工艺成型，易制成与壳体粘结的内孔燃烧药柱。

复合双基推进剂系列是综合双基推进剂系列和复合推进剂系列的优点发展进来的一类新型推进剂系列。以硝酸酯增塑聚醚推进剂（NEPE）就是一种新型改性双基推进剂。它具有高能量和良好力学性能，达到当前固体推进剂技术的高峰。这种高性能推进剂可以采用简单的浇注工艺。

含能复合材料用作固体推进剂，要求具有高能量水平，良好的燃烧性能，力学性能和工艺性能，制造工艺简单。表 4－17 给出三种固体推进剂的主要性能。

表 4－17　　三种固体推进剂的主要性能比较

性能＼种类	双　基	复　合	复合双基
密度/(g/cm^3)	1.54～1.65	1.72～1.83	1.76～1.82
理论比冲	1666～2156	2200～2600	2400～2646
燃速	5～30	2.5～25	10～30
压力指数	0.25～0.65	0.2～0.4	0.35～0.6
抗拉强度/MPa	1303～2157	70～117	117～268
延伸率/%	10～40	>40	>40

复合粘结炸药又称高分子复合炸药，是以高分子化合物为粘合剂，以黑索金、奥克托金等为氧化剂的复合含能材料。这种以化学交联为基础的浇铸塑料粘结炸药具有平滑的爆轰波和高能量、低感度特点，并易于制造。

4.4.1.6 隐身复合材料

隐身复合材料是通过吸收、干涉和散射等物理机制使入射的电磁波（主要是微波和红外线）的能量转换成热能和其他形式的能量，从而使材料表面的电磁波反射大大衰减，降低雷达和红外反射的一类复合材料。

电磁波在理想介质中传播时，一般以电场矢量 E 和磁场矢量 H 来描述波阻抗 Z，即

$$Z=\frac{E}{H}=\sqrt{\frac{\mu}{\varepsilon}} \tag{4-1}$$

式中 μ 和 ε 分别是隐身材料的磁导率和介电常数。如果电磁波由介质 1 入射到介质 2 时，其反射系数为

$$v=\frac{E_v}{E_i} \tag{4-2}$$

式中 E_i 和 E_v 分别为人射电磁波及反射电磁波的电场强度，若以波阻抗 v 表示，则为

$$v=\frac{Z_2-Z_1}{Z_2+Z_1} \tag{4-3}$$

式中 Z_1 和 Z_2 分别为介质 1 和介质 2 的波阻抗。假设介质 1 为空气，无反射的条件必须是方程（3）的 $v=0$，即

$$\mu_r=\varepsilon_r \tag{4-4}$$

式中 $\mu_r=\frac{\mu_2}{\mu_0}$，$\varepsilon_r=\frac{\varepsilon_2}{\varepsilon_0}$。$\mu_r$ 和 ε_r 分别称为隐身材料的相对磁导率和相对介质电常数。满足方程式（4-4）也称为阻抗匹配。但经半个世纪的研究，人们始终未能在宽频带范围内找到保持 $\mu_r=\varepsilon_r$ 的材料。

隐身材料按照电磁波吸收剂的使用可分为涂料型和结构型两类。它们都是以树脂为基体的复合材料。涂料型隐身材料因重量、厚度、粘接力等问题，在使用范围上受到一定限制。因此，兼具隐身和承载双功能的结构型隐身材料应运而生。电磁波在材料中传播的衰减特性是复合材料吸波的关键。实际上振幅不同的波束往返传播，包括折射和散射，使射入复合材料的电磁波能得到衰减，达到吸收的目的。最后使材料表层介质的特性尽量接近空气的特性，从而达到在材料表面反射小的目的，这就是电匹配设计的基本原理。

复合材料的基体的类型、增韧改性、成型工艺、基体与吸收剂是否有反应等因素，对复合材料的吸波性能都有影响。环氧、酚醛、聚氨酯、热塑性树脂中，以酚醛树脂的吸收性能最好。基体的分子结构、主键上有极性基团对电参数影响很小，而极性基团在侧基上则其影响要大一些。各种官能团的环氧树脂吸波性能无明显差异，即使用橡胶增韧，引入极性基团对吸波性能影响也很小。

混杂复合材料有良好的吸波性能。混杂化是降低雷达反射截面（RCS）的有效途径之一。RCS 的降低率依次为：碳纤增强复合材料（CFRP）<玻纤增强复合材料（GFRP）<芳纶增强复合材料（RFRP）。如要获得较大的 RCS 降低率，应选择合适的混杂结构参数，界面数尽量增多，以 CFRP 为芯层，铺层厚度应根据频率范围合理确定。

蜂窝结构型隐身复合材料有如下规律：芯材高度一定，反射率随蒙皮厚度增加

而增加；蒙皮厚度一定，改变芯材高度时，在一定频率范围内反射率由大变小周期性变化。非对称结构夹层板，芯材的最佳厚度可由其两种蒙皮制成的对称最低时的芯材厚度确定。

蜂窝结构吸收电磁波的特点是，单层蜂窝结构中采用电磁混合吸收剂较好；而多层蜂窝结构中，12GHz 频率除外，其他均采用电损耗吸收剂较好；夹层结构的吸波性能随蜂窝泡沫吸收体层数的增加而提高，蜂窝吸收体在三层以上，频率为 8 ~ 12GHz 时，吸收性能达到 15dB。

4.4.1.7 电磁屏蔽复合材料

电磁屏蔽复合材料是解决电磁干扰、射频干扰和信息防窃的功能复合材料。由于电磁波吸收率依赖于材料的导电率，因此利用具有一定导电性的复合材料，可以满足电磁屏蔽的需要。以高分子材料为基体，填充导电材料可构成适合用于电磁屏蔽的复合材料。它具有使用性能好、成型工艺简单和成本低的优点，成为当前国际上电子材料研究的热点。

电磁屏蔽复合材料有两种类型：

①填充导电体的型式。填料形成的导电体网络是提供屏蔽功能的基本要素。这种电磁屏蔽复合材料通常由绝缘性能良好的热塑性高分子（如 ABS、PC、PP、. PE、PVC、PBT、PA 及它们的改性和共混的树脂）和导电性填料（如炭黑、铝片粉、金属纤维及表面金属化的有机和无机纤维）及其他添加物复合而成。其屏蔽效果为 40 ~ 60dB。现致力于探索导电填料的组合效应，以便降低填充量，改善加工性能，提供屏蔽效果整体均一的电磁屏蔽复合材料。电子设备的数据传输通常采用视显示方式，如计算机的终端显示器、监视器、仪表的图显和数显，都要求透明而能阻隔电磁波的材料，即所谓安全屏蔽窗材料。它由两层或多层玻璃（或有机玻璃），其中引入直径 0.05mm 以下的金属丝织物或表面金属化的导电纤维织物，或以透明导电膜为中间层复合而成。这种屏蔽复合材料透光率为 40% ~ 70%，透视文字和图表清晰，没有畸变，屏蔽效果为 50 ~ 80dB。可满足军事和“信息防窃”设备中应用；

②用金属丝与无机或有机纤维的混纺纱制成织物作为电磁波反射体，并在表面上用树脂或 SMC 预浸料加压复合制成片材或构件。在 12GHz 频率下，其反射系数为 0.99（以铝的反射系数为 1），表面电阻系数为 $0.2\Omega/cm^2$。这类反射型的复合材料虽然主要用于无线通信天线的电磁波反射装置，但也可用作计算机、传真机、复印机等电子设备的电磁波的屏蔽板。

4.4.1.8 抗声纳复合材料

抗声纳复合材料是吸收声纳发射的探测声波，使从被测目标表面反射的回波能量衰减，因而使声纳的作用距离减小，甚至无法探测到目标的复合材料。又称声纳隐身复合材料。现在主要用于潜水艇隐身。

声波在材料内传递时，在声能的作用下材料的分子亦随之运动。但材料分子运动的相位滞后，使在材料内的部分声能转变为热能而被吸收。为获得良好的吸声性能，水声吸声材料必须满足两个重要条件：

①材料的特征阻抗（材料中声速同材料密度乘积）同水的特征阻抗（水中的声速同水的密度乘积）匹配。这样在水内吸声材料的界面上，声波才能几乎无反射地进入吸声材料内；

②材料应有大的损耗因子（表示波传播单位距离衰减的分贝数，单位为dB/cm），使进入材料的声波能迅速衰减。

为满足上述要求，在动态力学粘弹曲线上选择内耗峰较宽且较高的粘弹材料如合成橡胶、聚氨酯作为吸声复合材料的基材。为了进一步拓宽材料吸声的频级，增大吸收效果，也采用互穿网络（IPN）高分子材料和高分子合金。将上述基材同金属粉末、多孔或片状材料共混构成复合材料。加入多孔、片状类材料有利于将在声能作用下材料产生的压缩形变转变为剪切形变，使声能损耗增大。最后用复合材料做成阻抗连续过渡吸声结构、共振吸声结构或有利于声散射的结构。抗声纳吸声材料吸声是由于基材、填料和声学结构共同作用的效果。一般把上述带结构的吸声复合材料称作消声瓦。

第二次世界大战中，德国首先在潜艇表面敷设了吸声材料以增加潜艇的隐蔽性。战后各大国继续对材料、结构和吸声机理进行研究。至20世纪80年代，苏、美、英、法等国潜艇表面有敷设消声瓦的情况。在潜艇外壳体上敷设一层70～150mm厚的消声瓦，不但能吸收对方声纳发射的探测声波，而且能部分抑制潜艇自噪声辐射。声纳吸收到的回波可降低10～20dB以上。

4.4.1.9 抗X射线辐射复合材料

抗X射线辐射复合材料是用于抵抗X射线辐射造成对材料结构的破坏效应的一类复合材料。材料吸收系数是衡量光子和材料作用的能力。它取决于光子能量和材料所含元素的性质。一般讲元素的原子序数越大，吸收系数越大。X射线照射到材料上，则光子与材料的原子发生作用，X射线在物质中迁移时，被物质吸收变成物质的内能，即X射线能量在物质中沉积。同时，X射线能流密度大，释放的时间极短，使材料的比内能急剧增加而升高温度，并且在材料表面处形成很高的压力。结果在材料表面形成一个峰值极高、持续时问极短的压力脉冲－热击波，使材料产生“层裂”效应，同时产生瞬时过载，结构产生变形，乃至破坏。

为了防止X射线的破坏作用，曾提出一种物理模型。它由迎光层、屏蔽层、衰减层和过渡层4层结构组成。衰减层采用泡沫塑料，其他层分别采用碳－酚醛、高硅氧－酚醛等复合材料。利用密度小、质量轻的硅酸盐类多孔复合材料，既可防止大能量的X射线的辐照，同时也是解决能量沉积行为的极好材料。

4.4.1.10 烧蚀复合材料

烧蚀复合材料是一种固体防热复合材料。在高温高压气流冲刷的条件下，烧蚀复合材料发生热解、汽化、熔化、辐射等作用，通过材料表面的质量迁移带走大量热量，从而达到耐高温的目的。

导弹、飞船和航天飞机，再入大气层时都处于严重的气动加载和气动加热的环境中，温度急剧升高。洲际导弹弹头以马赫数20～25的速度再入大气层，弹头的驻点温度可达8000～12000℃，瞬时压力达100个大气压，而飞船和航天飞机的再入时间长，焓值高。飞船的返回舱和航天飞机的鼻锥最高温度分别为1800℃和1650℃。以“双子星座”飞船和“阿波罗”飞船的总加热量为例，它们分别为149000kJ/m^{2}和506000kJ/m^2。这些“热障”技术问题是导弹和航天飞行器研制成败的关键。

烧蚀复合材料按烧蚀机理分为升华型、熔化型和碳化型3类。以石墨、碳材料、聚四氟乙烯等为基体的属于升华型，以石英、玻璃类材料为基体的属于熔化型，以酚醛树脂为基体的属于碳化型。其增强体目前基本上为碳（石墨）纤维，也有陶瓷或玻璃等纤维。它们都属于高密度烧蚀材料，一般密度大于1g/cm^3，根据导弹和航天器的再入环境和战术技术指标要求，选用在洲际导弹弹头或喷管、航天飞机的鼻锥和机翼前缘等部位。此外，还有低密度烧蚀复合材料，是以轻质填料作为填充剂，以酚醛树脂、硅橡胶作基体的复合材料。还有填充在蜂窝内形成的复合结构，使之改进碳化层性能。这类材料的密度可以根据使用要求在0.2～0.9g/cm^{3}范围内调整，用作飞船返回舱的防热材料。

4.4.2 生物体复合材料

生物体用材料与工业材料相比最大的差别是，前者要在生理环境下使用，而且这种环境非常复杂，是实验室中几乎无法再现的动态反应系统。植入生物体内的材料，除了应达到所要求的力学性能及功能外，还必须满足生物学、生理学、解剖学、病理学及临床医学等的功能及性能要求。长期的研究和实验表明，尽管用于置换不同生物组织的生体材料所应具备的条件各不相同，但作为生体材料必须满足的基本生物学要求是：

①化学性质稳定，不会因与生物组织接触而发生变化；

②生物适应性好，包括组织适应性和血液适应性，不产生排斥反应和凝血现象；

③不显毒性和过敏反应，无致癌性和抗原性；

④不产生代谢异常；

⑤在生物体内不产生劣化或分解。

同时，材料还应具备优良的力学性能（强度、弹性、硬度、耐疲劳、抗磨损等）以及长期埋植在体内不会丧失其性能指数；另外，还应能够经受必要的消毒措施而不发生变性，易加工成所需要的、复杂的形态等。

最早作为生体材料应用的是金属材料，如果单从力学观点考虑，承担很大负载作用的骨骼、要求优良抗疲劳性能的心脏瓣膜以及嚼碎食物的牙齿等使用金属较为合理，但现今这些组织实际上都是由生物适应性更好的无机物或高分子及其复合材料制成，目前金属材料主要用于整形外科，如采用不锈钢系（SUS 302、316、317等）制作的骨板和镀镍钢螺丝进行骨折内固定，取得了较好的治疗效果。采用维塔留姆耐蚀、耐热合金等钴系合金制造的各类金属内插器、内固定用具作为嵌入材料广泛用于整形外科领域。后来开发的钛系金属（纯钛和 Ti－6Al－4V 合金）虽然强度不如不锈钢和钴系合金，但由于有优良的耐腐蚀性和生物组织反应性低，故应用较多。但金属材料所存在的缺陷非常明显，主要有两个方面；一是在生物体内，金属材料腐蚀后有重金属离子的溶出；二是力学适应性问题，即金属材料对生物组织的力学损伤。而且迄今未能找到有效的解决办法。

陶瓷与金属及其他材料相比，在生物体内极为稳定，而且和生物组织之间有良好的亲合性，生物实验表明，陶瓷在生物体内几乎没有腐蚀性和抗拒反应。用于生物体的陶瓷材料有 TiO_2、Al_2O_3、铝酸钙、生物玻璃、碳等，尤其是 Al_2O_3 化学性质稳定，机械强度及硬度较高，具有良好的亲水性，被称为生物陶瓷，一直作为生物材料广泛使用。如采用蓝宝石（氯化铝粉经高纯精制，在 2050℃ 高温下熔化，结晶得到的人造蓝宝石）制成的人造牙根，对人体无害，与牙组织成分牢固结合而不溶化，硬度仅次于金刚石，具有很高的耐咀嚼强度，临床实验证明，蓝宝石人造牙根植入牙颌骨后，易于粘附在新生组织上，被骨组织自然地围住，有利于牙齿的固定和生长。纯刚玉氧化铝陶瓷制造的人工关节、骨螺丝钉等以及多孔质氧化铝制造的人工骨也都经过长期的动物试验和临床实验进入实际应用。但陶瓷材料自身的脆性大或抗冲击韧性差是它作为生体材料的最大缺点，这对于人工牙齿的咀嚼、人工骨、人工关节在动态力学状态下承受载荷都是不利的。

近年来，高分子材料在生物医学领域的研究和应用的发展非常迅猛，尤其是在人工脏器的研制工作中占有突出地位，已经出现了一门新的分支学科——医用高分子（Medical high playmers），即用高分子化学的理论及研究方法和高分子材料，根据医学的需要来研究生物体的结构、生物体器官的功能以及解决人工器官的应用。早在 1947 年，美国就提到有三种塑料和一种橡胶可作为医疗用途，即用聚甲基丙烯酸甲酯作头盖骨和股关节，聚乙烯作体内埋植，聚酰胺（尼龙）纤维作缝合线，以天然橡胶作为医用插管等。随着医用高分子研究的不断进步，人工脏器制造的逐步完善，越来越多的高分子材料逐渐用于人体器官和人工脏器。有人预测，不久的将来，除了大脑以外，人体的所有脏器都将以高分子材料制成的人工脏器所取代。表 4－18 归纳了医用高分子材料在人工脏器方面的应用概况。

表 4－18　　医用高分子材料应用概况

用　途	材　料
人工血管	涤纶，聚四氟乙烯，聚乙烯醇缩甲醛海绵，硅橡胶，尼龙等
人工心脏	聚氨酯，硅橡胶，聚四氟乙烯，尼龙，聚甲基丙烯酸甲酯，天然橡胶，聚氯乙烯糊，环氧树脂
人工心脏瓣膜	聚氨酯，硅橡胶，聚四氟乙烯，聚甲基丙烯酸甲酯，聚乙烯，聚乙烯醇缩甲醛，天然橡胶
人工气管	聚乙烯，聚乙烯醇，聚四氟乙烯，涤纶，尼龙

续表

用　途	材　料
人工食道	聚乙烯，聚乙烯醇，聚四氟乙烯，硅橡胶，天然橡胶，聚氯乙烯，涤纶
人工头盖骨	聚甲基丙烯酸甲酯，聚碳酸酯
人工骨和人工关节	聚甲基丙烯酸甲酯，聚氯乙烯，聚四氟乙烯，超高分子质量聚乙烯，聚酯、缩醛树脂，环氧树脂
人工皮肤	聚乙烯醇缩甲醛，尼龙，涤纶，聚丙烯织物，环氧乙烯与环氧丙烷的聚合物，聚氨酯，多肽
人工腱	尼龙，聚氯乙烯，涤纶，聚四氟乙烯，硅橡胶
人工脂肪	硅酮海绵，聚乙烯醇海绵，水凝胶（聚甲基丙烯酸羟乙酯）
人工乳房	聚乙烯醇缩甲醛海绵，硅橡胶海绵，涤纶
齿科材料	尼龙，聚甲基丙烯酸甲酯，聚碳酸酯，氯乙烯与醋酸共聚物，聚苯乙烯，环氧树脂等
人工耳、人工鼻	硅橡胶，聚乙烯
人工血浆	葡聚糖（右旋糖酐），聚乙烯醇，聚乙烯吡咯烷酮
人工血红蛋白	氟碳化合物乳剂

目前，医用高分子材料在应用中还存在一些亟待解决的问题，包括：

①在生物体内，高分子材料受腐蚀后，可能有单体溶出；

②高分子材料在作为某些人工脏器（如人工骨和人工关节时），执行生物的支撑功能还缺乏足够的强度，尤其是刚度；

③现今还主要通过经验和实验来进行材料筛选，还不能完全根据生物学要求和医用材料设计的基础理论制造专门的医用高分子材料。

医用高分子材料的研究证明，从现有的材料中筛选具备力学适应性和生物适应性的生体材料的方法已经不能满足人们的要求，前面提到的各种生物材料尽管取得了明显的应用效果，但不可否认都还存在一些目前自身还无法解决的问题。因此，人们已经将生物材料研究的主要力量转向既能满足各种生物学和力学性能要求，又具备生体功能的材料，为了达到这一目的，比较可行的方法是，采取多种材料进行复合，既能保持单一材料的功能，又能同时满足各项要求的生体复合材料或混合材料，这无疑是生体材料的发展方向。

生体复合材料作为一个崭新的领域，其理论研究和实际应用都还处在发展初期，目前，生体复合材料主要建立在前面介绍的各种生物用金属、生物陶瓷和医用高分子材料的基础之上。随着科学技术的发展，多种学科的相互渗透，生体复合材料势必朝着既能满足各种生物学和力学性能要求，同时又具备某一生物功能（如人工肌肉和人工心脏的伸缩功能、人工肾脏的选择渗透功能、人工血液的输氧功能等）的方向发展。关于生体复合材料的应用目前还未能形成一个完整的体系，下面仅对生体复合材料的重要应用实例作一般介绍。

(1) 人工关节和人工骨

关节部位在人体运动中要承担体重的3~6倍，而且一年要承受200万次以上的重复荷重，因此，除优良的生物相容性外，对材料的力学性能提出了较高的要求，即应具备良好的疲劳强度、耐磨性及一定的柔韧性（关节骨头与关节臼之间应有一定的伸缩）。传统的不锈钢或 Al_2O_3 制成的人工关节，都还存在一些需要解决的问题，如金属腿关节与腿骨的插入连接界面可能出现松动和沉陷现象，与骨头的增殖性较差，另外，金属关节对周围组织的力学损伤和关节臼的磨损较为严重；而 Al_2O_3 关节由于脆性较大，曾经发生折损，同时关节采用钢钉固定存在一定困难，与关节臼之间缺乏伸缩性。为了解决单纯金属和陶瓷作为关节材料存在的问题，人们对复合材料进行了广泛的探索，有人研究了与骨骼有亲合性的无机氢氧化磷灰石和组织适应性良好的超高相对分子质量聚乙烯复合制成的人造关节的关节臼，而采用碳纤维增强 Al_2O_3 制成的关节骨头，共同构成的人工股关节，在应用中取得成功。这种类型的人工关节正逐步推广在膝关节、足关节、肩关节等方面的研制和应用。另外，在钛合金人造关节表面进行离子氮化表面处理，使关节表面形成一层坚硬、耐磨、抗蚀的氮化钛层；或是采用无机填料填充石墨制成人工关节，利用石墨的自润滑性在关节臼中滑动，都能起到提高关节的耐磨性和抗疲劳能力的作用。

生体复合材料制造人工骨的例子很多，主要包括人工颅骨（头盖骨）、面部骨骼（额骨、下颚骨等）、锁骨、腿骨以及各种关节骨头。就材料类型而言主要分为两类：一类是纤维增强聚合物基复合材料；另一类是新近研究的复合生物陶瓷。采用纤维增强聚合物复合材料制造人工骨最有代表性的应用实例是由CF-GF混杂增强PMMA复合材料制造的人工颅骨，用于因意外受伤或手术造成的颅骨缺损的修补。经材料、动物、生理实验和临床试验证明，这种人工颅骨修补材料与以前所用的金属和高分子材料相比，具有如下特点：

①具有优良的生物相容性、安全性，在试验研究中从未出现异常现象和不良反应，是一种理想的体内埋植材料（必须注意基体内应不含脱膜剂及其他任何辅助剂，并采取特殊的合成工艺，保证聚合反应的完全，以防单体的溶出）；

②具有优良的力学性能，其性能指标甚至高于人体颅骨的性能指标（见表4-19）；

表4-19 人体颅骨与人工颅量修补材料及PMMA的力学性能试验对比值

试　样	E_f/(GPa)	σ_f/(×10^2MPa)	摆锤/(J/cm^2)	落球/J	巴氏硬度	容积密度/(g/cm^3)
人体颅骨	15.5	1.71	0.49	H=5cm 0.46	54.6	1.8
GF+CF+PMMA	22.1	2.89	1.8~2.4	H=35cm 3.29	55.8	1.7
PMMA	2.9	1.08	0.12~0.25	H=5cm 0.25	44.5	1.2

③原材料来源广泛，工艺简单，制作方便，适合不同患者的需要；

④在手术过程中，应用十分简便，大大减少了手术时间和患者的痛苦。

另外，碳纤维增强高密度聚乙烯、磷酸钙增强聚砜、氧化铝陶瓷增强环氧树脂等复合材料也都用于人工骨的制造，并进行了大量的实验研究和应用研究，被认为是有效的人工骨材料。

复合生物陶瓷近年来在人工骨的研制和应用中非常活跃，这类材料是将生物惰性物质（如氧化铝、氧化锆等）与生物活性物质（如羟磷灰石等）复合在一起，形成一种性能非常好的人工骨材料。如把氧化铝烧结体，浸渍在磷酸离子和钙离子（如磷灰石和三磷酸钙等）共存的水溶液中，使氧化铝表面析出磷酸钙等晶体，从而制成了兼有高强度和生物适应性的复合生物陶瓷。用这种材料可以制成各种形状的人工骨。

（2）齿科材料

由于生物陶瓷制造的人工牙齿在咀嚼过程中的抗冲击性能较差，因此，以粉状生物陶瓷和其他无机材料填充聚合物树脂构成的复合材料作为齿科材料的发展非常迅速，尤其是假牙用硬质树脂研制成功之后（主要是PMMA的各种改性产品），这种生体复合材料已经用于龋齿填补材料、假牙、人造牙根、牙托等各个方面。例如，采用粉状生物陶瓷或生物玻璃填充改性PMMA制成的假牙具有较好的机械强度、耐磨性、可耐咀嚼，并与人齿有相近的色调；而采用这种材料制成的人造牙根在拔去齿根的孔内种植，未发现牙组织的过敏、红肿和不适反应，牙床对它的粘附性良好，有利于人工牙的固定和生长。另外，也有人在聚砜中加入等量的磷酸钙、磷灰石、氢氧化钙、钨、葡萄糖、半乳糖等组成复合材料，制成人工牙根，在动物中进行种植实验，得出了与生物组织有良好适应性的报告，目前已进入临床试验，这种材料与填充改性PMMA相比，具有更高的抗冲击强度，这对人造牙根是很重要的。

在龋齿填补用树脂中加入一些无机填料（如石英粉、玻璃粉、二氧化硅等），材料的表面硬度、耐压强度、抗磨性能都有所提高，同时固化收缩减小，热膨胀系数降低，对其治疗效果都有较大的改善和提高。

（3）抗血栓功能材料

人工脏器对材料的要求除了生物组织适应性外，还应满足血液适应性，即抗血栓功能，材料在接触血凝过程中，其表面不会产生血栓（凝血现象），这是作为人工脏器材料必不可少的条件。目前人工脏器材料主要是高分子材料，从血液遇到各种高分子材料时的凝结时间来看，尽管有些材料具有一定的抗血栓能力（如肝素），但高分子材料作为人工脏器的长期抗血栓性还有待进一步提高，如人造血管和人工心脏因一次植入生物体内使用长达一、二十年以上。如将高分子材料表面用碳素蒸镀，可明显提高材料的长期抗血栓性能，其原因在于用碳素蒸镀后，材料表面带有负电位和一定的电导率，其值与生物体血管内皮基本相等，并能形成非常平滑的表面。据报道，现已开发出可在 -100℃以下涂覆的超低温各向同性碳素，把它涂覆在涤纶或泡沫聚四氟乙烯（EPTFE）制成的人造血管上，显示出良好的长期抗血栓性能。

（4）其他方面的应用

复合材料还大量用于伤残病人的体外支撑系统，如采用 CF－GF 混杂增强复合材料制成的假肢接受腔的支撑结构，再配合聚丙烯软性接受套，有效地分离了假肢接受腔的接受功能和承重功能，改善了患者残肢与接受腔的配合状况，消除了患者的痛苦或不适。同时，减轻了假肢整体结构的质量，增加了接受腔的使用寿命。另外，混杂复合材料制作的胸－腰－骶歪扭部整直器（TLSO）和臀部－膝盖－踝关节支撑器（HKAO），主要用于患小儿麻痹症而下肢瘫痪或者脊椎开裂的儿童，用来固定患者的脊椎、臀部、膝盖和踝关节，帮助患者丢掉拐杖行走，使身体质量落在腿骨上，刺激骨骼生长和臀部关节发展，满足医学治疗和护理功能。

复合材料在医疗设备方面也有了应用实例，如玻璃纤维增强塑料制造的各种手术器械，碳纤维增强复合材料制作的用于诊断癌肿瘤位置的 X－射线发生器上的悬臂式支架以及 X 光床板样机和 X 光底片暗合等，它们除了满足刚度及其他使用要求外，还能满足最大放射性衰减限制值的要求。

4.4.3 智能复合材料

材料的发展和应用历史可划分为：第一代天然材料（如石材、木材等）；第二代加工材料（金属、陶瓷等）；第三代高分子合成材料；第四代应用复合材料。对于未来的下一代材料，有人预测将会是具有潜在能力的智能材料。所谓智能材料是指材料特性智能化，更具体地讲就是材料特性随时间和场所相应地变化。这里所说的变化不是指材料的长年时效变化——劣化、老化、腐蚀等被动变化。

目前，材料智能化还只是一种梦想性的东西，也许要到 21 世纪中期才能实现，但今天已经有了关于材料智能化的一些设想。首先是关于智能材料的构成，人们已经达到共识，智能材料必须走多种材料复合、多种学科相结合的道路，传统的单质材料，甚至一般复合材料，单独或少数学科都无法满足材料特性智能化的要求。下面通过几个例子进一步说明智能材料的特点及其发展情况。由于智能一直被认为是生物，尤其是人类特有的东西，因此，下面的例子都是以生物的特性作为我们开发智能材料的设想。

a. 能变软变硬的材料　生物体具有适应性变软或变硬的能力，如由于经常劳动，人的手掌会出现腿皮（硬度）。小孩开始走路后，随着年龄增长，脚底也会慢慢硬化。人在跑动过程中，腿部肌肉蹬地和抬腿时也会出现可逆性的适应性软硬变化。如果材料能够像生物体那样根据需要具备这种可逆性的适应性软化或硬化特性，那么它的应用前景将是非常广泛的。设想采用这种材料制造各种机械、设备，例如汽车车体，在通常情况下具有足够的强度和刚度，发生碰撞时，材料瞬间由硬变软，同时产生弹性，则可以减少车辆碰撞时造成的损失。同样道理，这种材料还可用来制造道路的护栏、隧道或山洞的内壁、水坝的闸口等设施。

b. 能向外部告知状态的材料　生物的功能之一是能告诉与正常情况的偏离。如平常不爱动的人，偶尔运动就会出现腰腿酸痛。长时间开夜车，眼睛就会充血等，这些都是对异常的警告，向外部报告身体处于不适状态。

材料是否也能具备这一功能，当它在外力反复作用下产生疲劳，或长时间加载产生蠕变而接近断裂时，材料自身出现颜色变化或以其他方式向外部告诉这种变化情况。即使材料本身做不到这一点，也可以在材料中的重要部位上埋入小的传感器（不能影响材料的强度）。选择何种传感器，目前尚不清楚，也许光色器或因受应力反复作用而特性发生变化的半导体能起这种作用。这种材料自身或通过非接触检测仪随时向外界告知材料所处的状态，当材料快要达到疲劳极限或将要发生断裂破坏时，发生变色或向外部发出信息，以便材料得到休息和修理。

这种功能只有多种材料复合或材料学与其他学科融合才有可能实现，上面提到的设想实际上是材料学与电子学相结合，暂且把它叫做材料电子学。

c. 能产生新陈代谢的材料　新陈代谢是生物体医治伤残的自我修复功能的根源，这种功能已成为对工业材料的一项研制目标。对于材料来讲，所谓新陈代谢就是使已经产生疲劳、磨损或龟裂的材料休息一段时间之后（不使用）能够恢复到原来的状态，不断延长材料的使用寿命。

4.4.4　纳米复合材料

纳米复合材料（nanocomposites）是指分散相尺度至少有一维小于100nm的复合材料。由于纳米分散相有大的比表面积和强的界面相互作用，纳米复合材料表现出不同于一般宏观复合材料的力学、电学、磁学、光学和热学等性能，还可能具有原组分不具备的特殊性能和功能，为设计和制造高性能，多功能新材料提供新的机遇。

目前作为纳米复合材料分散相的物质主要以具有层状结构的无机物为主，如：蒙脱土、滑石、石墨等。碳纳米管和石黑烯以 sp^2 杂化轨道排列，σ 键及大 π 键的共轭效应赋予它们极高的力学性能——高模量1060GPa，高强度130GPa。此外还具有比表面积大，表面化学基团丰富、离子交换能力强、导电、导热性能优异（热导率高达 $300Wm^{-1}K^{-1}$）的特点，赋予碳纳米材料/聚合物复合材料高强度，高模量，高导热等优越性能，成为近年来的研究热点，越来越受到人们的重视。人们发现，往聚苯乙烯中加入1%含量的碳纳米管，就可使其弹性模量提高36%～42%，拉伸强度提高25%。同时碳纳米管的加入可以使复合材料由绝缘体变成导体。2006年，美国西北大学的研究人员首先在Nature上报道了薄层石墨烯－聚苯乙烯纳米复合材料的制备。他们首先使用苯基异氰酸酯对完全氧化的石黑烯进行化学亲油改性，使之分散在有机溶剂中，之后制备成石墨烯－聚苯乙烯纳米复合材料。该复合材料具有较低的导电渗阀值，在0.1%的体积分数下即可导电，1%体积分数下导电率可达 $0.1Sm^{-1}$，可广泛应用于电子材料。石墨烯的添加不仅有利于聚合物基体电性能、热传导性能的改善，对于提高复合材料玻璃化转变温度、力学性能也具有重大意义。人们在聚丙烯腈及聚甲基丙烯酸甲酯中加入仅1%和0.05%的石墨烯纳米片后，发现其玻璃化转变温度提升30℃，此外包括杨氏模量，拉伸强度等力学及热学稳定性等性质得到提高。

第5章　复合材料力学性能

5.1　概　　述

在复合材料可供利用的各种优异的性能中，力学性能处于最重要的地位。目前关于复合材料设计的所有原理中，力学原理研究所达到的程度与水平要远远超过其他方面。

一般在介绍复合材料的力学性能时，常简单地以它们的比重小，强度高，比强度高，比刚度高等加以说明。对于专门从事复合材料应用的人员来说，仅有上述这些概念，还并不能正确地选择和使用复合材料。因此，这里专门讨论复合材料的力学性能问题，希望通过讨论对复合材料力学分析与设计的特点有所了解，从而减少其分析与设计的粗糙性与盲目性，较合理地使用复合材料。

5.1.1　复合材料力学性能的特点

从力学分析的角度看，复合材料同常规材料（例如金属材料）的显著区别是，复合材料一般是非均质和非各向同性的，而常规材料往往是均质的和各向同性的。现在先来解释这几个术语：

均质——物体在各处有相同的性能。也就是说，物体的性能不是物体内位置的函数。

非均质——物体在复合处有不同的性能，即物体的性能是物体内位置的函数。

各向同性——在物体内一点的每个方向上都表现有相同的性能。也就是说某点的性能不是该点方向的函数。

各向异形——在物体内一点的各方向上可能表现有不同的性能，也就是说，性能是方向的函数。

一种材料，可以视为均质的，也可以视为非均质的，这取决于分析时观察问题的尺度。事实上，从原子尺度来说，任何材料都是不连续的和非均质的。当所考虑的区域增大到某种程度时，原子结构在分析中已经失去了它的重要性，连续介质力学的理论开始有效。对于常规材料，既可视为是均质的。而对于复合材料，由于存在可以从界面区分的相和叠层，一般以包括静力、动力和稳定分析，以及结构优化设计等内容。在复合材料结构力学中，层合板及壳被当做是具有各向异性，它就是非各向同性材料的结构力学。

复合材料的力学性能，很大程度上取决于增强纤维的性能，含量及排列方式。增强纤维排列方式的不同，使复合材料的各向异性有所不同，所以按纤维的排列方式，从力学角度，可将复合材料分为五类。

（1）单向（纤维增强）复合材料

在复合材料中，增强纤维平行排列在同一方向上，纤维排列紧密，含量可达60%~90%，这类复合材料，称为单向纤维增强复合材料，见图5-1所示。

（2）双向（正交纤维增强）复合材料

用纤维织物（布）或单向纤维按正交排列制成的复合材料称为双向（正交纤维增强）复合材料。当经纬向（正交方向）的纤维量相同时，复合材料在这两个方向具有相同的力学特性，其他方向具有明显的各向异性性质。双向复合材料的示意图如图5-2所示。

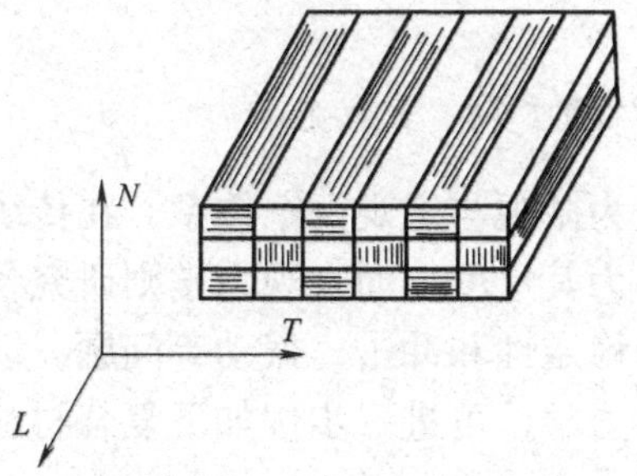

图5-1　单向复合材料示意图

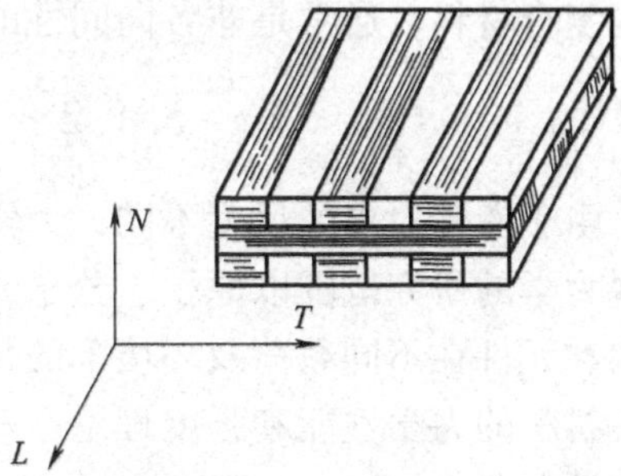

图5-2　双向复合材料示意图

（3）多向（纤维增强）复合材料

用纤维编织物（布）作0°~90°，±α°铺层，或用弹性纤维作0°、90°，±α°铺层制成的复合材料称为多向（纤维增强）复合材料。多向复合材料也具有明显的各向异性性质，其示意图如图5-3所示。

（4）三向正交（纤维增强）复合材料

用增强纤维编织成三维立体结构的织物作增强材料，制成的复合材料称三向正交（纤维增强）复合材料。三向正交复合材料的示意图如图5-4所示；三向正交复合材料也是各向异性材料。

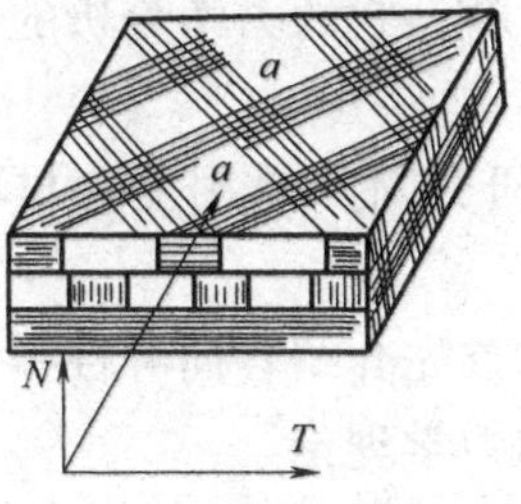

图5-3　多向复合材料示意图

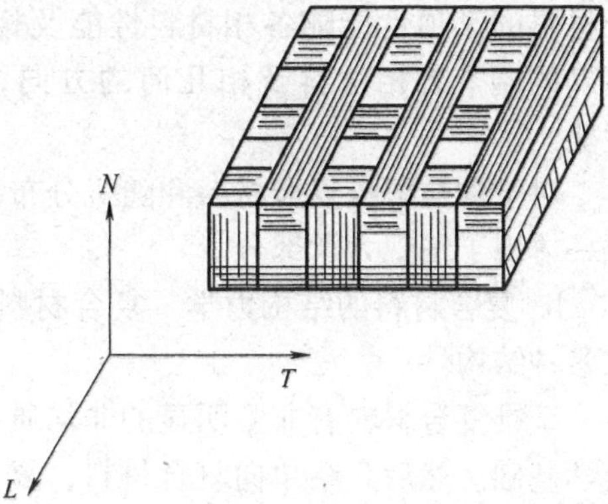

图5-4　三向正交复合材料示意图

（5）乱短纤维增强复合材料

这种复合材料的示意图如图 5－5 所示；这种复合材料，宏观上可以认为短纤维在各个方向的几率是相同的，故可近似看作各向同性材料。但是，分析的尺度继续扩大以后，它又可以用等效的均质体来代替。此时，颗粒复合材料和方向随机分布的短纤维（和晶须）复合材料可认为是各向同性的，而纤维（包括织物）规则排列的复合材料，通常是非各向同性的。

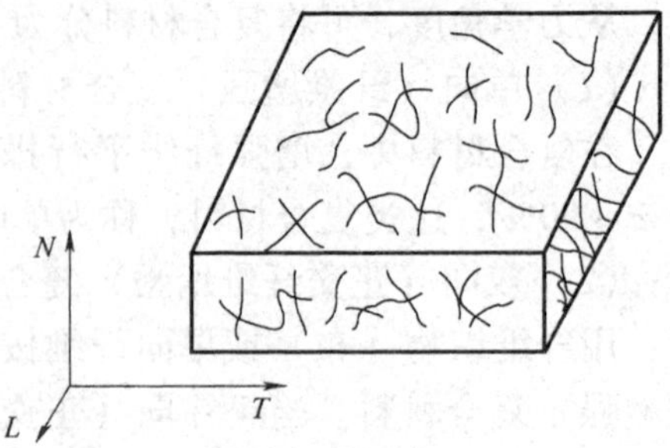

图 5－5　乱短纤维增强复合材料示意图

5.1.2　复合材料力学分类

由于考察对象的尺度不同，力学分析可被分为微观与宏观两个体系。在传统上微观力学的研究范围以原子、分子或晶格的大小为其尺度。而宏观力学则研究各种结构和元件在不同载荷及环境下的强度，变形、稳定性和冲击，振动等问题，以及有关材料的力学性能和强度理论。对于复合材料力学，可进一步按如下复合材料力学体系划分：

复合材料力学
- 复合材料的材料力学
  - 细观力学
  - 叠层理论——粗观力学
- 复合材料的结构力学——宏观力学

a. 细观力学　复合材料的细观力学研究单向（或单层）复合材料的平均物理性能与各相材料的物理性能和相几何之间的关系，以及研究复合材料非均匀介质各相内部的真实应力与应变场分布，以作为确定复合材料性能与破坏机理的根据，此时，复合材料被视为连续的非均匀介质。在分析中，常常引入“典型单元体”（Representative Volume Element）的概念，即包含有复合材料中的各个相，并且有与整个复合材料相同的特征的最小体积。细观力学的意义，在于阐明复合材料性能的机理，并作为复合材料设计的理论基础。例如，通过细观力学预测复合材料的某项性能随各相材料性能及相几何变化的规律，即可在选材及工艺中有明确的调节各相材料及相几何的方向，可以指导改进复合材料，以获得预期的性能。

对于颗粒增强复合材料和随机分布的短纤维复合材料，它的力学分析的特殊性惟一体现于细观力学部分。

b. 复合材料的结构力学　复合材料的结构力学的研究对象是用复合材料组成的各种结构件。

纤维复合材料有非常明显的非均质各向异性。本章首先介绍各向异性弹性材料力学基础。然后介绍单向复合材料，复合材料层合板的力学理论。

5.2 各向异性弹性材料力学基础

5.2.1 应力和应变

应力和应变是描述材料力学性能的基本变量，根据材料的应力 - 应变关系，可以确定材料的刚度、强度、变形及失效等性能与状态。

5.2.1.1 应力

（1）应力分量和平衡微分方程

如图 5 - 6 所示，在物体内某一点 P，不同方向截面的应力大小和方向是不同的。为了表示该点处的应力，可以用三对无限邻近的坐标平面在 P 点处假想地分割一个正六面体微元 $PABCP$，如图 5 - 7 所示。

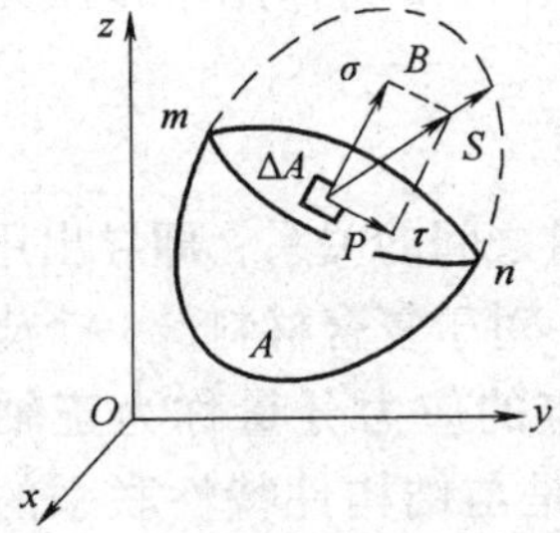

图 5 - 6　物体内任意点的坐标位置

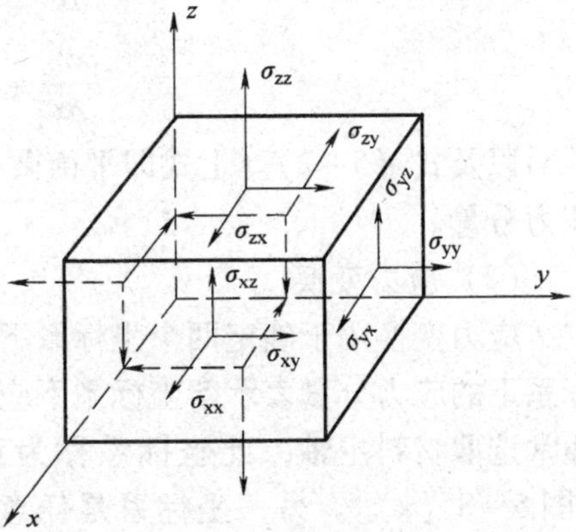

图 5 - 7　正六面体微元的应力分量

体微元每个侧面上单位面积的内力称为作用在相应侧面上的应力向量。垂直于作用面的应力分量 σ_x，σ_y，σ_z 称为正应力或法向应力，其余的平行于作用面的分量如 σ_{xy}、σ_{xz}等称为剪切应力或剪应力。剪应力分量的双下标中，第一个下标表示作用面的外法线方向，第二个下标表示应力分量的指向。应力的正负向可按这两个下标的指向来判定。若作用面的外法线指向坐标系中相应坐标轴的正向，而应力分量也指向相应坐标轴的正向，则此应力分量为正；当两个下标中只有一个指向坐标轴的正向时，该应力分量就为负。显然，正应力以拉为正，以压为负。

将 9 个应力分量用矩阵形式写成

$$\sigma = \begin{bmatrix} \sigma_x & \sigma_{yx} & \sigma_{zx} \\ \sigma_{xy} & \sigma_y & \sigma_{zy} \\ \sigma_{xz} & \sigma_{yz} & \sigma_z \end{bmatrix} \tag{5-1}$$

称 $[\sigma]$ 为应力张量。用简单方法可以证明 6 个剪应力之间具有如下互等关系

$$\sigma_{xy} = \sigma_{yx}, \ \sigma_{yz} = \sigma_{zy}, \ \sigma_{zx} = \sigma_{xz} \tag{5-2}$$

所以应力张量是对称张量，一点的应力分量中只有六个是独立的。

一般而言，物体内各点的应力是不同的，可用坐标的连续函数来表示，如：

$$\sigma_x = \sigma_x(x,y,z)$$
$$\sigma_{xy} = \sigma_{xy}(x,y,z)$$

因此，作用在体微元两对面的应力分量有微小的差量。由于体微元是无限小的，可以认为其各面上的应力是均匀分布的。若体微元还受到体积力（如重力，惯性力等）的作用，则体积力在体微元内的分布也可以认为是均匀的。

如果物体在外界因素作用下处于平衡状态，则体微元在应力和体积力作用下也应处于平衡状态，由体微元的静力平衡条件可以导出

$$\begin{aligned} &\frac{\partial \sigma_x}{\partial x} + \frac{\partial \sigma_{yx}}{\partial y} + \frac{\partial \sigma_{zx}}{\partial z} + x = 0 \\ &\frac{\partial \sigma_{xy}}{\partial x} + \frac{\partial \sigma_y}{\partial y} + \frac{\partial \sigma_{zy}}{\partial z} + y = 0 \\ &\frac{\partial \sigma_{xz}}{\partial x} + \frac{\partial \sigma_{yz}}{\partial y} + \frac{\partial \sigma_z}{\partial z} + z = 0 \end{aligned} \tag{5-3}$$

以及式（5-2）。上式即平衡微分方程，式中的 x、y、z 为作用于体微元的体积力分量。

（2）应力变换

应力变换用于确定两个坐标系下弹性体内应力分量之间的关系，即导出用原坐标系下的应力分量表示新坐标系下应力分量的关系式。对于复合材料，一个坐标系通常选取材料主轴，此坐标系称为正轴坐标系。相应的应力分量称为正轴应力［图5-8（a）］。另一坐标系是任意方向的，它通常是与结构件特性联系的坐标轴，此坐标系称为偏轴坐标系，相应的应力分量称为偏轴应力［图5-8（b）］。下面我们将导出偏轴应力与正轴应力的关系。

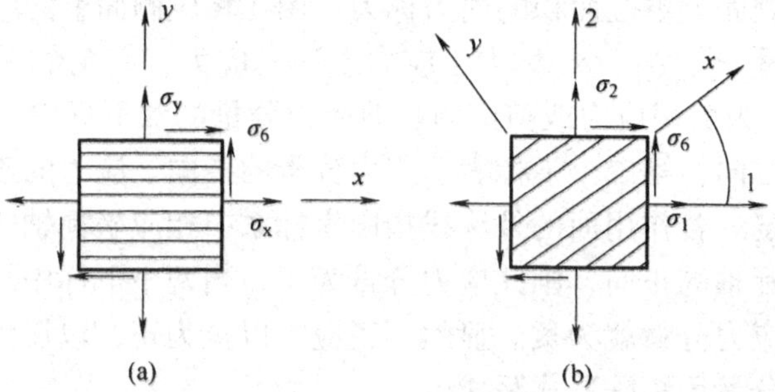

图5-8　单向复合材料的坐标系和相应的应力分量

（a）正轴情况　（b）偏轴情况

（3）幂函数形式变换公式

图5-8为单向复合材料的两个坐标系：$x-y$ 为正轴坐标系，1-2 为偏轴坐标系。坐标系 $x-y$ 相当于 1-2 坐标系旋转一个角度 θ，我们规定 θ 值的符号当 $x-y$

坐标系统 1－2 坐标系沿逆时针旋转为正，顺时针旋转为负。正轴应力分量和偏轴应力分量分别用 σ_x，σ_y，σ_s 和 σ_1，σ_2，σ_6 表示。现在的问题是找出是 σ_1，σ_2，σ_6 表示 σ_x，σ_y，σ_s 的关系式。

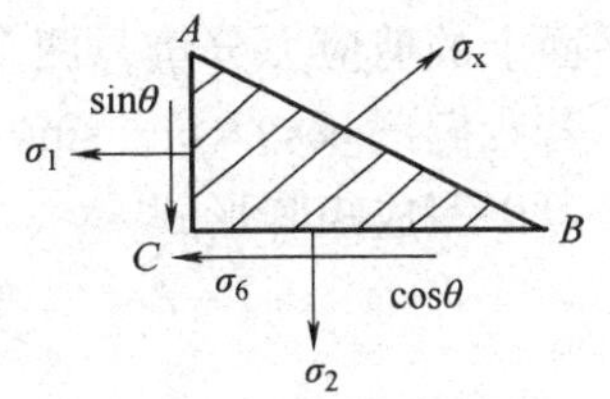

图 5－9　偏轴与正轴应力的关系

首先在 1－2 坐标系下的单元体上，垂直纤维方向取单位长度，切入一块楔形 ABC（图 5－9），此楔形 ABC 的三个边长分别为 1，cosθ，sinθ，在此楔形各边上作用的应力如图 5－9，由于在 1 方向静力平衡 $\sum F_1 = 0$，则有

$$\sigma_1\cos\theta + \sigma_6\sin\theta + \sigma_s\sin\theta - \sigma_x\cos\theta = 0 \tag{5-4}$$

在 2 方向静力平衡 $\sum F_2 = 0$ 有

$$\sigma_2\sin\theta + \sigma_6\cos\theta - \sigma_s\cos\theta - \sigma_x\sin\theta = 0 \tag{5-5}$$

由上两式联立解得

$$\sigma_z = \sigma_1\cos^2\theta + \sigma_2\sin^2\theta + 2\sigma_6\cos\theta\sin\theta \tag{5-6}$$

$$\sigma_s = -\sigma_1\cos\theta\sin\theta + \sigma_2\cos\theta\sin\theta + \sigma_6(\cos^2\theta - \sin^2\theta) \tag{5-7}$$

其次，沿纤维方向取单位长度，切出另一个楔形 DEB（图 5－10），此楔形边长分别 1，sinθ，cosθ，各边上作用的应力如图 5－11 所示。

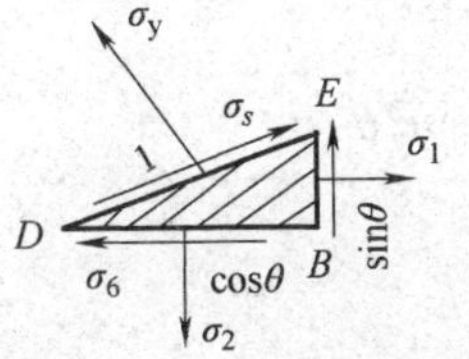

图 5－10　偏轴与正轴应力的关系

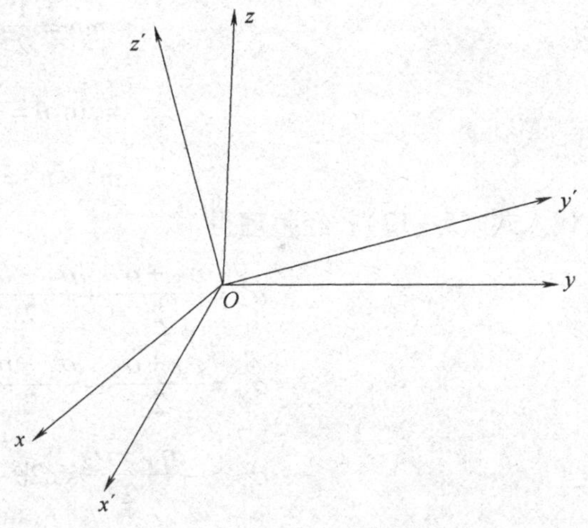

图 5－11　x'，y'，z' 和 x，y，z 坐标系

由于在 1、2 方向静力平衡，可分别得到

$$\sigma_1\sin\theta - \sigma_6\cos\theta + \sigma_s\cos\theta - \sigma_y\sin\theta = 0 \tag{5-8}$$

$$\sigma_2\cos\theta - \sigma_6\sin\theta - \sigma_s\sin\theta - \sigma_y\cos\theta = 0 \tag{5-9}$$

由此可联立解得

$$\sigma_y = \sigma_1\sin^2\theta + \sigma_2\cos^2\theta - 2\sigma_6\cos\theta\sin\theta \tag{5-10}$$

$$\sigma_s = -\sigma_1\cos\theta\sin\theta + \sigma_2\cos\theta\sin\theta + \sigma_6(\cos^2\theta - \sin^2\theta) \tag{5-11}$$

由式（5－7）与式（5－11）两式得到的两个正轴剪应力，是在两个互相垂直的相

邻平面上的剪应力分量，两个表达式是一模一样的，这就证明了前述剪应力互等关系。若我们记 $\cos\theta = m$，$\sin\theta = n$，则综合上列（5－6），（5－7）及（5－10）三式，可以写成矩阵形式

$$\begin{Bmatrix}\sigma_x\\ \sigma_y\\ \sigma_s\end{Bmatrix} = [T_\sigma]\begin{Bmatrix}\sigma_1\\ \sigma_2\\ \sigma_6\end{Bmatrix} \tag{5-12}$$

式中

$$[T_\sigma] = \begin{bmatrix} m^2 & n^2 & 2mn \\ n^2 & m^2 & -2mn \\ -mn & mn & m^2-n^2 \end{bmatrix} \tag{5-13}$$

称为应力变换矩阵。式（5－12）称为幂函数形式的变换公式。

（4）倍角函数形式变换公式

式（5－13）变换矩阵 $[T_\sigma]$ 的诸元素是三角函数的幂函数，这往往给工程计算带来不便，有必要对其进行简化。

按照下列三角恒等式

$$m^2 = \cos^2\theta = \frac{1+\cos2\theta}{2}$$

$$mn = \frac{1}{2}\sin2\theta$$

$$n^2 = \sin^2\theta = \frac{1-\cos2\theta}{2}$$

$$m^2 - n^2 = \cos2\theta$$

代入式（5－12），经整理得

$$\sigma_x = \frac{\sigma_1+\sigma_2}{2} + \frac{\sigma_1-\sigma_2}{2}\cos2\theta + \sigma_2\sin2\theta$$

$$\sigma_y = \frac{\sigma_1+\sigma_2}{2} - \frac{\sigma_1-\sigma_2}{2}\cos2\theta - \sigma_6\sin2\theta$$

$$\sigma_s = -\frac{\sigma_1+\sigma_2}{2}\sin2\theta + \sigma_6\cos2\theta \tag{5-14}$$

记线性组合 $\frac{\sigma_1+\sigma_2}{2} = p_\sigma$，$\frac{\sigma_1-\sigma_2}{2} = q_\sigma$，$\sigma_6 = r_\sigma$，于是上式又可写成

$$\sigma_x = p_\sigma + q_\sigma\cos2\theta + r_\sigma\sin2\theta$$
$$\sigma_y = p_\sigma - q_\sigma\cos2\theta - r_\sigma\sin2\theta$$
$$\sigma_s = -q_\sigma\sin2\theta + r_\sigma\cos2\theta$$

写式矩阵的形式是

$$\begin{Bmatrix}\sigma_x\\ \sigma_y\\ \sigma_s\end{Bmatrix} = \begin{Bmatrix} p_\sigma & q_\sigma & r_\sigma \\ p_\sigma & -q_\sigma & -r_\sigma \\ 0 & r_\sigma & -q_\sigma \end{Bmatrix}\begin{Bmatrix}1\\ \cos2\theta\\ \sin2\theta\end{Bmatrix} \tag{5-15a}$$

或

$$\begin{Bmatrix}\sigma_x\\ \sigma_y\\ \sigma_s\end{Bmatrix}=\begin{Bmatrix}1 & \cos2\theta & \sin2\theta\\ 1 & -\cos2\theta & -\sin2\theta\\ 1 & -\sin2\theta & \cos2\theta\end{Bmatrix}\begin{Bmatrix}p_\sigma\\ q_\sigma\\ r_\sigma\end{Bmatrix} \tag{5-15b}$$

这就是倍角函数的应力变换公式。

(5) 应力转轴公式

现在讨论坐标转轴时对应力分量的影响。取新坐标系为(x', y', z'),如图5-11所示。新与原坐标系的方向余弦列于表5-1。

表5-1　　新坐标与原坐标的方向余弦

	x	y	z
x'	l_1	m_1	n_1
y'	l_2	m_2	n_2
z'	l_3	m_3	n_3

在物体内任一点,分别取外法线方向为x',y'和z'的三个斜截面,斜截面上的应力(X、Y、Z)沿着x,y和z坐标方向的分量可以按式(5-12)求得,合并写成矩阵形式为

$$\begin{bmatrix}X_{x'} & X_{y'} & X_{z'}\\ Y_{x'} & Y_{y'} & Y_{z'}\\ Z_{x'} & Z_{y'} & Z_{z'}\end{bmatrix}=\begin{bmatrix}\sigma_x & \sigma_{xy} & \sigma_{zx}\\ \sigma_{xy} & \sigma_y & \sigma_{yz}\\ \sigma_{zx} & \sigma_{yz} & \sigma_z\end{bmatrix}\begin{bmatrix}l_1 & l_2 & l_3\\ m_1 & m_2 & m_3\\ n_1 & n_2 & n_3\end{bmatrix} \tag{5-16}$$

再将这些应力分量向新坐标轴方向投影,如在x'面上的$X_{x'}$、$Y_{x'}$和$Z_{x'}$向x'方向投影,可得

$$\begin{aligned}\sigma_{x'}&=X_{x'}\cos(x,x')+Y_{x'}\cos(y,x')+z_{x'}\cos(z,x')\\&=X_{x'}l_1+Y_{x'}m_1+Z_{x'}n_1\end{aligned}$$

将所有分量的投影结果合并写成矩阵形式

$$\begin{bmatrix}\sigma_{x'} & \sigma_{x'y'} & \sigma_{z'x'}\\ \sigma_{x'y'} & \sigma_{y'} & \sigma_{y'z'}\\ \sigma_{z'x'} & \sigma_{y'z'} & \sigma_{z'}\end{bmatrix}=\begin{bmatrix}l_1 & m_1 & n_1\\ l_2 & m_2 & n_2\\ l_3 & m_3 & n_3\end{bmatrix}\begin{bmatrix}X_{x'} & X_{y'} & X_{z'}\\ Y_{x'} & Y_{y'} & Y_{z'}\\ Z_{x'} & Z_{y'} & Z_{z'}\end{bmatrix} \tag{5-17}$$

将式(5-16)代入式(5-17),得到应力转轴公式

$$\begin{bmatrix}\sigma_{x'} & \sigma_{x'y'} & \sigma_{z'x'}\\ \sigma_{x'y'} & \sigma_{y'} & \sigma_{y'z'}\\ \sigma_{z'x'} & \sigma_{y'z'} & \sigma_{z'}\end{bmatrix}=\begin{bmatrix}l_1 & m_1 & n_1\\ l_2 & m_2 & n_2\\ l_3 & m_3 & n_3\end{bmatrix}\begin{bmatrix}\sigma_x & \sigma_{xy} & \sigma_{zx}\\ \sigma_{xy} & \sigma_y & \sigma_{yz}\\ \sigma_{zx} & \sigma_{yz} & \sigma_z\end{bmatrix}\begin{bmatrix}l_1 & l_2 & l_3\\ m_1 & m_2 & m_3\\ n_1 & n_2 & n_3\end{bmatrix} \tag{5-18}$$

简记为 $[\sigma'] = [l][\sigma][l]$

将式(5-18)展开,并按一定次序排列应力分量,可得另一种形式的应力分量转轴公式

$$\begin{bmatrix}\sigma_{x'}\\ \sigma_{y'}\\ \sigma_{z'}\\ \sigma_{y'z'}\\ \sigma_{z'x'}\\ \sigma_{x'y'}\end{bmatrix}=\begin{bmatrix} l_1^2 & m_1^2 & n_1^2 & 2m_1n_1 & 2n_1l_1 & 2l_1m_1\\ l_2^2 & m_2^2 & n_2^2 & 2m_2n_2 & 2n_2l_2 & 2l_2m_2\\ l_3^2 & m_3^2 & m_3^2 & 2m_3n_3 & 2n_3l_3 & 2l_3m_3\\ l_2l_3 & m_2m_3 & n_2n_3 & m_2n_3+m_3n_2 & n_2l_3+n_3l_2 & l_2m_3+l_3m_2\\ l_3l_1 & m_3m_1 & n_3n_1 & m_3n_1+m_1n_3 & n_3l_1+n_1l_3 & l_3m_1+l_1m_3\\ l_1l_2 & m_1m_2 & n_1n_2 & m_1n_2+m_2n_1 & n_1l_2+n_2l_1 & l_1m_2+l_2m_1\end{bmatrix}\begin{bmatrix}\sigma_x\\ \sigma_y\\ \sigma_z\\ \sigma_{yz}\\ \sigma_{zx}\\ \sigma_{xy}\end{bmatrix}$$

(5－19)

简记为

$$\{\sigma_{x'}\}=[T]_\sigma\{\sigma_x\}$$

令 z' 轴与 z 轴重合，于是 $l_3=m_3=n_1=n_2=0$，$n_3=1$ 代入式（5－19），得

$$\begin{bmatrix}\sigma_{x'}\\ \sigma_{y'}\\ \sigma_{z'}\\ \sigma_{y'z'}\\ \sigma_{z'x'}\\ \sigma_{x'y'}\end{bmatrix}=\begin{bmatrix} l_1^2 & m_1^2 & 0 & 0 & 0 & 2l_1m_1\\ l_2^2 & m_2^2 & 0 & 0 & 0 & 2l_2m_2\\ 0 & 0 & 1 & 0 & 0 & 0\\ 0 & 0 & 0 & m_2 & l_2 & 0\\ 0 & 0 & 0 & m_1 & l_1 & 0\\ l_1l_2 & m_1m_2 & 0 & 0 & 0 & l_1m_2+l_2m_1\end{bmatrix}\begin{bmatrix}\sigma_x\\ \sigma_y\\ \sigma_z\\ \sigma_{yz}\\ \sigma_{zx}\\ \sigma_{xy}\end{bmatrix} \quad (5-20)$$

若再设与 z 方向有关的应力分量为零，则空间问题转变成平面问题，式（5－20）变为平面问题，式（5－20）变为平面问题的应力转轴公式，即

$$\begin{bmatrix}\sigma_{x'}\\ \sigma_{y'}\\ \sigma_{x'y'}\end{bmatrix}=\begin{bmatrix} l_1^2 & m_1^2 & 2l_1m_1\\ l_2^2 & m_2^2 & 2l_2m_2\\ l_1l_2 & m_1m_2 & l_1m_2+l_2m_1\end{bmatrix}\begin{bmatrix}\sigma_x\\ \sigma_y\\ \sigma_{xy}\end{bmatrix} \quad (5-21)$$

5.2.1.2 应变

应变是对弹性体变形的度量。处在空间直角坐标系内的物体，当受外力作用时，将发生位置改变（平移或旋转）和形状大小变化。如图 5－12 到新位置 P'（x'，y'，z'），其位移矢量为 r，将位移矢量 r 投影到三个坐标轴上，各分量分别为 $u=x'-x$，$v=y'-y$，$w=z'-z$ 一般情况下，位移矢量是物体内各点坐标的函数。如再观察此物体上另一点 Q（x_1，y_1，z_1），Q 点的位移矢量投影为 $u_1=x'_1-x_1$，$v_1=y'_1-y_1$，$w_1=z'_1-z_1$。

为了分析方便，我们在物体内取一微元六面体，它对三个坐标平面的投影是矩形〔图 5－13（a）〕。显然，变形后的六面体在三个坐标平面内投影也将发生改变。我们首先讨论在 xoy 平面上的投影〔图 5－13（b）〕，若 A 点坐标为 A（x，y），则其余各点的坐标将分别为 B（$x+\mathrm{d}x$，y）、C（x，$y+\mathrm{d}y$）、O（$x+\mathrm{d}x$，

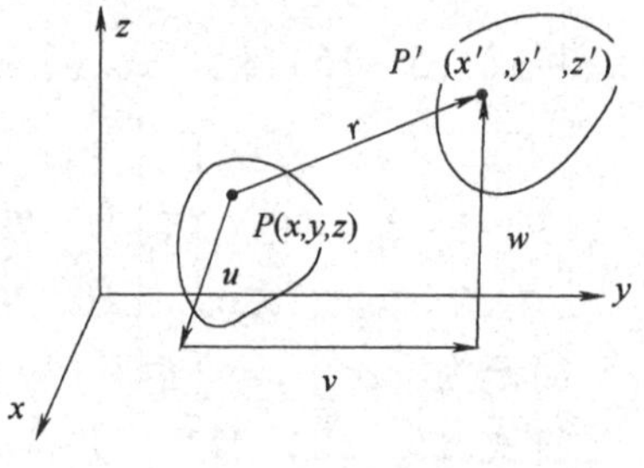

图 5－12 位移与位移矢量

$y+dy$)，变形后若 A 点移到 A' 的位移分量为 u、v，则各点的坐标分别是 $A'[z+u(x,y), y+v(x,y)]$、$B'[x+dx+u(x+dx,y), y+v(x+dx,y)]$，$C'[x+u(x,y+dy), y+dy+v(x,y+dy)]$、$D'[x+dx+u(x+dx,y+dy), y+dy+v(x+dx,y+dy)]$。考虑到变形是微小的，则 B 点的位移可在 x、y 的领域内按台劳级数展开并略去高阶微量，即

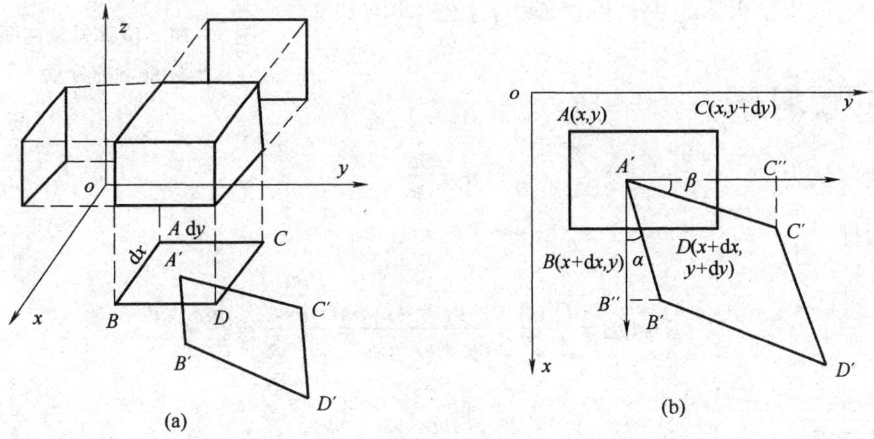

图 5－13　微元体的位移与变形

B 到 B' 的位移
$$u_B(x+dx,y)=u_A(x,y)+\frac{\partial u}{\partial x}dx$$
$$v_B(x+dx,y)=v_A(x,y)+\frac{\partial v}{\partial x}dx$$

C 到 C' 的位移
$$u_C(x,y+dy)=u_A(x,y)+\frac{\partial u}{\partial y}dy$$
$$v_C(x,y+dx)=v_A(x,y)+\frac{\partial v}{\partial y}dy$$

当我们仅考察线段 AB 变成 $A'B'$ 的伸长量在 x 方向上的投影时，则有
$$(A'B')_x-(AB)_x=[dx+u_B(x+dx,y)-u_A]-dx=u_B-u_A=\frac{\partial u}{\partial x}dx$$

其相对伸长
$$\frac{(A'B')_x-(AB)_x}{AB}=\frac{\partial u}{\partial x}=\varepsilon_x \tag{5-22}$$

我们称 ε_x 为 x 方向的线应变分量。同理，当考察线段 AC 的变化时，可得 y 方向的线应变分量 ε_y
$$\varepsilon_y=\frac{\partial v}{\partial y} \tag{5-23}$$

现在考虑物体形状的变化。图 5－14 表明变形后的 $A'B'$ 及 $C'D'$，分别相对于

原来线段旋转了角度 α 和 β，我们定义物体的剪应变 ε_s 为

$$\varepsilon_s = \alpha + \beta$$

根据上述的位移关系可得

$$\alpha \approx \mathrm{tg}\alpha \frac{B'B''}{A'B''} = \frac{v_B - v_A}{\mathrm{d}x + u_B - u_A} = \frac{\frac{\partial u}{\partial x}}{1 + \frac{\partial u}{\partial x}}$$

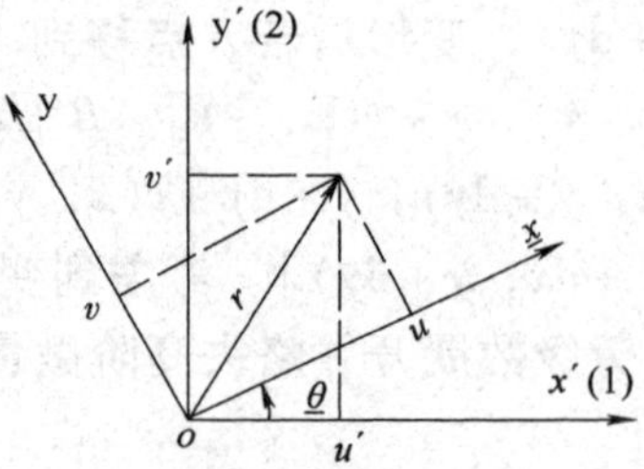

图 5 - 14　位移矢量在两坐标系下的分量

由于$\frac{\partial u}{\partial x} \leqslant 1$

故可认为　$$\alpha = \frac{\partial v}{\partial x}$$

同理

$$\beta \approx \mathrm{tg}\beta = \frac{C'C''}{A'C''} = \frac{u_C - u_A}{\mathrm{d}y + v_C - v_A} = \frac{\frac{\partial u}{\partial y}}{1 + \frac{\partial v}{\partial y}} \approx \frac{\partial u}{\partial y}$$

从而得

$$\varepsilon_s = \frac{\partial u}{\partial y} + \frac{\partial v}{\partial x} \tag{5-24}$$

如上所述，当考察微元体 yoz 在 zox 平面上的投影时，我们可得其余的几个应变分量

$$\varepsilon_z = \frac{\partial w}{\partial z}; \varepsilon_t = \frac{\partial v}{\partial z} + \frac{\partial w}{\partial y}; \varepsilon_r = \frac{\partial u}{\partial z} + \frac{\partial w}{\partial x}$$

（1）应变变换

和应力的变换一样，我们仅考虑二维状态下的应变变换。取如图 5 - 14 所示的两坐标系，$x-y$ 坐标系由 $x'-y'$（即 1 - 2）坐标系旋转 θ 角得到、位移矢量 r 在两坐标系下的分量分别为 u，v 及 u'，v'，则可得到

$$u = mu' + nv'$$
$$v = -nu' + mv' \tag{5-25}$$

式中　$m = \cos\theta$，$n = \sin\theta$

根据应变分量和位移分量的关系，在 $x-y$ 坐标系下代入式（5 - 25），则有

$$\varepsilon_x = \frac{\partial u}{\partial x} = m\frac{\partial u'}{\partial x} + n\frac{\partial v'}{\partial x} \tag{5-26}$$

$$\varepsilon_y = \frac{\partial v}{\partial y} = -n\frac{\partial u'}{\partial y} + m\frac{\partial v'}{\partial y} \tag{5-27}$$

$$\varepsilon_s = \frac{\partial u}{\partial y} + \frac{\partial v}{\partial x} = m\frac{\partial u'}{\partial y} + n\frac{\partial u'}{\partial y} + m\frac{\partial v'}{\partial x} - n\frac{\partial u'}{\partial x} \tag{5-28}$$

由于位移分量是坐标的函数，即

$$u' = f(x', y'); v' = g(x', y')$$

而两坐标系之间有下列关系

$$x' = mx - ny;\ y' = nx + my \tag{5-29}$$

根据复合函数的导数规则，式（5－26）变成

$$\varepsilon_x = \frac{\partial u}{\partial x} = \left(\frac{\partial u'}{\partial x'} \cdot \frac{\partial x'}{\partial x} + \frac{\partial u'}{\partial y'} \cdot \frac{\partial y'}{\partial x}\right)m + \left(\frac{\partial v'}{\partial x'} \cdot \frac{\partial x'}{\partial x} + \frac{\partial v'}{\partial y'} \cdot \frac{\partial y'}{\partial x}\right)n \tag{5-30}$$

在 $x'-y'$坐标系内，位移与应变的关系仍然是

$$\frac{\partial u'}{\partial x} = \varepsilon_1,\ \frac{\partial v'}{\partial y'} = \varepsilon_2,\ \frac{\partial u'}{\partial y'} + \frac{\partial v'}{\partial x'} = \varepsilon_6 \tag{5-31}$$

而由式（5－29）可得

$$\frac{\partial x'}{\partial x} = m;\ \frac{\partial y'}{\partial x} = n$$

$$\frac{\partial x'}{\partial y} = -n;\ \frac{\partial y'}{\partial y} = m \tag{5-32}$$

将式（5－31）和式（5－32）代入式（5－30）中，得

$$\varepsilon_x = m^2\varepsilon_1 + n^2\varepsilon_2 + mn\varepsilon_6 \tag{5-33}$$

同理，由式（5－27）和式（5－28）可得

$$\varepsilon_y = n^2\varepsilon_1 + m^2\varepsilon_2 - mn\varepsilon_6 \tag{5-34}$$

$$\varepsilon_s = -2mn\varepsilon_1 + 2mn\varepsilon_2 + (m^2 - n^2)\varepsilon_6 \tag{5-35}$$

综合上述三式可以写成矩阵形式

$$\begin{Bmatrix} \varepsilon_x \\ \varepsilon_y \\ \varepsilon_s \end{Bmatrix} = [T_\varepsilon]\begin{Bmatrix} \varepsilon_1 \\ \varepsilon_2 \\ \varepsilon_6 \end{Bmatrix} \tag{5-36}$$

式中

$$[T_\varepsilon] = \begin{Bmatrix} m^2 & n^2 & mn \\ n^2 & m^2 & -mn \\ -2mn & 2mn & m^2 - n^2 \end{Bmatrix} \tag{5-37}$$

称为应变变换矩阵。容易证明 $[T_\varepsilon] = [T_\sigma^T]^{-1}$

类似应力线性组合，我们引进应变线性组合

$$p_\varepsilon = \frac{1}{2}(\varepsilon_1 + \varepsilon_2)$$

$$q_\varepsilon = \frac{1}{2}(\varepsilon_1 - \varepsilon_2)$$

$$r_\varepsilon = \frac{1}{2}\varepsilon_6$$

并考虑三角函数的倍角公式。亦可导出倍角函数形式的应变变换公式：

$$\begin{Bmatrix} \varepsilon_x \\ \varepsilon_y \\ \varepsilon_s \end{Bmatrix} = \begin{bmatrix} p_\varepsilon & q_\varepsilon & r_\varepsilon \\ p_\varepsilon & -q_\varepsilon & -r_\varepsilon \\ 0 & 2r_\varepsilon & -2q_\varepsilon \end{bmatrix}\begin{Bmatrix} 1 \\ \cos2\theta \\ \sin2\theta \end{Bmatrix} \tag{5-38a}$$

或

$$\begin{Bmatrix} \varepsilon_x \\ \varepsilon_y \\ \varepsilon_s \end{Bmatrix} = \begin{bmatrix} 1 & \cos 2\theta & \sin 2\theta \\ 1 & -\cos 2\theta & -\sin 2\theta \\ 0 & -2\sin 2\theta & 2\cos 2\theta \end{bmatrix} \begin{Bmatrix} p_\varepsilon \\ q_\varepsilon \\ r_\varepsilon \end{Bmatrix} \qquad (5-38\text{b})$$

现在考察应变线性组合的性质。如果取

$$\bar{p}_\varepsilon = \frac{1}{2}(\varepsilon_x + \varepsilon_y)$$

并代入式（5－38b）的前两式，则可发现

$$\begin{aligned} \bar{p}_\varepsilon &= \frac{1}{2}[(p_\varepsilon + q_\varepsilon \cos 2\theta + r_\varepsilon \sin 2\theta) + (p_\varepsilon - q_\varepsilon \cos 2\theta - r_\varepsilon \sin 2\theta)] \\ &= \frac{1}{2}(\varepsilon_1 + \varepsilon_2) = p_\varepsilon \end{aligned}$$

即应变的线性组合 p_ε 也保持有不变量的特性，称为应变的阶不变量，并记为 I_ε，若再引进组合

$$\bar{p}_\varepsilon = \frac{1}{2}(\varepsilon_x - \varepsilon_y); \bar{r}_\varepsilon = \frac{1}{2}\varepsilon_s$$

做平方和：

$$\bar{R}_\varepsilon^2 = \bar{q}_\varepsilon^2 + \bar{r}_\varepsilon^2$$

并代入式（5－38b）的各式，亦可得

$$\bar{R}_\varepsilon^2 = q_\varepsilon^2 + r_\varepsilon^2 = R_\varepsilon^2$$

$\bar{R}_\varepsilon$ 称为应变的二阶不变量。由上式我们同样可得

$$q_\varepsilon = R_\varepsilon \cos 2\theta$$

$$r_\varepsilon = R_\varepsilon \sin 2\theta$$

$$2\theta_0 = \mathrm{tg}^{-1} \frac{r_\varepsilon}{q_\varepsilon}$$

于是式（5－38）的应变变换公式可改写为

$$\begin{Bmatrix} \varepsilon_x \\ \varepsilon_y \\ \varepsilon_s \end{Bmatrix} = \begin{bmatrix} 1 & \cos 2(\theta_0 - \theta) \\ 1 & -\cos 2(\theta_0 - \theta) \\ 0 & 2\sin 2(\theta_0 - \theta) \end{bmatrix} \begin{Bmatrix} I_\varepsilon \\ R_\varepsilon \end{Bmatrix} \qquad (5-39)$$

（2）应力－应变关系

广义虎克定律　对一般材料的弹性分析，已建立了用广义虎克定律表达的应力－应变关系，对于均质各向同性体的平面应力状态，它们的表达式为

$$\sigma_x = \frac{E}{1-v^2}\varepsilon_x + \frac{vE}{1-v^2}\varepsilon_y$$

$$\sigma_y = \frac{vE}{1-v^2}\varepsilon_x + \frac{E}{1-v^2}\varepsilon_y$$

$$\sigma_s = G\varepsilon_s$$

可见任意应力分量与各应变分量之间存在一定的联系。如上所述，对于弹性体的最普遍情况，一点的应力状态有六个分量，而一点的应变状态也可用六个分量来描述。因而联系一点的应力与应变之间关系的最普遍的情况应是

$$\begin{aligned}\sigma_x &= f_1(\varepsilon_x,\varepsilon_y,\varepsilon_z,\varepsilon_t,\varepsilon_r,\varepsilon_s)\\ \sigma_y &= f_2(\varepsilon_x,\varepsilon_y,\varepsilon_z,\varepsilon_t,\varepsilon_r,\varepsilon_s)\\ &\vdots\\ \sigma_s &= f_6(\varepsilon_x,\varepsilon_y,\varepsilon_z,\varepsilon_t,\varepsilon_r,\varepsilon_s)\end{aligned} \tag{5-40}$$

如果变形是微小的，即 $\varepsilon_i \ll$（$i=x$，y，x，t，r，s），则式（5－40）可用台劳级数在 $\varepsilon_i=0$ 附近展开，略去二阶微量。第一式为

$$\sigma_x = f_1(0,\cdots\cdots,0) + \frac{\partial f_1}{\partial \varepsilon_x}\varepsilon_x + \frac{\partial f_1}{\partial \varepsilon_y}\varepsilon_y + \frac{\partial f_1}{\partial \varepsilon_z}\varepsilon_z + \frac{\partial f_1}{\partial \varepsilon_r}\varepsilon_r + \frac{\partial f_1}{\partial \varepsilon_t}\varepsilon_t + \frac{\partial f_1}{\partial \varepsilon_s}\varepsilon_s$$

同样可展开其余各式。对无初应力的弹性体来讲，当 $\varepsilon_i=0$ 时，应力分量亦为零。从而 $f_i(0，\cdots\cdots，0)=0$，但 $\frac{\partial f_1}{\partial \varepsilon_i}$ 诸项不为零。此时式（5－40）可写成：

$$\begin{aligned}\sigma_x &= C_{11}\varepsilon_x + C_{12}\varepsilon_y + C_{13}\varepsilon_z + C_{14}\varepsilon_t + C_{15}\varepsilon_r + C_{16}\varepsilon_s\\ \sigma_y &= C_{21}\varepsilon_x + C_{22}\varepsilon_y + C_{23}\varepsilon_z + C_{24}\varepsilon_t + C_{25}\varepsilon_r + C_{26}\varepsilon_s\\ \sigma_z &= C_{31}\varepsilon_x + C_{32}\varepsilon_y + C_{33}\varepsilon_z + C_{34}\varepsilon_t + C_{35}\varepsilon_r + C_{36}\varepsilon_s\\ \sigma_t &= C_{41}\varepsilon_x + C_{42}\varepsilon_y + C_{43}\varepsilon_z + C_{44}\varepsilon_t + C_{45}\varepsilon_r + C_{46}\varepsilon_s\\ \sigma_r &= C_{51}\varepsilon_x + C_{52}\varepsilon_y + C_{53}\varepsilon_z + C_{54}\varepsilon_t + C_{55}\varepsilon_r + C_{56}\varepsilon_s\\ \sigma_s &= C_{61}\varepsilon_x + C_{62}\varepsilon_y + C_{63}\varepsilon_z + C_{64}\varepsilon_t + C_{65}\varepsilon_r + C_{66}\varepsilon_s\end{aligned} \tag{5-41}$$

对于非均匀的一般弹性体而言，式中的 C_{ij}（i，$j=1$，2，3…6），应该是随弹性体内点的位置而异，也就是说它们是位置坐标的函数。但对于一个均匀的弹性体，若各点的应力状态相同时，必对应有相同的应变状态。反之当弹性体内各点有同样的应变状态时，则必有相同的应力状态，从而说明上式中的各系数 C_{ij} 并不因弹性体内各点的位置而异。对一定的材料，它们应是确定的常数。C_{ij} 通常被称为刚度系数，$[C_{ij}]$ 称为刚度矩阵。式（5－41）就是广义虎克定律的数学表达式，可写成矩阵形式：

$$\begin{Bmatrix}\sigma_x\\ \sigma_y\\ \sigma_z\\ \sigma_t\\ \sigma_r\\ \sigma_s\end{Bmatrix} = \begin{Bmatrix}C_{11} & C_{12} & C_{13} & C_{14} & C_{15} & C_{16}\\ C_{21} & C_{22} & C_{23} & C_{24} & C_{25} & C_{26}\\ C_{31} & C_{32} & C_{33} & C_{34} & C_{35} & C_{36}\\ C_{41} & C_{42} & C_{43} & C_{44} & C_{45} & C_{46}\\ C_{51} & C_{52} & C_{53} & C_{54} & C_{55} & C_{56}\\ C_{61} & C_{62} & C_{63} & C_{64} & C_{65} & C_{66}\end{Bmatrix} \begin{Bmatrix}\varepsilon_x\\ \varepsilon_y\\ \varepsilon_z\\ \varepsilon_t\\ \varepsilon_r\\ \varepsilon_s\end{Bmatrix} \tag{5-42}$$

对式（5－42）作逆交换，可得到应变－应力关系

$$\begin{Bmatrix}\varepsilon_x\\ \varepsilon_y\\ \varepsilon_z\\ \varepsilon_t\\ \varepsilon_r\\ \varepsilon_s\end{Bmatrix}=\begin{Bmatrix}S_{11} & S_{12} & S_{13} & S_{14} & S_{15} & S_{16}\\ S_{21} & S_{22} & S_{23} & S_{24} & S_{25} & S_{26}\\ S_{31} & S_{32} & S_{33} & S_{34} & S_{35} & S_{36}\\ S_{41} & S_{42} & S_{43} & S_{44} & S_{45} & S_{46}\\ S_{51} & S_{52} & S_{53} & S_{54} & S_{55} & S_{56}\\ S_{61} & S_{62} & S_{63} & S_{64} & S_{65} & S_{66}\end{Bmatrix}\begin{Bmatrix}\sigma_x\\ \sigma_y\\ \sigma_z\\ \sigma_t\\ \sigma_r\\ \sigma_s\end{Bmatrix} \tag{5-43}$$

式中　S_{ij}（i，j=1，2，3…6）称为弹性体的柔度系数，$[S_{ij}]$ 称为柔度矩阵。显然，柔度矩阵和刚度矩阵是互逆的，即

$$[C]=[S]^{-1}\qquad [S]=[C]^{-1}$$

从以上内容可知，弹性常数共有 36 个，但可以证明，对于均质各向异性弹性体，$S_{ij}=S_{ji}$ 和 $C_{ij}=C_{ji}$，因此弹性常数最多只有 21 个是独立的。材料的对称性越高，独立弹性常数的个数越少，例如，在对称性最高的各向同性体中只有两个独立的弹性常数。表 5－2 列出各种晶体独立弹性常数的个数。

（3）弹性应变能

弹性体受力作用发生形变时，外力要作功。在等温条件下，若缓慢卸去载荷后弹性体能完全恢复到初始状态，还回全部外力功。因此可以认为外力功全部以能量的形式贮存在弹性体内，这种能量即弹性应变能，用字母 u 表示，单位体积内的弹性应变能称为应变能密度函数用 u_0 表示。

表 5－2　　各种晶体独立弹性常数的个数

晶　系	独立弹性常数的个数	晶系	独立弹性常数的个数	晶系	独立弹性常数的个数
三斜	21	单斜	13	斜方	9
四方	6	六方	5	立方	3
各向同性体	2				

根据弹性力学，如果在外力作用下，体微元的应变状态从（ε_x，ε_y，$\cdots\varepsilon_s$）变为（$\varepsilon_x+\mathrm{d}x$，$\varepsilon_y+\mathrm{d}\varepsilon_y\cdots\cdots\varepsilon_s+\mathrm{d}s$），则在此过程中单位体积的应变能为

$$\mathrm{d}u_0=\sigma_x\mathrm{d}\varepsilon_x+\sigma_y\mathrm{d}_y+\sigma_z\mathrm{d}\varepsilon_z+\sigma_t\mathrm{d}\varepsilon_t+\sigma_t\mathrm{d}\varepsilon_r+\sigma_s\mathrm{d}\varepsilon_s \tag{5-44}$$

在应变从零缓慢增加到终应变（ε_x，ε_y，$\cdots\varepsilon_s$）的整个加载过程中，对式(5－44)沿加载顺序积分，可以求出

$$u_0=\frac{1}{2}(\sigma_x\varepsilon_x+\sigma_y\varepsilon_y+\sigma_z\varepsilon_z+\sigma_t\varepsilon_t+\sigma_r\varepsilon_r+\sigma_s\varepsilon_s) \tag{5-45}$$

写成矩阵形式

$$u_0=\frac{1}{2}\{\sigma_i\}^{7}\{\varepsilon_i\} \tag{5-46}$$

在均质弹性体中，材料性质不随坐标位置而变，弹性应变能是应变分量 ε_x，ε_y…，ε_s 的函数，而且只取决于应变最终值。从数学上讲，u_0 是应变状态的单值函数，与积分路径无关，所以 du_0 应为 u_0 对应变分量的全微分，即

$$du_0=\frac{\partial u_0}{\partial\varepsilon_x}d\varepsilon_x+\frac{\partial u_0}{\partial\varepsilon_y}d\varepsilon_y+\frac{\partial u_0}{\partial\varepsilon_z}d\varepsilon_z+\frac{\partial u_0}{\partial\varepsilon_t}d\varepsilon_t+\frac{\partial u_0}{\partial\varepsilon_r}d\varepsilon_r+\frac{\partial u_0}{\partial\varepsilon_s}d\varepsilon_s$$

将上式与式（5－44）比较，可得

$$\begin{aligned}&\frac{\partial u_0}{\partial\varepsilon_x}=\sigma_x\qquad \frac{\partial u_0}{\partial\varepsilon_y}=\sigma_y\qquad \frac{\partial u_0}{\partial\varepsilon_z}=\sigma_z\\&\frac{\partial u_0}{\partial\varepsilon_t}=\sigma_t\qquad \frac{\partial u_0}{\partial\varepsilon_r}=\sigma_r\qquad \frac{\partial u}{\partial\varepsilon_s}=\sigma_s\end{aligned}\tag{5-47}$$

将式（5－47）代入广义虎克定律式（5－42），得

$$\begin{bmatrix}\frac{\partial u_0}{\partial\varepsilon_x}\\\frac{\partial u_0}{\partial\varepsilon_y}\\\vdots\\\vdots\\\frac{\partial u_0}{\partial\varepsilon_s}\end{bmatrix}=\begin{bmatrix}C_{11}&C_{12}&\cdots\cdots&C_{16}\\C_{21}&C_{22}&\cdots\cdots&C_{26}\\C_{31}&C_{32}&\cdots\cdots&C_{36}\\C_{41}&C_{42}&\cdots\cdots&C_{46}\\C_{51}&C_{52}&\cdots\cdots&C_{56}\\C_{61}&C_{62}&\cdots\cdots&C_{66}\end{bmatrix}\begin{bmatrix}\varepsilon_x\\\varepsilon_y\\\vdots\\\vdots\\\vdots\\\varepsilon_s\end{bmatrix}$$

若将上式的第一式和第二式分别对 ε_y 和 ε_x 求编导数，则

$$\frac{\partial^2u_0}{\partial\varepsilon_x\partial\varepsilon_y}=C_{12}\qquad \frac{\partial^2u_0}{\partial\varepsilon_y\partial\varepsilon_x}=C_{21}$$

因导数与微分的顺序无关，故

$$C_{12}=C_{21}$$

同理，可以证明其他刚度常数之间也存在类似关系，即

$$C_{ij}=C_{ji}(i,j=1,2\cdots\cdots6)$$

这个结果说明刚度矩阵［C_{ij}］是对称矩阵。柔度矩阵［S_{ij}］是刚度矩阵的逆矩阵，所以也是对称矩阵。可见，对于均质各向异性弹性体，独立的弹性常数为 21 个是最普遍的情况。

若将应力－应变关系式（5－42）代入式（5－45）展开得

$$\begin{aligned}u_0=&\frac{1}{2}C_{11}\varepsilon_x^2+C_{12}\varepsilon_x\varepsilon_y+C_{13}\varepsilon_x\varepsilon_z+C_{14}\varepsilon_x\varepsilon_t+C_{15}\varepsilon_x\varepsilon_r+C_{16}\varepsilon_x\varepsilon_s+\\&\frac{1}{2}C_{22}\varepsilon_y^2+C_{23}\varepsilon_y\varepsilon_z+C_{24}\varepsilon_y\varepsilon_t+C_{25}\varepsilon_y\varepsilon_r+C_{26}\varepsilon_y\varepsilon_s+\\&\frac{1}{2}C_{33}\varepsilon_z^2+C_{34}\varepsilon_z\varepsilon_t+C_{35}\varepsilon_z\varepsilon_r+C_{36}\varepsilon_z\varepsilon_s+\\&\frac{1}{2}C_{44}\varepsilon_t^2+C_{45}\varepsilon_t\varepsilon_r+C_{45}\varepsilon_t\varepsilon_s+\end{aligned}\tag{5-48}$$

$$\frac{1}{2}C_{55}\varepsilon_t^2 + C_{56}\varepsilon_t\varepsilon_s +$$

$$\frac{1}{2}C_{66}\varepsilon_r^2$$

或者写成

$$u_0 = \frac{1}{2}\{\varepsilon_x\}^7[C]\{\varepsilon_x\} \tag{5-49}$$

类似地，将式（5－43）代入式（5－45）可得

$$u_0 = \frac{1}{2}\{\sigma_x\}^7[S]\{\sigma_x\} \tag{5-50}$$

5.2.1.3　特殊材料的虎克定律

在均质弹性体中，若过每一点沿不同方向都具有不同的弹性特性，这种弹性体称为一般各向异性体，它具有21个独立的弹性常数，如果过每一点沿不同方向的弹性特性相同，此时弹性体就是各向同性体，其独立的弹性常数只有2个。但是，工程上使用的材料其内部结构往往具有一定的对称性，如纤维增强单向板，沿纤维方向和垂直于纤维方向的性能是完全不同的，而在垂直于纤维的各个方向上材料的性能却是相同的，利用材料存在的某种对称性，可以简化广义虎克定律和弹性应变能密度函数，对于有一个弹性对称面的材料（称为单斜系材料），假定相对于XOY平面对称，则其刚度矩阵和柔度矩阵是

$$[C_{ij}] = \begin{Bmatrix} C_{11} & C_{12} & C_{13} & 0 & 0 & C_{16} \\ & C_{22} & C_{23} & 0 & 0 & C_{26} \\ & & C_{33} & 0 & 0 & C_{36} \\ & \text{对称} & & C_{44} & C_{45} & 0 \\ & & & & C_{55} & 0 \\ & & & & & C_{66} \end{Bmatrix} \tag{5-51}$$

和

$$[S_{ij}] = \begin{Bmatrix} S_{11} & S_{12} & S_{13} & 0 & 0 & S_{16} \\ & S_{22} & S_{23} & 0 & 0 & S_{26} \\ & & S_{33} & 0 & 0 & S_{36} \\ & \text{对称} & & S_{44} & S_{45} & 0 \\ & & & & S_{45} & 0 \\ & & & & & S_{66} \end{Bmatrix} \tag{5-52}$$

此时独立的弹性常数是13个。

存在着三个互相垂直的弹性对称面的材料称为正交异性材料，它的刚度矩阵为

$$
[C_{ij}]=\left\{\begin{array}{cccccc}
C_{11} & C_{12} & C_{13} & 0 & 0 & 0 \\
 & C_{22} & C_{23} & 0 & 0 & 0 \\
 & & C_{33} & 0 & 0 & 0 \\
 & \text{对称} & & C_{44} & 0 & 0 \\
 & & & & C_{55} & 0 \\
 & & & & & C_{66}
\end{array}\right\} \tag{5-53}
$$

柔度矩阵为

$$
[S_{ij}]=\left\{\begin{array}{cccccc}
S_{11} & S_{12} & S_{13} & 0 & 0 & 0 \\
 & S_{22} & S_{23} & 0 & 0 & 0 \\
 & & S_{33} & 0 & 0 & 0 \\
 & \text{对称} & & S_{44} & 0 & 0 \\
 & & & & S_{55} & 0 \\
 & & & & & S_{66}
\end{array}\right\} \tag{5-54}
$$

单向复合材料在垂直于纤维的截面上各方向的性能可以看成是一样的，也就是说存在一个各向同性面，这类材料称为宏观各向同性材料，对于这类材料，独立的弹性常数进一步减少到5个，设 yoz 平面是各向同性面，则刚度矩阵和柔度矩阵分别是

$$
[C_{ij}]=\left\{\begin{array}{cccccc}
C_{11} & C_{12} & C_{13} & 0 & 0 & 0 \\
 & C_{22} & C_{23} & 0 & 0 & 0 \\
 & & C_{22} & 0 & 0 & 0 \\
 & \text{对称} & & \dfrac{C_{22}C_{23}}{2} & 0 & 0 \\
 & & & & C_{66} & \\
 & & & & & C_{66}
\end{array}\right\} \tag{5-55}
$$

和

$$
[S_{ij}]=\left\{\begin{array}{cccccc}
S_{11} & S_{12} & S_{12} & 0 & 0 & 0 \\
 & S_{22} & S_{23} & 0 & 0 & 0 \\
 & & S_{22} & 0 & 0 & 0 \\
 & & & 2(S_{22}-S_{23}) & 0 & 0 \\
\text{对称} & & & & S_{66} & \\
 & & & & & S_{66}
\end{array}\right\} \tag{5-56}
$$

5.3 单层板的弹性特性

单层板是指纤维或织物增强基体材料制成的薄板状复合材料。图5－15（a）所

示为单向纤维的单层板，又称单向单层板简称单向板。图5－15（b）是二维纤维编织物制成的单层板，又称双向单层板或双向板。在单向板中，设 L 表示纤维方向即纵向，T 表示面内与纤维垂直的方向（横向）。

在双向板中，设纤维编织物的经向为 L 方向，纬向为 T 方向，n 表示单层板的法线方向，宏观上，单层板属于正交各向异性材料，因此 L、T、n 为其原弹性方向。许多纤维复合材料的结构都属于层合结构，而单层板是层合结构中的基本单元，为了研究层合结构的力学特性，就必须了解各单层板的力学特性。由于双向板可以简化成基体含量相同而厚度按经纬向纤维量来分配的两个相互垂直的单向板的组合，所以在复合材料力学性能分析中单向板更具有代表性，以下无特别指出时，单层板均指单向板。同时，在以下分析中假设与单层板法线方向（n 方向）有关的应力分量可以忽略，因为这些分量与单层板面内（M、N、L、T 坐标面）的应力分量相比很小。这样，单层板的分析就简化为二维广义平面问题。

5.3.1　单层板的主方向的弹性特性

沿主方向取一平面应力状态单元体，只考虑其平间部分。

图 5－16 所示为单层板正轴坐标系中面内应力状态示意图。在平面应力状态下，有 $\sigma_n=\sigma_{Tn}=\sigma_{nL}=0$。得到

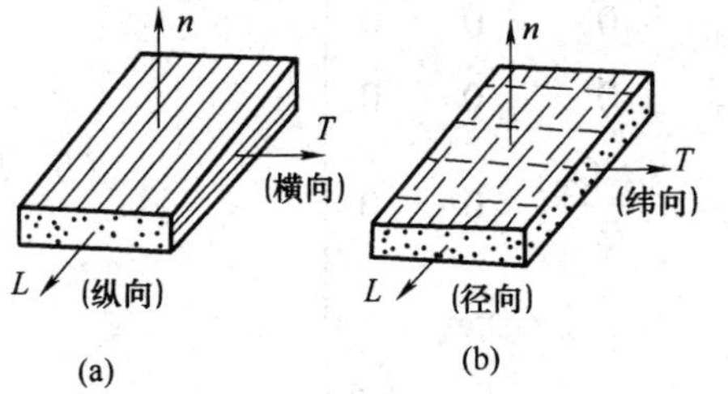

图 5－15　单层板示意图

（a）单向板　（b）双向板

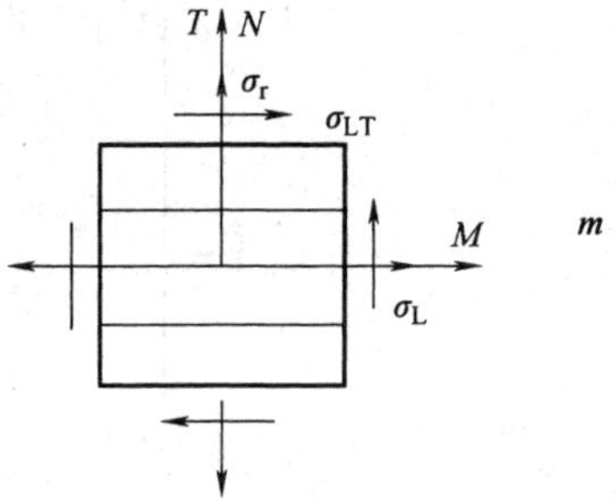

图 5－16　单层板面内应力状态示意图

$$\begin{bmatrix}\varepsilon_L\\ \varepsilon_T\\ \varepsilon_n\\ \varepsilon_{Tn}\\ \varepsilon_{nL}\\ \varepsilon_{LT}\end{bmatrix}=\begin{bmatrix}S_{11}&S_{12}&S_{13}&0&0&0\\ S_{12}&S_{22}&S_{23}&0&0&0\\ S_{13}&S_{23}&S_{33}&0&0&0\\ 0&0&0&S_{44}&0&0\\ 0&0&0&0&S_{55}&0\\ 0&0&0&0&0&S_{66}\end{bmatrix}\begin{bmatrix}\sigma_L\\ \sigma_T\\ 0\\ 0\\ 0\\ \sigma_{LT}\end{bmatrix}\tag{5-57}$$

和

$$
\begin{bmatrix} \varepsilon_L \\ \varepsilon_T \\ \varepsilon_n \\ \varepsilon_{Tn} \\ \varepsilon_{nL} \\ \varepsilon_{LT} \end{bmatrix} = \begin{bmatrix} \frac{1}{E_L} & -\frac{\nu_{TL}}{E_T} & -\frac{\nu_{nL}}{E_n} & 0 & 0 & 0 \\ -\frac{\nu_{LT}}{E_L} & \frac{1}{E_T} & -\frac{\nu_{nT}}{E_n} & 0 & 0 & 0 \\ -\frac{\nu_{Ln}}{E_L} & -\frac{\nu_{Tn}}{E_T} & \frac{1}{E_n} & 0 & 0 & 0 \\ 0 & 0 & 0 & \frac{1}{G_{Tn}} & 0 & 0 \\ 0 & 0 & 0 & 0 & \frac{1}{G_{nL}} & 0 \\ 0 & 0 & 0 & 0 & 0 & \frac{1}{G_{LT}} \end{bmatrix} \begin{bmatrix} \sigma_L \\ \sigma_T \\ 0 \\ 0 \\ 0 \\ \sigma_{LT} \end{bmatrix} \tag{5-58}
$$

其中，面内部分

$$
\begin{bmatrix} \varepsilon_L \\ \varepsilon_T \\ \varepsilon_{LT} \end{bmatrix} = \begin{bmatrix} S_{11} & S_{12} & 0 \\ S_{12} & S_{22} & 0 \\ 0 & 0 & S_{66} \end{bmatrix} \begin{bmatrix} \sigma_L \\ \sigma_T \\ \sigma_{LT} \end{bmatrix} \tag{5-59}
$$

简记为

$$
\{\varepsilon_L\} = [S]\{\sigma_L\}
$$

以及

$$
\begin{bmatrix} \varepsilon_L \\ \varepsilon_T \\ \varepsilon_{LT} \end{bmatrix} = \begin{bmatrix} \frac{1}{E_L} & -\frac{\nu_{TL}}{E_T} & 0 \\ -\frac{\nu_{TL}}{E_T} & \frac{1}{E_T} & 0 \\ 0 & 0 & \frac{1}{G_{LT}} \end{bmatrix} \begin{bmatrix} \sigma_L \\ \sigma_T \\ \sigma_{LT} \end{bmatrix} \tag{5-60}
$$

并有

$$
\varepsilon_n = S_{13}\sigma_L + S_{23}\sigma_T = -\frac{\nu_{Ln}}{E_L}\sigma_L - \frac{\nu_{Tn}}{E_T}\sigma_T
$$

$$
\varepsilon_{Tn} = \varepsilon_{nL} = 0 \tag{5-61}
$$

比较式（5-59）和式（5-60），可得

$$
S_{11} = \frac{1}{E_L}, S_{12} = -\frac{\nu_{LT}}{E_L} = -\frac{\nu_{TL}}{E_L}
$$

$$
S_{22} = \frac{1}{E_T}, S_{66} = \frac{1}{G_{LT}} \tag{5-62}
$$

式中　E_L 为纵向弹性模量，E_T 为横向弹性模量，G_{LT} 为纵横向剪切模量，ν_{LT}、ν_{TL} 为相应方向的泊松比。显然，下述关系成立

$$
E_L\nu_{TL} = E_T\nu_{LT} \tag{5-63}
$$

即平面应力状态下单层板有4个独立的弹性常数 E_L、E_T、ν_{LT}（ν_{TL}）和 G_{LT}。

将式（5-59）求道，得

$$\begin{bmatrix}\sigma_L\\ \sigma_T\\ \sigma_{LT}\end{bmatrix}=\begin{bmatrix}\theta_{11} & \theta_{12} & 0\\ \theta_{12} & \theta_{22} & 0\\ 0 & 0 & \theta_{66}\end{bmatrix}\begin{bmatrix}\varepsilon_L\\ \varepsilon_T\\ \varepsilon_{LT}\end{bmatrix} \tag{5-64}$$

简记为

$$\{\sigma_L\}=[\theta]\{\varepsilon_L\}$$

式中　$[\theta]$ 称为单层板弹性主方向的二维刚度矩阵，刚度常数 θ_{ij}（i，$j=1$，2，6）与柔度常数 S_{ij}（i，$j=1$，2，6）之间存在以下关系

$$\theta_{11}=\frac{S_{22}}{S_{11}S_{22}-S_{12}^2}\quad S_{11}=\frac{\theta_{22}}{\theta_{11}\theta_{22}-\theta_{12}^2}\quad \theta_{12}=-\frac{S_{12}}{S_{11}S_{12}-S_{12}^2}\quad S_{12}=-\frac{\theta_{12}}{\theta_{12}\theta_{22}-\theta_{12}^2}$$

$$\theta_{22}=\frac{S_{11}}{S_{11}S_{22}-S_{12}^2}\quad S_{22}=\frac{\theta_{11}}{\theta_{11}\theta_{22}-\theta_{12}^2}\quad \theta_{66}=\frac{1}{S_{66}}\qquad S_{66}=\frac{1}{\theta_{66}} \tag{5-65}$$

可以证明，二维刚度常数 θ_{ij} 与三维刚度常数 C_{ij} 之间的关系为

$$\theta_{ij}=C_{ij}-C_{i3}C_{j3}/C_{33}\quad (i,j=1,2,6) \tag{5-66}$$

将式（5-62）代入式（5-65）并考虑式（5-63）的关系，得到刚度常数与工程常数的关系式

$$\theta_{11}=\frac{E_L}{1-\nu_{LT}\nu_{TL}}\quad \theta_{12}=\frac{E_L\nu_{TL}}{1-\nu_{LT}\nu_{TL}}=\frac{E_T\nu_{LT}}{1-\nu_{LT}\nu_{TL}}$$

$$\theta_{22}=\frac{E_T}{1-\nu_{LT}\nu_{LT}}\quad \theta_{66}=G_{LT} \tag{5-67}$$

5.3.2　单层板非弹性主方向的弹性特性

5.3.2.1　应力和应变的转轴公式

通过研究坐标旋转时应力（应变）的转换关系得到单层板非弹性方向的弹性特性。

如图5-17是一个单层板单元体，设弹性主轴坐标为1、2，结构坐标系为 x、y 轴。

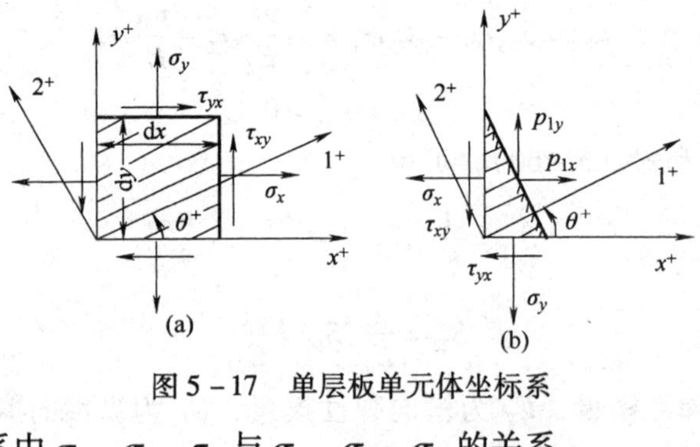

图5-17　单层板单元体坐标系

研究两坐标系中 σ_x、σ_y、τ_{xy} 与 σ_1、σ_2、σ_6 的关系。

截取以1轴为法线的截面（b），根据平衡方面 $\sum x=0$ 和 $\sum y=0$，沿 x、y 坐标

方向的应力分量为：

$$p_{1x}=\sigma_x\cos\theta+\tau_{yx}\sin\theta$$

$$p_{1y}=\tau_{xy}\cos\theta+\sigma_y\sin\theta$$

同样，可求得以轴 z 为法线的应力分量为

$$p_{2x}=\sigma_x(-\sin\theta)+\tau_{yx}\cos\theta$$

$$p_{2y}=\tau_{xy}(-\sin\theta)+\sigma_y\cos\theta$$

合并以上四式，并写成矩阵形式：

$$\begin{bmatrix}p_{1x} & p_{2x}\\ p_{1y} & p_{2y}\end{bmatrix}=\begin{bmatrix}\sigma_x & \tau_{yx}\\ \tau_{xy} & \sigma_y\end{bmatrix}\begin{bmatrix}\cos\theta & -\sin\theta\\ \sin\theta & \cos\theta\end{bmatrix}$$

将沿 x、y 方向的应力分量转换为弹性主方向 1 和 2 方向的应力分量，即

$$\begin{bmatrix}\sigma_1 & \sigma_{21}=\sigma_6\\ \sigma_{12} & \sigma_2\end{bmatrix}=\begin{bmatrix}\cos\theta & \sin\theta\\ -\sin\theta & \cos\theta\end{bmatrix}\begin{bmatrix}p_{1x} & p_{2x}\\ p_{1y} & p_{2y}\end{bmatrix}$$

$$=\begin{bmatrix}\cos\theta & \sin\theta\\ -\sin\theta & \cos\theta\end{bmatrix}\begin{bmatrix}\sigma_x & \tau_{yx}\\ \tau_{xy} & \sigma_y\end{bmatrix}\begin{bmatrix}\cos\theta & -\sin\theta\\ \sin\theta & \cos\theta\end{bmatrix} \tag{5-68}$$

令 $\cos\theta=m$，$\sin\theta=n$，按一定顺序排列各应力分量，可得到应力转轴公式，即

$$\begin{Bmatrix}\sigma_1\\ \sigma_2\\ \sigma_6\end{Bmatrix}=[T]_{cl}\begin{Bmatrix}\sigma_x\\ \sigma_y\\ \tau_{xy}\end{Bmatrix} \tag{5-69}$$

其中

$$[T]_{cl}=\begin{Bmatrix}m^2 & n^2 & 2mn\\ n^2 & m^2 & -2mn\\ -mn & mn & m^2-n^2\end{Bmatrix} \tag{5-70}$$

其中 cl 表示二维情况，即仅在 1 - 2 平面或 $x-y$ 平面内。

同样，在等温条件下，应变分量转轴公式可写为：

$$\begin{Bmatrix}\varepsilon_1\\ \varepsilon_2\\ \varepsilon_{12}\end{Bmatrix}=[T]_{cl}\begin{Bmatrix}\varepsilon_x\\ \varepsilon_y\\ \varepsilon_{xy}\end{Bmatrix} \tag{5-71}$$

$\varepsilon_{12}=\frac{1}{2}r_{12}$，$\varepsilon_{xy}=\frac{1}{2}r_{xy}$为剪应变张量。

分别对式（5 - 69）和式（5 - 71）求倒，可得

$$\begin{Bmatrix}\sigma_x\\ \sigma_y\\ \sigma_{xy}\end{Bmatrix}=[T]_{cl}^{-1}\begin{Bmatrix}\sigma_1\\ \sigma_2\\ \sigma_0\end{Bmatrix}\text{和}\begin{Bmatrix}\varepsilon_x\\ \varepsilon_y\\ \varepsilon_{xy}\end{Bmatrix}=[T]_{cl}^{-1}\begin{Bmatrix}\varepsilon_1\\ \varepsilon_2\\ \varepsilon_{12}\end{Bmatrix} \tag{5-72}$$

5.3.2.2 非弹性主方向的应力应变关系

将式（5 - 69）和式（5 - 64）代入式（5 - 42），即得到非弹性主方向的应力应变关系。

$$\begin{Bmatrix}\sigma_x\\ \sigma_y\\ \sigma_{xy}\end{Bmatrix}=\begin{bmatrix}\bar{\theta}_{11} & \bar{\theta}_{12} & 2\bar{\theta}_{16}\\ \bar{\theta}_{12} & \bar{\theta}_{22} & 2\bar{\theta}_{26}\\ \bar{\theta}_{16} & \bar{\theta}_{26} & 2\bar{\theta}_{66}\end{bmatrix}\begin{Bmatrix}\varepsilon_x\\ \varepsilon_y\\ \varepsilon_{xy}\end{Bmatrix} \tag{5-73}$$

式中非弹性主方向刚度矩阵［$\bar{\theta}$］同弹性主方向刚度矩阵的关系为

$$[\bar{\theta}]=[T]_{cl}^{-1}[\theta][T]_{cl} \tag{5-74}$$

［$\bar{\theta}$］中的各刚度系数 $\bar{\theta}_{ij}$（i，j=1，2，6）为

$$\begin{aligned}
\bar{\theta}_{11}&=\theta_{11}m^4+2(\theta_{12}+2\theta_{66})m^2n^2+\theta_{22}n^4\\
\bar{\theta}_{12}&=(\theta_{11}+\theta_{12}-4\theta_{66})m^2n^2+\theta_{12}(m^4+n^4)\\
\bar{\theta}_{16}&=-mn^3\theta_{22}+m^3n\theta_{11}-mn(m^2-n^2)(\theta_{12}+2\theta_{66})\\
\bar{\theta}_{22}&=\theta_{11}n^4+2(\theta_{12}+2\theta_{66})m^2n^2+\theta_{22}m^4\\
\bar{\theta}_{26}&=-m^3n\theta_{22}+mn^3\theta_{11}+mn(m^2-n^2)(\theta_{12}+2\theta_{66})\\
\bar{\theta}_{66}&=(\theta_{11}+\theta_{22}-2\theta_{12})m^2n^2+\theta_{66}(m^2-n^2)^2
\end{aligned} \tag{5-75}$$

展开式（5-74），得 $\bar{\theta}_{ij}$（i，j=1，2，6）

$$\begin{aligned}
\bar{\theta}_{11}&=\bar{U}_1+\bar{U}_2\cos 2\theta+\bar{U}_3\cos 4\theta\\
\bar{\theta}_{12}&=\bar{U}_4-\bar{U}_3\cos 4\theta\\
\bar{\theta}_{16}&=\frac{1}{2}\bar{U}_2\sin 2\theta-\bar{U}_3\sin 4\theta\\
\bar{\theta}_{22}&=\bar{U}_1-\bar{U}_2\cos 2\theta+\bar{U}_3\cos 4\theta\\
\bar{\theta}_{26}&=\frac{1}{2}\bar{U}_2\sin 2\theta-\bar{U}_3\sin 4\theta\\
\bar{\theta}_{66}&=\bar{U}_5-\bar{U}_3\cos 4\theta
\end{aligned} \tag{5-76}$$

其中

$$\begin{aligned}
\bar{U}_1&=\frac{1}{8}(3\theta_{11}+3\theta_{22}+2\theta_{12}+4\theta_{66})\\
\bar{U}_2&=\frac{1}{2}(\theta_{11}-\theta_{22})\\
\bar{U}_3&=\frac{1}{8}(\theta_{11}+\theta_{22}-2\theta_{12}-4\theta_{66})\\
\bar{U}_4&=\frac{1}{8}(\theta_{11}+\theta_{22}+6\theta_{12}-4\theta_{66})\\
\bar{U}_5&=\frac{1}{8}(\theta_{11}+\theta_{22}-2\theta_{12}+4\theta_{66})
\end{aligned}$$

上式中 $\bar{U}_i$ 对于坐标轴转动是不变的，所以，设其为刚度不变量。

在工程结构设计中，常用工程常数表示柔度矩阵。单层板在主轴坐标系下的工程常数可通过图 5-18 所示的三种加载方式求得。

纵向拉伸时，$\sigma_L\neq 0$，$\sigma_T=\tau_{LT}=0$，纵向产生正应变 ε_L，横向产生负应变

$\varepsilon_T(\varepsilon_T<0)$，定义

$$E_L=\frac{\sigma_L}{\varepsilon_L}\quad \nu_{LT}=\frac{-\varepsilon_T}{\varepsilon_L}$$

E_L 为纵向弹性模量；ν_{LT} 为纵向泊松比。

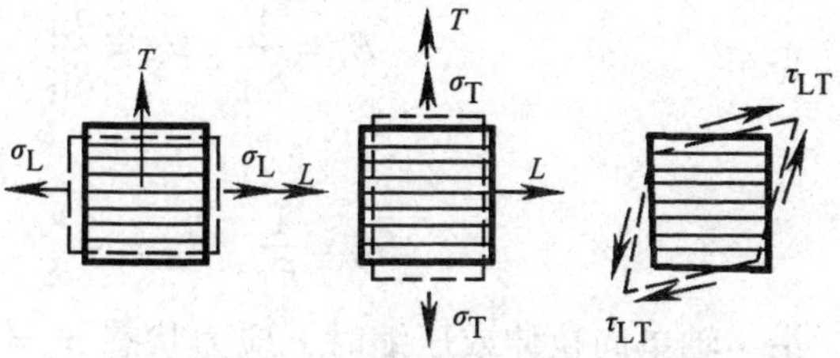

图 5-18　三种加载方式示意图

横向拉伸时

定义 $$E_T=\frac{\sigma_T}{\varepsilon_T}\quad \nu_{TL}=\frac{-\varepsilon_L}{\varepsilon_T}$$

E_T 为横向弹性模量；ν_{TL} 为横向泊松比

G_{LT} 为剪切模量，其定义为

$$G_{LT}=\frac{\tau_{LT}}{\gamma_{LT}}$$

当 σ_L，σ_T 和 τ_{LT}，共同作用时，可得

$$\begin{Bmatrix}\varepsilon_L\\ \varepsilon_T\\ \gamma_{LT}\end{Bmatrix}=\begin{bmatrix}\frac{1}{E_L} & -\frac{\nu_{TL}}{E_T} & 0\\ -\frac{\nu_{LT}}{E_L} & \frac{1}{E_T} & 0\\ 0 & 0 & \frac{1}{G_{LT}}\end{bmatrix}\begin{bmatrix}\sigma_L\\ \sigma_T\\ \tau_{LT}\end{bmatrix}$$

也可用工程常数表示非弹性主方向的应力应变关系，用几个简单的试验模型定义非弹性主方向轴工程常数。

沿 x 轴单向拉伸或压缩时，$\sigma_x\neq 0$，$\sigma_y=\tau_{xy}=0$。

定义 $$E_x=\frac{\sigma_x}{\varepsilon_x}\quad \nu_{xy}=\frac{-\varepsilon_y}{\varepsilon_x}\quad \eta_{xy,x}=\frac{\gamma_{xy}}{\varepsilon_x} \tag{5-77}$$

ε_x、ε_y 为试验中测得 x 方向和 y 方向的应变。

γ_{xy} 为剪应变。

E_x 为 x 方向的弹性模量。

ν_{xy} 为泊松比。

$\eta_{xy,x}$ 为相互作用系数。

根据式

$$\begin{bmatrix}\varepsilon_x\\ \varepsilon_y\\ \gamma_{xy}\end{bmatrix}=\begin{bmatrix}\bar{S}_{11} & \bar{S}_{12} & \bar{S}_{16}\\ \bar{S}_{12} & \bar{S}_{22} & \bar{S}_{26}\\ \bar{S}_{16} & \bar{S}_{26} & \bar{S}_{66}\end{bmatrix}\begin{bmatrix}\sigma_x\\ \sigma_y\\ \tau_{xy}\end{bmatrix}$$

在单向应力状态下，应变为

$$\varepsilon_x=\bar{S}_{11}\sigma_x\quad \varepsilon_y=\bar{S}_{21}\sigma_x\quad \gamma_{xy}=\bar{S}_{61}\sigma_x \tag{5-78}$$

可得到用非弹性主轴柔度常数表示的偏轴常数。

$$E_x = \frac{1}{\bar{S}_{11}} \quad \nu_{xy} = \frac{\bar{S}_{21}}{\bar{S}_{11}} \quad \eta_{xy,x} = \frac{\bar{S}_{61}}{\bar{S}_{11}} \tag{5-79}$$

得:

$$\bar{S}_{11} = \frac{1}{E_x} \quad \bar{S}_{21} = -\frac{\nu_{xy}}{E_x} \quad \bar{S}_{61} = \frac{\eta_{xy,x}}{E_x} \tag{5-80}$$

沿 y 轴单向拉伸或压缩时，应力状态 $\sigma_y \neq 0$，$\sigma_x = \tau_{xy} = 0$。

定义
$$E_y = \frac{\sigma_y}{\varepsilon_y} \quad \nu_{yx} = -\frac{\varepsilon_x}{\varepsilon_y} \quad \eta_{xy,y} = \frac{\gamma_{xy}}{\varepsilon_y}$$

同样，可得到

$$\bar{S}_{22} = \frac{1}{E_y} \quad \bar{S}_{12} = -\frac{\nu_{yx}}{E_y} \quad \bar{S}_{62} = \frac{\eta_{xy,y}}{E_y} \tag{5-81}$$

平面剪切时，应力状态 $\tau_{xy} \neq 0$，$\sigma_x = \sigma_y = 0$。

定义
$$G_{xy} = \frac{\tau_{xy}}{\gamma_{xy}} \quad \eta_{x,xy} = \frac{\varepsilon_x}{\gamma_{xy}} \quad \eta_{y,xy} = \frac{\varepsilon_y}{\gamma_{xy}} \tag{5-82}$$

ε_x、ε_y 为试验中测得的 x、y 方向的线应变，γ_{xy}为测得的平面剪应变。

可得到:

$$\bar{S}_{66} = \frac{1}{G_{xy}} \quad \bar{S}_{16} = \frac{\eta_{x,xy}}{G_{xy}} \quad \bar{S}_{26} = \frac{\eta_{y,xy}}{G_{xy}} \tag{5-83}$$

将式（5-80）、式（5-81）和式（5-83）结合在一起，得到用非弹性主方向工程常数表示的应力-应变关系。

$$\begin{bmatrix} \varepsilon_x \\ \varepsilon_y \\ \gamma_{xy} \end{bmatrix} = \begin{bmatrix} \frac{1}{E_x} & -\frac{\nu_{yx}}{E_y} & \frac{\eta_{x,xy}}{G_{xy}} \\ -\frac{\nu_{xy}}{E_x} & \frac{1}{E_y} & \frac{\eta_{y,xy}}{G_{xy}} \\ \frac{\eta_{xy,x}}{E_x} & \frac{\eta_{xy,y}}{E_y} & \frac{1}{G_{xy}} \end{bmatrix} \begin{bmatrix} \sigma_x \\ \sigma_y \\ \tau_{xy} \end{bmatrix} \tag{5-84}$$

5.4 单层板的强度理论

复合材料单层板是层合板的基本组成单元，也是层合板结构强度分析的基本单元。因而层合板的强度取决于单层板的强度，通过观察试验中的破坏现象，从而总结出关于破坏的某种假设，建立材料破坏的判据，以预测破坏的发生，通过测试在各种受载条件下复合材料的强度破坏值，为结构设计提供确保强度安全的指标。

在主方向坐标系下，若单层板处于单向受力状态，其极限应力通过试验容易确定，通常将这些极限应力定义为单层板的基本强度。

在平面应力状态下，材料的基本强度有五个，即：

X_T——材料在纵向弹性主方向的拉伸强度。

X_C——材料在纵向弹性主方向的压缩强度。

Y_T——材料在横向弹性主方向的拉伸强度。

Y_C——材料在横向弹性主方向的压缩强度。

S——材料在纵横向的剪切强度。

目前有关复合材料强度理论，主要是最大应力理论、最大应变理论、蔡 - 希尔（Tsai - Htill）理论、霍夫曼（Hoffman）理论和蔡 - 吴（Tsai - wu）理论。

（1）最大应力理论

该理论认为，只要材料主方向上任何一个应力分量达到基本强度时，材料就破坏。

对拉伸应力有

$$\left.\begin{aligned}\sigma_1 &< X_t \\ \sigma_2 &< Y_t \\ |\tau_{12}| &< S\end{aligned}\right\} \tag{5-85}$$

对压缩应力有

$$\sigma_1 > -X_C, \sigma_2 > -Y_C \tag{5-86}$$

σ_1，σ_2 指材料第 1，2 主方向的应力，而不是各向同性材料中的主应力。另外 S 与 τ_{12} 的符号无关。上述 5 个不等式中任一个不满足，就意味着材料已破坏。

在应用式（5 - 85）时，必须将材料中的应力转换为材料主方向的应力。例如，在图 5 - 19所表示的单层板承受与纤维方向成 θ 角的单向载荷，注意到 $\sigma_y = \tau_{xy} = 0$，根据应力转轴公式

$$\sigma_1 = \sigma_x \cos^2\theta$$

$$\sigma_2 = \sigma_x \sin^2\theta$$

$$\sigma_{12} = -\sigma_x \sin\theta\cos\theta$$

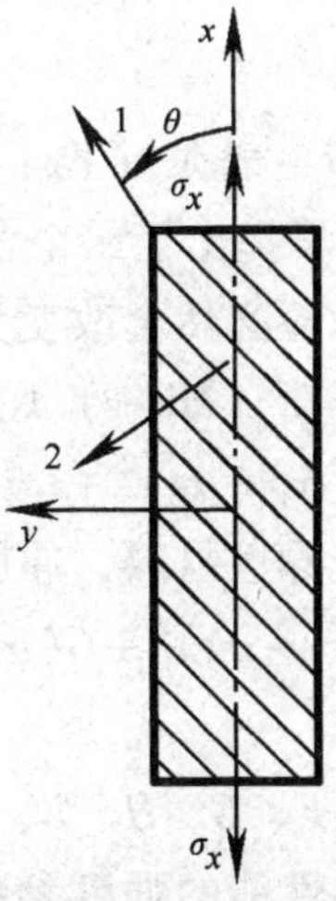

图 5 - 19　单层板的偏轴拉伸

代入式（5 - 85），得

$$\sigma_x < \frac{X}{\cos^2\theta}$$

$$\sigma_x < \frac{Y}{\sin^2\theta}$$

$$\sigma_x < \frac{S}{\sin\theta\cos\theta} \tag{5-87}$$

该理论的缺点是认为各应力分量对强度的影响相互独立（不考虑相互影响）。

（2）最大应变理论

该理论与最大应力理论相似，但这里受限制的是应变。当沿材料主轴发生的应变达到它们的极限值时，材料就发生破坏。对于拉伸和压缩强度不同的材料，有：

$$\left.\begin{array}{l}\varepsilon_1 < \varepsilon_{Xt}, \varepsilon_1 > -\varepsilon_{Xc} \\ \varepsilon_2 < \varepsilon_{Yt}, \varepsilon_2 > -\varepsilon_{Yc} \\ |r_{12}| < r_s\end{array}\right\} \tag{5-88}$$

式中　ε_{Xt}，ε_{Xc}分别是1方向最大拉伸、最大压缩线应变

ε_{Yt}，ε_{Yc}分别是2方向最大拉伸、最大压缩线应变

r_s 是1～2平面内最大剪应变

同样，在应用该理论前也必须将物体坐标系中的应变转换为材料主方向的应变 ε_1，ε_2，r_{12}。

极限应力可利用广义应力应变关系和线弹性破坏限制条件，用下列关系式表示最大应变理论。

$$\sigma_x < \frac{X}{\cos^2\theta - \mu_{21}\sin^2\theta}$$

$$\sigma_x < \frac{Y}{\sin^2\theta - \mu_{12}\cos^2\theta}$$

$$\sigma_x < \frac{S}{\sin\theta\cos\theta}$$

（3）蔡－希尔（Tasi－Hill）强度理论

Hill最早提出了一个各向异性材料的交互作用破坏准则。由于金属在辗压过程中，材料晶粒必然会改变为按规则方向排列，导致各向异性。这样，可将各向同性材料的密赛斯（Mises）屈服条件

$$(\sigma_1-\sigma_2)^2+(\sigma_2-\sigma_3)^2+(\sigma_3-\sigma_1)^2+6(\sigma_{23}^2+\sigma_{31}^2+\sigma_{21}^2)=2\sigma_0^2$$

推广到正交异性材料，屈服条件可写为

$$F(\sigma_2-\sigma_3)^2+G(\sigma_3-\sigma_1)^2+H(\sigma_1-\sigma_2)^2+2L\sigma_{23}^2+2M\sigma_{31}^2+2N\sigma_{12}^2=1 \tag{5-89}$$

其中，F、G、H、L、M、N 反映了所存在的材料各向异性的状态，为表征正交异性材料性能的强度参数。

如以 $M=N$，$G=H$ 代入上式，得

$$F(\sigma_2-\sigma_3)^2+G(\sigma_3-\sigma_1)^2+G(\sigma_1-\sigma_2)^2+2L\sigma_{23}^2+2M(\sigma_{23}^2+\sigma_{12}^2)=1 \tag{5-90}$$

在 $\sigma_3=\sigma_{13}=\sigma_{23}=0$ 的平面应力状态中，（5－89）式可写为：

$$F\sigma_2^2=G\sigma_1^2+H(\sigma_1-\sigma_2)^2+2N\sigma_{12}^2=1 \tag{5-91}$$

采用单层复合材料通常用的破坏强度 X，Y，S 来表示 F，G，H，L，M，N。如只有 σ_{12}作用，其最大值为 S，则有

$$2N=\frac{1}{S^2}$$

只有 σ_1 作用，式（5－89）则有

$$(G+H)X^2=1 \quad 得 \quad G+H=\frac{1}{X^2}$$

如只有 σ_2 作用则得

$$F+H=\frac{1}{Y^2}$$

如用 z 表示 3 方向的强度，且只有 σ_3 作用，则有

$$F+G=\frac{1}{Z^2}$$

联立上述三式，可解得 F，G，H。

$$2H=\frac{1}{X^2}+\frac{1}{Y^2}-\frac{1}{Z^2}$$

$$2G=\frac{1}{X^2}+\frac{1}{Z^2}-\frac{1}{Y^2}$$

$$2F=\frac{1}{Y^2}+\frac{1}{Z^2}-\frac{1}{X^2}$$

考虑到单向板处于平面应力状态，并且是横观各向同性材料，$Y=Z$，则 $H=\frac{1}{ZX^2}=G$，$F+H=\frac{1}{Y^2}$。由此式（5－89）可化为：

$$\frac{\sigma_1^2}{X^2}-\frac{\sigma_1\sigma_2}{X^2}+\frac{\sigma_2^2}{Y^2}+\frac{\sigma_{12}^2}{S^2}=1 \tag{5-92}$$

这就是由单层复合强度 X，Y 和 S 表示的基本破坏准则，称为 Hill－蔡强度理论。

为了考虑拉伸和压缩性能不同的材料，霍夫曼在建立数学模型时增加了 σ_L、σ_T 和 σ_n 的奇函数项，最后得到如下形式的强度判别式：

$$\frac{\sigma_1^2}{X_TX_C}+\frac{\sigma_2^2}{Y_TY_C}-\frac{\sigma_1\sigma_2}{X_TX_C}+\frac{X_C-X_T}{Y_TY_C}\sigma_1+\frac{X_C-X_T}{Y_TY_C}\sigma_2+\frac{\sigma_{12}^2}{S^2}=1 \tag{5-93}$$

显然，当 $X_T=X_C$，$Y_C=Y_T$ 时，式（5－93）就可化为蔡－希尔公式。

（4）蔡－吴（Tsai－Wu）应力张量多项式理论

蔡－吴进一步推广了霍夫曼准则，把原有的破坏准则归结为一种高阶张量多项式破坏准则。这一高阶张量多项式破坏准则的一般形式可写为：

$$F_i\sigma_i+F_{ij}\sigma_i\sigma_j+F_{ijk}\sigma_i\sigma_j\sigma_k+\cdots\cdots=1(i,j,k\cdots=1,2,\cdots6) \tag{5-94}$$

式中 F_i 和 F_{ij}是二阶和四阶强度系数张量，F_i 有 6 个系数，F_{ij}有 21 个系数。对于平面应力下的正交各向异性单层材料，上式可化为

$$F_1\sigma_1+F_2\sigma_2+F_6\sigma_6+F_{11}\sigma_1^2+F_{22}\sigma_2^2+F_{12}\sigma_1\sigma_2+F_{66}\sigma_6^2=1 \tag{5-95}$$

其中张量 F_i，F_{ij}的某些系数可由五个单向应力试验确定，其计算式为：

$$F_1=\frac{1}{X_T}-\frac{1}{X_C},F_2=\frac{1}{Y_T}-\frac{1}{Y_C}$$

$$F_{11}=\frac{1}{X_TX_C},F_{22}=\frac{1}{Y_TY_C},F_{66}=\frac{1}{S^2}$$

待确定的张量系数 F_{12}是 $\sigma_1\sigma_2$ 项的系数，它反映双向正应力的相互作用。

这样式（5－95）可写为

$$F_1\sigma_1 + F_2\sigma_2 + F_{11}\sigma_1^2 + F_{22}\sigma_2^2 + F_{66}\sigma_6^2 + 2F_{12}\sigma_1\sigma_2 = 1 \tag{5-96}$$

可利用 $\sigma_1 = \sigma_2 = \sigma$ 的所有其余应力分量为零的双向拉伸试验，得出

$$(F_1 + F_2)\sigma_m + (F_{11} + F_{22} + 2F_{12})\sigma_m^2 = 1$$

于是解出

$$F_{12} = \frac{1}{2\bar{\sigma}}\left[1 - \left(\frac{1}{X_T} - \frac{1}{X_C} + \frac{1}{Y_T} - \frac{1}{Y_C}\right)\bar{\sigma} - \left(\frac{1}{X_TX_C} + \frac{1}{Y_TY_C}\right)\bar{\sigma}^2\right]$$

5.5　复合材料的力学性能试验

材料的开发和应用离不开材料性能测试。对复合材料进行力学性能的试验主要目的是：

①确定材料的基本性能参数，供复合材料结构设计采用；

②检验材料质量，对材料质量进行控制与筛选。本节着重介绍测定复合材料基本特性参数的试验方法，其中包括：拉伸、弯曲、压缩及剪切的试验方法。

5.5.1　拉伸试验

单向复合材料的拉伸试验与塑料或金属基本上相同，分为0°试件与90°试件两类。即只需要在材料的纵向和横向两个方向上分别测试。此试验的目的是测定材料在单向拉伸载荷作用下的拉伸强度、杨氏弹性模量与泊松比。

要求试件两端用金属铝片或玻璃钢片加强片加固，用粘结剂粘结，要求在试验过程中加强片不脱落，试件尺寸规定见表5－3。试件形状如图5－20所示，使用拉伸试件可测定 E_{1t}，E_{2t}和 X_t，Y_t，μ_{21}或μ_{12}。

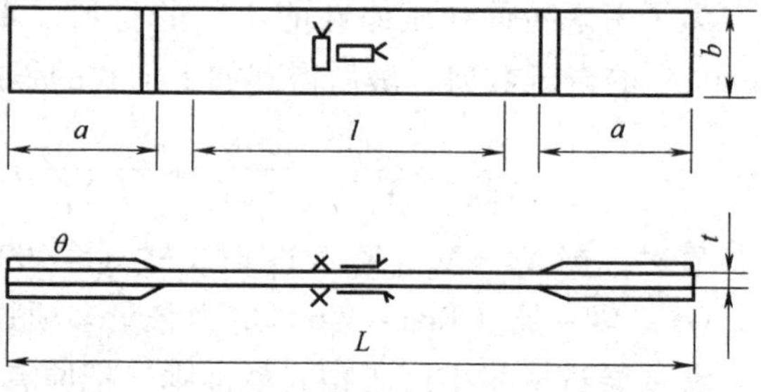

图5－20　拉伸试件形状示意图

表5－3　**单轴拉伸试件尺寸（GB 3354—1982）**

试件类别	尺寸					
	L/mm	b/mm	t/mm	l/mm	a/mm	θ
0°	230	12.5±0.5	1~3	100	50	≥15°
90°	170	25±0.5	2~4	50	50	≥15°
0°/90°	230	25±0.5	2~4	80	50	≥15°

（1）0°试件

采用上述标准试样，逐渐增加压力，用引伸计或电阻应变计测量 ε_1，ε_2，直至试件破坏，并记下最后破坏载荷 P_{ult}。于是按下式计算出纵向模量 E_1、泊松比 ν_{21} 和纵向拉伸强度 X，并作出 $\sigma_1-\varepsilon_1$ 曲线（图 5－21）。

$$\sigma_1=\frac{P}{A};E_1=\frac{\sigma_1}{\varepsilon};\nu_{21}=-\frac{\varepsilon_2}{\varepsilon_1};X=\frac{P_{ult}}{A}$$

式中的 A 为试样横截面面积。

（2）90°试件

试验过程同上。可按下式计算出横向模量 E_2、泊松比 ν_{12} 和横向拉伸强度 Y，并作出 $\sigma_2-\varepsilon_2$ 曲线（图 5－22）。

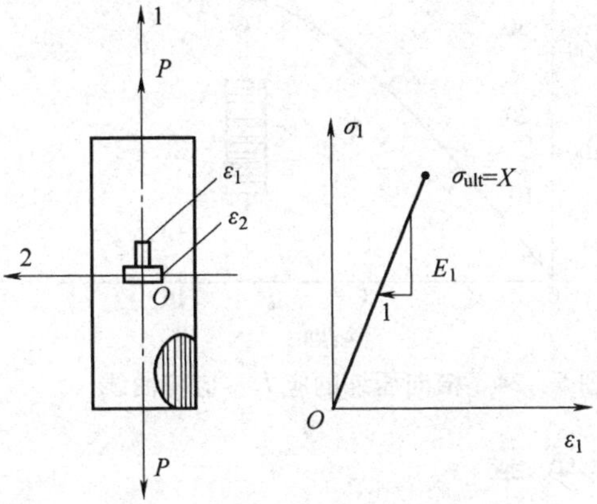

图 5－21　纵向拉伸试验

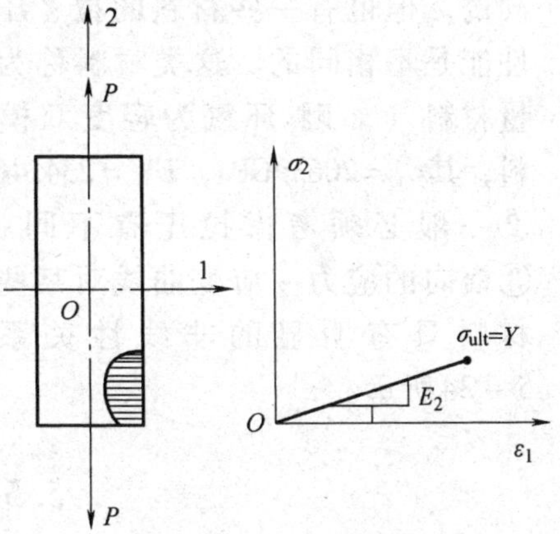

图 5－22　90℃拉伸试验

$$\sigma_2=\frac{P}{A}$$

$$E_2=\frac{\sigma_2}{\varepsilon_2}$$

$$Y=\frac{P_{ult}}{A}$$

$$\nu_{12}=-\frac{\varepsilon_1}{\varepsilon_2}$$

测出的横向拉伸强度是比较低的。

5.5.2　压缩试验

压缩试验可测量 E_{1C}，E_{2C}，X_C，Y_C 及 μ_{21} 等。压缩试验较困难，因为有三个技术问题不易完满解决：克服载荷偏心，避免试样失稳；防止试样端部破坏。试件尺寸采取短标距，如图 5－23。

压缩试验时采用特制的夹具。将采用短标距压缩试件试验所测结果与拉伸

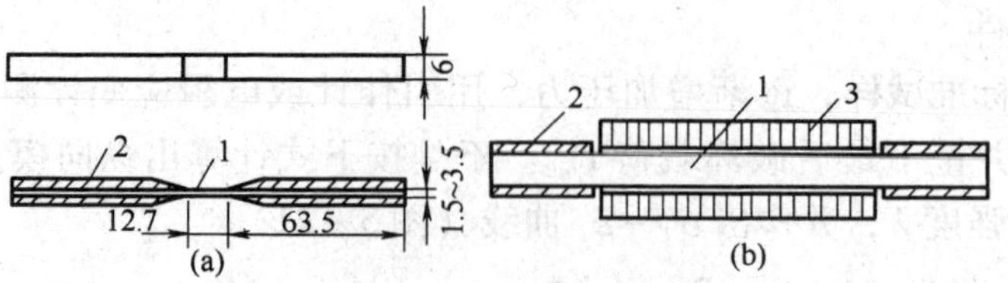

图 5－23　压缩试样

（a）短标距试样　（b）长标距试样

单位：mm　1—试样　2—加固片　3—侧支承

试验结果比较可发现：①对于模量和泊松比，一般而言，拉、压性能是相同的。但也有一些材料的拉、压弹性性能是不相同的。这类材料称为双模量材料（如硼/环氧为轻度双模量材料，其$E_1=206.9\text{GPa}$，$E'_1=234.4\text{GPa}$）。②一般必须考虑拉压有不同强度。③横向的应力－应变曲线对某些复合材料具有明显的非线性关系。图5－24所示。

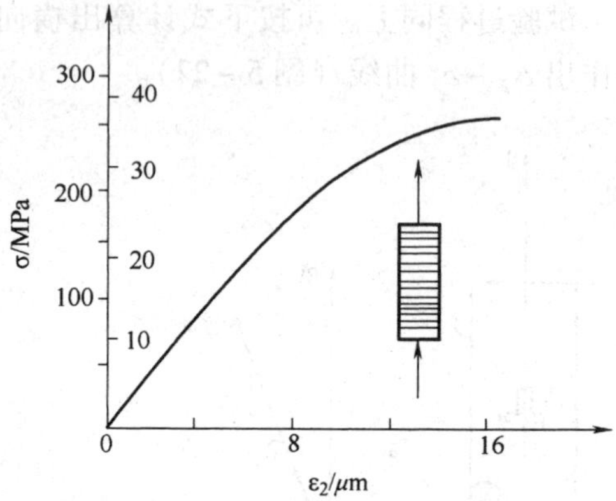

图 5－24　横向压缩的应力－应变曲线

5.5.3　剪切试验

（1）面内剪切试验

面内剪切试验的目的是测定剪切强度 S 和剪切模量 G_{12}。主要的剪切试验方法有以下几种：

±45°层板拉伸法。用单层板切割成 $\theta=45°$拉伸试件，在 p_x 作用下，试件平面应力状态

$$\begin{Bmatrix}\varepsilon_x\\ \varepsilon_y\\ r_{xy}\end{Bmatrix}=\begin{Bmatrix}\overline{S}_{11} & \overline{S}_{12} & \overline{S}_{16}\\ \overline{S}_{12} & \overline{S}_{22} & \overline{S}_{26}\\ \overline{S}_{16} & \overline{S}_{26} & \overline{S}_{66}\end{Bmatrix}\begin{Bmatrix}\sigma_x\\ \sigma_y\\ \tau_{xy}\end{Bmatrix}$$

由任意坐标系下的各向异性应力－应变关系。

$$\begin{aligned}\varepsilon_x&=\overline{S}_{11}\overline{\sigma}_x+\overline{S}_{12}\overline{\sigma}_y+\overline{S}_{16}\overline{\tau}_{xy}\\ \varepsilon_y&=\overline{S}_{21}\overline{\sigma}_x+\overline{S}_{22}\overline{\sigma}_y+\overline{S}_{26}\overline{\tau}_{xy}\\ r_{xy}&=\overline{S}_{61}\overline{\sigma}_x+\overline{S}_{62}\overline{\sigma}_y+\overline{S}_{66}\overline{\tau}_{xy}\end{aligned}\tag{5－97}$$

$\overline{S}_{ij}$为柔度系数，在单向应力$\overline{\sigma}_x$ 作用下，有

$$\varepsilon_x=\overline{S}_{11}\overline{\sigma}_x=H_{11}h\,\overline{\sigma}_x$$
$$\varepsilon_y=\overline{S}_{21}\overline{\sigma}_x=H_{12}h\,\overline{\sigma}_x$$

$$r_{xy} = \overline{S}_{61}\overline{\sigma}_x = 0$$

那么层合板内的各单层内的应力为

$$\sigma_x = \overline{\theta}_{11}\varepsilon_x + \overline{\theta}_{12}\varepsilon_y = h\,\overline{\sigma}_x(H_{11}\overline{\theta}_{11} + H_{12}\overline{\theta}_{12})$$

$$\sigma_y = \overline{\theta}_{12}\varepsilon_x + \overline{\theta}_{22}\varepsilon_y = h\,\overline{\sigma}_x(H_{12}\overline{\theta}_{12} + H_{12}\overline{\theta}_{22})$$

$$\tau_{xy} = \overline{\theta}_{16}\varepsilon_x + \overline{\theta}_{26}\varepsilon_y = h\,\overline{\sigma}_x(H_{11}\overline{\theta}_{16} + H_{12}\overline{\theta}_{26})$$

由于 +45°与 -45°层拉剪耦合刚度大小相等，符号相反。于是

$$\overline{\theta}_{16}(45) = -\overline{\theta}_{16}(-45), \overline{\theta}_{26}(45) = -\overline{\theta}_{26}(-45) \tag{5-98}$$

由横向正应力 σ_y 均为 0，而纵向应力 σ_x 等于 $\overline{\theta}_x$ 于是

$$H_{11}\overline{\theta}_{12} + H_{12}\overline{\theta}_{22} = 0 \tag{5-99}$$

$$H_{11}\overline{\theta}_{11} + H_{12}\overline{\theta}_{12} = \frac{1}{h} \tag{5-100}$$

通过坐标转换导出在主方向的应力分量：

$$\sigma_1 = m^2\sigma_x + 2mn\tau_{xy}$$

$$\sigma_2 = n^2\sigma_x - 2mn\tau_{xy}$$

$$\tau_{12} = -mn\sigma_x - (m^2 - n^2)\tau_{xy} \tag{5-101}$$

对于 ±45°偏角，$m^2 = n^2 = mn = 0.5$，于是

$$\sigma_1 = \frac{(\sigma_x + \tau_{xy})}{2} = \frac{(\overline{\sigma}_x + \tau_{xy})}{2}$$

$$\sigma_2 = \frac{(\sigma_x - \tau_{xy})}{2} = \frac{(\overline{\sigma}_x - \tau_{xy})}{2}$$

$$\tau_{12} = \pm\frac{\sigma_x}{2} = \pm\frac{\overline{\sigma}_x}{2} \tag{5-102}$$

通过简单的坐标变换，可以得到用层合板平均应变 ε_x 与 ε_y 表示的各层三个主应变的关系式：

$$\varepsilon_1 = \frac{\varepsilon_x + \varepsilon_y}{2}$$

$$\varepsilon_2 = \frac{\varepsilon_x + \varepsilon_y}{2}$$

$$r_{12} = -(\varepsilon_x - \varepsilon_y) \tag{5-103}$$

通过［±45°］$_s$ 层合板试件的单向拉伸试验，测量外加应力$\overline{\sigma}_x$ 及与其相应的层合板内的纵向与横向应变 ε_x 与 ε_y，可以得到各单层板的平面剪切的力学性能参数。

(2) 层间剪切试验

层间剪切即横向剪切试验是测定复合材料在平行于纤维层间方向受剪应力作用时的极限强度。

采用短梁三点弯曲试验可以测定单向纤维增强复合材料层间剪切强度。短梁试件长度按下式计算（短梁试件尺寸及加载示意图见图 5-25）。

$L = l + 10$，式中 $l = 5t$，试件宽度 $b = (6.0 \pm 0.5)$ mm，厚度 t 为 2 ~ 5mm，加载

压头半径 $R=(2.0\pm0.1)$mm，支座圆角半径 r 为 (2.0 ± 0.2)mm，加载速度为 1～2mm/min，由材料力学可知，三点弯曲试样中最大层间应力发生在梁截面的中点，求出的层间剪切强度 τ_s 实际上是一个表观值，即

$$\tau_s=\frac{3P_{max}}{4bh}$$

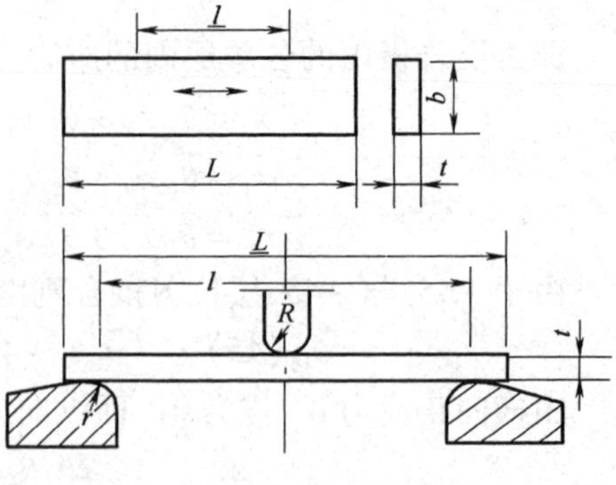

图 5－25　短梁试件及加载示意图

5.5.4　弯曲试验

弯曲试验是采用简支梁三点加载测定单向纤维增强复合材料的弯曲模量和弯曲强度。弯曲试验的加载示意图如图 5－26 所示。

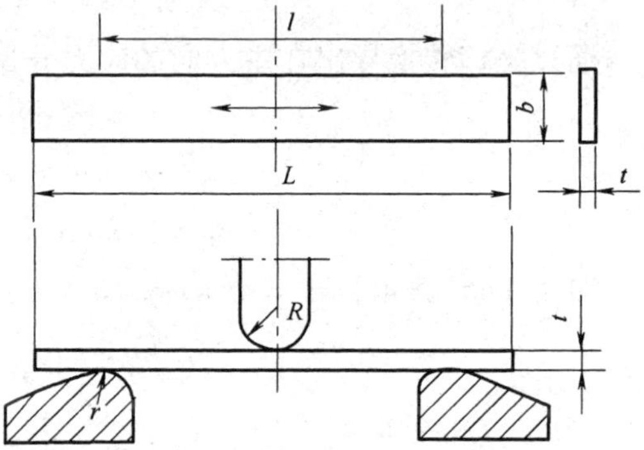

图 5－26　弯曲试验及加载示意图

三点弯曲的弯曲强度 σ_y 和弯曲模量 E_f 可用下式计算：

$$\sigma_y=\frac{3P_{max}l}{2bt^2}\qquad(5-104)$$

$$E_y=\frac{\Delta P\cdot l^3}{4bt^3\Delta f}\qquad(5-105)$$

式中，ΔP 为对应载荷－挠度曲线上直线段的荷载增量；

Δf 对应于 ΔP 的跨距中点处挠度增量。考虑复合材料剪切变形影响，上式可写为：

$$E_y=\frac{\Delta Pl^3}{4bt^3\Delta f}(1+s)\qquad(5-106)$$

式中 s 为剪切变形修正系数（$s=\frac{3t^2}{2l^2}\frac{E_y}{G_{13}}$，$G_{13}$ 为复合材料纵向平面沿厚度方向剪切模量）。

5.6　单向复合材料各组分的强度准则

纤维增强复合材料单向层板是用聚合物基体及增强纤维相互粘结构成的。单向层板的破坏可能是因纤维或基体中的裂缝扩展而引起的，也可能是粘结破坏产生的结果。前者通常称为内聚破坏（cohesive failure），而后者称为粘着破坏（adhesive failure）。在复合材料中发生的是粘着破坏还是内聚破坏，将取决于界面和纤维或基体的强度。在图 5－27 中所显示了三种单向层板破坏的可能情况，分别表示界面上的粘着破坏图 5－27（a），靠近界面处的基体内聚破坏图 5－27（b）和靠近界

面处的纤维内聚破坏图 5 - 27（c）。

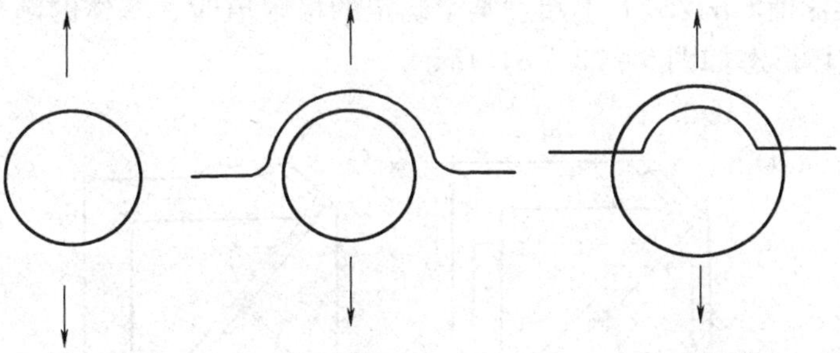

图 5 - 27　埋置在聚合物基体内的纤维以及三种不同的破坏模式

（a）界面上的粘着破坏　（b）靠近界面处的基体的内聚破坏

（c）靠近界面处的纤维的内聚破坏

内聚破坏包括纤维断裂或基体断裂，粘着破坏是在界面上发生分离。利用蔡（Tsai）和吴（Wu）在 1971 年提出的著名的强度准则以及其他一些类似的准则可以估计纤维增强复合材料在各种组合载荷作用下的强度，当然还可预测单向层板在简单载荷（拉伸、压缩或剪切）作用下的强度，这在很大程度上依赖于材料的结构以及纤维的体积百分比。

单向层板微观结构的聚合物基体中的应力和纤维中的应力即为“组分中的结构应力”，可分别称为宏观应力及微观应力。在考虑复合材料的整体强度之前，首先确立实际应力状态的各种组分的强度准则是很有必要的。在此我们以连续体（基体、纤维及其界面）中存在的应力状态和应变状态作为基础，以此来预测复合材料的强度。这种解决复合材料强度问题的方法称为复合材料强度的微观力学分析。在此，我们将对复合材料单向层板强度的微观力学作以分析。

5.6.1　聚合物基体的强度

聚合物基体的强度及其极限应变在很大的程度上依赖于载荷的类型以及载荷作用时的温度。Skudra 等人在 1971 年发现，聚酯树脂的极限应变在固定不变的常载荷作用下并非是个常量，而是取决于断裂发生以前载荷作用的时间，它将随着载荷作用时间的增加而显著地增加。根据极限应变对于载荷作用时间的这种依赖关系，可以得出一个能量准则：黏弹性材料将在应力功 W_m 达到某个极限值时 W_{mu} 时失效，因此可将聚合物基体的强度准则写为如下的形式：

$$W_m = W_{mu} \tag{5-107}$$

在破坏时应力功的极限值将成为任何聚合物基体强度特征的最显著的标志。假如直至破坏以前，基体一直发生线性变形，则应力功的极限值可由下式得到：

$$W_{mu} = \frac{\sigma_m^2}{2E_m} \tag{5-108}$$

聚合物基体在压缩和剪切的组合作用下所发生的情况如图 5 - 28 所示，从图中可以看出，依据应力 σ_1 和 σ_6 的不同关系可能发生如下两种不同类型的断裂破坏的状况。

（a）如果比值 $|\sigma_1/\sigma_2|$ 不超过某个确定的极限值时，基体的断裂将因主拉力而引起，其破坏形态如图 5－28（a）所示。

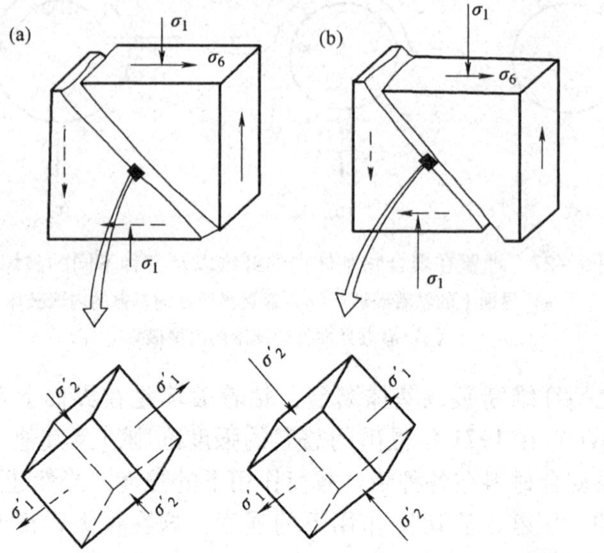

图 5－28　在压缩和剪切应力的组合作用下，聚合物基体可能的断裂状况

（a）拉伸破坏　（b）剪切破坏

聚合物基体通常表现为脆性材料，它的断裂原因是拉应力的作用。为了确定聚合物基体的剪切强度和压缩强度，需要采用如下符合实际的假设：当主拉应力所做的功达到其极限值时，基体就会发生破坏。在每一种特定的应力状态下，主拉应力的比功可由下式来求得：

$$W_m^+ = \frac{1}{4E_m}\left[2(1+\nu_m)\sigma_6^2 + \sigma_1^2 - \sigma_1\sqrt{\sigma_1^2 + 4\sigma_6^2}\right] \tag{5-109}$$

令 $W_m^+ = W_{mu}^+$，则在剪切和压缩载荷共同作用下的聚合物基体的强度包络线的方程式如下：

$$\sigma_1^2 + 2(1+\nu_m)\sigma_6^2 - \sigma_1\sqrt{\sigma_1^2 + 4\sigma_6^2} = 2(\sigma_m^+)^2 \tag{5-110}$$

当作用在基体上的压应力超出了聚合物基体本身的强度时，公式就变得无意义了。

利用上式还可求得聚合物基体的单轴压缩强度。聚合物基体在压缩应力作用下，正应力 σ_1 和剪应力 σ_6。作用在倾斜角为 φ 的断裂面上。用 σ_m^- 表示发生断裂时压应力的极限值，并考虑 σ_1 和 σ_6 的关系式，可以得到聚合物基体的单轴压缩强度 σ_m^- 和断裂角 φ 的如下关系：

$$Z\left(\frac{\sigma_m^T}{\sigma_m^-}\right)^2 = \sin^4\varphi + \frac{1+\nu_m}{2}\sin^2 2\varphi - \sin^3\varphi\sqrt{4 - 3\sin^2\varphi} \tag{5-111}$$

由上式可知，给定的断裂角与确定的压缩强度值 σ_m^- 相对应。这些值中最小的一个就表示基体真实的压缩强度，而与该值相对应的角就是真实的断裂角。所以上述问题可简化为寻求函数 2 $(\sigma_m^+/\sigma_m^-)^2$ 的最大值。通过求解此问题并把所得到的倾斜角值代入上式可得

$$\sigma_m^- = k_c \sigma_m^+ \tag{5-112}$$

其中

$$k_c = \left[\frac{1}{2}\left(\sin^4\varphi + \frac{1+\nu_m}{2}\sin^2 2\varphi - \sin^3\varphi\sqrt{4-3\sin^2\varphi}\right)\right]^{-\frac{1}{2}} \tag{5-113}$$

因而聚合物基体的拉伸和压缩性质的极限值有如下关系：

$$W_{mu}^- = k_c W_{mu}^+ \tag{5-114}$$

利用上述方法可知，对于环氧树脂如果取 $\nu_m = 0.35$，可得出断裂角为 39°，这与实验数据是一致的。值得注意的是，对于聚酯树脂基，其断裂角近似地也等于此值。因此，如果取 $\nu_m = 0.35$ 且 $\varphi = 39°$，利用 $\sigma_m^- = k_c\sigma_m^+$ 式可得聚合物基体的压缩强度和拉伸强度间的如下关系：

$$\sigma_m^- = 2.28\sigma_m^+ \approx 2.3\sigma_m^+$$

(b) 如果压应力和剪应力的比值 $|\sigma_1/\sigma_6|$ 超出了某个极限值，此时的断裂过程如图 5-28 (b) 所示。当压应力接近聚合物基体的压缩强度时就会发生这种形态的断裂。这样，利用能量准则就可以得到极限强度曲线的方程。考虑到式 $W_{mu}^- = k_c W_{mu}^+$ 可得

$$\sigma_1^2 + 2(1+\nu_m)\sigma_6^2 + \sigma_1\sqrt{\sigma_1^2 + 4\sigma_6^2} = 2k_c^2(\sigma_m^+)^2 \tag{5-115}$$

从图 5-29 中可以看出，完全的强度包络线是由两部分组成的，可用图中的点 K 来确定 σ_1 和 σ_6。

$$\sigma_1 = \frac{\sigma_m^+}{\sqrt{1+\nu_m}}\sqrt{1 + k_c^2 - \sqrt{4k_c^2 + \nu_m^2(1-k_c^2)^2}}$$

$$\sigma_6 = \frac{\sigma_m^+}{\sqrt{2(1-\nu_m^2)}}\sqrt{\sqrt{4k_c^2 + \nu_m^2(1-k_c^2)^2} - \nu_m(1+k_c^2)}$$

在图 5-29 中还标出了利用环氧树脂 EDT-10 的实验所得到的点，其中每个点代表 6 个试验的平均结果。

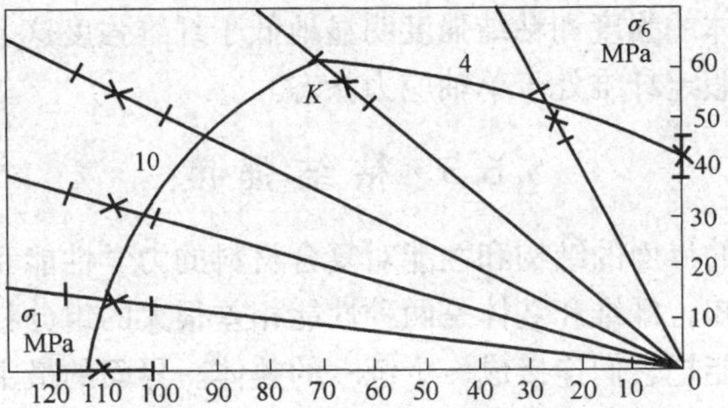

图 5-29　环氧树脂基 ED-16 的强度包络线

5.6.2 纤维强度

有许多种纤维例如玻璃纤维、碳纤维、硼纤维、有机的芳纶纤维等可用来制造增强复合材料。大多数纤维都是脆性的，它们的强度很大程度上依赖于表面裂纹的情况。由于在纤维生产的过程中，其表面或多或少地都会形成一些微小的裂纹，因此纤维强度的离散性是比较大的，通过分析固定长度纤维强度的实验数据可清楚地看出这一点。利用由单根纤维构成的纤维束来增强复合材料是常见的。通过纤维束的拉伸破坏试验可反映出单根纤维在载荷作用后随机断裂的现象。破坏通常在裂纹较多的纤维上首先发生。需注意，纤维的强度变化率只有很有限的用途，因为被基体所包围的纤维束的实际行为状态与没有基体的纤维束有很大的不同。这是因为基体的存在使单根纤维断裂的影响限制在局部的范围内。甚至断裂后，这些纤维仍有可能在某种程度上保持自己承载的能力。因此可以假定仅仅某些单根纤维的断裂不会减弱复合材料的强度，因为聚合物基体的存在会把载荷从已经断裂的纤维转移到邻近的未破坏的纤维上去。1963 年 Lockwooel 等人把 E—玻璃单纤维束的强度分布与用同样的 E—玻璃束增强的环氧树脂复合材料的强度分布作了比较。他们的研究结果表明，当复合材料中纤维的断裂度达到 50% 或者纤维束中单根纤维的断裂度达到 20% 时，复合材料的强度就等于纤维束的强度。1965 年，Serensen 和 Zaitsev 指出，在玻璃纤维/环氧复合材料中，当 10% ~15% 的纤维断裂后，纤维就开始接连不断地雪崩似的断裂。在这种纤维接连破坏的过程中，应力局限在很狭窄的范围内变化，因此完全可以假定，在此过程中增强复合材料内的应变实际上仍然是相同的。

利用上面的分析可知，对于纤维束来说，极限应变 e_{fu} 是一个十分重要的强度特征。事实上这个极限应变就等于在纤维方向承受载荷的增强复合材料的极限应变。以上假设为用实验方法进行估值提供了必要的基础。

纤维的强度条件可假定为：

$$e_f \leqslant e_{fu} \tag{5-116}$$

其中 e_f 是纤维束的真实应变。

鉴于聚合物基体的强度和粘结强度明显地低于纤维强度这一易见的事实，作为第一级的近似可以假定纤维处于单轴应力状态。

5.6.3 粘结强度

纤维和基体间的界面的结构和性能对复合材料的力学性能和物理性能起着关键性的作用。众所周知，纤维和基体是两种性能相差很大的组分材料，只有通过界面的过渡和传递，才能把它们连接成一个统一的整体。界面的最主要的功能是将作用在基体上的应力传递给纤维，通常在增强复合材料的界面上同时作用有正应力和剪应力。在这样复杂的应力状态下，可在物理上得到证明的关于粘着力强度的准则至今尚未出现，因此我们将不得不采用近似的唯象的方法，并且将用术语“粘结强度”来代替物理学名词“粘着力强度”。

在对界面传递应力的机理进行理论分析之前，必须先对界面的性质作以下几个假定：

①基体与纤维均为弹性材料；

②界面厚度无限小；

③纤维与基体的界面为理想粘结，这意味着穿过界面无应变间断；

④靠近纤维的材料的性能与块状材料的性能相同；

⑤纤维呈有规则排列或重复排列。

一般地说，界面粘结取决于纤维的原子排列、化学性质，聚合物基体的分子结构及其化学组成，因此界面性质是因纤维－基体系统而异的。对一个简单系统来说，界面的粘结作用是因纤维与基体之间的粘着力而引起的。具体地说，这种粘着力可能是由发生在界面上的5种机理的独立作用或联合作用而形成的，下面就对这5种机理加以简要的说明。

（1）吸附和浸润

当两个电中性的粗糙表面紧靠在一起时（如图5－30所示），它们之间除去个别离散的点外不能相互接触。另外，材料表面通常是被沾污的，因此两个粗糙的刚性表面间一般形成弱粘着。即使我们设法除去沾污物，使在接触点上形成强粘着，但由于表面粗糙，整个表面上的平均粘着强度仍是相当低的。要在纤维表面形成有效浸润，必须使液态的树脂充分覆盖表面上的每个空隙，而将空气完全排除干净。在理想的情况下，这种分子间的相互作用能在纤维和树脂间形成很强的粘着，但是由于以下种种原因使得这种强的物理结合常常不能实现：

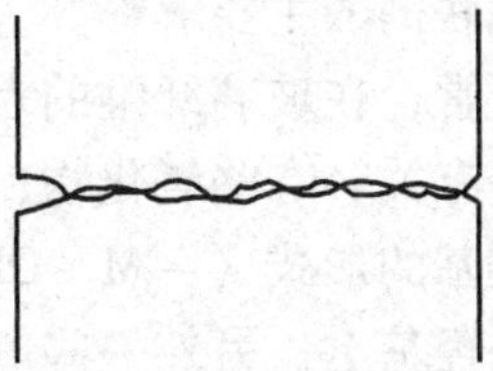

图5－30　个别离散的接触点导致两个粗糙刚性表面的弱粘着

①由于纤维表面被沾污而使有效表面能大大低于原来固体的表面能；

②由于材料表面吸附有残存的空气或其他气体；

③由于在复合材料的固化过程中形成很大的凝缩应力，它会在表面引起不可恢复的位移。

鉴于以上这些原因，浸润在复合材料的制造过程中具有特别重要的意义。

（2）相互扩散

两种聚合物的表面有可能通过一个表面上的聚合物分子向另一个表面的分子网络扩散而形成粘结，如图5－31（a）所示。粘结强度依赖于界面上分子缠结的数量和所含分子的数目。溶剂和增塑剂的存在有利于相互扩散，并且扩散的程度将依赖于参与扩散的分子的结构、组分及分子的流动性。利用相互扩散的概念可以部分说明在纤维与基体结合成复合材料之前先用聚合物涂层对纤维进行处理的原因。与粘结相对应，相互扩散常可称为自粘着作用。

(3) 静电吸引

当两个表面携带有正负不同的异种电荷时，它们之间自然会产生静电吸引力，如图5-31(b)所示。此时界面强度依赖于电荷密度。尽管静电吸引可能并不是对纤维与基体的最终结合强度起主要作用的因素，但它对玻璃纤维表面涂敷耦联剂起很大的作用。在玻璃纤维的表面还会因玻璃内的氧化物和硅烷耦联剂水溶液的pH而呈现阴离子或阳离子的特性。因此，如果使用有离子官能团的硅烷耦联剂，阳离子官能团就一定会吸附在阴离子的表面，反之亦然如图5-31(c)所示。由此可以断定，通过控制pH，可以使硅烷分子在玻璃纤维表面有次序地排列，从而获得最佳的耦联效果。

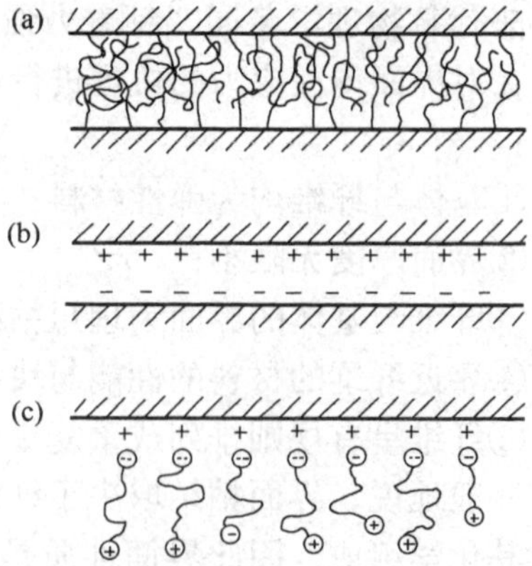

图5-31

(a) 在相互扩散后由分子缠结而形成的结合

(b) 由静电吸引力而形成结合

(c) 分子端部的阳离子群受另一表面的阴离子群吸引导致聚合物在表面的取向。

(4) 化学键结合

化学键结合对于复合材料来说是更为重要的，因为它可以提供在玻璃纤维表面使用耦联剂的主要解释。

通常，在玻璃纤维的表面上随机地分布着许多氧化物基团。其成分与玻璃纤维的成分有关。有些氧化物，如SiO_2、Fe_2O_3与Al_2O_3等，它们本身是不吸湿的，但会以羟基的形式(-M-OH，其中M表示Si、Fe或Al)及通过氢键将水分子吸附到这些羟基上。另外一些氧化物本身就能吸水，从而在玻璃纤维的表面上由水与氧化物形成一个键合得很好的表面层。

耦联剂的主要功能是在纤维表面的氧化物分子团和树脂的聚合物分子间形成很强的化学键合，其基本原理如图5-32所示。

碳纤维与各种聚合物基体的结合情况也和玻璃纤维一样复杂。碳纤维的表面是高活性的，很容易吸附一些对表面性能有影响的气体。通过在氧气中加热，或在硝酸和次氯酸钠中进行氧化处理，可在碳纤维表面产生一些如—CO_2H，—C—OH和—C=O等的活性官能团。这些官能团倾向于在基面的边缘处和缺陷处形成，它们能与不饱和树脂及热塑性树脂中的不饱和基团直接产生化学键合。

化学键合是在纤维表面的化学基团同基体中相容的化学基团之间形成的见图5-33。键合的强度决定于化学键的数量和类型，界面破坏必然包括化学键的破裂。

(5) 机械粘着

两个表面间的另一种结合是利用图5-34所示的纯粹机械联锁而形成的。树脂将纤维表面完全浸润，依照表面的各个细部而定型。这种结合方式的界面，其拉伸强度不高，但剪切强度十分重要，它依赖于表面的粗糙程度。

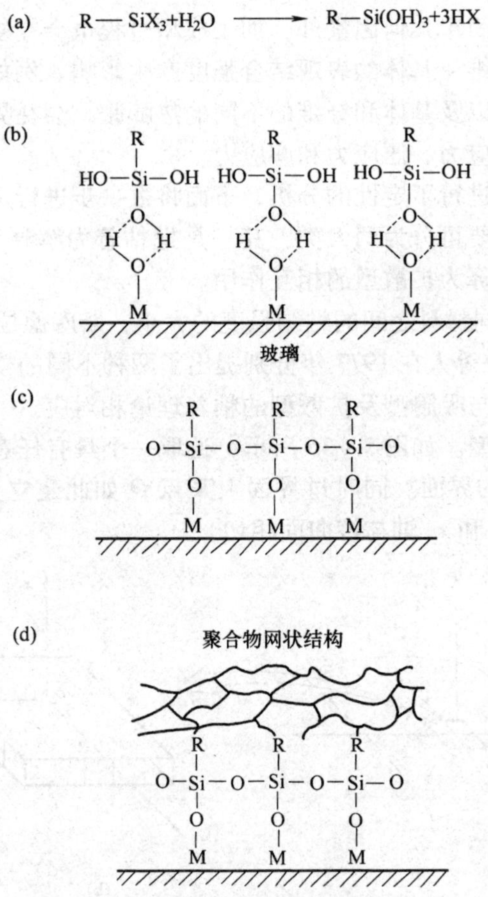

图 5－32　偶联剂的功能

（a）有机硅分解成相应的硅醇　（b）硅醇与玻璃表面的羟基团的氢键结合
（c）聚硅氧烷与玻璃表面结合　（d）有机官能团 R 与聚合物基体反应

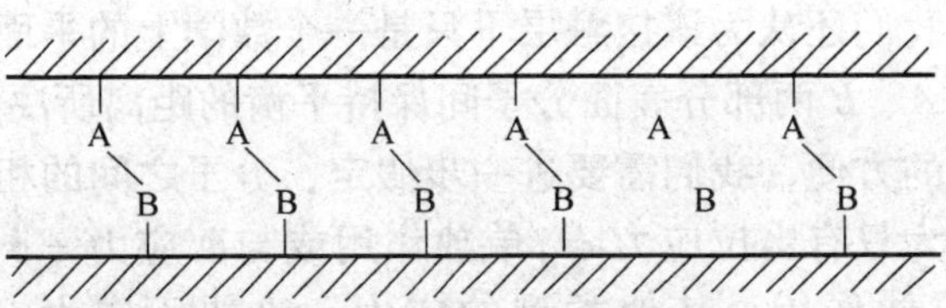

图 5－33　一个表面的 A 基团与另一表面的 B 基团之间形成的化学键合

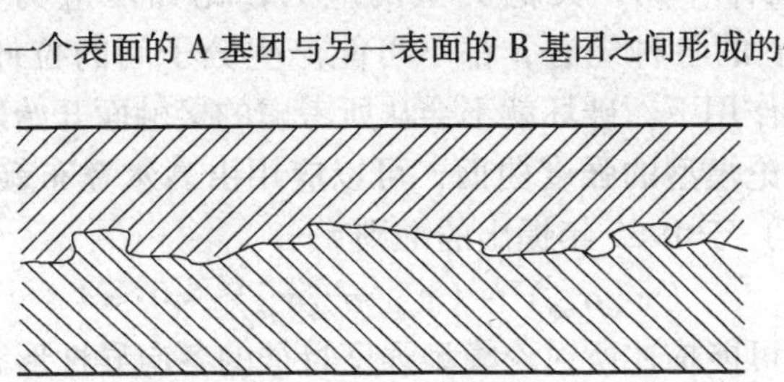

图 5－34　当液态聚合物浸润一个粗糙表面时所形成的机械粘着结合

除了机械粘着的简单几何因素外，加工成型过程也会在复合材料中引起许多内应力，它们也会对纤维 - 基体的表观结合强度产生影响。例如，热固性聚合物在固化时由于树脂的凝缩以及基体和纤维的不同的热膨胀，会在界面上产生依赖于纤维和构件几何参数的拉应力、压应力和剪应力。

以上对粘着机理进行了定性的分析，下面将进一步进行定量的描述。剖析粘着现象的物理学理论主要可分为两大类，其一是把粘着力解释为吸附型的相互作用，其二是把粘着现象解释为扩散型的相互作用。

为了估计两种不同材料之间的粘结强度的大小，斯库德拉和基鲁利斯（Kirulis）在 1975 年、斯库德拉等人在 1977 年分别提出了两种不同的模型：突变模型和层间扩散模型，它们分别与吸附型及扩散型的粘着理论相对应。

首先考虑突变模型。如图 5 - 35 所示，选取一个具有任意形状的光滑曲面以作为 A、B 两部分之间的界面。同时过界面上某点 O 如此建立直角坐标系，使 x_1 轴垂直于该曲面，而 x_2 和 x_3 轴与该曲面相切。

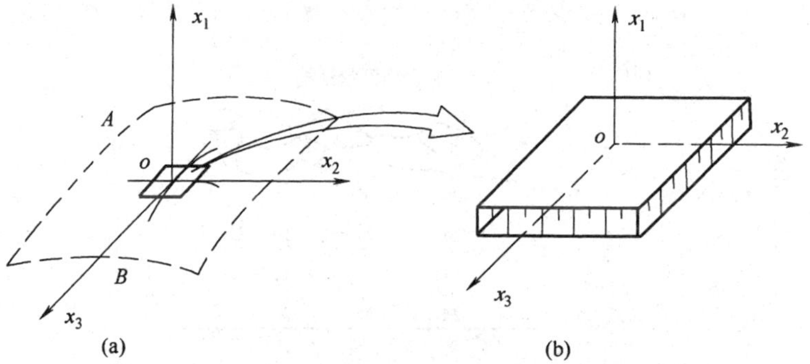

图 5 - 35　确定粘结强度的计算简图

在 O 点的邻域内任取一微小体元。由于该体元足够小，此处的接触层可以看成是平的。此外，我们还认为该接触层不只是一个数学上的平面，而是具有一定的厚度，该厚度是由 A、B 两部分表面分子间保持平衡的距离所决定的。

为了以后研究的方便，我们需要进一步假定：分子之间的相互联系只是在拉伸方面被消除了。因为只有当拉应力 σ_{11} 单独作用或与剪应力 $\pm\sigma_{12}$，$\pm\sigma_{13}$ 组合作用时，才可能产生拉伸作用，其他类型的应力，比如压应力 $-\sigma_{11}$，以及 $\pm\sigma_{22}$，$\pm\sigma_{33}$，$\pm\sigma_{23}$ 和它们的各种组合，都不可能产生分子间的拉伸联系，因此可得结论：在这些应力的作用下，破坏就不会从所考虑的接触面开始发生。

为了得到所讨论模型的强度曲面，可以应用由高尔登布赖特（Goldenblat）和郭普诺夫（Kopnov）于 1965 年提出的准则：

$$(\pi_{\alpha\beta}\sigma_{\alpha\beta})^{a}+(\pi_{\alpha\beta\gamma\delta}\sigma_{\alpha\beta}\sigma_{\gamma\delta})^{b}+\cdots=1$$

利用该准则，就有可能描述所讨论模型强度特征的各向异性形态。

如果在准则中只限于取前两项，并假定指数 a 和 b 都等于 1，就可以简化为蔡 - 吴准则，即：

$$\pi_{\alpha\beta}\sigma_{\alpha\beta}+\pi_{\alpha\beta\gamma\delta}\sigma_{\alpha\beta}\sigma_{\gamma\delta}=1 \tag{5-117}$$

上述准则中的未知系数是二阶张量 $\pi_{\alpha\beta}$ 和四阶张量 $\pi_{\alpha\beta\gamma\delta}$，这些系数可以利用接触面模型的强度对称性来确定。

为叙述方便起见，需要引入强度张量的分量 r_{ijklmn}，其中指标 i，j，k，l，m，n 分别可取以下各值：

$$i=0,1,\bar{1} \quad j=0,2,\bar{2}$$
$$k=0,3,\bar{3} \quad l=0,4,\bar{4}$$
$$m=0,5,\bar{5} \quad n=0,6,\bar{6}$$

给定的指标已经考虑到应力的符号，即：1，2，3，4，5，6 分别表示正的应力 σ_{11}，σ_{22}，σ_{33}，σ_{12}，σ_{13}，σ_{23}；而 $\bar{1}$，$\bar{2}$，$\bar{3}$，$\bar{4}$，$\bar{5}$，$\bar{6}$ 分别表示负的应力 $-\sigma_{11}$，$-\sigma_{22}$，$-\sigma_{33}$，$-\sigma_{12}$，$-\sigma_{13}$ 和 $-\sigma_{23}$。

采用上述符号是十分简便的，例如 $r_{10\bar{3}400}$ 代表在应力 σ_{11}，$-\sigma_{33}$ 和 σ_{12} 作用下的强度（$\sigma_{22}=\sigma_{13}=\sigma_{23}=0$）。

借用上述符号，就可以从形式上来描述接触面模型的强度对称性。

①如果 $\sigma_{11}>0$ 并且 $\sigma_{12}=\sigma_{13}=0$，则不论其他应力 σ_{22}，σ_{33} 和 σ_{23} 是否存在，接触面的强度都等于粘结拉伸破坏强度 σ_b^u，即：

$$r_{123006}=r_{1\bar{2}0000}=r_{10300\bar{6}}=\cdots=r_{100000}=\sigma_b^u \tag{5-118}$$

②如果 $\sigma_{11}=\sigma_{13}=0$ 且 $\sigma_{12}\neq 0$ 或 $\sigma_{11}=\sigma_{12}=0$ 且 $\sigma_{13}\neq 0$，则不论其他应力 σ_{22}，σ_{33} 和 σ_{23} 是否存在，接触面的强度都等于粘结剪切破坏强度 τ_b^u，即：

$$r_{003050}=r_{0\bar{2}3406}=\cdots=r_{000400}=r_{000050}=\tau_b^u \tag{5-119}$$

粘结强度 σ_b^u 和 τ_b^u 是可利用实验来确定的唯象的值，它们依赖于两种接触材料的化学结构、实现接触的方式以及温度，它们与应力状态是无关的。

③如果 $\sigma_{11}\neq 0$，$\sigma_{12}\neq 0$ 且 $\sigma_{13}\neq 0$，则不论其他应力 σ_{22}，σ_{33} 和 σ_{23} 存在与否，接触面的强度都是可用以下对称性关系来描述的有限值，即：

$$\left.\begin{aligned}&r_{123\overline{456}}=r_{123456}=\cdots=r_{123\bar{4}56}=r_{12345\bar{6}}\\&r_{\bar{1}23\overline{456}}=r_{\bar{1}23456}=\cdots=r_{\bar{1}23\bar{4}56}=r_{\bar{1}2345\bar{6}}\end{aligned}\right\} \tag{5-120}$$

④如果 $\sigma_{11}\leqslant 0$ 且 $\sigma_{12}=\sigma_{13}=0$，则不论其他应力 σ_{22}，σ_{33} 和 σ_{23} 存在与否，接触面的强度都是无限的，即：

$$r_{\bar{1}23006}=r_{\bar{1}2\bar{3}00\bar{6}}=\cdots=r_{\overline{123}000}=r_{\bar{1}03006}=\cdots=r_{023006}=\infty \tag{5-121}$$

最后一个条件的意义是：在所讨论的应力状态下，破坏不会在接触面上发生，而可能在十分靠近接触面的某一种组分材料的某些点上发生。

利用式（5－118）至式（5－121），就可以求出强度准则式（5－117）中的未知系数 $\pi_{\alpha\beta}$ 和 $\pi_{\alpha\beta\gamma\delta}$。例如，若仅有 σ_{11} 作用，利用式（5－117）可得如下一组方程：

$$\begin{cases}\pi_{11}r_{100000}+\pi_{1111}r_{100000}^2=1\\-\pi_{11}r_{\bar{1}00000}+\pi_{1111}r_{\bar{1}00000}^2=1\end{cases}$$

关于 π_{11} 和 π_{1111} 求解以上方程组，可得

$$\pi_{11}=\frac{r_{100000}^{2}-r_{\bar{1}00000}^{2}}{r_{100000}r_{\bar{1}00000}^{2}+r_{\bar{1}00000}r_{100000}^{2}}$$

$$\pi_{1111}=\frac{r_{100000}+r_{\bar{1}00000}}{r_{100000}r_{\bar{1}00000}^{2}+r_{\bar{1}00000}r_{100000}^{2}}$$

进一步利用式（5－118）和式（5－121）中已经确定的值，可以推出：

$$\pi_{11}=\frac{1}{\sigma_b^u}$$

$$\pi_{1111}=0$$

同样，如果仅有 σ_{22} 作用，由式（5－117）可得方程组：

$$\begin{cases}\pi_{22}r_{020000}+\pi_{2222}r_{020000}^{2}=1\\ -\pi_{22}r_{0\bar{2}0000}+\pi_{2222}r_{0\bar{2}0000}^{2}=1\end{cases}$$

考虑到式（5－121），方程组的解为：

$$\pi_{22}=\pi_{2222}=0$$

用类似的方法可以进一步确定所有的系数 $\pi_{\alpha\beta}$ 和 $\pi_{\alpha\beta\gamma\delta}$。可以看出，除了 π_{11}，π_{1212} 和 π_{1313} 外，其余系数全都为零，并且

$$\pi_{1212}=\pi_{1313}=\frac{1}{(\tau_b^u)^2}$$

利用前面所得的关于 π_{11} 和 $\pi_{1212}=\pi_{1313}$ 的表达式，可以把准则式（5－117）改写为：

$$\frac{\sigma_{11}}{\sigma_b^u}+\frac{\sigma_{12}^2+\sigma_{13}^2}{(\tau_b^u)^2}=1$$

利用这个强度准则所得的极限曲面如下图 5－36 所示。

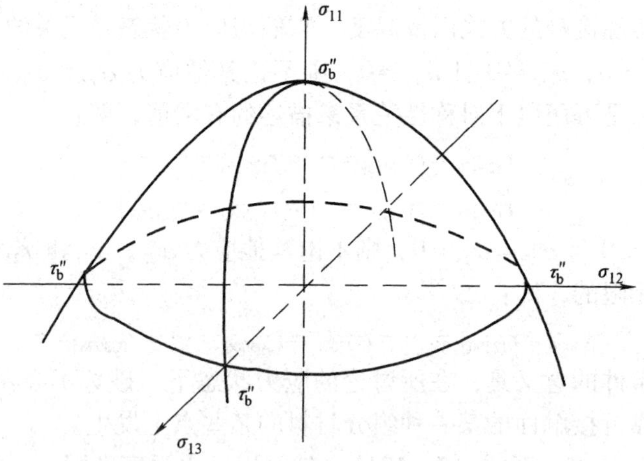

图 5－36　粘结强度的极限曲面

在后面第三节中我们还将说明，对于复合材料单向层板

$$\sigma_{11}=\sigma_{rr}=\langle\sigma_{\perp}\rangle\bar{\sigma}_r$$

$$\sigma_{12}=\sigma_{rz}=\langle\tau_{\parallel\perp}\rangle\bar{\sigma}_{rz}$$

$$\sigma_{13}=\sigma_{r\theta}=<\sigma_{\perp}>\overline{\sigma}_{r\theta}$$

在这种情况下，强度准则又可改写为：

$$\frac{<\sigma_{\perp}>\overline{\sigma}_{r}}{\sigma_{b}^{u}}+\frac{<\sigma_{\perp}>^{2}\overline{\sigma}_{r\theta}^{2}+<\tau_{\parallel\perp}>^{2}\overline{\sigma}_{rz}^{2}}{(\tau_{b}^{u})^{2}}=1 \tag{5-122}$$

下面再来简略地讨论一下层间扩散模型，此时我们可以假定图 5－35 中 A、B 两部分间的接触是在有限厚度的层中发生的。与突变模型不同的是，现在接触层里 A、B 两部分的分子不是截然分开的，而是相互渗透的。在这种情况下，我们可以把扩散接触层内的材料看成是均匀的和各向同性的，它的力学行为一般与原来的材料并不相同。这种模型的强度曲面可以采用下述准则来描述，即认为在发生断裂时，接触层内的八面体正应力和剪应力之间存在着如下的函数关系：

$$\tau_{8}=F(\sigma_{8})$$

作为第一级的近似，假定 σ_8 和 τ_8 之间是以线性关系相联系的，这样粘结强度的准则可写为：

$$\tau_{8}=a-k\sigma_{8} \tag{5-123}$$

1975 年，斯库德拉和基鲁利斯提议采用以下公式来计算式（5－123）中的系数 a 和 k：

$$a=\frac{\sqrt{6}}{3}\tau_{b}^{u}$$

$$k=\frac{\sqrt{6}\tau_{b}^{u}-\sqrt{2}\sigma_{b}^{u}}{\sigma_{b}^{u}}$$

将以上二式代入准则式（3－19），可得：

$$\tau_{8}=\frac{\sqrt{6}}{3}\tau_{b}^{u}\pm\frac{\sqrt{6}\tau_{b}^{u}-\sqrt{2}\sigma_{b}^{u}}{\sigma_{b}^{u}}\sigma_{8} \tag{5-124}$$

在拉应力的情况下以上公式中取正号，而在压应力的情况下取负号。由准则式（5－124）可知，压应力趋向于增加粘结强度，而拉应力使之减小。

5.7　复合材料单向层板均匀各向同性材料的强度理论

对复合材料结构的普遍承认和广泛的使用是建立在对它们的承载能力有充分信心的基础上的。而作为一个复合材料结构的设计者，首先须具备精确地预言各种特殊规格复合材料强度的能力。也就是说，他们必须能熟练地掌握复合材料的强度理论或破坏准则。众所周知，大多数可靠的强度数据是利用单轴应力试验来确定的，而在实际应用时材料却往往处在双轴的甚至更复杂的应力状态下。在一般情况下，结构复合材料通常是由几个主方向不同的各向异性层相互粘结而成的，因此，这种复合材料的强度往往具有与各向同性材料截然不同的明显的方向依赖性。另外还应该注意，层合结构的某些单层的破坏并不意味着全部材料的破坏，因为结构的特殊性可能会提供其他允许的加载方向。但是出于设计的考虑，层合结构中的第一层破坏仍然是必须引起充分注意的，因为它毕竟意味着材料进一步破坏的开始。

由于纤维、基体等组分材料可以有许多种不同的配比，同时层合结构也可能存在各种不同的排列方式，因此复合材料层合结构的强度是由诸多因素来决定的。

从伽利略考察岩石试件拉伸规律开始，对均匀各向同性材料强度问题的研究已有了300多年的历史。经过很长时间的探索、实验和实践检验，在理论方面已经比较成熟。均匀、连续和各向同性的材料主要有脆性破坏和塑性破坏等两种破坏形式，前者属于拉伸或压缩破坏，后者属于剪切破坏。脆性材料的剪切强度较高而拉伸强度很低，塑性材料的剪切强度较低，而拉伸强度较高。目前对于均匀各向同性材料来说，常见的、应用比较广泛的强度理论主要有以下几种：

（1）最大主应力理论

1638年，在仔细观察了许多岩石试件因拉伸而破坏的现象之后，伽利略注意到了试件强度依赖于横截面积而与其长度无关的规律，他由此而得出结论：当试件达到“破裂的绝对抗力”即达到临界应力时，就会发生破坏。这是用于预测脆性材料断裂规律的最大正应力理论的第一个提法。虽然在伽利略处理此问题时，按目前的眼光看所必需的一些物理定律（如弹性定律等）还没有产生，但他却用某些关于物体中内力分布的假设进行代替而同样达到了目的。因此，伽利略所得到的关系虽然在数量上并不是精确的，但在原则上是正确的。

根据伽利略的结论，脆性材料的破裂自最大正应力 σ_{max} 达到该材料的某一特征值 σ_0 之时开始，并且假定此结论对于任何应力状态都是成立的。开始人们认为材料在简单拉伸和压缩时的抗力是相同的，分别为 σ_0 和 $-\sigma_0$，因而朗金（Rankine），拉梅（Lamé），克拉披隆（Clapeyron）等人于1858年将任何复杂应力状态下某点处的材料发生破裂的条件归结为如下不等式：

$$(\sigma_p^2-\sigma_0^2)(\sigma_q^2-\sigma_0^2)(\sigma_r^2-\sigma_0^2)\geqslant 0 \qquad (5-125)$$

其中用 σ_p，σ_q，σ_r 表示三个主应力，这是为了避免与正交各向异性材料在材料对称方向的应力 σ_1，σ_2，σ_3 相混淆。

后来通过大量的实验人们才发现，脆性材料对于简单拉伸和压缩的抗力有很大的差异。如果记材料的单向拉伸强度为 σ_b^t，单向压缩强度为 σ_b^c，不失一般性假定 $\sigma_p\geqslant\sigma_q\geqslant\sigma_r$，如果 σ_p 为拉应力而 σ_r 为压应力，则最大主应力理论可表示为：

$$\begin{aligned}\sigma_p&=\sigma_b^t\\ \sigma_r&=-\sigma_b^c\end{aligned} \qquad (5-126)$$

最大正应力理论非常适合于抗剪性能很好的脆性材料。因为脆性材料抗压强度往往比抗拉强度高得多，因而拉伸强度低便成为它的最致命的弱点，甚至当压缩破坏时也因拉伸强度低从而发生纵向开裂（裂纹沿着压缩方向）现象。最大主应力理论形式简便，但它没有考虑中间主应力 σ_q 的影响，它也不能直接用于各向异性材料，因为它们的应力主方向和强度主方向是不一致的。应用最大主应力理论有一个方便之处，是它不需要引入线弹性的假定。另外，以后我们将再次提到，把最大主应力理论推广用来判断单向增强复合材料沿纤维方向的破坏还是十分有效的。

（2）最大主应变理论

该理论是圣维南（Saint Venant）于1837年提出来的，他断言材料因屈服或断裂而破坏将在最大应变达到某个极限临界值的任何应力状态下发生，并且该临界值可由简单的试验来确定。如果三个主应变依次排列为 $\varepsilon_p \geqslant \varepsilon_q \geqslant \varepsilon_r$，并且假定 ε_p 为拉应变，而 ε_r 为压应变，则最大主应变理论可表示为：

$$\varepsilon_p = \varepsilon_b^t$$
$$\varepsilon_r = -\varepsilon_b^c \tag{5-127}$$

其中 ε_b^t 和 σ_b^c 分别表示材料的极限拉伸应变和极限压缩应变。

对于脆性材料，当断裂应变很小时，可近似地采用线性的应力应变关系，得：

$$\frac{1}{E}[\sigma_p - \nu(\sigma_q + \sigma_r)] = \frac{1}{E}\sigma_b$$

即

$$\sigma_p - \nu(\sigma_q + \sigma_r) = \sigma_b \tag{5-128}$$

由于脆性材料的泊松比明显小于塑性材料的泊松比，如果略去包含 ν 的项，可得：

$$\sigma_p \approx \sigma_b \tag{5-129}$$

对于脆性材料，强度准则式（5－127）、式（5－128）或式（5－129）基本上都是正确的，但以式（5－127）的表达形式为最好。式（5－128）是用应力分量表示的最常用的最大主应变理论，而式（5－129）与最大主应力理论相当。由于在式(5－128)中采用了线性的应力应变关系，没有对破坏时的弹性模量以及初始时刻的弹性模量加以区别，因而往往会导致一些不合理的结果。然而式（5－127）则不同，虽然都属于最大主应变理论，因为它没有采用线弹性的假定，所以不会出现如式（5－128）那样可能出现的矛盾。

对于脆性材料（例如铸铁），使用最大主应变理论之所以能和实验结果比较相符，是因为其泊松比较之塑性材料要小得多，致使最大主应变理论和最大主应力理论相当接近。然而对于塑性材料来说，ν 不是一个很小的值，即使用屈服极限 σ_y 来代替 σ_b，最大主应变理论也与实验结果不相符合。

当复合材料呈脆性破坏时，与最大主应变理论有一定的关系，但不能选用初始的泊松比。当材料接近拉伸破坏时，泊松比接近于零；而当材料接近于压缩破坏时，泊松比往往是比较大的。

（3）最大剪应力理论

由特雷斯卡（Tresca）于1864年提出的这个理论预言，材料的初始屈服将在以下等式成立时发生，即：

$$[(\sigma_p - \sigma_r)^2 - \sigma_y^2] \cdot [(\sigma_q - \sigma_p)^2 - \sigma_y^2] \cdot$$
$$\cdot [(\sigma_r - \sigma_q)^2 - \sigma_y^2] = 0 \tag{5-130}$$

其中 σ_y 为简单拉伸或压缩时的屈服极限，它可以通过单轴载荷试验来得到。

准则式（5－130）在主应力空间中可用三对平行平面来表示，每一对都与具有方程

$$\sigma_p+\sigma_q+\sigma_r=0 \tag{5-131}$$

的平面相垂直。这六个平面定义了 $\sigma_p-\sigma_q-\sigma_r$ 应力空间中的一个六棱柱，它们的棱边与坐标轴成等角。

假定 $\sigma_p\geqslant\sigma_q\geqslant\sigma_r$，最大剪应力理论可以得到简化，即：在复杂应力状态下，当材料中的最大剪应力等于简单拉伸或压缩时出现屈服的最大剪应力时，材料就会发生破坏，由

$$\frac{1}{2}(\sigma_p-\sigma_r)=\frac{1}{2}\sigma_y$$

可推出

$$\sigma_p-\sigma_r=\sigma_y \tag{5-132}$$

对于塑性材料而言，最大剪应力理论与实验结果相当吻合，而对于脆性材料却符合较差。该理论不考虑中间剪应力 σ_q 对材料破坏的影响。抗剪强度较低是塑性材料的主要特点，因此对塑性材料来说通常发生剪切破坏，即使在单轴拉伸或压缩的情况下所发生的破坏往往也属于剪切破坏。而从另一方面来看，由于脆性材料的剪切强度高于拉伸强度，因此一般不会发生剪切破坏。

当复合材料的破坏方式是基体沿纤维方向开裂，如果沿纤维方向剪应力的作用远大于横向拉、压应力的作用从而产生破坏时，应该认为与最大剪应力理论有关。但如果横向拉、压应力和剪应力都起重要作用时，应考虑采用与能量概念相联系的其他理论。

(4) 最大总应变比能理论

该理论是由贝尔特拉米（Beltrami）于 1885 年提出来的。他认为：对于每一种特定的材料来说，屈服破坏将首先在总应变比能达到某个临界值的点处发生，并且这种临界值可以通过单轴试验来得到，即：

$$(1+\nu)[(\sigma_p-\sigma_q)^2+(\sigma_q-\sigma_r)^2+(\sigma_r-\sigma_p)^2] + (1-2\nu)(\sigma_p+\sigma_q+\sigma_r)^2=3\sigma_y^2 \tag{5-133}$$

或

$$\sigma_p^2+\sigma_q^2+\sigma_r^2-2\nu(\sigma_p\sigma_q+\sigma_q\sigma_r+\sigma_r\sigma_p)=\sigma_y^2 \tag{5-134}$$

与前面三个强度理论相比，最大总应变比能理论的优点在于在一个公式内体现了所有应力分量对强度的影响，但企图用实验来证明这种理论却不很成功。因为在静水压的情况下，总应变比能可能会被储存起来而不会对破坏作出任何实际贡献。因而对各向同性材料来说，通常需要在总应变比能中除去体积变化的部分而只考虑与形状变化所对应的能量，理论才能得到证实。

不过还应该指出，由于在复合材料中往往难以严格区分体积应变能和剪切应变能，因此最大总应变比能理论还是具有一定意义的。

(5) 最大剪切应变比能（畸变能）理论

该理论是由胡勃（Huber，1904）、冯·米萨斯（Von Mises，1913）、汉盖（Hencky，1924）、纳达伊（Nadai，1937），诺沃日洛夫（Новожилов，1952）等

人分别提出来的，通常称为冯·米萨斯理论。他们认为在复杂应力状态下，当最大剪切应变比能等于单轴拉伸或压缩试验出现屈服的剪切应变比能时，材料即发生破坏。对应的强度准则为：

$$(\sigma_p-\sigma_q)^2+(\sigma_q-\sigma_r)^2+(\sigma_r-\sigma_p)^2=2\sigma_y^2 \tag{5-135}$$

此理论特别适用于塑性材料，它和最大剪应力理论在数值上的差别比较小。尽管最大剪应力理论只考虑了最大和最小主应力的作用，忽略了中间剪应力对破坏的影响，而畸变能理论对全部三个主应力不偏不倚、一视同仁，但实验数据对这两种理论的支持几乎是同等的，难以区分高下。因为对一般韧性较强的金属材料，如铜、镍、铝、中碳钢等，畸变能理论与实验结果符合较好，但另外也有一些材料的实验结果偏近最大剪应力理论。因此这两个理论都是十分常用的理论。

虽说胡勃和冯·米萨斯最初可能是出于简化数学表达式的需要而提出他们的理论的，但后来一些学者却用不同的观点作了力学意义上的解释。用某点的剪切应变比能来衡量材料屈服与否的观念是汉盖首先提出来的，而纳达伊把材料屈服的条件解释为八面体剪应力达到了某一定值，诺沃日洛夫认为材料的屈服是由于一点的统计平均剪应力 $\bar{\tau}$ 达到了某一极限值而引起的。最后，根据俞茂宏的观点，认为冯·米萨斯的屈服条件还可看作是用三个极值剪应力的均方根值来衡量屈服与否的准则。

（6）双剪应力理论

为了考虑中间剪应力对材料剪切破坏的影响，俞茂宏于1961年提出了双剪应力理论，认为：当两个最大的主剪应力之和达到某个极限值时，材料将发生屈服破坏。写成对称形式的强度准则为：

$$\left\{\left[\sigma_p-\frac{1}{2}(\sigma_q+\sigma_r)\right]^2-c^2\right\}\left\{\left[\sigma_q-\frac{1}{2}(\sigma_r+\sigma_p)\right]^2-c^2\right\}\cdot$$

$$\left\{\left[\sigma_r-\frac{1}{2}(\sigma_p+\sigma_q)\right]^2-c^2\right\}=0 \tag{5-136}$$

在 $\sigma_p \geqslant \sigma_q \geqslant \sigma_r$ 的情况下，准则式（4－12）可简化为：

$$\tau_{pq}+\tau_{pr}=\sigma_p-\frac{1}{2}(\sigma_q+\sigma_r)=c,$$

$$\text{当}\ \tau_{pq}\geqslant\tau_{qr}\ \text{时} \tag{5-137a}$$

或

$$\tau_{qr}+\tau_{pr}=\frac{1}{2}(\sigma_p+\sigma_q)-\sigma_r=c,$$

$$\text{当}\ \tau_{pq}\leqslant\tau_{qr}\ \text{时，} \tag{5-137b}$$

在主应力空间中，与双剪应力理论相对应的破坏曲面同样是一个六棱柱，它外切于冯·米萨斯圆柱面，而后者又外接于特雷斯卡曲面。图5－37清楚地显示了这三种强度理论的破坏曲面之间的相互位置关系。

双剪应力理论也可以推广为双剪应变理论，在 $\varepsilon_p \geqslant \varepsilon_q \geqslant \varepsilon_r$ 的情况下，相应的强度准则可写为：

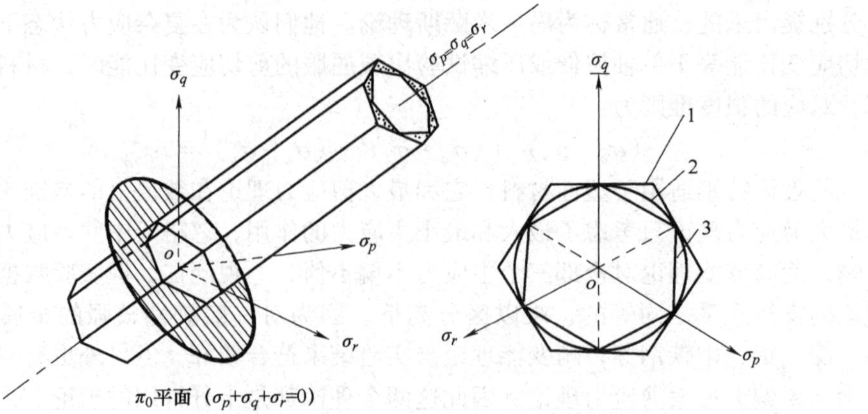

(a)　　　　　　　　(b)

图 5－37

(a) 双剪应力准则，冯·米萨斯准则和特雷斯卡准则的几何表示及三种屈服曲面的相互位置关系

(b) 三种屈服面在 π_0 平面上的投影

1—双剪应力准则　2—Mises 准则　3—Tresca 准则

$$\varepsilon_p - \frac{1}{2}(\varepsilon_q + \varepsilon_r) - \varepsilon_0(1+\nu) = 0 \qquad (5-138a)$$

或

$$\frac{1}{2}(\varepsilon_p + \varepsilon_q) - \varepsilon_r - \varepsilon_0(1+\nu) = 0 \qquad (5-138b)$$

式中

ε_p、ε_q、ε_r——三个主应变

ε_0——单轴拉伸或压缩的极限应变

ν——泊松比

1982 年，俞茂宏还提出了一种广义的双剪应力理论，它不但考虑了两个较大的主剪应力，而且还考虑了相应的正应力。其破坏准则可用下式表示：

$$F = \tau_{pr} + \tau_{pq} + \beta(\sigma_{pr} + \sigma_{pq}) = c,\quad \text{当 } F \geqslant F' \text{ 时} \qquad (5-139a)$$

或

$$F' = \tau_{pr} + \tau_{qr} + \beta(\sigma_{pr} + \sigma_{qr}) = c,\quad \text{当 } F \leqslant F' \text{ 时} \qquad (5-139b)$$

其中 β 和 c 都是材料常数，且分别可用单轴拉伸强度 σ_b^t 和单轴压缩强度 σ_b^c 表示为：

$$\beta = \frac{\sigma_b^c - \sigma_b^t}{\sigma_b^c + \sigma_b^t} \qquad (5-140)$$

$$c = \frac{2\sigma_b^c - \sigma_b^t}{\sigma_b^c + \sigma_b^t} \qquad (5-141)$$

τ_{ij}和σ_{ij}分别表示以σ_i和σ_j轴的平分线为外法线方向的平面上的剪应力和正应力，如图 5－38 所示。

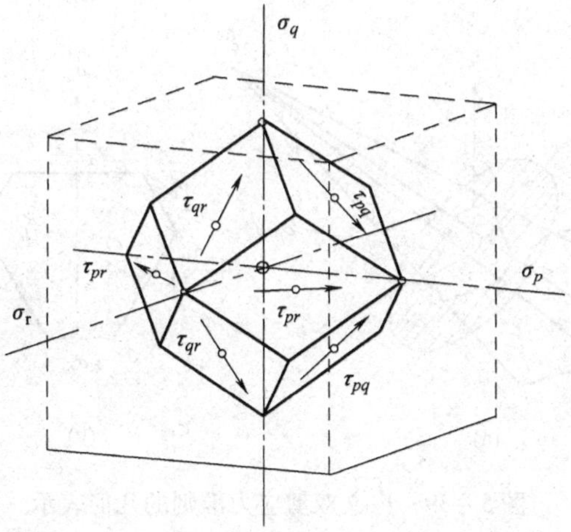

图 5－38　广义双剪应力准则的正十二面体模型

如果注意到

$$\left.\begin{aligned}\tau_{pr}&=\frac{1}{2}(\sigma_p-\sigma_r)\quad \sigma_{pr}=\frac{1}{2}(\sigma_p+\sigma_r)\\ \tau_{pq}&=\frac{1}{2}(\sigma_p-\sigma_q)\quad \sigma_{pq}=\frac{1}{2}(\sigma_p+\sigma_q)\\ \tau_{qr}&=\frac{1}{2}(\sigma_q-\sigma_r)\quad \sigma_{qr}=\frac{1}{2}(\sigma_q+\sigma_r)\end{aligned}\right\}\tag{5-142}$$

利用式（5－140）、式（5－141），并引进拉伸－压缩强度比

$$\alpha=\frac{\sigma_b^t}{\sigma_b^c}$$

我们可将广义双剪应力准则式（5－139）或式（5－139）改写为：

$$F=\sigma_p-\frac{1}{2}(\sigma_q+\sigma_r)+\frac{1-\alpha}{1+\alpha}\left[\sigma_p+\frac{1}{2}(\sigma_q+\sigma_r)\right]$$

$$=\frac{2\sigma_b^t}{1+\alpha}\quad 当\ F\geqslant F'时\tag{5-143a}$$

或

$$F'=\frac{1}{2}(\sigma_p+\sigma_q)-\sigma_r+\frac{1-\alpha}{1+\alpha}\left[\frac{1}{2}(\sigma_p+\sigma_q)+\sigma_r\right]$$

$$=\frac{2\sigma_b^t}{1+\alpha}\quad 当\ F\leqslant F'时\tag{5-143b}$$

很明显，双剪应力准则是广义双剪应力准则当$\alpha=1$时的特殊情况，即材料的单轴拉伸强度和压缩强度相等的情况。

如图 5－39 所示，在主应力空间中，广义的双剪应力准则的破坏曲面是一个顶

点位于 $\sigma_p=\sigma_q=\sigma_r$ 直线上的六棱锥。由于一般有 $\sigma_b^t \neq \sigma_b^c$，应注意到相邻侧面的大小是不同的。

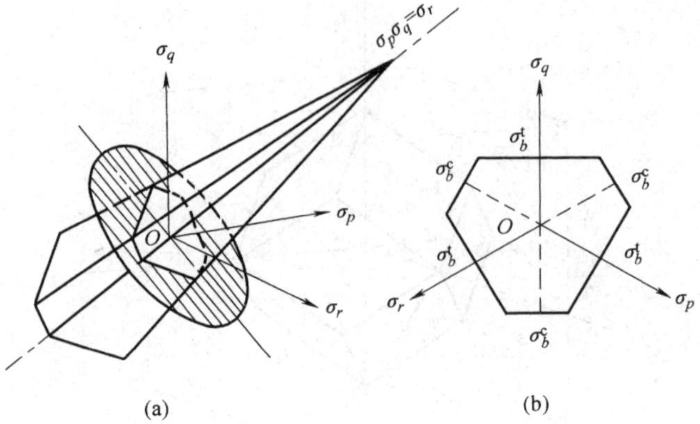

图 5－39　广义双剪应力准则的几何表示

（7）库伦理论

在把岩石作为主要的建筑材料的时代，库伦（Coulomb）注意到单向受压的岩石会沿着与加载轴线倾斜的方向发生断裂，并且裂纹并非沿着最大剪切面的45°方向。这种情况促使他于1773年提出了这样的假设；当破坏面上的剪应力 τ 等于材料的粘结强度 c 和摩擦力 $-\mu\sigma$ 之和时，材料就会发生破坏，即：

$$|\tau| = c - \mu\sigma \tag{5-144}$$

其中 μ 是摩擦因数，σ 为作用在破坏面上的法向应力（拉应力为正，压应力为负）。

库伦理论预言破坏将在 $45° - \frac{1}{2}arctg\mu$ 的倾斜面上发生。对于具有较低粘结性能的土壤以及岩石等脆性材料，这个理论与实验结果能比较好地相符。对于金属和塑料等塑性材料，由于 $c \gg \mu\sigma$，它可退化为最大剪应力理论。当 σ 为压应力且很大时，$c-\mu\sigma$ 可以达到很大的值，此时材料不容易发生破坏。这个理论清楚地说明了为什么在很高的静水压下材料不会发生剪切破坏。但是，当 σ 为拉应力时，$|\tau|$ 将随着 σ 的增大而减小，而当 $c=\mu\sigma$ 时，$|\tau|=0$。因此，由（5－144）式可以看出，当 σ 为负值时有利于提高剪切强度，而当 σ 为正值时则会降低剪切强度。对于土壤来说，它比较接近于离散介质，抗拉强度很低，远远低于压缩强度。对于岩石来说，由于其中存在着缺陷和微裂纹，因此也有类似于土壤的强度性质。而对于单向增强复合材料，由于在界面上某些地方存在着脱粘现象，而在基体中又存在着因固化而引起的裂纹，因而当存在垂直于纤维方向的压应力时，有助于提高抵抗剪切破坏的能力；反之，当在垂直于纤维的方向受拉时，将会明显降低其剪切强度。

（8）摩尔理论

特雷斯卡理论认为，最大剪应力是引起材料屈服破坏的原因，即当

$$\tau = \tau_{\max} = \frac{\sigma_p - \sigma_r}{2}$$

时，材料开始发生塑性流动。

另外，根据材料力学的知识可知，由三个主应力 $\sigma_p \geqslant \sigma_q \geqslant \sigma_r$ 可决定三个应力圆，如图 5－40 所示。它们的方程分别为：

$$\left.\begin{aligned}\left(\sigma - \frac{\sigma_q + \sigma_r}{2}\right)^2 + \tau^2 &= \left(\frac{\sigma_q - \sigma_r}{2}\right)^2 + l^2(\sigma_p - \sigma_q)(\sigma_p - \sigma_r)\\ \left(\sigma - \frac{\sigma_r + \sigma_p}{2}\right)^2 + \tau^2 &= \left(\frac{\sigma_r - \sigma_p}{2}\right)^2 + m^2(\sigma_q - \sigma_r)(\sigma_q - \sigma_p)\\ \left(\sigma - \frac{\sigma_p + \sigma_q}{2}\right)^2 + \tau^2 &= \left(\frac{\sigma_p - \sigma_q}{2}\right)^2 + n^2(\sigma_r - \sigma_p)(\sigma_r - \sigma_q)\end{aligned}\right\} \qquad (5-145)$$

其中 l，m，n 分别为在 $\sigma_p - \sigma_q - \sigma_r$ 应力空间中，正应力为 σ 而剪应力为 τ 的斜面的方向余弦。

从图 5－40 中很容易看出，$\tau_{\max}$ 是最大的应力圆的半径，它与中间主应力 σ_q 无关，并且 $\tau_{\max}$ 所在的平面与 σ_q 平行。

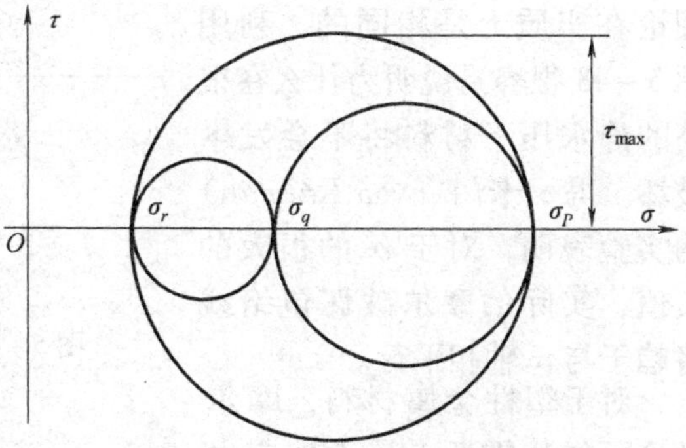

图 5－40　三个摩尔应力圆

摩尔理论除了认为最大剪应力是引起破坏的原因外，还注意到强度也与正应力有关。摩尔假定在所有具有相同正应力的平面中，破坏将在具有最大剪应力的平面上发生。这意味着在某点的三个摩尔应力圆中，仅需考虑联系 σ_p 和 σ_r 的最大的圆，破坏与 σ_q 无关。通过绘制和迭加足够数目的这种圆，每一个与材料的某一种破坏状态相联系，可以画出这些圆的包络线，利用它可以预测在任何一种应力条件下的破坏状态。

在图 5－41 中，分别画出了单轴拉伸、单轴压缩和纯剪时的摩尔圆。图中的单轴拉、压强度 σ_b^t 和 σ_b^c 以及纯剪切破坏强度 τ_y 都可由实验来确定。作出以上三个圆的包络线，并把该包络线的方程利用下式来表示：

$$|\tau| = F(\sigma) \qquad (5-146)$$

它说明，当破坏面上的剪应力等于 $F(\sigma)$ 时，材料将发生破坏。其中 σ 为作用于破坏平面上的法向应力，函数 $F(\sigma)$ 可由实验来确定，并且它关于 σ 轴是对称的。

对于一个已知的应力状态（σ_p，σ_q，σ_r）来说，如果由 σ_p 和 σ_r 确定的应力圆在包络线之内，则这种应力状态不会引起材料的破坏。如果由 σ_p 和 σ_r 确定的应

力圆与包络线相切（如图5－42所示），则此应力状态必将引起材料的破坏。切点 T 可用来确定破坏应力的值及其所在的平面。

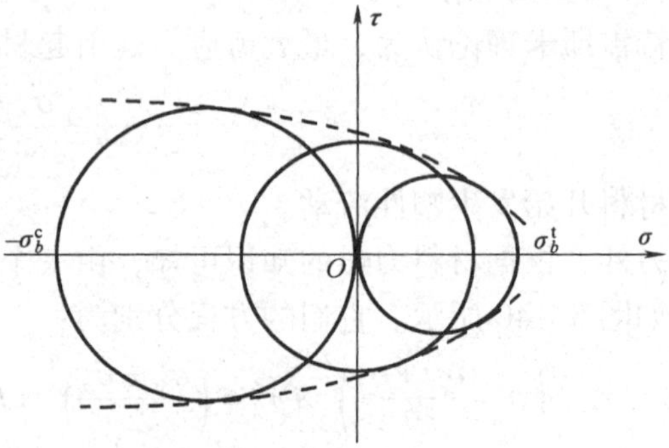

图 5－41　$\sigma-\tau$ 平面上的摩尔包络线

由于三个主应力接近相等的三向拉伸和三向压缩破坏试验不容易实施，因此上述包络线向右端或向左端延伸的极限形状不易确定，但确定包络线的中段还是比较容易的。实用时为了简化起见，有时用单轴拉伸或压缩的两个极限应力圆的公切线来代替摩尔包络线（如图 5－43 所示），这和库伦理论在实质上是相同的。利用图 5－43 很容易说明为什么在很高的静水压下材料将不会发生破坏。冯·卡门（von Kármán）的实验表明，对于 σ 的很大的负值，实际的摩尔破坏包络线将趋于与 σ 轴相平行。

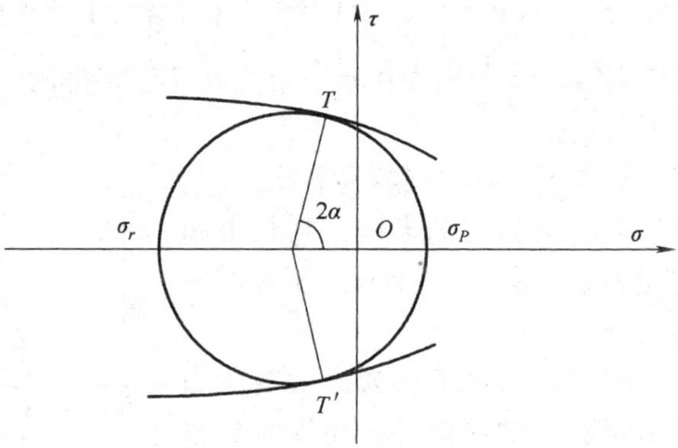

图 5－42　应力圆与摩尔包络线相切的情况

对于塑性金属材料，摩尔理论不像特雷斯卡最大剪应力理论或冯·米萨斯畸变能理论那样使用如此频繁，但在岩土力学中它的应用还是十分广泛的。

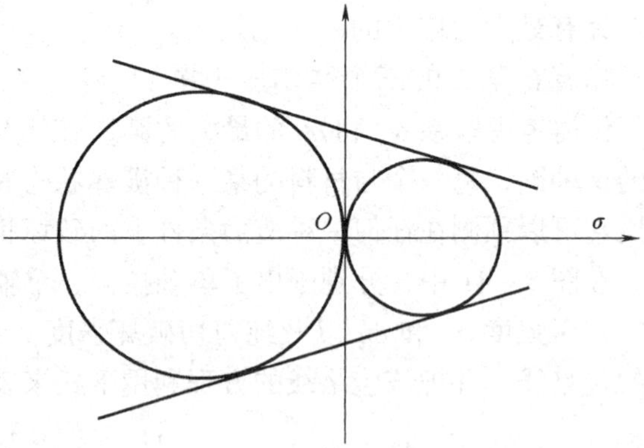

图 5－43　摩尔包络线的简化

虽然摩尔强度理论存在有适用范围广泛的特点，它既能预见材料由弹性状态过渡到塑性状态的可能性，也能预见没有显著变形的脆性破裂的可能性。在各种情况下，它能允许材料对拉伸和压缩的强度可以不同。另一方面，摩尔强度理论也存在着缺点，主要是它没有考虑到中间主应力 σ_q 的影响，即没有考虑由所有三个摩尔应力圆（见图 5－40）之总和所确定的应力状态的形式。

（9）讨论

在图5－44中同时画出了各向同性材料在平面应力状态下的七种强度理论曲线。它们之间有着较大的差异和区别，不能一概而论地说哪一种强度理论最为合理和精确，而要对具体问题、具体材料做具体的分析。

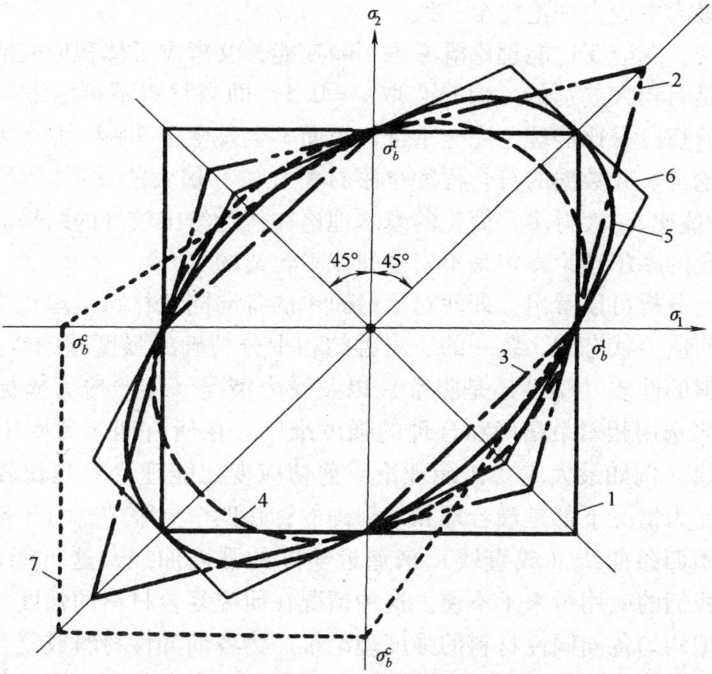

图5－44　在平面应力状态下，各向同性材料强度理论曲线的比较

1—最大主应力理论　2—最大主应变理论　3—最大剪应力理论　4—总应变比能理论

5—剪切应变比能理论　6—双剪应力理论　7—简化的摩尔理论

首先对塑性材料来说，其主要特点是拉、压强度明显高于剪切强度，因而破坏主要将由剪切强度而引起，此时最大剪应力理论、剪切应变比能理论和双剪应力理论都和实验结果相当接近。在 $\boldsymbol{\sigma}_p-\boldsymbol{\sigma}_q$ 平面内，在第二和第四象限，以最大剪应力理论比较安全，而在第一和第三象限，以剪切应变比能理论比较安全。当然，由于剪切应变比能理论在全部四个象限中都可以用同一个方程的一条连续曲线来表达，使用起来比较方便。但是我们也必须注意到，在第二和第四象限中，由于大部分实验数据散落在最大剪应力理论曲线和剪切应变比能理论曲线之间，使用畸变能理论会有一些偏于不安全的因素存在。

其次对于脆性材料而言，拉伸强度低是它的主要弱点，其剪切强度和压缩强度明显高于拉伸强度，因此它的破坏主要是由拉伸强度低而引起的，此时最大主应力理论和最大主应变理论都是适用的。但是如果采用以应力分量表示的最大主应变理论，由于使用了线性的应力－应变关系，其理论与实验数据的符合程度与泊松比 ν 的取值有关。如果没有着重指出脆性材料拉伸破坏时泊松比很小而接近于零这一特点，而取 $\nu=0.25\sim0.33$，那么在第一象限，用应力分量表示的最大主应变理论和实验数据相符合的程度就不如最大主应力理论好。然而在第二、三、四象限中，用应力分量表示的最大主应变理论和实验结果符合的程度与最大主应力理论相当，而且还更安全或精确些。在第一象限，如果取 $\nu=0$，则用应力分量表示的最大主应变理论就和最大主应力理论完全一致。

一般地说，总应变比能理论既考虑了畸变能，又考虑了体积应变能，因而它与畸变能理论是有较大差别的。但是当取 $\nu=0.5$，即当材料不可压缩时，总应变比能理论就和剪切应变比能理论完全重合，因而不会发生图 5－43 那么大的差别。

摩尔理论与实验数据的符合程度也跟材料性质有很大的关系。对于塑性材料，由于 σ_b 的数值比 σ_b 大得多，简化的摩尔理论往往能给出较好的结果。然而对于塑性材料，简化的摩尔理论肯定是不安全的或不合适的。

综合以上分析可以看出，即使对于最简单的各向同性材料，理想中的适用于任何材料和任何应力状态的、统一的、完善的和十分精确的强度理论也是不存在的，应该根据材料的性质（塑性还是脆性）以及受力情况（位于应力坐标平面中的哪一个相限）来选用相对最精确和合理的强度准则。在所有四个象限中采用一条完整的解析曲线（例如最大应变比能理论或剪切应变比能理论）是比较方便的，但并非在任何受力情况下都是最合理和最精确的；在四个象限中，由于破坏机理的不同，分别采用四条曲线（或直线）来逼近实际的强度曲线，这可能是最精确的，但同时也给我们的应用带来了不便。这种情况在研究复合材料的强度理论时仍然存在。当我们把均匀各向同性材料的强度理论推广为各向异性材料或复合材料的强度理论时，不但要注意它们之间存在的共性，更需要注意它们的个性及相互间存在的差别，这才是比较全面和正确的研究方法。

5.8　纤维复合材料的疲劳行为

疲劳指的是在周期性交变载荷作用下材料发生的破坏行为，它论述了材料经受周期应力或应变时的失效过程。随着复合材料在航天、汽车、动力等受交变载荷作用的部件中日益广泛的应用，对复合材料疲劳破坏的研究越来越受到重视。工程上在设计一个承受交变载荷作用的复合材料结构时会面临一系列问题，如根据要求的疲劳性能选择材料、评估结构的疲劳损伤，按要求的疲劳寿命保证结构的安全可靠性等。

5.8.1　复合材料的疲劳损伤

复合材料与金属材料的结构构造不同，疲劳的机理不同，所表现出来的疲劳现象也有很大差别，总的来说，复合材料抗疲劳的破坏比传统的金属材料好得多，如图 5－45 所示，主要表现在以下几点：

①复合材料在疲劳过程中，尽管初始损伤尺寸比金属材料大，例如纤维断头、

脱层、基体开裂、脱胶、基本孔洞等，但疲劳寿命比金属长。

②复合材料的疲劳损伤是累积的，在破坏之前，损伤已有了较大的发展，有明显的征兆。而金属材料损伤累积却很隐蔽，破坏有很大的突发性，这对工程结构来讲是很危险的。

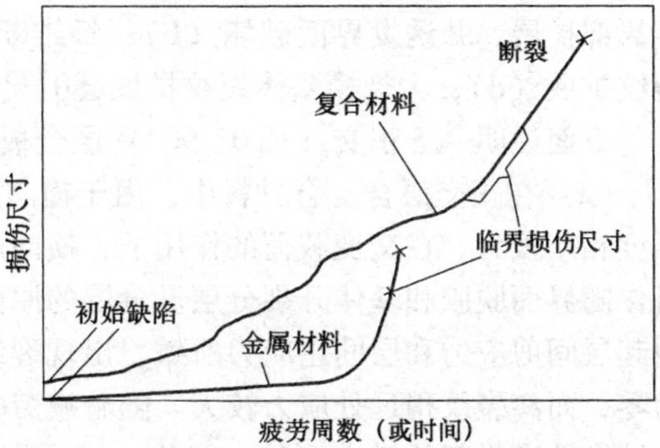

图 5-45　疲劳破坏过程比较

③金属材料在交变载荷作用下，可以观察到单一主裂纹有规律的扩展现象，这一主裂纹控制着最终的疲劳破坏。对于复合材料往往高应力出现较大范围的损伤，这些损伤包括：界面脱胶、基体分裂、分层、纤维断裂等，表现出非常复杂的疲劳破坏行为，很少出现由单一裂纹控制的破坏机理。

单向纤维复合材料在纤维方向有很好的抗疲劳性，这是由于在单向复合材料中载荷主要靠纤维传递，而通常纤维具有良好的抗疲劳性。单向复合材料正轴拉伸疲劳时，基体内首先形成横向裂纹，当局部纤维断裂时形成裂纹扩展、界面脱胶、由纤维损伤引起基体裂纹增大和纤维桥联，也可形成它们的组合情况。图 5-46、图 5-47 分别表示单向复合材料正轴拉伸疲劳基体损伤和纤维损伤的几种型式。

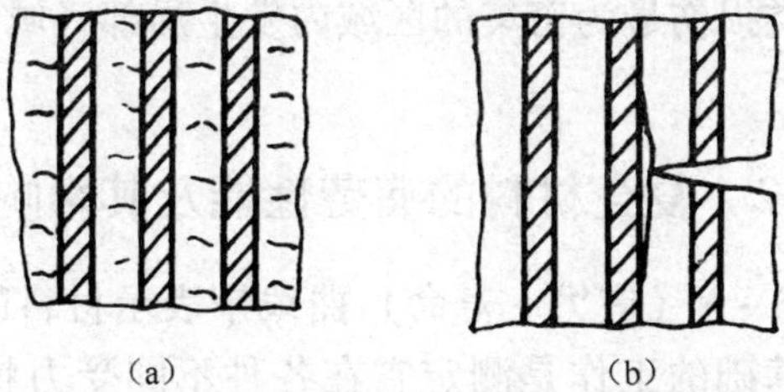

(a)　(b)

图 5-46　单向复合材料正轴拉伸疲劳基体损伤

（a）分散裂纹限于基体内　（b）局部纤维断裂、裂纹扩展，界面破坏

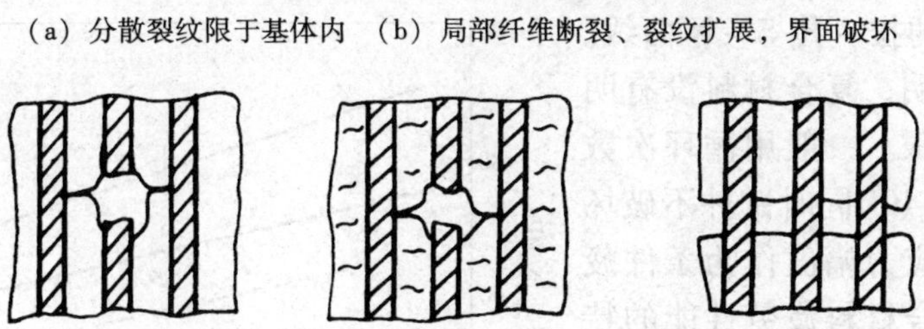

(a)　(b)　(c)

图 5-47　单向复合材料正轴拉伸疲劳纤维损伤

（a）纤维断裂引起界面脱胶　（b）纤维断裂引起基体裂纹增加　（c）纤维桥联基体裂纹

拉伸疲劳时，在基体内首先出现分散的横向裂纹（a）；在纤维断裂处裂纹发

生局部扩展，并诱发界面破坏（b）；纤维断裂引起界面脱胶（c）；从而促使基体裂纹扩展（d）；大规模基体裂纹扩展会引起纤维桥联基体裂纹（e）。

下面说明一下正交（如0°/90°）层合板疲劳损伤直至破坏的全过程。

（a）在正交层合复合材料中，由于横向层（90°层）与纵向层（0°层）模量与强度相差很大，在交变载荷的作用下，横向层不可避免地首先出现裂纹，并往往同时伴随界面脱胶和基体开裂分层。分层的原因是由于横向与纵向两层的泊松比不同引起层间剪应力和层间正应力所致。出现裂纹后，裂纹附近横向层内的纵向正应力为零，而离裂纹稍远处应力较大。随着疲劳时间推移，横向层在纵向正应力较大的区域继续产生新的横向裂纹。最终，横向层内将出现理论上为等间距的横向裂纹群，并且裂纹的密度越来越高，趋于一个饱和值。饱和状态裂纹间距是层板的固有性能参数，仅与单层板和层合板的刚度特性和叠层顺序有关，而与载荷历史、环境因素无关。

（b）横向裂纹往往是同时伴有界面脱粘和基体开裂的，在许多情况下还伴随着分层的现象。分层是由于横向与纵向两层的泊松比不同引起层间剪应力和层间正应力所致。

（c）裂纹已接近或达到饱和的横向层失去了承载能力，仅依靠界面将其与纵向层粘结在一起。但是，横向层同时又限制了纵向层的泊松变形从而诱发了0°层中的纵向劈裂。这样形成了裂纹交叉。同时，由于纤维性能的离散性，出现了一些随机分布的纤维断裂现象。在疲劳破坏的后期，材料内部出现了较多的纤维破损群。最后，在以上几类损伤最为密集的区域内发生局部区域内损伤的加速演化，从而导致了层合板破坏。

5.8.2 复合材料的疲劳性能及其影响因素

工程上一般采用S－N（应力－寿命）曲线来表示材料的疲劳特性。对复合材料疲劳性能研究的最基础的工作是测定它在各种不同受力状态下的应力－寿命曲线，如拉－拉疲劳，拉－压疲劳和压－压疲劳。图5－48给出了三类玻璃/环氧复合材料典型的拉－拉S－N曲线。大量试验表明，复合材料没有明确的疲劳极限。一般用循环次数为5×10^6或10^7同时试件不破坏时所对应的应力幅值作为条件疲劳极限，复合材料疲劳性能的特点之一就是它的疲劳寿命与疲劳极限有很大的分散性，由于碳纤维和玻璃纤维强度的分散度分别为10%和15%，环氧树脂的强度分散也有10%，因此复合材料疲

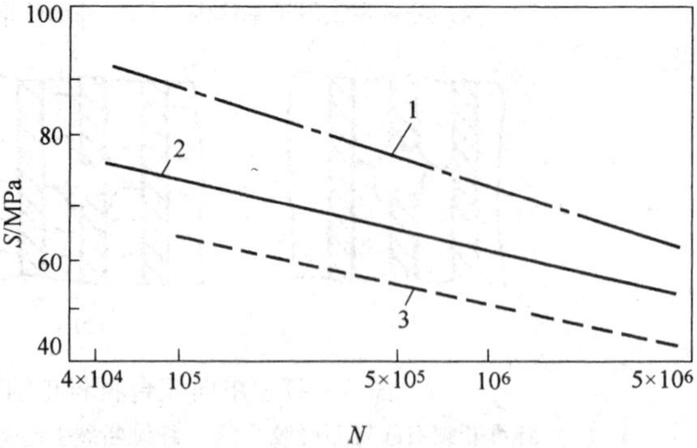

图5－48　三种玻璃－环氧拉－拉疲劳S－N曲线
1—G1/300～400EP　2—G1/E42EP　3—G1/648酚醛EP

劳性能分散度更大，工程上要求做疲劳试验的试件最少为 10 ~ 15 个。

影响疲劳寿命的因素，主要有以下几个方面：

①平均应力和循环应力比。平均应力 $\sigma_m = \frac{1}{2}(\sigma_{\max} + \sigma_{\min})$，与循环应力比 $R = \frac{\sigma_{\min}}{\sigma_{\max}}$ 对疲劳性能影响很大，一般用 S－S 曲线来表示它们的影响，图 5－49 表示了不同基体脆性与耐温性对不同 R 值时的复合材料的疲劳性能的影响；

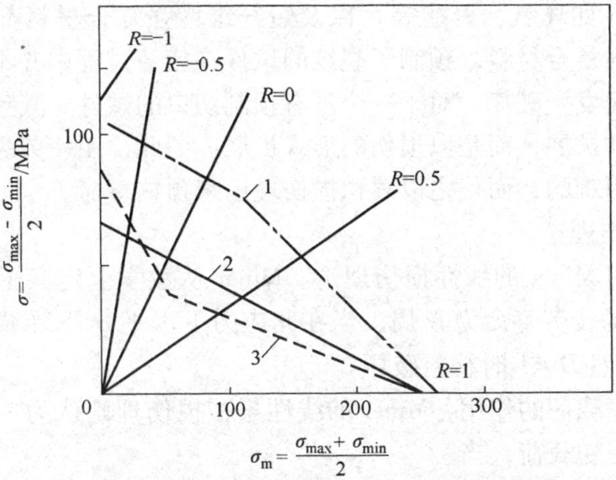

图 5－49　三种玻璃/环氧 S－S 曲线

1—G1/300 ~ 400EP　2—G1/E42EP　3—G1/酚醛 EP

②加载频率。加载频率对复合材料的疲劳寿命有明显的影响。尤其对纤维含量较低的树脂基复合材料，基体的粘弹性和复合材料的损伤将会引起温度升高而使基体性能降低。这类材料对载荷频率、速度是很敏感的。例如 AS3501－6 石墨/环氧 [±45°] 2S 试件，频率为 0.1Hz 时的疲劳寿命是 1Hz 时的两倍。

③缺口，对金属材料，缺口往往对疲劳的性能有很大的影响，但对于复合材料受交变载荷时表现出对缺口不敏感，这是由于缺口根部形成了一个损伤区缓和了应力集中，疲劳过程中，损伤区继续扩展并同时松弛了切口根部的应力集中；

④组分与铺层方式，不同组分材料参数不同，疲劳性能亦有所变化。铺层方式的不同对疲劳性能亦有影响，这主要是不同的铺层使得损伤扩展的过程，尤其是分层的扩展过程有所不同；

⑤环境温度和湿度，温度和湿度不但影响材料本身的强度，而且影响其残余应力状态。一般认为，若复合材料破坏模式属纤维控制破坏，疲劳性能对温度与湿度相对较为不敏感。

5.8.3　疲劳寿命的预测

疲劳寿命的预测有下列三种理论模型：

（1）疲劳裂纹扩展速率

断裂力学的观点认为，决定疲劳裂纹扩展的，不是应力值，而是应力强度因子的幅值大小 ΔK，Paris 据此得出了疲劳裂纹扩展速率为

$$\frac{da}{dN}=C_o(\Delta K)^r \tag{5-147}$$

式中，da/dN 为疲劳裂纹扩展速率，C_o 为材料常数，r 为疲劳裂纹扩展的幂指函数。

这一公式是针对金属材料的疲劳裂纹扩展而提出的。研究表明，该公式对复合材料的基体材料（如环氧、聚酯等）以及短纤维增强复合材料都是适用的，但对其他连续纤维增强复合材料，预制了裂纹的试件在疲劳过程中并不以主裂纹扩展而是以损伤区扩展而发生破坏。对于一个没有预制切口的试件，其疲劳破坏更观察不到主裂纹的形成和扩展，而是以损伤的形式扩展。因此，用疲劳裂纹扩展速率的方法来预估寿命是困难的，而代之以累积损伤理论来预估寿命。

（2）累积损伤理论

这里主要介绍 Miner 的线性损伤理论。Miner 从数学上定义了损伤，假定材料在应力水平 σ 下的疲劳寿命为 N 周，当在此应力下水平 σ 下受载 n 周时，材料损伤为 $D=n/N$，显然 $D=1$ 时材料破坏。

对于变幅程序载荷的作用，Miner 的线性累积损伤理论认为：对于应力幅值按一定规律变化的交变载荷，当

$$\sum_{\sigma_i} D_i = \sum_{\sigma_i} \frac{n_i}{N_i} = 1 \tag{5-148}$$

时材料发生破坏，式中 n_i 表示在第 i 个应力水平 σ_i 作用的应力循环周数，N_i 为该应力水平下疲劳寿命周数，$\sum\limits_{\sigma_i}$ 表示对整个过程中所有 σ_i 水平对应的周数求和。这样，如果给定了材料的 S－N 曲线（由曲线上可以读出不同 σ_i 下的 N_i）以及载荷谱（σ_i 与 n_i 之值），则可以预测在何时发生破坏。

某些实际现象表明复合材料不严格遵守这一规律，当应力由低变到高时，ΣD_i 往往小于 1，而应力由高变低时，ΣD_i 则常在大于 1 时发生破坏。因此，人们对这一理论加以修正，采用非线性的累积损伤规律：$\sum\limits_{\sigma_i}\left(\frac{n_i}{N_i}\right)^a = 1$。

（3）剩余强度理论

由式（5－148）可知，材料损伤随疲劳周数增加而发展，材料是由于内在的缺陷的发生与发展而破坏的，它取决于载荷和环境等外在因素。就材料整体来看，缺陷可采用累积损伤 D 来表征。在另一方面，结构破坏的临界荷载随裂纹长度和损伤 D 增大而降低。剩余强度理论认为：在外加交变载荷作用下，由于损伤 D 的扩展，材料的强度由其静强度 R（O）下降到剩余强度 R（n），一旦外加载荷峰值 S_F 达到 R（n），材料便发生破坏。要利用这一理论进行疲劳寿命的预测，从数学上看还需要了解损伤 D 的演变规律及剩余强度与损伤的关系。目前这一理论尚在进一步研究中。

5.9 单向复合材料的破坏模式

与金属材料不同，复合材料由纤维和基体等不同组分材料不均匀地组成，并具有各向异性，其破坏过程非常复杂。单向复合材料的破坏模式除与纤维和基体的种类有关外，还受材料内部各种缺陷及损伤的影响。这是由于纤维增强复合材料从制造到使用，可能存在各种局部缺陷和损伤，从细观方面看，先在制成的材料内部有各种局部的微小缺陷，气泡、空隙、贫或富胶、夹杂物、不正确的纤维取向等制造缺陷。划伤、擦伤、边缘损伤、冲击引起的分层、脱胶等使用损伤以及冰冻/溶化引起的湿膨胀和热冲击造成的分层和脱胶、表面氧化等环境损伤，对复合材料的破坏模式也有一定作用，以下主要从单向复合材料的5个基本力学试验即沿纤维方向的拉伸和压缩试验、垂直于纤维方向的拉伸和压缩试验及面内剪切试验介绍在不同载荷条件下单向复合材料的断裂模式。

5.9.1 纵向拉伸破坏

如图5－50，单向复合材料在纤维方向受到拉伸载荷作用时，至少有三种破坏模式，即（a）脆性断裂；（b）伴有纤维拔出的脆性断裂；（c）伴有纤维拔出、界面基体剪切或脱胶破坏的脆性断裂。由于纤维与基体之间的界面状态和载荷由基体向纤维传递的机理，纤维间基体的剪切破坏和部分脱胶可能相互作用同时发生，也有可能分别独立发生。在脆性或短纤维与韧性基体构成的复合材料中会出现纤维拔出的现象。基体中纤维断裂引起的应力集中因基体屈服可得到缓解，因而阻止了基体裂纹的扩展。这一裂纹可能参与邻近其他纤维的断裂。在这种情况下，材料的破坏是以纤维从基体中拔出的形式发生，而不是纤维在复合材料断裂平面的断裂。破坏时如果裂纹平行于纤维扩展，则纤维会与基体脱胶，纤维与基体之间的粘附作用遭到破坏，如果复合材料的纤维强而界面弱，就容易发生这种脱胶现象。纤维体积含量对复合材料的断裂模式也有很大影响。纤维含量较低时（$v_f<40\%$），主要发生脆性破坏；较高时 $v_f>65\%$），出现纤维拔出和脱胶或基体剪切破坏的脆性断裂。纤维含量适中（$40\%<v_f<65\%$）时，破坏模式常表现为伴有纤维拔出的脆性断裂。

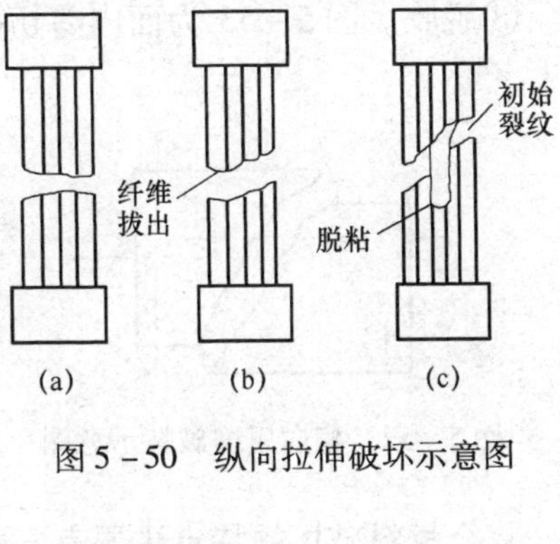

图5－50　纵向拉伸破坏示意图

5.9.2 横向拉伸破坏

单向复合材料在横向即垂直于纤维方向受拉时，在基体和界面上会产生应力集中。因此受横向拉伸载荷作用时单向复合材料的破坏起源于基体或界面的拉伸破坏。在某些场合，也有可能出现因纤维横向拉伸性能差而导致复合材料破坏。通常发生横向拉伸破坏的模式有两种：

①基体拉伸破坏；

②脱胶或纤维横向撕裂。图 5－51 为单向复合材料横向拉伸破坏模式示意图。

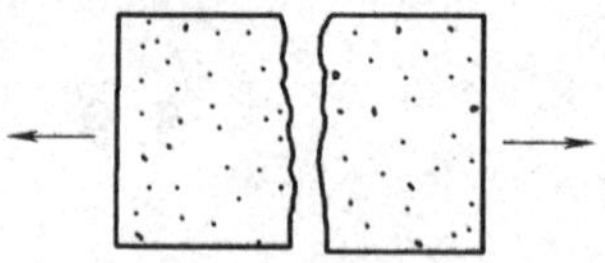

图 5－51　横向拉伸破坏示意图

5.9.3　纵向压缩破坏

若复合材料中纤维含量很低，甚至当基体应力在其弹性范围内，也能使纤维发生微屈曲。但对纤维体积含量较高如 $\upsilon_f > 40\%$ 时，纤维微屈曲常常出现于基体屈曲、基体微裂和部分脱胶之后，所以单向复合材料的纵向受压破坏始于复合材料的横向开裂或破坏。

5.9.4　横向压缩破坏

单向复合材料横向受压时，因基体发生剪切而破坏。如图 5－52。同时还可能发生部分脱胶及纤维破断现象，所以其破坏模式可分为两种：基体剪切破坏和基体剪切破坏的同时伴随脱胶或纤维横向破碎。

5.9.5　面内剪切破坏

在沿纤维方向和垂直于纤维方向的平面内受到剪切作用时，单向复合材料的破坏一般是由于基体剪切、部分脱胶等引起的。因而破坏模式包括：

①基体剪切破坏；

②基体剪切破坏并伴有脱胶；

③脱胶。图 5－53 为面内剪切破坏模式的示意图。

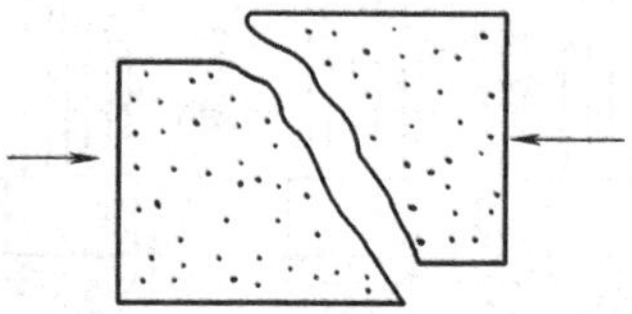

图 5－52　横向压缩破坏示意图

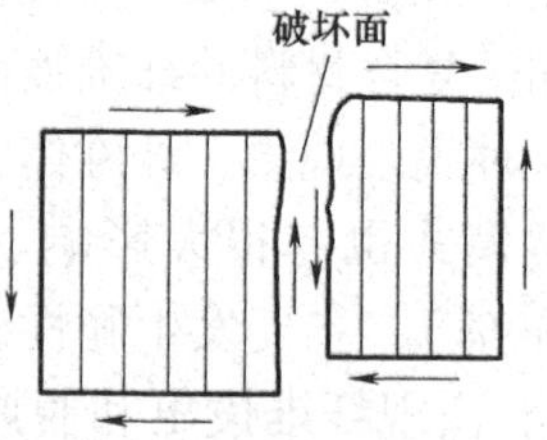

图 5－53　面内剪切破坏示意图

复合材料破坏的特点主要有：

①不同纤维分布对缺陷的敏感性不同。复合材料中纤维是主要承载组分，不同的纤维分布对缺陷的敏感性不同，对于连续纤维增强单层复合材料，如图 5－54 所示，（a）为纤维方向分布，在纤维方向载荷作用下，板边缺口附近应力集中引起纤维与基体界面沿纤维方向脱粘，由此缺陷张开钝化，减轻应力集中，它对缺陷敏

感不大；

②在应力作用下，不存在缺口钝化，裂纹很容易顺原方向扩展，而材料断裂破坏，即对缺陷很敏感；

③两种破坏模式。复合材料由损伤至断裂，有两种模式，一种是固有缺陷较小，随载荷增大。

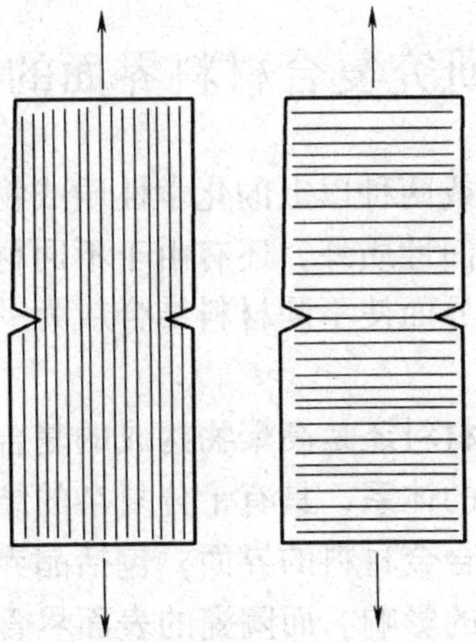

图 5-54　两种纤维方向含缺陷复合材料

第6章　复合材料的界面

6.1　研究复合材料界面的重要性

由于复合材料是由两种或两种以上的化学性质或物理相不同的材料组成的，所以除了材料的本体性质、表面性质外，还有由于不同材料之间相互接触所产生的共有的接触面，也就是界面。界面使不同材料结合成为一个整体，并且对整体的性能有着决定性的影响。

无论是金属材料、陶瓷材料还是高聚物构成的复合材料，其界面是在热、力学以及化学等环境条件下形成的体系，具有十分复杂的结构，因而对复合材料的影响也是巨大的。比如，金属和合金材料的界面，包括晶界和相界对金属的物理、化学和力学性质都有着极其重要的影响。而陶瓷的表面尽管具有高硬质、耐磨和抗蚀等性能，但陶瓷粉体原料却存在着许多表面问题，因为粉体的比表面积和表面活性将直接影响陶瓷的加工工艺和各种性能。另外，陶瓷是典型的多晶材料，因为它的晶界和相界的组成、形态、结构对性能有很大影响，如对断裂强度、塑性形变、蠕变、韧性、介电和压电性能的影响等。与金属相比，陶瓷的晶界及相界的结构、作用的理论更为复杂，虽然两者的界面有相似之处，但陶瓷的界面有许多特点是金属所不具备的。对于高聚物而言，存在着大量的表面及界面问题。聚合物许多有价值的功能，都是通过其表面与外在环境的接触而形成的界面来作贡献的。如表面的粘结、密封、粘附、表面保护、胶体稳定、扩散、渗透与反渗透、表面改性、表面化学反应、防腐蚀、摩擦、磨损、润滑、老化与防老化等现象与技术，都是与材料的界面有关的。特别是多组分多相聚合物中的高分子复合材料，共混材料、增强材料及填充材料都存在着两个或多个相，因此就存在有相界面的作用，这些材料的性质的优劣在很大程度上取决于界面相互作用的结果。因此，只有透彻地了解了界面的关系问题，才能充分发挥这类材料的优良性能。另外，聚合物界面科学对各种材料的粘结、密封、复合、增强、堵漏、共混、表面改性、表面镀膜、防污染、防静电、提高耐磨损性，改善润滑性、胶体的乳化分散、悬浮、稳定、絮凝、改善生物医学工程材料与血液相容性、药物缓蚀等一系列实用技术，可起到一定的理论指导作用。以聚合物为基体的复合材料是当前的先进材料。它是由聚合物与无机材料或聚合物与聚合物复合而成的。由于是由不同种类的材料复合而成，因而在复合材料内部存在着大量的界面层。界面层成为复合材料组成的一部分，它的组成、结构与性能，是由填充、增强材料与基体材料的组成及它们间的反应性能所决定的，因此在复合前必须对填充、增强材料的表面进行研究及改性。聚合物复合材料的界面研究已经成为一个独立的分支学科。下面主要讨论聚合物复合材料的界面问题。

6.2 聚合物复合材料界面的形成及作用机理

前面已经讲到了界面在复合材料中的重要性。因此，在研究和应用复合材料时，就应当了解界面是如何形成以及界面的作用机理。

聚合物基复合材料是使用高强度、高模量的填充剂或增强剂与低模量的树脂复合成含有填充剂或增强剂以及它们两者界面的多相复合材料。绝大多数多相复合材料均有优良的力学性能和耐热、耐化学腐蚀等综合性能。特别是它们可通过填充剂或增强剂、基体、界面等3个因素按需要进行调节，致使整个材料性能具备了可设计性，所以发展前景十分诱人。

6.2.1 界面层的形成

增强材料与聚合物间界面的形成首先要求增强材料与基体之间能够浸润和接触，这是界面形成的第一阶段。能否浸润，这主要取决于它们的表面自由能，即表面张力，表面张力是物质的主要表面性能之一，不同的物质由于其组成和结构不同，其表面张力也各不相同，但不论表面张力大小，它总是力图缩小物体的表面，趋向于稳定。例如，将两种密度相同但不互混的液体，让其中一种液体在另一种液体中分散，结果总是以球形小珠分散而存在，这是因为球形体表面积最小。

现以液/气表面为例来讨论一下表面张力。表面张力的分子理论认为，液面下厚度约等于液体表面分子作用半径的一层液体，称为液体的界面层。界面层内的分子，一方面受到液体内部分子的作用，另一方面又受到液体外部气体分子的作用。但是，气体密度比液体密度要小得多，气体分子对液体表面分子的作用力也就很小，一般可把气体分子的作用忽略不计。因此，在液体的表面层中，每个分子都受到垂直于液面并且指向液体内部的不平衡力的作用。而处在液体内部的任何一个分子则是四面八方都受到相同分子力的作用，在单位时间里，由于呈各向对称，故所受合力为零，因而是处在平衡的稳定状态。所以，要把一个分子从液体内部迁移到表面层，就必须反抗液体内部的作用力而作功，这样，就会增加这个分子的位能，也就是说在表面层的分子比在液体内部的分子具有较大的位能。这种表面分子所特有的位能，就称为表面能或表面自由能。

一个体系处于稳定平衡时，应有最小的位能，所以液体表面的分子为了减小位能，有尽量挤入液体内部的趋势，使得液面越小，位能也越小。液体有尽可能缩小其表面的趋势，在宏观上，液体表面就好像是一张绷紧了的弹性膜，沿着表面有一种收缩倾向的张力。这时候，如果要增加该体系的表面积，就相当于要把更多的分子从液相内部迁移到液体表面层上来，其结果就会使该体系的总能量增加，而外界为增加表面积所消耗的功就叫做表面功。

假定在恒温、恒压或恒组成的情况下，以可逆平衡的方式增加了 ΔS 的新表面积，而环境所做的表面功 ΔW 则应与增加的表面积 ΔS 成正比，此处 γ 作为常数系数看待，所以 ΔW 应为

$$\Delta W = \gamma \Delta S$$

当表面积的增加意味着表面能也相应增加，以 ΔE 表示表面能的增量，这应当与外力所作的功相等，即

$$\Delta E = \Delta W = \gamma \Delta S \quad 或 \quad \gamma = \Delta E / \Delta S$$

这就是每产生一新的单位表面积所需做的功。比例常数 γ 就称为表面张力或界面张力，它可定义为增加单位表面积所需的功，或增加单位表面积时表面能的增量，其单位为 10^{-3} J/m² 或 10^{-3} N/m。

表 6－1 为一些物质在液态时的表面张力。从表 6－1 中可以看到，不同物质的表面张力是不一样的，这与分子间的作用力大小有关，相互作用力大的表面张力高，相互作用力小的则表面张力低。对于各种液态物质，金属键的物质表面张力最大，其次是离子键的物质，再次为极性分子的物质，表面张力最小的是非极性分子的物质。

表 6－1　　某些物质在液态时的表面张力

物质	温度/℃	表面张力/($\times 10^{-3}$N/m)	物质	温度/℃	表面张力/($\times 10^{-3}$N/m)
正己烷	20～25	18.4	Al_2O_3	2080	700.0
正戊烷	20～25	16.0	Ag	1100	878.5
正辛烷	20～25	21.8	Cu	1080	1300.0
苯	20～25	29.0	Pb	450	438
氯	－30	25.6	Zn	450	755
水	20～25	72.8	Ti	450	514
甘油	20～25	63.4	Hg	20	484
二碘甲烷	20～25	50.8	Pt	1773.5	1800.0
Na_2SiO_3	1000	250.0			

如果把不同性质的液滴放在不同的固体表面上，有的液滴就聚积成球形，有的液滴会铺展开来遮盖固体的表面。后一现象我们称为“浸润”或“润湿”。反之，如果不铺展而是球状的则称为是“不浸润”或“润湿不好”。“浸润”或不浸润取决于液体对固体和液体自身的吸引力大小，当液体对固体的吸引力大于液体自身的吸引力时，就会产生浸润现象。

液体对固体的润湿程度，一般可用接触角 θ 大小来表征，如图 6－1 所示。

图中 γ_{SV} 为固体表面在液体饱和蒸气压下的表面张力，γ_{LV} 为液体在它自身饱和蒸气压下的表面张力，γ_{SL} 为固液间的表面张力，θ 就是气液固达到平衡时的接触

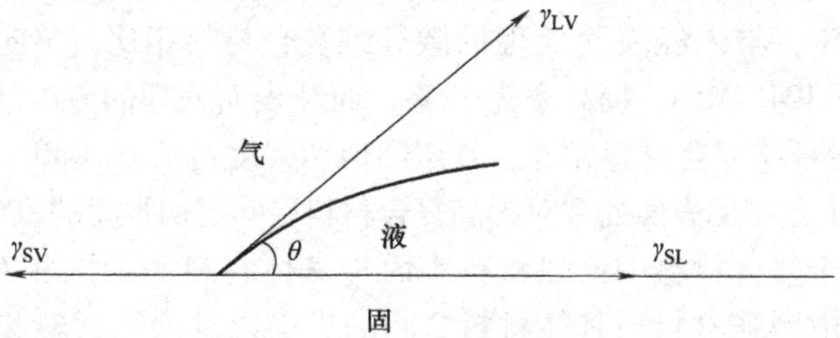

图6－1　气、液、固表面张力的平衡状态

角。当液滴在固体表面上，三种表面张力达到平衡时，就满足以下的计算式：

$$\gamma_{SV}=\gamma_{SL}+\gamma_{LV}\cos\theta$$

$$\text{或}\ \cos\theta=\frac{\gamma_{SV}-\gamma_{SL}}{\gamma_{LV}} \tag{6-1}$$

由式（6－1），可进行以下讨论：

（1）若 $\gamma_{SV}<\gamma_{SL}$，则 $\cos\theta<0$，$\theta>90°$，此时液体不能润湿固体。特别当 $\theta=180°$ 时，表示完全不润湿，液滴此时呈球状；

（2）若 $\gamma_{LV}>\gamma_{SV}-\gamma_{SL}>0$，则 $1>\cos\theta>0$，$0°<\theta<90°$，此时液体能润湿固体；

（3）若 $\gamma_{LV}=\gamma_{SV}-\gamma_{SL}$，则 $\cos\theta=1$，$\theta=0°$，此时液体能完全润湿固体；

（4）若 $\gamma_{SV}-\gamma_{SL}>\gamma_{LV}$，则（6－1）式在这里已不适用了。

从式（6－1）可知，改变研究体系中的界面张力，就可以改变接触角 θ，也就可以改变体系的浸润状况，一般体系粘结得优劣取决于浸润性，浸润得好，被粘结体和粘结剂分子之间紧密接触而产生吸附，则粘结界面形成了巨大的分子间作用力，同时排除了粘结体表面吸附的气体，减少了粘结界面的空隙率，提高了粘结强度。固体表面的润湿性能与其结构有关，改变固体的表面状态，即改变其的表面张力，就可以达到改变浸润状况的目的，如对增强材料进行表面处理，就可以改变与基体材料间的浸润状态，也就可以改善它们之间的粘结状况。

增强材料与基体材料之间界面形成的第二阶段就是增强材料要与基体材料间通过相互作用而使界面固定下来，形成固定的界面层。界面层可以看作是一个单独的相，但是，界面相又依赖于两边的相，界面两边的相要相互接触，才可能产生出界面相，界面与两边的相结合得是否牢固，对复合材料的力学性能有着决定性的影响，界面层的结构主要为界面粘合力的性质、界面层的厚度和界面层的组成。界面粘合力存在于两相之间，可分为宏观结合力与微观结合力。宏观结合力不包含化学键及次价键，它是由裂纹及表面的凹凸不平而产生的机械铰合力，而微观结合力就包含有化学键和次价键，这两种键的相对比例取决于组成成分及其表面性质。化学键结合是最强的结合，是界面粘结强度贡献的积极因素，因此，在制备复合材料时，要尽可能多的向界面引入反应基团，增加化学键合比例，这样就有利于提高复合材料的性能。例如，碳纤维及芳纶纤维增强的复合材料，用低温等离子体对纤维表面进行处理之后，就可提高界面的反应性。对于碳纤维复合材料来说，纤维表面的羧基可增加2.34%；

羟基可增加 3.49%，与未经表面处理的碳纤维复合材料相比，单向层间剪切强度从 60.4MPa 提高到了 104.7MPa，提高率为 72%；而经表面处理的芳纶纤维复合材料与未经表面处理的芳纶纤维复合材料相比，其层间剪切强度可从 60.0MPa 提高到 81.3MPa，提高率为 36%，由此可见表面处理对提高复合材料层间剪切强度的重要性。

界面层是由于复合材料中增强材料表面与基体材料表面的相互作用而形成的，或者说界面层是由增强材料与基体材料之间的界面以及增强材料和基体材料的表面薄层构成的。它的结构及性能均不同于增强材料表面和基体材料表面。它的组成、结构和性能，是由增强材料与基体材料表面的组成及它们间的反应性能决定的，如玻璃纤维复合材料的界面层中，就还包括有偶联剂等物质。复合材料界面层的厚度一般随增强材料加入量的增加而减少，对于纤维复合材料来说，基体材料表面层的厚度约为增强纤维的几十倍。基体材料的表面层厚度为一个变量，它在界面层的厚度会影响到复合材料的力学性能及韧性参数。界面层的结构如图 6-2 所示。增强材料与基体材料表面之间的距离受原子或原子团的大小，化学结合力以及界面固化后的收缩量等方面因素的影响。

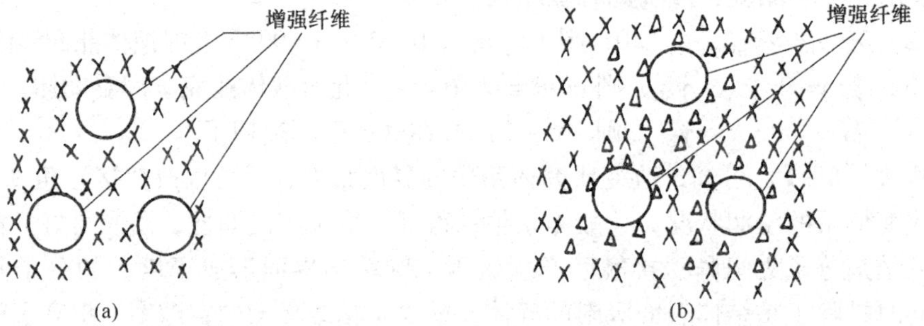

图 6-2　界面层结构模型图

（a）未加表面处理剂的增强材料增强聚合物基体的界面层结构模型（沿纤维径向截面）

（b）加表面处理剂的增强材料增强聚合物基体的界面层结构模型（沿纤维径向截面）

×—表示聚合物基体　△—表示表面处理剂

界面层的作用是使基体材料与增强材料形成一个整体，并通过它传递应力。为使界面层能够均匀地传递应力，就要使复合材料在制造过程中形成一个完整的界面层。若纤维与基体树脂间结合不好，形成的界面不完整，则应力的传递仅为纤维总面积的一部分，将会明显地影响复合材料的力学性能。

6.2.2　界面层的作用机理

界面作用机理是指界面发挥作用的微观机理，许多学者从不同的角度，提出了许多有价值的理论。虽然这些理论还有争论，还不存在公认的统一理论，但均有各自可取的观点，目前仍在不断地发展与完善中。

6.2.2.1　化学键理论

化学键理论认为增强材料与基体材料之间必须形成化学键才能使粘结界面产生

良好的粘结强度，形成界面。例如，无机增强材料表面用硅烷偶联剂处理后，能使其与聚合物基体材料间的粘结强度大大提高，这是由于界面上形成化学键的结果，因为硅烷偶联剂一头具有的官能团能与无机增强材料表面的氧化物反应生成化学键，另一头具有的官能团能与基体材料发生化学反应形成化学键，因此提高了界面粘结强度。又比如，硫化橡胶与黄铜粘结时，在黄铜界面上生成了硫化亚铜，这也是发生了化学反应，生成化学键的证明；用聚氨酯粘结金属/橡胶，或酚醛/铝片，用差热分析法进行分析的结果也证明发生了化学反应，生成了化学键。这一系列事实证明了化学键理论的正确性。尤其重要的是，界面有了化学键的形成，对粘结接头的抗水和抗介质腐蚀的能力有显著提高，而且界面化学键的形成对抗应力破坏，防止裂纹的扩展也有很大的作用。但是，化学键的形成，必须满足一定的化学条件，不像次价键那样具有普遍性。次价键中的色散力虽然键能小，但键的密度大，总和起来是可观的。而化学键键能虽然高，但只能在有限的活性原子与基团之间发生化学反应而成键。化学键的密度受到表面活性原子与基团数量和化学活性的制约，和色散力的密度比较要小得多。因此，总和起来也不一定很高。因此我们在讨论研究粘结过程与机理时，必须分析各种力的贡献及作用，才能取得合理的结果。

6.2.2.2 弱边界层理论

通常边界层主要是指液体、固体、气体紧密接触的部分，一般是指流经固体表面最接近的流体层，对传热、传质和动量均有特殊影响，但是它没有独立的相，在这一点上和界面是有一定的区别的。如果边界层内存在有低强度区域，则称为弱边界层。

在聚合物基体内部，形成弱边界层的原因可能是由以下的因素造成的：①由于聚合过程中所带入的杂质；②聚合过程中未完全转化的低相对分子质量物质；③加入的各种助剂的影响；④在商品贮存及运输过程中不慎带入的杂质等。

弱边界层对于胶结体系的粘合是有危害的。因为破坏的发生一般是因为哪里存在有弱点就在哪里发生。因此，我们应当尽量避免弱边界层。实际上，弱边界层不但是可以避免，而且也是可以改造及消除的。

6.2.2.3 物理（浸润）吸附理论

这种理论主要是考虑两个理想清洁表面，靠物理作用来结合的，实际上就是以表面能为基础的吸附理论。此理论认为基体树脂与增强材料之间的结合主要是取决于次价力的作用，粘结作用的优劣决定于相互之间的浸润性。浸润得好，则被粘体与粘合剂分子之间紧密接触而发生吸附，则粘结界面形成了很大的分子间作用力，同时排除了粘结体表面吸附的气体，减少了粘结界面的空隙率，提高了粘结强度，而偶联剂的主要作用就是促使基体树脂与增强材料表面完全浸润。而实际上，粘结过程是非常复杂的，受许多因素的影响，一些试验表明，偶联剂不一定会促进增强材料与基体树脂互相间的浸润作用，有时可能导致完全相反的结果。因此，仅根据浸润理论来解释是不够的。

6.2.2.4 机械粘结理论

这是一种直观的理论。这种理论认为，被粘物体的表面粗糙不平，如有高低不平的凸凹结构及疏松孔隙结构，因此有利于胶粘剂渗入到坑凹中去，固化之后，粘合剂与被粘合物体表面发生啮合而固定。机械粘结的关键是被粘物体的表面必须有大量的槽沟、多孔穴，粘合剂经过流动、挤压、浸渗而填入到这些孔穴内，固化后就在孔穴中紧密地结合起来，表现出较高的粘合强度。机械粘结的例子有很多，如皮革、木材、塑料表面镀金属、纺织品的粘结等都属于此类。一般认为，被粘物体表面形状不规整的孔穴越多，则粘合剂与被粘物体的粘合强度也就越高。

6.3 填充、增强材料的表面处理

前面已经讲到，聚合物复合材料是由填充或增强材料与基体树脂两相组成的，两相之间存在着界面，并通过界面的作用使两种不同种类的材料结合在一起，使复合材料具备了原单一组成材料所不能体现出来的性能。例如，玻璃纤维增强聚合物复合材料，由于玻璃纤维的表面光滑且有水膜形成，因而与聚合物之间的粘合性能很差，实用价值不高。所以，玻璃纤维的表面状态及其与聚合物基体之间的界面状况对玻璃纤维增强复合材料的性能有很大的影响。因此，研究玻璃纤维的表面处理技术，已经成为发展玻璃增强材料的关键。

人们要设计合理的界面粘附状态，首先应估计粉粒填料、纤维和树脂各自对表面处理剂的敏感性，以及处理后粉粒填料、纤维的表面自由能的下降，下降的程度取决于表面处理剂中 R 基团的结构特性，通常有机表面处理剂 R 基团中还可带极性基团如—NH_2、—OH、—SH 或环氧基、不饱和双键以及非极性的饱和烃。因此，研究不同的表面处理剂使填充、增强剂表面能改变（表面性质改变）及其对树脂的浸润吸附和相互作用等性能的影响，将为选择合适的树脂基体和最佳复合工艺及合理设计界面层提供科学依据。大量研究结果表明，粉粒填料及玻璃纤维表面处理所采用的表面处理剂不仅只是具有一端以化学键（或同时有配位键、氢键）与粉粒填料、纤维相结合，而且另一端可溶解扩散于界面区的树脂中，与树脂大分子链发生纠缠或形成互穿聚合物网络（IPN）等，而且表面处理剂本身应含有长的柔软链，以便形成柔性的利于应力松弛的界面层，吸收分散冲击能，使复合材料具有更好的抗冲击强度。此外，在提高纤维、粉粒填料表面对树脂的润湿性及相互作用时，还应使界面区域相互作用后余留的极性基团尽可能减少，以提高复合材料的抗湿性。

下面，介绍一些常用的填充、增强材料的表面处理理论、表面处理剂及具体实施的方法。

6.3.1 玻璃纤维的表面处理

玻璃纤维的主要成分是硅酸盐，与聚合物的界面粘合性不好，因此常常要采用有机硅烷偶联剂与有机铬合物偶联剂对玻璃纤维的表面进行处理。

有机硅烷偶联剂的研究以及在工业上的应用都比较成熟，下面就硅烷偶联剂的结构、偶联机理、改性效果和应用技术等方面予以介绍。

目前工业上所使用的硅烷偶联剂的一般结构式为：

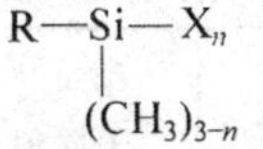

式中的 X 表示可水解基团，遇水溶液、空气中的水分或无机物表面吸附的水分均可分解为 SiOH 基，能与无机物表面有较好的反应性。X 基团可以是 Cl，OR，O（OCH_3），—N（CH_3）$_2$，Br 基等，R 为能与高聚物反应的有机官能团，可以是 —CH ═ CH_2，—CH_2CH_3、—C_6H_5，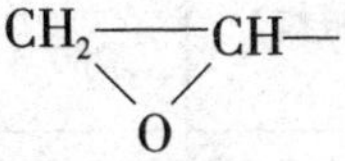，—$CH_2CH_2CH_2NH_2$ 等。由于通过这两种不同的基团的反应，能够把两种不同性质的材料连接起来，因此称为偶联剂。

硅烷偶联剂对玻璃纤维表面的处理机理有以下四个方面：

①首先为硅烷偶联剂水解：

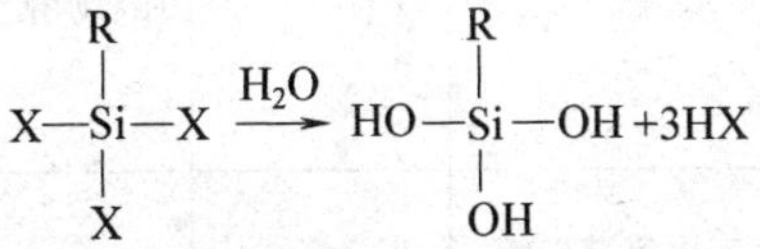

②硅醇之间进行缩合反应，形成低聚体：

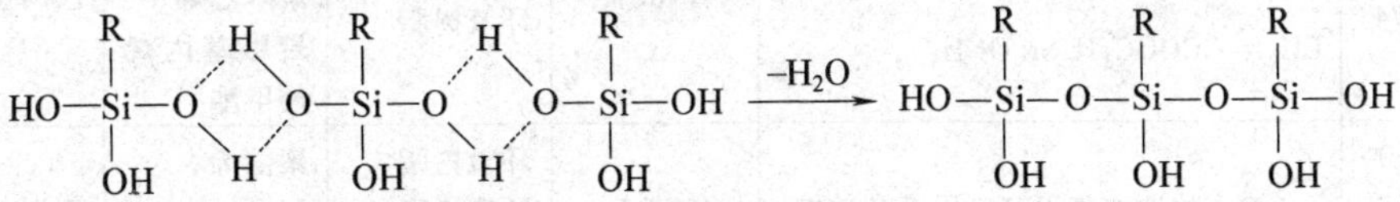

③吸水玻璃纤维的表面与硅醇之间形成氢键：

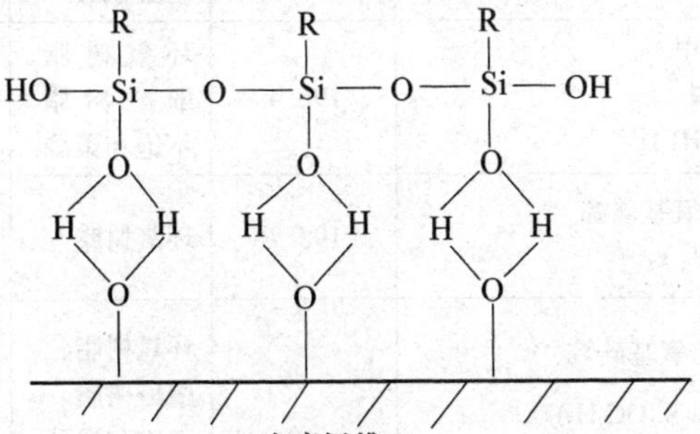

玻璃纤维

④最后干燥脱水，玻璃纤维表面与硅醇之间形成共价键：

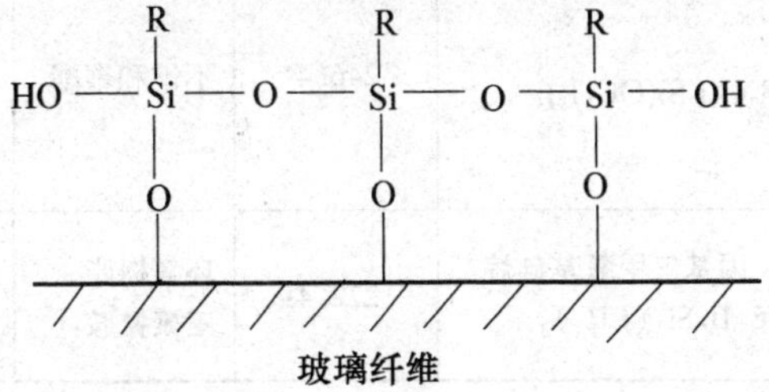

玻璃纤维

这样，硅烷偶联剂就跟玻璃纤维的表面结合起来了。硅烷当中的 R 基团可以跟基体树脂反应，这样，就使得玻璃纤维的表面具有了亲高聚物的性质。

硅烷偶联剂的品种有很多，现将有代表性的品种及适用范围列于表 6－2 中。

表 6－2　　常用的硅烷偶联剂

牌号	化学名称与结构	相对分子质量	适用范围		
			热固性	热塑性	橡胶
A－151	乙烯基三乙氧基硅烷 $CH_2=CHSi(OC_2H_5)_3$	190.3	不饱和聚酯、环氧树脂	聚乙烯、聚丙烯、聚四氟乙烯	丁苯橡胶
A－172	乙烯基－三（β－甲氧乙氧基硅烷） $CH_2=CHSi(OC_2H_4OCH_3)_3$	280.4	不饱和聚酯、环氧树脂	聚丙烯	乙丙橡胶
KH550 A－1100	γ－氨基丙基三乙氧基硅烷 $H_2N(CH_2)_3Si(OC_2H_5)_3$	221.4	环氧酚醛、密胺、腈/酚醛	聚碳酸酯、聚乙烯、尼龙、聚氯乙烯、聚丙烯、聚甲基丙烯酸甲酯	聚硫橡胶 聚氨酯橡胶
KH570 A－174	γ－甲基丙烯酸丙酯基三甲氧基硅烷 $CH_2=C(CH_3)COOC_3H_6Si(OCH_3)_3$	248.4	不饱和聚酯、环氧树脂	聚乙烯、聚丙烯、聚苯乙烯、聚甲基丙烯酸甲酯	乙丙橡胶
KH560 A－187 Z－6040	γ－缩水甘油醚基丙基三甲氧基硅烷	236.3	环氧树脂、酚醛树脂、三聚氰胺	聚丙烯、尼龙、聚苯乙烯	聚氨酯橡胶
KH590 A－189 Z－6062	γ－巯基丙基三甲氧基硅烷 $HSC_3H_6Si(OCH_3)_3$	196.4	环氧树脂、酚醛树脂、不饱和聚酯	聚苯乙烯	天然橡胶、丁苯橡胶
A－143 Y－4351	γ－氯丙基三甲氧基硅烷 $ClC_3H_6Si(OCH_3)_3$	198.7	环氧树脂	聚苯乙烯、尼龙	
南大－42	苯胺基甲基三乙氧基硅烷 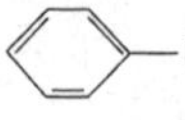 $NHCH_2Si(OC_2H_5)_3$		环氧树脂、酚醛树脂、不饱和聚酯	聚乙烯、尼龙、聚氯乙烯	
A186 Y－4086	β－(3，4－环氧环己基）乙基三甲氧基硅烷 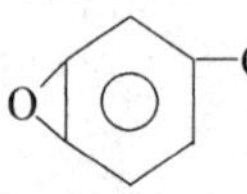 $CH_2CH_2Si(OCH_3)_3$	246.4	不饱和聚酯	聚乙烯、聚苯乙烯、ABS	聚硫橡胶
A－1120	γ－(乙二胺基）丙基三甲氧基硅烷 $H_2NCH_2CH_2NHC_3H_6Si(CH_3)_3$	222.4	环氧树脂、三聚氰胺	聚碳酸酯、聚乙烯、聚氯乙烯	

硅烷偶联剂一般要配制成溶液后使用，常常用酒精和水配制成0.1%～2%的稀溶液，也可以单独用水溶解，但要先配成0.1%的醋酸水溶液，以改善溶解性和促进水解，一般来说，pH为4～6时，偶联效果较好。

目前，工业上采用硅烷偶联剂处理玻璃纤维表面的方法主要有三种：①在玻璃纤维清洁的表面涂敷硅烷偶联剂；②在玻璃纤维纺丝的过程中就用硅烷偶联剂进行处理；③在玻璃纤维增强高聚物成型时，把偶联剂直接掺混到基体当中去。这时偶联剂的用量要大一些，为基体树脂用量的1%～5%，这时就依靠偶联剂分子的扩散作用迁移到界面处去起到偶联剂的作用，这三种方法相比，第三种的偶联效果要差一些。主要原因可能是由于硅烷偶联剂分子未迁移到玻璃纤维表面之前就已水解，缩合成硅氧烷聚合物而失去偶联剂的作用；或者是由于在黏稠的树脂中不易迁移到玻璃纤维表面，因此效果降低。

硅烷偶联剂作为表面处理剂，在复合材料中应用得比较广泛，效果也比较明显。比如玻璃纤维经表面处理之后，可改善玻璃纤维增强复合材料的耐水性、电绝缘性及耐老化性能等。表6-3列出了硅烷偶联剂对玻璃纤维增强不饱和聚酯复合材料弯曲性能的影响。

表6-3　硅烷偶联剂对玻璃纤维增强不饱和聚酯复合材料弯曲性能的影响

硅烷偶联剂	弯曲强度/MPa	
	干态	8h水煮
A-151	462	400
A-172	483	427
KH-570	495	465

除了硅烷偶联剂之外，玻璃纤维常用的另一大类偶联剂为有机络合物，是玻璃纤维最早使用的偶联剂。它们是有机酸与氯化铬的络合物。目前应用得较多的是甲基丙烯酸氯化铬盐，也叫做“沃兰”（Volan），它与聚合物和玻璃纤维的反应是按照如下式反应式进行的：

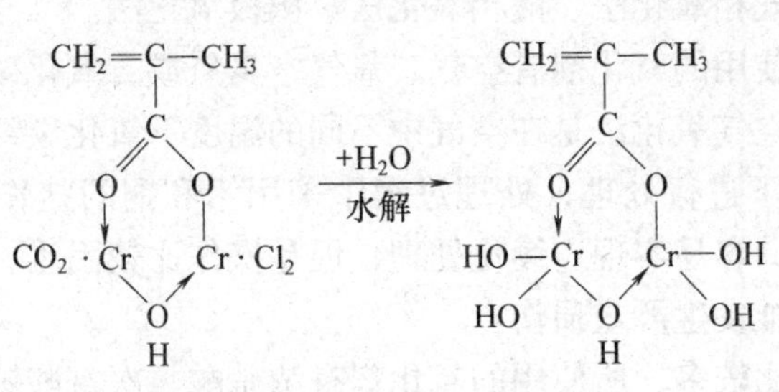

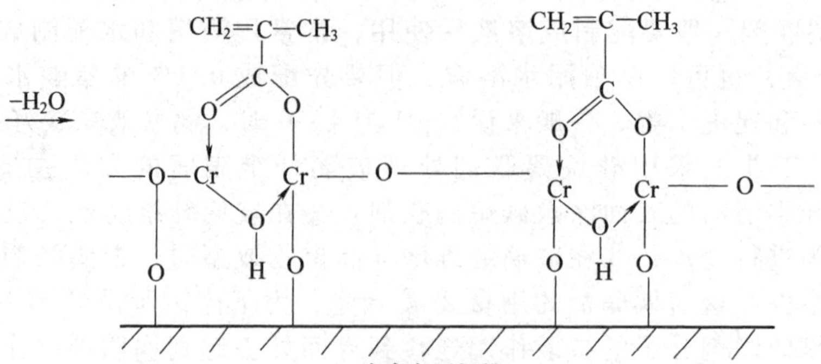

玻璃表面纤维

沃兰的 R 基团（$CH_2=\underset{|}{C}-CH_3$）及 Cr—OH（Cr—Cl）将与聚合物发生反应。这种偶联剂常用于酚醛、环氧、不饱和聚酯及三聚氰胺等热固性树脂中，效果比较明显。

沃兰对玻璃纤维增强复合材料的耐化学腐蚀性能的影响参见表 6 – 4。可见，沃兰处理的比未经处理的强度高出近一倍。

表 6 – 4　　沃兰对玻璃纤维增强环氧酚醛复合材料耐碱性能的影响

品种	原始强度/MPa	半个月		一个月	
		弯曲强度/MPa	保留率/%	弯曲强度/MPa	保留率/%
无碱原布	329	266	80.8	199	60.5
沃兰处理	400	384	96.2	377	94.9

6.3.2　碳纤维的表面处理

碳纤维具有很高的比强度与比模量，因此在复合材料中应用得比较广泛。但是由于未经表面处理的碳纤维与聚合物之间的粘结性较差，导致复合材料的层间剪切强度比较低。为了提高层间剪切强度，许多学者对碳纤维表面进行改性研究，以改善碳纤维的表面性能，增加它与聚合物的粘结力。常用的表面改性方法主要有以下几种。

6.3.2.1　氧化法

氧化法主要有气相氧化法、液相氧化法、阳极氧化法。

气相氧化法中使用的氧化剂有空气、氧气、臭氧或二氧化碳等。最常使用的方法为空气氧化法。空气氧化法是在空气中不同的温度下氧化碳纤维，一般是在空气中 400 ~ 500℃条件下进行处理，处理过程中采用铅和铜的盐作为催化剂。这种方法使用的设备简单，容易实现连续化处理，但是操作比较困难，氧化程度也难以控制，有时会使碳纤维发生严重损伤。

液相法的种类比较多，所使用的氧化剂有浓硝酸、次氯酸钠，次氯酸钠/硫酸、磷酸等。处理的方法就是把碳纤维在一定的温度下浸入到氧化剂里浸泡一段时间，然后将碳纤维表面残存的酸液洗去。这种方法可增加碳纤维表面的粗糙程度和羧基含量，改善纤维的表面性能，提高复合材料的层间剪切强度。但是由于碳纤维吸附的酸不易洗净，公害严重，而且处理时间长，效果不佳也不易工业化仅在实验室中使用。

阳极氧化法是目前工业上普遍采用的一种碳纤维表面处理的方法。其方法就是将碳纤维作为阳极、石墨及其他金属材料作为阴极，在含有 NaOH、HNO_3、H_2SO_4 等电解质溶液中通电对碳纤维的表面进行电解表面阳极氧化处理，阳极氧化处理的效果较好，均匀性好，层剪切强度可提高 40% ~80%。缺点是比空气氧化法工序多，需经水洗、干燥等工序，碳纤维强度稍有降低。

6.3.2.2 沉积法

沉积法是指在高温及还原性气氛中，使烃类、金属卤化物等以碳、碳化物的形式在碳纤维表面形成沉积膜或生长晶须，从而可对碳纤维表面进行改性。沉积到碳纤维表面的碳膜活性较大，容易被树脂润湿，并能提高碳纤维复合材料的层间剪切强度。另外，在高温晶须生长炉中，采用高温气相沉积的方法，可在碳纤维表面生长出β碳化硅单晶晶须。晶须垂直于纤维轴向，因此改变了纤维表面的形状、面积及活性，提高了它与树脂间的粘结能力。一般沉积法对纤维力学性能影响不大，很少损失纤维的强度，主要是利用沉积膜及晶须来增加纤维与高聚物之间的界面结合力。此法缺点是工艺较复杂，不易连续化、工业化，均匀性也差。

6.3.2.3 电沉积与电聚合法

用电沉积或电聚合的方法将一些有机物沉积或聚合到碳纤维表面之后，可以针对性地改进纤维表面对某些高聚物基体的粘附作用。

电沉积法就是利用电化学的方法使聚合物层均匀而致密地覆盖在碳纤维的表面上，提高了纤维表面对高聚物的粘附作用。若沉积层中含有羧基则可跟环氧树脂进行反应，形成很好的粘附性能，提高了碳纤维复合材料的层间剪切强度。

电聚合的方法是以碳纤维作为电极，以一些单体溶解在溶剂中为电解液。单体可选用带有不饱和键的苯乙烯、丙烯腈、醋酸乙烯等。这些单体在电场的作用下聚合在碳纤维的表面。电聚合的过程很快，只需要几秒钟就可在纤维的表面形成聚合物的薄膜。采用电聚合的方法，可使聚合材料的层间剪切强度、冲击强度以及韧性得到提高，有资料报导，经电聚合处理后，复合材料的层剪强度可提高 20% 左右。其原因就是因为此方法改变了复合材料界面层的结构与性能，使得界面在电场的作用下形成了较多的化学键，从而提高了界面的粘结强度。另外，电聚合的涂层还可对碳纤维起到补强的作用，提高了碳纤维本身的强度。

6.3.2.4 等离子体处理法

近几年来，等离子体技术在处理碳纤维表面上得到了发展。等离子体是一种全部或者部分电离了的气体状态物质，含有原子、分子、离子亚稳态和激发态，并且电子、正离子与负离子的含量大致相等，因而称为等离子体。等离子体共有三种，即高温（热）等离子体、低温（冷）等离子体、混合等离子体。其中低温等离子体的能量较低，作用强度高而穿透力小，反应温度低，操作简单，不污染环境，经济实用，因而在处理碳纤维的表面是引人注目的一种方法。

低温等离子体的纤维表面处理可使用空气、氧气、氮气、氩气等，处理时间一般为几秒钟至几十分钟，处理时间的长短与气体的种类有关。经低温等离子体处理后，可改变纤维的表面状态，使碳纤维表面的沟槽加深，粗糙度增加，并在纤维的表面产生一些活性基团。如采用等离子氧处理后的碳纤维表面可与前述氧化法处理一样使表面的—COOH、$\gt C{=}O$，$-\overset{|}{\underset{|}{C}}-OH$，$-\overset{\overset{O-}{|}}{C}{=}O$ 等含氧活性基团大为增加。这样就改善了碳纤维表面浸润性和与高聚物基体的反应性。另外，通过低温等离子体处理技术，还可达到在碳纤维的表面发生聚合接枝的目的，从而改善碳纤维的表面性质，并能有效地增强纤维复合材料的层剪强度、断裂韧性、弹性模量以及玻璃化转变温度。

表 6－5 给出了等离子体表面处理对碳纤维/聚酰亚胺（PMR－15）界面的影响。

表 6－5　　表面处理前后对碳纤维/聚酰亚胺（PMR－15）界面的影响

处理方法	界面层厚度/nm	层间剪切强度/MPa
未处理	2.0～3.0	41.4～42.7
低温等离子体处理	4.0～5.0	91.0～95

6.3.3　粉状填料的表面处理

对于一些粉状的填料，除了可用硅烷偶联剂处理外，现常采用钛酸酯偶联剂来进行表面处理，而且效果显著，钛酸酯也可用于聚合物的改性。

钛酸酯偶联剂主要有四种结构类型。

6.3.3.1　单烷氧基脂肪酸型

这类偶联剂特别适合于处理不含游离水，只含化学键合水或物理键合水的干燥填料体系，如水合氧化铝、碳酸钙等。其分子结构通式为：

$$(CH_3)_2CHOTi(-O-\overset{\overset{O}{\|}}{C}-R_1)_3$$

6.3.3.2　单烷氧基焦磷酸酯型

这类偶联剂适合处理陶土、滑石等含湿量较高的填料。在反应过程中，除单烷氧基与填料表面的羟基反应形成偶联外，焦磷酸酯基还可分解形成磷酸酯类，结合一部分水。其分子结构通式为：

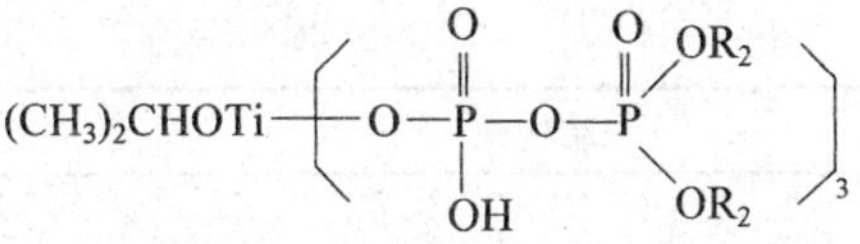

6.3.3.3 螯合型

这类偶联剂较适合于高湿填料和含水聚合物体系，如湿法二氧化硅、水处理玻璃纤维、硅酸铝、炭黑等。在高温体系中，一般的单烷氧基型钛酸酯由于水解稳定性较差，偶联效果不好，而螯合型钛酸酯具有良好的水解稳定性，适于在高温状态下使用。其分子结构通式为：

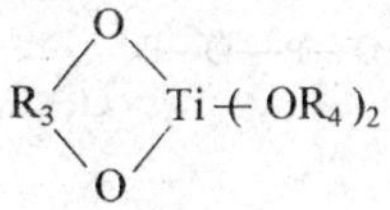

6.3.3.4 配位体型

为了避免四价钛酸酯在某些体系中的副反应，例如在聚酯中的酯交换反应等，制造了配位体型偶联剂。其分子结构通式为：

$$(R_5O)_4Ti(OR_6)_2$$

钛酸酯偶联剂的偶联机理与硅烷偶联剂的机理相似。主要是通过烷氧基团与无机填料的亲水表面发生化学结合，其余的基团可以跟高聚物基体发生化学及物理的结合，从而把无机填料与高聚物联结在一起。另外，这种偶联剂还能够增加复合体系的流动性，降低体系的黏度，提高了无机填料在高聚物中的分散能力。加入钛酸酯偶联剂还可改善复合体系的一些力学性能，如可使冲击强度得到提高，减小机械磨损和动力消耗，使复合材料具有较好的成型加工性。

常用的钛酸酯偶联剂见表6-6。

表6-6　　常用的钛酸酯偶联剂

化学名称	结构式	牌号	应用范围
三异硬脂酰基钛酸异丙酯	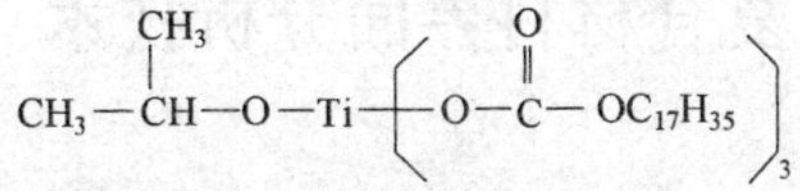	KR TTS	聚烯烃、环氧、聚氨酯、碳酸钙、二氧化钛、石墨、滑石
三（4-十二烷基苯磺酰基）钛酸异丙酯	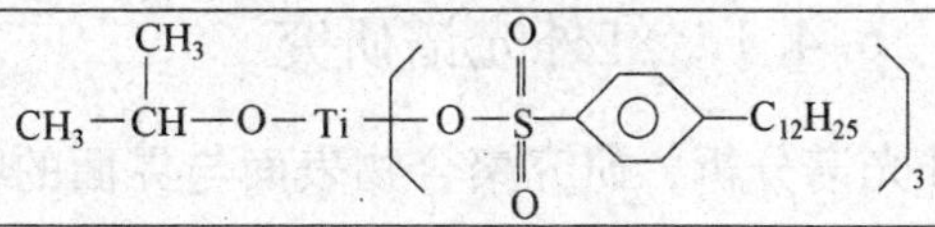	KR 9S	PP、PE、EVA、PAA、聚酯、炭黑、滑石、高岭土
三（二辛基焦磷酰基）钛酸异丙酯	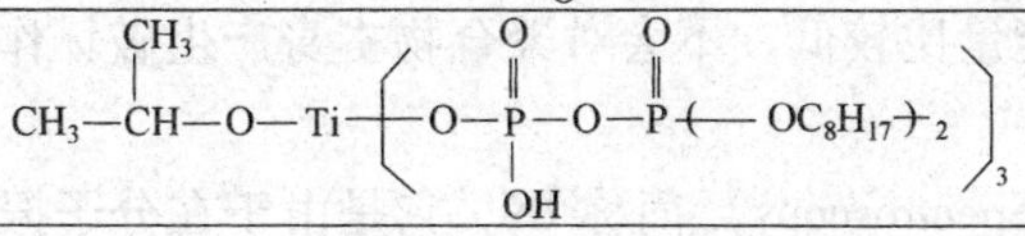	KR 38S	聚烯烃、PA、环氧、PVC、PET、碳酸钡，炭黑，石棉粉，TiO_2
二（二辛基焦磷酰基）氧化乙酰肽	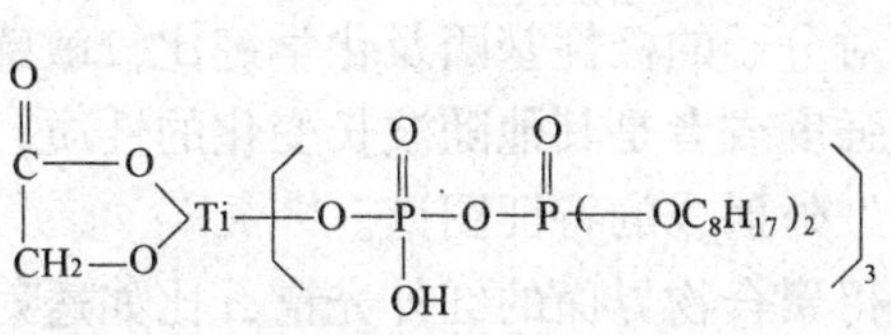	KR 138S	聚烯烃，环氧，PA，PVC，PET，碳酸钙，石棉粉，玻纤，玻粉，TiO_2，云母，水泥，炭黑，石墨，SiO_2，碳酸钡，滑石粉

续表

化学名称	结构式	牌号	应用范围
二（二辛基磷酰基）钛酸亚乙酯	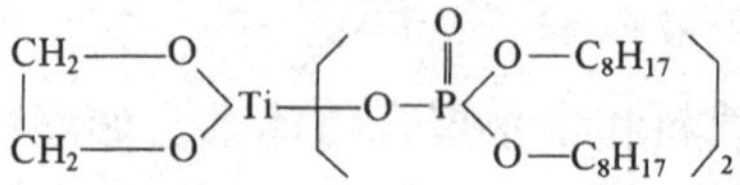	KR 212	PET，PE，PP，PS，云母，TiO_2，玻粉，高岭土，石棉，金刚砂，瓷粉，水泥，铁粉，MoS_2
二（二辛基焦磷酰基）钛酸亚乙酯	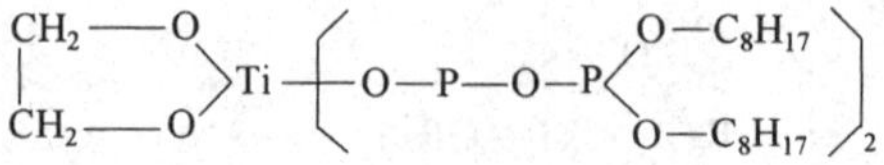	KR 238S	PAA，ABS，PAN，丁腈橡胶，氧化铝，氧化镁，Fe_2O_3，Sb_2O_3，Cr_2O_3，ZnO，$CaCO_3$，$BaCO_3$，硅酸铝，硅酸锆
二（甲基丙烯酰基）-异硬脂酰基钛酸异丙酯	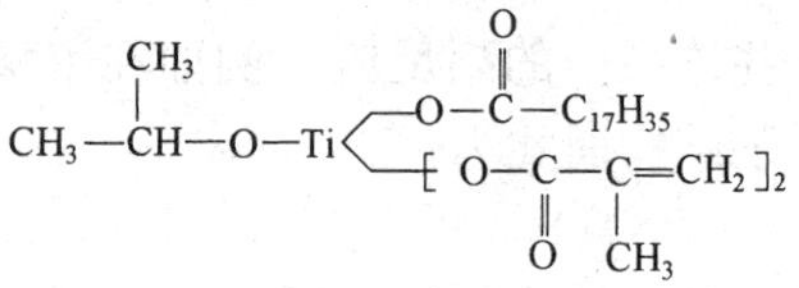	KR 7	PE，PP，聚酯适于大多数填料
钛酸四异丙酯二（亚磷酸二月桂酯）	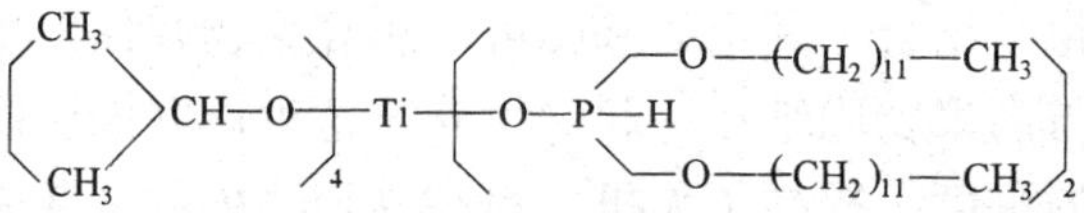	KR 36S	适合大多数高分子材料和大多数填料，尤其适于水溶性高分子及潮湿填料
三（二苯基丙烷基）-异丙基钛酸酯	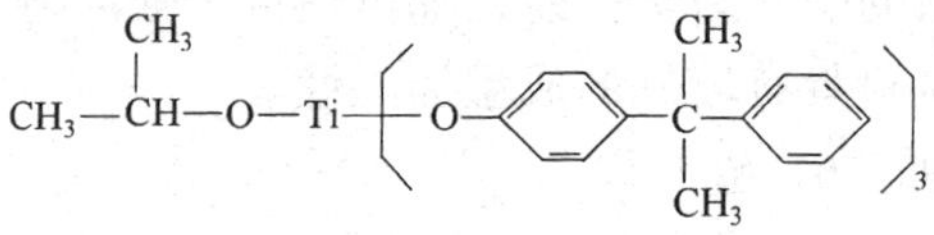	KR 34S	PE，PP，环氧，PET，SiO_2，$BaCO_3$，滑石，石墨

6.4 复合材料界面分析技术

6.4.1 红外光谱研究

红外光谱法是通过红外光谱分析，研究聚合物表面与界面的物理性质及化学性质的。由于红外辐射的能量比较低，不会对聚合物本身产生破坏作用，因而是一种常用的研究手段。

红外光谱（Infrared Spectroscopy）简称 IR。它是由于在分子振动时引起偶极矩的变化而产生的吸收现象，对分子的极性基团及化学键比较敏感。红外光谱的横坐标为波数或波长，纵坐标为强度或者是其他随波长变化的性质，所得到的图谱就为试样中分子或原子团吸收了红外射线的特征图谱。

现在已有很多方法可获得聚合物界面的红外光谱，比如透射光谱法，表面研磨法，内反射光谱法，漫反射光谱法，反射-吸收光谱法等。不同的方法可应用于不同的试样。对于厚度 $<5\mu m$ 的薄膜样品，采用透射光谱法就可很方便地获得红外光谱图。但是采用此法所使用的试样膜不能过厚，否则所得到的透射光谱将反映的是试样的本体结构而不是它的表面特征。因此，这种方法对于那些不能成膜或难以得到符合厚度要求的试样是不适用的。那么，对于较厚的薄膜试样，就可采用表面研磨技术制样，然后测定其透射光谱。这种方法可测定厚度为100nm左右的试样。现在，对于聚合物表面性能的研究，常采用一种内反射光谱法。这是一种非常简便的表面测定方法。当入射的红外光以一个大于临界角 θ 的入射角 θ_1。射入具有高折射率（η_s）的物质中，然后再投射到试样（折射率为 η_c，且 $\eta_s>\eta_c$）的表面上，就会立即被试样反射出来，这称为内反射。θ 是入射光刚好发生全反射时的入射角，被称为临界角。当入射角大于或等于临界角时，则入射光不会发生折射，而是在界面处发生全反射。当一个能选择性地吸收辐射光的试样与另一个折射率大的反射表面紧密接触时，则部分入射光就会被吸收，而不被吸收的光就会被反射或透过，这时辐射光发生了衰减，其衰减程度与试样的吸光系数大小有关。被衰减了的辐射光通过红外分光光度计测量，对强度与波长或波数作图，即为试样的内反射吸收光谱，或称为衰减全反射吸收光谱，一般都称作ATR光谱，图6－3为内反射光谱法所使用的内反射元件。

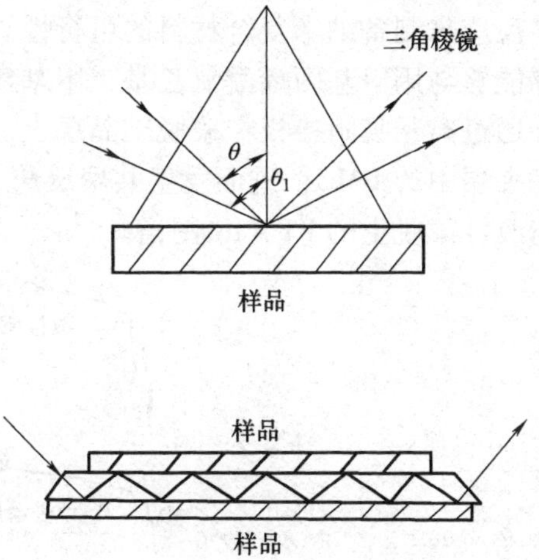

图6－3　内反射光谱法使用的内反射元件

在ATR光谱中，谱带的强度主要跟入射光透入试样表面层的有效深度有关，而与试样的厚度关系不大。此外，为了获得满意的ATR光谱，还需要使试样与棱镜界面密切接触。如果试样表面粗糙，不但会损坏棱镜的抛光面，还会使入射光不能在试样与棱镜的界面上发生全反射，以致得不到ATR光谱，所以要求固体试样必须要有一个光滑的平面。

内反射光谱法可用于许多方面的表面研究比如：聚合物薄膜、粘合剂、粉末、纤维、泡沫塑料表面等的定性分析；透明聚合物折光指数等的测定；聚合物表面发生氧化、分解及其他反应的研究；聚合物表面的定量分析；聚合物表面的扩散、吸附及聚合物内低分子成分迁移表面的研究以及单分子层的研究等。原则上来讲，对于特别黏稠的液体，在普通溶剂中不溶解的固体、弹性体以及不透明表面上的涂层，都可以使用ATR技术。

ATR技术对于聚合物表面的研究已有许多实际应用的例子。例如，聚氯乙烯中增塑剂表面迁移的过程，通过ATR的研究，就可知增塑剂外迁的过程首先是由基体到表面，再由表面到周围介质。又如，经ATR研究之后可知，聚丙烯经光氧

化后，在表面上形成了—OH、$-\overset{|}{\underset{|}{C}}-O-\overset{|}{\underset{|}{C}}-$、$\overset{|}{\underset{|}{C}}=O$ 和—COOR 基团，另外，聚丙烯在加工过程中，表面上因受热氧化也能产生一些氧化基团等。

傅立叶变换红外光谱（简称 FT－IR）技术在研究复合材料界面方面已经成为经常使用的一种方法。这种光谱是非色散型的，通过干涉仪将两束受干涉的光束经过试样，探测放大后，通过计算机的数学运算而得到的精确度较高的红外光谱。

例如，用 FT－IR 法可用来研究在溶液状态下将苯乙烯嵌入蒙脱土层间进行共聚反应来制备纳米复合材料的可行性。经研究发现，在二甲基甲酰胺溶剂中，苯乙烯能够与用甲基丙烯酰氧乙基三甲基氯化铵（DMC）改性的蒙脱土进行聚合反应，并通过离子吸附接枝在蒙脱土晶层上。苯乙烯在溶胀状态下能够接近进入蒙脱土片晶夹层中的 DMC，进而发生共聚反应，生成聚苯乙烯（PS）。图 6－4 为聚苯乙烯与改性蒙脱土的 FT－IR 图谱。

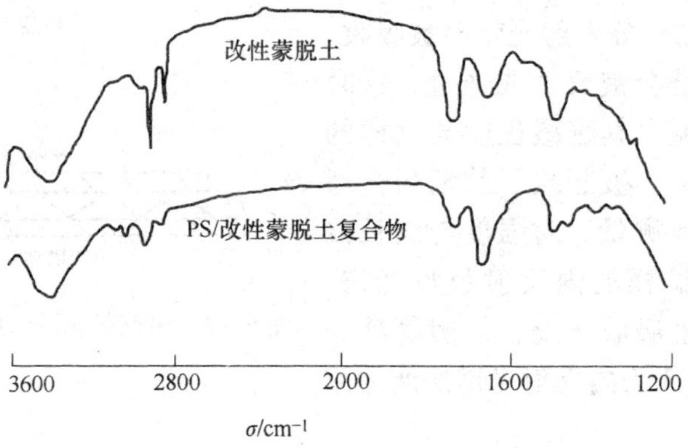

图 6－4　PS/改性蒙脱土复合材料的红外光谱

从图 6－4 可知，DMC 改性后的蒙脱土在 $3450cm^{-1}$ 处为氮原子上甲基中的伸缩振动峰，而 $2850cm^{-1}$ 和 $2919cm^{-1}$ 处为 CH 的非对称伸缩振动，$1726cm^{-1}$ 处为 C＝O 的伸缩振动，$1480cm^{-1}$ 处为 CH 的变形振动，溶液聚合所得的聚苯乙烯/改性蒙脱土复合材料存在着聚苯乙烯的红外吸收峰，复合材料经过甲苯萃取后在 FT－IR 谱图中依然有明显的聚苯乙烯分子的特性，其特征峰 $1606cm^{-1}$、$1490cm^{-1}$、$1452cm^{-1}$ 处为芳环的骨架振动。这说明苯乙烯与 DMC 进行共聚生成聚苯乙烯，并通过 DMC 与改性蒙脱土晶层的离子吸附作用而接枝到改性蒙脱土片晶上。

又如，用 FT－IR 研究乙烯基硅烷和 SiO_2 的反应时发现，在 $970cm^{-1}$ 处的 SiO_2 表面的硅羟基和在 $894cm^{-1}$ 处的水解硅烷上的硅羟基消失，而在 $1200cm^{-1}$ 到 $1000cm^{-1}$ 区域内出现了新的 Si—O—Si 键。它既不同于纯二氧化硅中的 Si—O—Si 键，也不同于乙烯基硅烷水解后缩聚产物中的 Si—O—Si 键，因此认为这是界面反应所特有的症状。

6.4.2 电子显微镜法

常用的电子显微镜主要有透射电子显微镜（Transmission Electron Microscopy），简称 TEM；扫描电子显微镜（Scanning Electron Microscopy），简称 SEM。它们可以对聚合物的表面及复合材料的断面等进行研究。

使用 TEM 来观测的试样是有一定要求的，如试样必须是对电子有高透明度的材料，为使电子束透过，样品的厚度需在 0.2μm 以下，最好是 0.05μm 为宜。使用 TEM 可研究聚合物合金内部的结构和分散状态；交联聚合物的网络、交联程度和交联密度以及聚合物的结晶形态等。例如，使用 TEM 对聚氯乙烯/聚丁二烯复合体系及聚氯乙烯/丁腈橡胶的复合体系进行观察时发现，聚氯乙烯/聚丁二烯是不相容的体系，其相畴粗大，相界面明显，因而两相之间的结合力小，抗冲击强度小。而对于聚氯乙烯/丁腈橡胶的复合体系来说，当丙烯腈的含量为 20% 左右时为半相容体系，其相畴适中，相界面模糊，因而两相结合力较大，抗冲击强度很高。而当丙烯腈含量超过 40% 时，基本上为一种完全相容的体系，其相畴极小，抗冲击强度也很小。又如，根据在复合材料中表面处理剂的处理机理，处理剂在玻璃纤维表面的最理想状态是单分子层，通过 TEM 对用硅烷处理的玻璃纤维进行观察时发现，只要用 0.03% ~0.04% 硅烷水溶液就可在玻璃纤维纸表面形成单分子层。

SEM 与 TEM 相比，对试样的要求要简单得多，此法制样不需进行薄片切割。先将表面进行适当处理，如磨平，抛光等，然后用适当的蚀镂剂浸蚀之，再用真空法涂上 0.02μm 厚的金属薄层以防止在电子束中带电。这样处理之后，即可将大块试样放入扫描电镜中进行观察。SEM 现已广泛地被应用于研究聚合物复合材料，包括纤维增强复合材料以及聚合物与金属粘合的复合材料等，可以通过观察复合材料破坏表面的形貌来评价纤维与树脂、金属与聚合物界面的粘结性能，以及结构和力学性能之间的关系，SEM 还可用于研究聚合物，共聚物和共混物的形态；表面断裂及裂纹发展形貌；两相聚合物的细微结构；聚合物网络、交联程度与交联密度等。

利用 SEM 观察复合材料断面时，如果观察到基体树脂粘结在纤维表面上时，则表示纤维表面与基体之间有良好的粘结性；如果基体树脂与纤维粘结得不好，则可观察到纤维从基体中拔出，表面仅有很少树脂或很光滑，并在复合材料的断面上留下了孔洞。还有一些研究者用 SEM 观察纤维复合材料的断口形貌，研究不同纤维增强材料和基体树脂界面的粘结情况对复合材料力学性能影响时发现，基体树脂在玻璃纤维表面能形成一层厚薄均匀的包覆层，复合材料的破坏主要发生在包覆层和基体树脂之间；而未经表面处理的碳纤维增强材料则不同，其表面没有基体包覆层，破裂发生在碳纤维和基体之间。另外，用 SEM 研究聚酰亚胺 - 聚四氟乙烯共混合金的断面时发现，采用不同的共混方式，所得的聚合物合金的性能是不一样的。气混粉碎共混法与普通机械共混法相比，可使聚四氟乙烯的粒径变小，分散均匀，相对减少了应力集中，而使共混合金的冲击强度有所提高。图 6 - 5 为聚酰亚胺－聚四氟乙烯共混合金断面形貌的 SEM 图。从图中可看到，普通机械共混样的断面是呈放射状结构，有明显的裂纹发展方向，裂纹的发展是比较快的。而气流粉碎共混样的断面已看不到明显的裂纹发展方向，材料破坏形式为许多微裂纹的均衡发展最后导致材料的破坏。

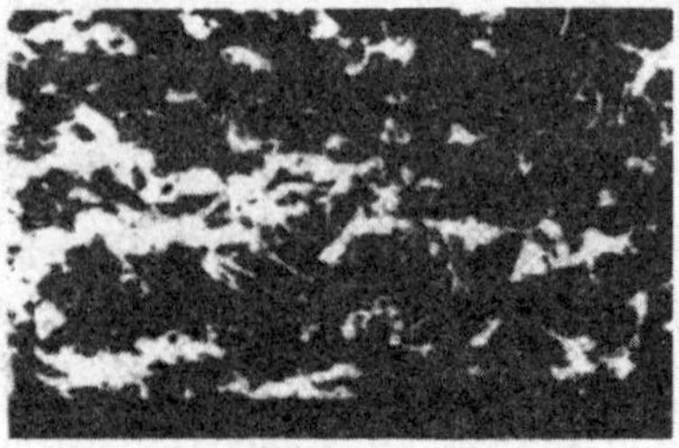

(a)

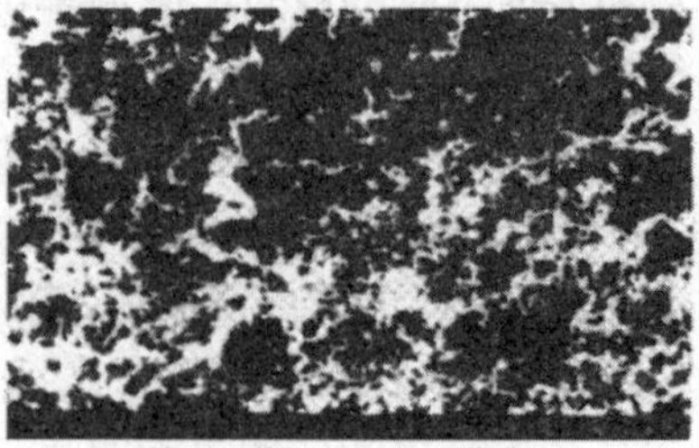

(b)

图 6－5　聚酰亚胺－聚四氟乙烯共混合金断面的 SEM 图
（a）普通机械共混样的断面形貌　（b）气流粉碎共混样的断面形貌

如果使用备有拉伸装置附件的扫描电镜，还可以观察复合材料在加载条件下断裂发生的动态过程，研究其裂纹萌生、扩展和连续的微观断裂过程。

6.4.3　X 射线光电子能谱

X 射线光电子能谱（XPS）是利用光电效应，以一束固定能量的 X－射线来激发试样的表面，并对其光电子进行检测。XPS 技术的典型取样深度小于 10nm，是通过测定内层电子能级谱的化学位移，进而确定材料中原子结合状态和电子分布状态，并根据元素具有的特征电子结合能及谱图的特征谱线，可鉴定出除氢、氦以外的元素周期表上的所有元素。XPS 作为一种非破坏性表面分析手段，除了可测定试样表面的元素组成外，还可给出试样表面基团及其含量的状况，因此已被认为是研究固态聚合物表面结构和性能最好的技术之一。这种方法在粘结，吸附、聚合物降解、聚合物表面化学改性以及聚合物基复合材料的界面化学研究中得到了广泛的应用。

粘结是一种很普遍的现象。涂料在涂件表面上附着就是一个界面粘结的问题，而复合材料的复合工艺质量与增强剂及基体间界面粘结状况有关。因此深入了解界面状况对提高界面粘结质量是很重要的。过去对粘结现象的了解很不全面，而近些年来，由于先进的表面分析技术的出现，如电子能谱的出现，才对粘结现象有了更深入的认识。例如，为改善聚苯乙烯的表面性能，将铜真空沉积在表面经氧等离子体处理过的聚苯乙烯基片和未经表面处理过的聚苯乙烯基片上，发现前者涂层粘结得非常牢固，胶带粘结不脱落，而后者粘结不牢，胶带一粘贴就会脱落。用 *X* 射线电子能谱研究证实铜和处理过的聚苯乙烯基片界面之间确实发生了相互作用，而形成了金属－氧－聚合物的络合物，从而使粘结强度提高。

另外，聚烯烃类聚合物，如聚乙烯、聚丙烯等的表面，表面能低且又无活性基团，因此作为基体材料使用时与增强材料的粘结性很差。通常是通过表面氧化处理之后，可以提高其粘结性能。比如，用重铬酸溶液（$K_2Cr_2O_7/H_2O/H_2SO_4 = 7/12/15$ 质量比）刻蚀聚乙烯、聚丙烯表面，并用 XPS 技术研究表面处理与粘结性的关系。结果表明，未经处理的聚乙烯 O/C 比为 0.25%，而在 20℃的温度下，经 1 分钟表面处理后的 O/C 比增加到 4.4%，强度也提高了近 14 倍，聚丙烯也有相似的情况。由此可见通过化学改性可在聚烯烃表面引入═C ═O，—COH，—COOH 等含氧基团，从而使聚烯烃表面活性增加，也就使得它们的粘结性能提高了。

又如，为提高碳纤维复合材料的抗剪性能，可用硝酸对碳纤维表面进行氧化处理后再与环氧树脂复合，并用 XPS 对碳纤维表面性能的改变及粘结性能进行研究。结果如表 6－7 所示。

表 6－7　　碳纤维表面性能与粘结强度的关系

氧化时间 /min	XPS 分析 O/C	表面化学基团大小/μm		浸润性 /(25℃)	剪切强度 /MPa
		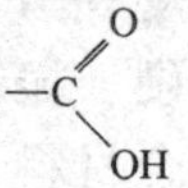	—OH		
0	4.5	37	1	61	60.3
5	18.1	80	3	57	62.2
10	20.0	81	26	53	61.1
15	25.0	85	31	52	63.6

注：浸润性是用纤维对六氢苯二甲酸环氧树脂的接触角大小来表征的。

这表明，碳纤维表面经化学处理后，其粘结强度的提高主要是由于增加了

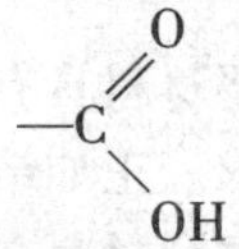

和—OH 基团，使 O/C 比增加，因而改善了碳纤维与环氧树脂之间的浸润性。

第 7 章　复合材料理化性能

7.1　功能复合材料的发展和应用

7.1.1　功能复合材料的发展

在人类的文明发展史中，材料经历了从天然材料、加工材料、合成材料到复合材料的发展过程。各个时期的材料应用都可分成两个重要的方面：一方面是作为机械工程材料用于承力结构件；另一方面是利用其某一特殊功能应用于需要相应功能的场合。其实作为结构件承受外力，也是一种功能，其材料可认为是机械功能材料，主要利用其强、刚、硬、振动等特性。复合材料也可以采用同样的方法分成结构复合材料和功能复合材料，并将功能复合材料按各种物理和化学功能大体分成热、电、磁、光学、声学、摩擦学、化学及生物几类功能复合材料。

材料的发展对于人类文明进步的促进作用，除表现在日常生活中外，更多地是体现在工业和技术领域里。作为建筑、交通、运输等部门，发展基础的结构材料固然十分重要，而具有特定热、电、磁、光、声、摩擦、耐蚀等特性的各类现代功能材料在能源、计算机技术、通信、电子、激光、空间和环保等现代技术领域中的作用更不能低估。

传统的功能材料并不能完全满足科学技术发展的需要，现代技术需要材料具有更强、更新和更多的功能，单靠寻找和合成均质材料已难以达到上述要求。正如结构复合材料曾以性能的可设计性弥补了传统结构材料的不足一样，功能复合材料在很多方面代替、补充和发展了传统功能材料的应用，这些材料可以通过合理的设计和适当的工艺，达到要求的强功能、新功能和多功能。

材料的发展在纵向和横向同时进行，以玻璃纤维增强树脂基材料开始发展的复合材料，以其高比强、高比模、好的抗疲劳性、减振性、高温性能、好的工艺性及性能的可设计性使结构材料前进了一大步，并且还在飞速的发展。随着这些新型结构材料应用范围的进一步拓广，它们可能经受各种特殊环境的强烈作用，要使结构复合材料在更多的方面发挥作用，必须使其具有抵抗或转化这些环境因素作用的能力，也就是说在某些情况下，结构复合材料除机械功能外，还需具有某一种或数种其他功能。那么，这种材料也就成为功能复合材料或多功能复合材料。

结构复合材料的一种典型分类法是：按其基体材料种类的不同分成金属基、陶瓷基和聚合物基复合材料。功能复合材料既有其组分材料种类的不同，也有功能种类和层次的不同，再按上述分类方法分类，难以反映材料的典型特征，材料功能的显示过程是对输入材料的能量传输或转换后输出。按此观点，可对功能复合材料进行如表 7－1 所示的分类。其中一次功能复合材料对外部输入的能量起传输作用，输出的能量与输入的能量属同一种形式。而二次功能复合材料对输入的能量起转换作用，从中输入的能量已改变形式。

表 7－1　　功能复合材料的分类

- 功能复合材料
  - 一次功能复合材料
    - 机械功能复合材料
      - 结构复合材料
      - 摩擦学复合材料
      - 声学复合材料
    - 热功能复合材料
    - 电磁学功能复合材料
      - 电学功能复合材料
      - 磁学功能复合材料
      - 光学功能复合材料
    - 化学与生物功能复合材料
  - 二次功能复合材料
    - 机械能转换复合材料
      - 压电效应复合材料
      - 磁致伸缩复合材料
      - 形状记忆复合材料
      - ……
    - 电磁能转换复合材料
      - 光电效应复合材料
      - 磁热效应复合材料
      - ……
    - 热能转换复合材料
      - 热光效应复合材料
      - 热电效应复合材料
      - 热磁效应复合材料
      - ……
    - 化学能转换复合材料
      - 光化学效应复合材料
      - 电化学效应复合材料
      - 热化学效应复合材料
      - ……

7.1.2　功能复合材料的应用

功能复合材料的应用已十分广泛，在能源、信息、电子技术、空间技术、化学、生物工程、海洋工程及环境保护等各个领域正发挥着日益重大的作用。

飞速发展的当今世界，面临着能源危机和环境污染等问题，要从根本上改变这种局面，关键在于开发和利用新的能源，注意节能和储能。太阳能用之不绝且没有污染，是理想的新能源之一。具有光电转换功能的复合材料非晶硅光电池和高效吸热性能的复合材料集能板在太阳能工程方面的应用最有发展前途。耐腐蚀的复合材料适合制造海水波浪和潮汐发电装置。解决能源问题的另一个有效途径是合理开发核能，制造核燃料包覆管的材料，既要有良好的力学性能，又要有优异的耐高温性能和耐辐射性能。碳/碳多功能复合材料完全满足这一要求，因而被广泛采用。以前采用的汽轮机材料是耐高温合金，其涡轮进口温度难以超过1100℃，热效率比较低。用陶瓷材料提高涡轮进口温度的设想四十年前就开始了。然而陶瓷的脆性和较差的抗热震性一直限制了其应用，用纤维补强的陶瓷基功能复合材料有效地解决了这个问题，使汽轮机的效率大幅度地提高。目前，功能复合材料在输电节能和高效储能方面也得到了比较广泛的应用。信息技术在现代社会中显得日益重要，功能复合材料在信息的收集、检测、传输、贮存和处理等各个环节都起着重要的作用。在信息的收集和检测中，用功能复合材料制作的各种换能器具有很高的效率；目前传输信息最有效的方法是利用光导纤维线缆，这其中需要有特种复合材料作光纤的载体；信息的贮存所用的磁盘是典型的磁能转换功能复合材料；电子计算机用以处理大量的信息，其中的绝缘处理和集成电路板基片大多是用电气功能复合材料制成。在无线电通信和监测技术中心，各种发射和接收台站为保证电线的气动性能和不受风雨浸蚀，需要有天线罩，用具有良好力学性能和微波透射性能的复合材料制作各种天线罩已取得满意效果。

现代空间技术中，首要的问题是防热问题，同时还有酸雨浸蚀、高速粒子冲击、核辐射、冷热骤变等问题存在。因而，多功能的防热系统对空间技术十分必要。那么，首先就需具备多功能的高效防热材料，经特殊加工而成的碳/碳复合材料和碳化硅陶瓷基复合材料堪当此任。空间技术不仅要有高温防热系统，同时也需要低温隔热措施，主要是通过使用热传导系数很低的高效隔热材料和相应的结构满足性能要求。目前一种代号为 Min－K 的隔热复合材料，以其比空气还低的导热系数和可观的比强度而备受青睐。另外基于烧蚀功能的隔热、防热措施，使今天的宇宙飞船能完整顺利地返回地球。这主要是应用了碳或石墨材料增强酚醛树脂材料的结果。

电气技术和工程的发展对电工材料提出了更高的要求。一方面，有些电气保护和支承材料除要求基本的力学性能外，还须有可靠的绝缘性和良好的阻燃性；另一方面，为防止静电危害和对电气设备进行电磁波辐射屏蔽，要求新一代壳体材料具备一定的导电性。同时，这种导电复合材料因具备质轻、耐腐蚀、热膨胀系数小等特点，已在机电工业中某些方面代替金属材料，得到了良好的效果。

化学工程和生物工程系统中的管理和容器，需要有很强的耐化学腐蚀和生物侵蚀能力，合理选择和设计复合材料可以满足要求。海洋工程更是离不开复合材料，因为作深海潜行的舱体既要承受巨大的水压，又要经受海水的腐蚀，同时还要保持适当的结构重量，单一的均质材料无法胜任。

随着多种技术的进一步发展，对材料高功能化、新功能化和多功能化的要求更加紧迫，通过合理的设计和工艺得到诸多物理和化学功能的复合材料必将获得更加广泛的应用。

7.2 复合材料的理化性能

7.2.1 复合材料的应用与理化性能研究

复合材料的应用是一种技术，而技术与科学是不能分离的。正如材料技术的发展趋势是越来越深刻地把技术建立在材料科学的基础上一样，复合材料应用的进一步发展，必须包括理化性能在内的复合材料性能研究。

复合材料力学性能主要考虑复合材料在作为结构件使用时的应力-应变关系，强度与失效等；当复合材料作为功能材料使用时，其使用效果如何；其物理化学性能与原材料性能及其他复合因素之间有什么样的关系；如何用一些已知性能的去构造具备所需要性能的材料，这是复合材料理化性能的研究内容。如果不将“临界浓度”的理论引入复合材料，并通过研究进行修正和完善，人们就难以利用导电复合材料，作为温度自动平衡系统的温控部件；如果没有复合材料的导热、热容、相变及热分解等基本的物理、化学参数，复杂环境下的复合材料烧蚀性能就无从得知，更不用说用之于航天飞机的防热，使之有效的上天重量和重复使用次数大幅度增加；高性能的复合摩擦材料用之于要求高可靠性程度的飞机、汽车的刹车片，正是得益于复合材料的摩擦磨损特性研究。如此种种，都说明复合材料理化性能的研究是功能复合材料应用的基础。

在复合材料的设计、制作、检测及使用过程中，复合材料的物理化学性能自始至终发挥着重要作用。和复合材料力学性能一样，复合材料理化性能是复合材料研究和发展的基础。复合材料理化性能的研究主要是讨论复合材料物理化学性能与复合材料组分材料性能、复合工艺及由此产生的复合效应间的关系。目前，通过材料复合，而谋求一定物理和化学性能的提高，在较大程度上还是建立在经验或半经验基础之上的，随着复合材料理化性能研究自身及与之相关的学科的发展，将建立起一定的理论体系，以便于人们在更深刻的层次上认识、改造和利用这些性能。

7.2.2 复合材料理化性能的决定因素

复合材料的物理化学性能在某种程度上来自于组分材料的相应性能。明显的例子是金属或陶瓷提供金属基和陶瓷基复合材料的耐热性能；陶瓷基体和树脂基体提供相应复合材料的耐化学腐蚀性能；增强纤维提供陶瓷基复合材料的韧性和抗热震性等。复合材料的优异物理化学性能更多地来自于组分材料性能间的相互匹配、相互补充。如高透率的透明纤维复合材料就需要基体材料与增强材料的折光率一致；树脂基体与纤维间良好的界面结合，保证复合材料具有良好的耐水性；纤维与树脂间的界面化学作用，使基体相的玻璃化转变温度升高，从而使复合材料比树脂基体具有更好的耐热性。

复合材料在众多的领域里大显身手，更因为包括工艺因素在内的各种复合方式因素所产生的奇特复合效应，以致于复合材料产生出组分材料根本不具备的性能，下面是一个简单的例子。

如图7-1所示，一块铜片和一块铁片尺寸完全相同，迭合在一起，界面粘牢，然后对其加热，两块材料均会因升温而膨胀，然而由于铜片与铁片的膨胀系数不同，铜片与铁片相接的一面受铁片的制约而不能自由膨胀，因此，铜片两个表面的膨胀系数不协调，势必朝铁片一侧弯曲，而这种弯曲又迫使铁片作同样的弯曲，因而由铁片和铜片迭合而成的双层片材由于加热而弯曲，也就是具有了"热致弯曲"的功能，这是两块单层片材都不具备的性能。

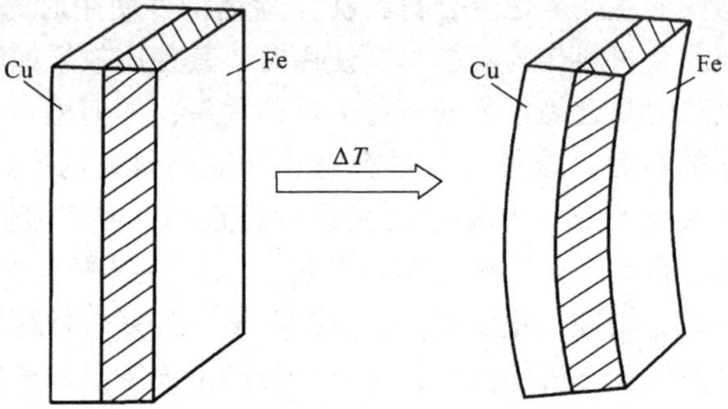

图7-1　铜片/铁片生产双层片材受热弯曲示意图

在此例中，仍然可以看到组分材料性能及其匹配情况，组分材料配置比例的影响。如果铁片和铜片都没有热膨胀冷缩的特性，或两者的热膨胀特性完全一样，就不会产生上述的"热致弯曲"现象。换言之，这种现象部分来自于两种组分材料特性的差异。尽管如此，产生上述"热致弯曲"效应更主要的因素是某种特殊的复合方式，它能产生奇特的复合效应。假如将同样的两块片材在端面对接起来成一长条片材，而不是迭合成双层结构，那么"热致弯曲"效应将随之消失，对其加热时，其可见的变化仅仅是片材的伸长而已。因此，合理利用各种复合效应，对于构造复合材料的优异理化性能显得十分重要。

7.2.3　复合状态和复合效应

7.2.3.1　复合状态

到目前为止，复合材料领域中的复合理论还不完善，甚至于复合材料的定义还没有统一的说法。但就影响复合材料性能的诸因素而言，可大体分成复合组分材料，复合过程，复合状态和复合效应四个因素。

复合组分材料因素即组分材料的种类和状态。如金属、无机材料、聚合物材料；固态、气态等以及组分材料的含量。

复合状态包括复合材料及组分材料的形状、尺寸，组分材料的分布、连续性、取向状态、界面状态等。

复合过程即复合工艺，包括混合、喷涂、积层、沉积、浸渍、缠绕、模压、发泡等多种形式，它是实现复合状态的保证。

复合效应是指一定组分材料按一定的过程和状态复合后，复合材料的指定性能与组分材料的有关性能间的关系。

众所周知，复合材料的一个特点是在很多情况下，复合材料形成的同时，也形成了复合结构和复合材料制品，因而人们往往把复合材料的结构及制品一并当作复合材料来考虑。在这种较为广义的复合材料介定基础上，复合状态可大致分成表7－2所示的情况。

表7－2　　复合材料的复合状态大致分类

状　态	例　子
微观复合状态	合金钢、增韧塑料 纤维增强树脂 颗粒填充树脂
宏观复合状态	镀锌钢、钢筋混凝土 多层均质板层合结构 蜂窝夹层结构

人们所熟知的一些复合材料的复合状态便分属这两类情况。对于微观和宏观复合状态，还可以分别进行如表7－3和表7－4所示的分类。

表7－3　　微观复合状态的分类

状　态	分散相形状、尺寸、分布
基体中分布连续纤维	单向排列、多向排列、多维编织
基体中分布短切纤维	定向分布、随机分布
基体中分布颗粒	球形、片形、不规则形
基体中颗粒弥散强化	颗粒尺寸小于0.01微米
多种纤维或颗粒混合	多种情况

表7－4　　宏观复合状态的分类

状　态	例　子
镀层、涂层	塑料镀金属膜
多层层状结构	五合板、FRP与FRM超混杂
骨架填充或穿插网络结构	钢筋网络填充混凝土
骨架蒙皮作用	蜂窝芯蒙面板

7.2.3.2　复合效应

功能复合材料的发展潜力，不仅在于组分材料的性能可以相互补充，更重要的还在于能产生新的性能。正如上节中提到的：复合材料产生优异性能，很大程度上在于综合的复合效应。而复合效应实际上是由复合组分材料因素决定的。正如上节的例子所反应的情况：铜片和铁片具有不同的热膨胀系数是组分材料因素；而把片材叠合成层状材料，还是将其对接成条状材料，就是属于复合状态因素的范畴。正是这二者的同时作用，才构成了双层片材的“热致弯曲”效应，总括来说，复合效应有三个特征，即：

①一般不是简单的加和关系；

②同样的组分材料按相同的复合状态复合，在不同的性能上体现出的复合效应一般不一样；

③对于某一个性能，相同组分材料复合状态不同时，一般具有不同的复合效应。

复合组分材料因素及复合状态因素综合作用后产生的复合效应的分类如表7－5所示。

表7－5　复合效应的一般分类

线性效应	非线性效应
平均效应	诱导效应
相补效应	共鸣效应
相抵效应	系统效应

线性效应中的平行效应是最简单的效应。它是指复合材料的某相性能与组分材料之一的该项性能指标基本相等。如环氧树脂具有较好的耐化学腐蚀性，而玻璃纤维增强环氧复合材料也具有类似的耐腐蚀性能，因此，玻纤与环氧复合时，其耐腐蚀性有平行复合效应。平行复合效应可大体用下式描述。

$$A \sim Ai \tag{7-1}$$

式中　A 和 Ai 分别表示复合材料和 i 组分材料的某项性能指标

平均效应是最基本的效应。其含义是：复合材料的某项性能是各组分材料的该项性能乘以体积分数为权的加权平均值（即服从混合率）可以用下式表示：

$$A = Ai \cdot \phi i \tag{7-2}$$

式中　ϕi 表示 i 组分体积分数。复合材料的密度、单向纤维增强复合材料的模量等，均具有平均复合效应。

相补效应是复合材料的特点之一，是指组分材料通过复合，性能可以互相补充，从而产生优异的综合性能，可用下式粗略表示：

$$A = B \cdot C \tag{7-3}$$

其中：

$$B = max(-Bi)$$

$$C = max(-Ci) \tag{7-4}$$

上式可理解为：要复合材料具有综合性能 A，必须要同时具备 B 性能和 C 性能，而复合材料的 B 性能和 C 性能分别来自具有较好 B 和 C 性能的组分材料。若将好的性能指标赋值 1 代表，而不好的性能指标赋值 0 代表，则上式更好理解。例如有 a 和 b 两组分材料，其中 a 组分具有好的 B 性能和不好的 C 性能，即：

$$Ba = 1$$
$$Ca = 0 \tag{7-5}$$
而 b 组分具有较好的 C 性能和不好的 B 性能

即
$$Bb = 0$$
$$Cb = 1 \tag{7-6}$$
按照式（1－4）所示的相补效应，组分 a 和 b 复合后，复合材料的 B 和 C 性能分别为：
$$B = max(Ba, Bb) = 1$$
$$C = max(Ca, Cb) = 1 \tag{7-7}$$
因此复合材料得到优异的综合性能 A（这时 $A = 1$）。玻纤增强 PTFE、作摩擦材料时，摩擦磨损性能优异，这是相补复合效应的一个典型例子。

相抵效应也可称负混杂效应，是指组分材料复合后，因相互间的制约，某一性能不能充分发挥，复合材料的该性能指标低于按平均复合效应估算的值，可表示为：
$$A < Ai\phi i \tag{7-8}$$
典型的例子是玻纤/碳纤混杂复合材料，由于碳纤维的断裂延伸率小，因而复合材料受外力时，碳纤维在玻璃纤维尚未充分受力时，即已断裂，造成两种纤维分批破坏的后果，致使复合材料强度比按混合率计算出的值低。

线性复合效应提供了利用组分材料性能扬长避短而应用复合材料的依据，而非线性复合效应却能提供机会，使复合材料产生组分材料不具备的新功能。或在起其某一组分材料的数种同时存在的性能中，选择所需的加以表现，其中相乘复合效应是指：具有 X/Y 转换功能 B（如磁/压转换）的组分材料 i 和具有 Y/Z 转换功能 C（如压/电转换）的组分材料 j 复合后，复合材料具有 X/Z 的新转换功能 A（即磁/电转换），即：
$$A = Bi \times C_j$$
这种复合效应种类较多，对复合材料的应用极其有利。表 7－6 为部分常见的相乘效应实例。

表 7－6　部分复合材料的相乘复合效应

i 相性质 B（X/Y）	j 相性质 C（Y/Z）	复合性能 A（X/Z）
磁致伸缩	压电效应	磁电效应
磁致伸缩	压电效应	磁阻效应
电致伸缩	压磁效应	电磁效应
光导效应	电致伸缩	光致伸缩
压磁效应	磁阻效应	压阻效应
压磁效应	磁电转换	压电效应
压电效应	场致发光	压力发光
热致变形	压敏电阻	热阻效应
热致变形	压电效应	热电效应
热电效应	场致发光	热发光效应

诱导效应是指复合材料中的界面上，一种组分材料对另一种组分材料产生诱导作用，使之产生相应的界面层，从而使复合材料具有某种独特性能的效应。

共鸣效应也称强选择效应。其含义是指某一组分材料 a 具有一系列性能 A、B、C…，另一组分材料与之复合后，对组分材料 a 的大部分性能 B、C…，都有较大抑制作用，惟独使某一性能 A 充分地体现在复合材料的性能中。利用这点，人们可以把组分材料中的某些特殊性能发挥出来，而同时把不需要的性能排除掉，如有关领域里使用的导电不导热材料，往往以特制的复合材料充当，以一定的组分材料因素加一定的复合状态因素，可以使复合材料在抑制导体填料的导热性的同时，发挥其导电作用。

系统效应是作用最大的复合效应。其含义是：一些不具备某一性能的复合组分材料按照一定的复合状态复合后，其复合材料具有该性能，上节中铜片/铁片所组成的双层片材具有“热致弯曲”功能是一个简单的例子。

以上复合效应，目前已被不同程度的利用，复合材料的进一步发展，需要在更加广泛的范围中，更加深刻的层次上利用这些效应，同时还需努力开发新的复合效应。

7.3 复合材料的热物理性能及耐烧蚀性能

7.3.1 概　　述

材料使用环境的温度一般是变化着的，复合材料也不例外。环境温度的变化将以一定的方式在某种程度上改变材料的结构与性能。

在宇航技术中，环境温度的变化范围甚至可以从接近零度开始到上万度，作为结构材料使用的复合材料，能否适应其工作环境的变化，主要取决于其热性能，复合材料的热传导性能和热容量将决定其与外界热能交换和自身温度变化；其热膨胀性能决定了其结构尺寸稳定性，直接影响应力分布状态和抗热震性能；而其温度升高时的转变和额外分解决定了其作为承力结构的使用温度的上限。为了使复合材料满足使用性能，在对其进行其他方面的性能设计时，需同时对其进行有效的热设计，而热设计的依据就是复合材料的基本热性能。

复合材料的基本热性能与构成复合材料的原材料相应性能有很大关系，但并非组分材料的简单组合，它还与组分材料的其他性能（如刚度、密度）及组分材料间的复合方式有关，同时组分材料间形成的界面相状况也对复合材料的热性能（如热膨胀、玻璃化转变等）产生影响，另外复合材料比之于传统材料，其热性能有着更加普遍的各向异性现象。

在认识了复合材料基本热性能的基础上，人们开发了复合材料很多特殊的用途。在航空航天技术中除作为结构材料使用外，还可充当有效的隔热和烧蚀热防护等热功能材料。如碳/碳复合材料，研究表明其是当前战略导弹的弹头防热和固体火箭发动机喷管喉衬最有效的材料。在民用工业中具有特种热功能的复合材料也得到日益广泛的应用，如在建筑、造船、电气等领域里阻燃复合材料成为越来越重要的角色。

为研究复合材料的热性能，人们在传统热物理学基础上考虑复合材料的非均相各向异性等特点建立了不少理论模型，对其进行分析和计算。同时利用各种类型和功能的测试仪器对其进行深入的测试研究，两者均取得了较大的进展。目前的研究工作不仅在于努力使复合材料的某种热功能得到加强，同时也在于使其具有多种热功能或兼具其他功能。

本章首先讨论复合材料的基本热性能，即复合材料的热传导、热容量、热膨胀，然后以此为基础，介绍几种典型的热功能复合材料，即隔热材料、耐热材料、阻燃材料和耐烧蚀材料，讨论其综合热性能与基本热性能间的关系。

7.3.2 复合材料的热传导

7.3.2.1 概述

（1）温度场和热传导

热能在物质的内部从高温区流向低温区的过程称为热传导。一般情况下材料的温度 T 是空间（x、y、z）和时间 t 的函数，即：

$$T=f(x、y、z、t) \tag{7-9}$$

材料中某一瞬间的温度分布称为温度场。由于这种温度分布一般也是随时间而变的，故称为非稳态温度场。在此温度场中发生的热传导属非稳态热传导，与时间无关的温度场称为稳态温度场，可表示为：

$$T=f(x、y、z、t)\cdot\frac{\partial T}{\partial t}=0 \tag{7-10}$$

此时的温度场内产生的热传导过程属稳态热传导。除此之外，还有一种中间状态的温度场，其特点是材料中任意一点（x、y、z）上的温度 T 是时间 t 的线性函数，可称之为准稳态温度场，其数学表示式为：

$$T=f(x、y、z)\cdot\frac{\partial T}{\partial t}=S \tag{7-11}$$

其中 S 为升温速率。在此温度场中产生的热传导过程一般称为准稳态热传导。

（2）稳态热传导与导热系数

研究材料热传导的方法有两种，一种是从物理学科的角度出发，以固体物理和晶体化学为基础，通过微观的、本质的研究，在分子或电子水平上去揭示热传导的机理，阐明影响热传导的物理化学因素，把微观结构和宏观性能联系起来，找出其规律进而去预测材料的热性能，探讨改变和控制材料热传导的途径。另一种是从工程热物理学的角度出发，通过宏观的、现象的研究，寻找在不同边界条件下，热在各种物质中传导的规律，并运用数学手段通过求解微分方程，把温度场、热流量、研究对象的热物理性质以及几何外形条件等联系起来，进而解决工程热系统中的热传导问题。复合材料热传导的研究基本是基于后一种方法，此方法的基础是傅立叶热传导定律：

$$\vec{q} = -\lambda \operatorname{grad} T \tag{7-12}$$

式中　q 称为热流量，表示单位时间内通过单位面积的热量。

grad T 表示温度梯度。

λ 表示单位温度梯度下的热流量直接表征了材料的导热能力，称之为导热系数，其单位为 W/(m·K)。

导热系数一般是温度的函数。不同的材料，导热系数有很大的差异，正是因为导热系数的差异，才构成了复合材料与其他材料间不同的热传导性能。表 7-7 列出了几种不同类型物质的导热系数。

表 7-7　　几种物质的导热系数

物质	λ/[W/(m·k)]	物质	λ/[W/(m·K)]
锡	47.38	Al_2O_3	29.0
聚四氟乙烯	0.14	环氧树脂	0.25
聚苯乙烯	0.03	玻纤	1.64
玻璃纤维/聚苯酯	0.33	玻纤/酚醛	0.27

复合材料的热传导大多具有各向异性，同时，一般是多维导热，其傅立叶定律的形式是：

$$[q] = -[\lambda]\left[\frac{\partial T}{\partial X}\right]$$

$$q_i = \sum_{j=1}^{3} \lambda_{ij} \frac{\partial T}{\partial X_j}, i = 1,2,3 \tag{7-13}$$

其中　X_j 表示三个空间坐标 x，y，z。此时的导热系数是组元为 λ_{ij} 的张量。也有的复合材料具有各向同性的热传导性能，此时有：

$$\vec{q} = -\lambda\left(\frac{\partial T}{\partial x}i + \frac{\partial T}{\partial y}j + \frac{\partial T}{\partial z}k\right) = -\lambda \Delta T \tag{7-14}$$

上式与式（7-12）是一致的，式中 λ 为标量，在某种特殊的结构形式和加热条件下，复合材料内可以建立起一维导热，其傅立叶定律具有最简单的形式：

$$q = -\lambda \frac{\partial T}{\partial X} \tag{7-15}$$

当$\frac{\partial T}{\partial x}=0$，且考虑的温度范围不大，$\lambda$ 可近似看作常数时，导热状态为一维稳态导热：

$$q = -\lambda \frac{\Delta T}{\Delta X} \tag{7-16}$$

式中　ΔX 和 ΔT 分别表示材料中两空间点上的距离和温差。

（3）非稳态热传导和导温系数

在稳态热传导时，材料中各空间点上温度不随时间而变，热流量只与热传导系数有关，导热系数就足以表征和描述材料的热传导行为。而复合材料在不少使用环境下，导热过程为非稳态，此时材料中各空间点上的热流量不仅与导热系数有关，还受温度场变化的影响。考察式（7-12）可知，grad T 随时间的变化将影响材料中空间点上的热流 q，而 grad T 的变化决定于外界传入的热量和材料的比热等参数，故在非稳态热传导情形下，导热系数已不能单独描述材料的热传导行为。

对于材料中任何一个微体积元，其热焓的变化将等于其流进和流出的热量之差，根据这一原理，可以得出傅立叶导热方程：

$$\frac{\partial T}{\partial t}=\frac{\lambda}{c_p \cdot p}\left(\frac{\partial^2 T}{\partial X^2}+\frac{\partial^2 T}{\partial Y^2}+\frac{\partial^2 T}{\partial Z^2}\right)=\frac{\lambda}{c_p \cdot p}\cdot \Delta^2 T \tag{7-17}$$

上式清楚地表明了温度场随时间的变化与 $\lambda/c_p \cdot p$ 直接相关，因此定义导温系数：

$$\alpha=\frac{\lambda}{c_p \cdot p} \tag{7-18}$$

用以表示材料在非稳态导热过程中，温度变化速率的特性。

7.3.2.2 复合材料导热系数的计算

均质材料的导热系数计算工作是在微观的尺度上，从物质导热机理出发，讨论导热系数与物质内部各种的浓度及运动状态参数间的关系。而复合材料导热系数的计算则是在微观或宏观的尺度上以傅立叶导热定律为基础，讨论复合材料导热系数与组分材料的导热系数、含量、复合方式及其他工艺参数之间的关系。

（1）两相复合材料相分布模型

从导热的角度考虑，复合材料的界面相可以忽略，从而很多复合材料可视为两相材料。两相复合材料的相可大体简化为三种模型，即平行板式、不连续填充式及连续填充式相分布，如图 7-2 所示。

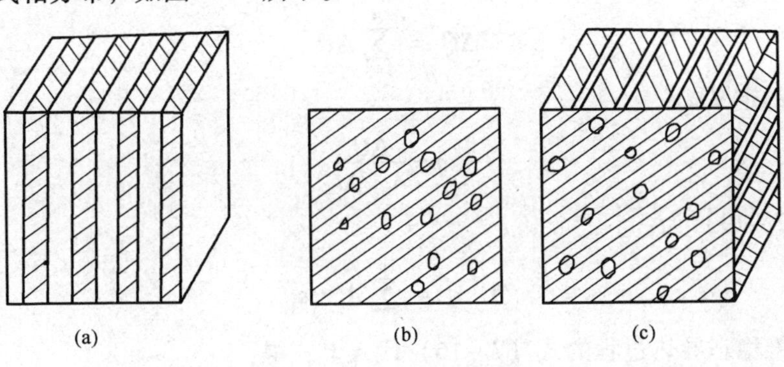

图 7-2 复合材料三种基本相分布模型

（a）平行板式的相分布 （b）不连续填充式的相分布 （c）连续填充相式的分布

图 7-2（a）所示的模型能代表层合板及其他夹层复合材料的相分布，此类复合材料的导热系数是各向异性的。一般单向连续纤维增强的复合材料具有图

7-2（c)所示的相分布；而多向连续纤维增强复合材料中一层内的相分布也可由图7-2（c）表示，层与层间的关系又可用图7-2（a）表示，因此多向纤维增强的复合材料相分布可认为图7-2（a）和图7-2（c）两种相分布模型的组合；图7-2（b）所示模型所代表的复合材料则范围较广，颗粒填充、粉末填充、短切纤维填充及箔屑填充复合材料都属于此类。如果复合材料在两相以上，可以视具体情况对其进行基本模型分解，然后再对分解出的模型进行分析。

（2）平行板式相分布复合材料导热系数计算

平行板式相分布复合材料中的热传导可分成两种情况，一种情况是热流平行流过平行板；另一种情况是热流垂直流过平行板，两种情况下的计算均须假定平行板长宽尺寸远大于厚度尺寸，以保证热流的一维流动。热流平行流过平行板时，导热模型可由图7-3所示。

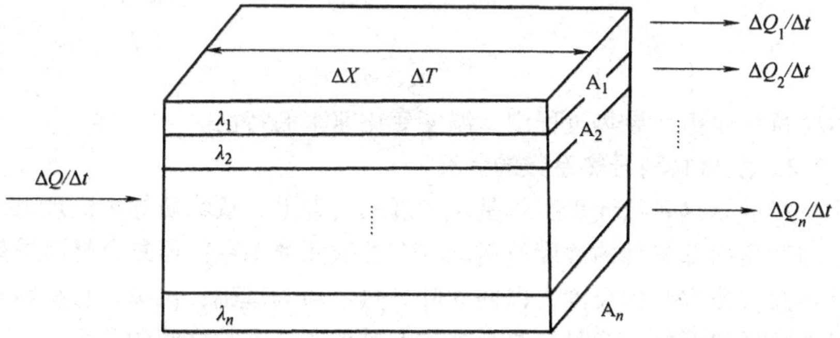

图7-3　热流平行流过平行板时的导热模型

图中Ai表示第i层板的导热面积，A表示总导热面积。若用ΔQ表示由几层板构成的整块板在Δt内的导热量，ΔQ_i表示第I层板在同一时间内的导热量，则有：

$$\Delta Q = \sum_{i=1}^{n} \Delta Q_i \tag{7-19}$$

由热流量的定义式：

$$q = \frac{\Delta Q}{A \cdot \Delta t} \tag{7-20}$$

可知式（7-19）为：

$$A \cdot q = \sum_{i=1}^{n} A_i \cdot q_i \tag{7-21}$$

将描述一维稳态导热过程的式（7-16）代入上式得：

$$-\lambda \frac{\Delta T}{\Delta X} \cdot A = \sum_{i=1}^{n} -\lambda_i \cdot \frac{\Delta T}{\Delta X} \cdot A_i \tag{7-22}$$

就是：

$$\lambda = \sum_{i=1}^{n} \lambda_i A_i / A \tag{7-23}$$

由于各层板的导热厚度 ΔX 相等，故导热面积分数 A_i/A 就等于各层材料的体积分类 ϕ_i，因此有：

$$\lambda = \sum_{i=1}^{n} \phi_i \lambda_i \tag{7-24}$$

式（7－24）即为平行板式相分布的复合材料在平行于各层板的方向上导热系数与各层板参数间的关系式。若平行板由两种材料组成，则式（7－24）可简化为：

$$\lambda = \phi_1 \lambda_1 + \phi_2 \lambda_2 \tag{7-25}$$

若 $\lambda_1 > \lambda_2$ 则

$$\lambda \approx \phi_1 \lambda_1 \tag{7-26}$$

λ 主要由导热系数大的材料决定。

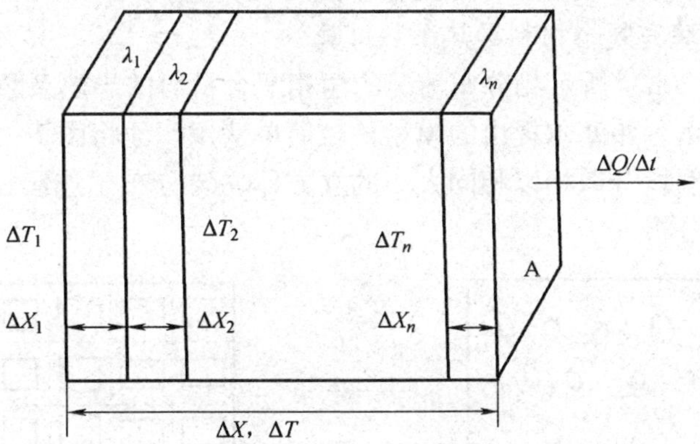

图 7－4　热流方向垂直于平行板时的导热模型

热流方向垂直于平行板时的情形可由图 7－4 表示，图中 ΔX 及 ΔX_i 分别表示复合材料及第 i 层材料的导热厚度，若用 ΔT 和 ΔT_i 分别表示复合材料及第 i 层组分材料的热面与冷面温差，则：

$$\Delta T = \sum_{i=1}^{n} \Delta T_i \tag{7-27}$$

即

$$\frac{q \cdot \Delta X}{\lambda} = \sum_{i=1}^{n} \frac{q \cdot \Delta X_i}{\lambda_i} \tag{7-28}$$

于是

$$\lambda = \frac{\Delta X}{\sum_{i=1}^{n} \frac{\Delta X_i}{\lambda_i}} \tag{7-29}$$

可以写成

$$\lambda = \frac{1}{\sum_{i=1}^{n} \left(\frac{1}{\lambda_i} \cdot \frac{\Delta X_i}{\Delta X} \right)} \tag{7-30}$$

因各层材料的导热面积 A 相等，故其厚度之比 $\Delta X_i/\Delta X$ 即等于体积分数 ϕ_i，于是式（7－30）可进一步写成

$$\lambda = \frac{1}{\sum_{i=1}^{n} \frac{\phi_i}{\lambda_i}} \tag{7-31}$$

若平行板由两种材料组成，则上式简化为：

$$\lambda = \frac{1}{\left(\frac{\phi_1}{\lambda_1} + \frac{1-\phi_2}{\lambda_2}\right)} \tag{7-32}$$

如果 $\lambda_1 \gg \lambda_2$ 则

$$\lambda \approx \frac{\lambda_2}{\phi_2} \tag{7-33}$$

即平行板的导热系数 λ 主要由导热系数小的材料决定。

(3) 不连续填充复合材料导热系数计算

为对图 7-2 (b) 所示相分布情况的两相复合材料的导热系数加以计算，曾提出过许多导热模型，莱塞尔提出的模型比较简单适用。他将图 7-2 (b) 所示相分布进一步简化，假设分散相以相同大小的立方体均匀分布于连续相中，见图 7-5，我们试对之进行分析。

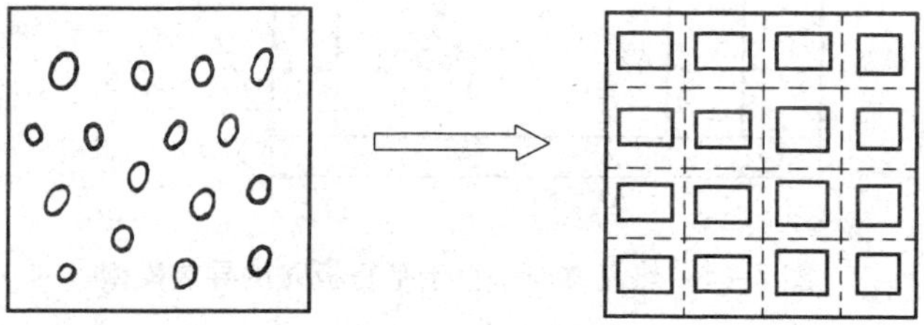

图 7-5　不连续填充相分布复合材料简化导热模型

图 7-5 中的虚线所围成的立方体可视为一个导热基元（如图 7-6），其导热性能代表了整块材料的导热性能。假设基元的边长为 1，而其中分散相材料构成的立方体的边长为 a，则有：

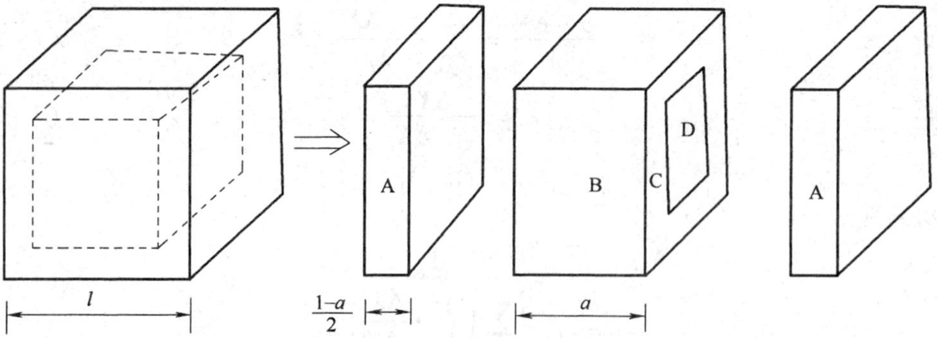

图 7-6　导热基元分解示意图

$$\phi_d = a^3 \tag{7-34}$$

式中 ϕ_d 表示复合材料中分散相的体积分数。可以将导热基元分解成两块板 A 和一个柱 B，而柱 B 由连续相（导热系数为 λ_c）柱壳 C 和分散相（导热系数为 λ_d）柱芯 D 构成。运用热电等效回路原理分析可知柱的热阻 R_{TB}，柱芯热阻 R_{TD} 及柱壳热阻 R_{TC} 间的关系是：

$$\frac{1}{R_{TB}} = \frac{1}{R_{TC}} + \frac{1}{R_{TD}} \tag{7-35}$$

且立方基元的热阻 R_{TM} 为：

$$R_{TM} = R_{TB} + 2R_{TA} \tag{7-36}$$

式中 R_{TA} 表示基元分解出的板 A 的热阻。若设基元的导热系数为 λ_m，则有：

$$\lambda_B = \lambda_d \alpha^2 + \lambda_c(1-\alpha^2) \tag{7-37}$$

$$\frac{1}{\lambda_m} = \frac{\alpha}{\lambda_B} + \frac{1-\alpha}{\lambda_c} \tag{7-38}$$

式中 λ_B 为柱 B 的导热系数，由上两式可得：

$$\lambda_m = \frac{\lambda_c[\lambda_d \alpha^2 + \lambda_c(1-\alpha^2)]}{\lambda_d(\alpha^2 - \alpha^3) + \lambda_c(1-\alpha^2+\alpha^3)} \tag{7-39}$$

综合式（7-36）和式（7-39）得：

$$\lambda_m = \frac{\lambda_c[\lambda_d \phi_d^{2/3} + \lambda_c(1-\phi_d^{2/3})]}{\lambda_d(\phi_d^{2/3} - \phi_d) + \lambda_c(1-\phi_d^{2/3}+\phi_d)} \tag{7-40}$$

式（7-40）即为莱塞尔提出的计算两相材料导热系数理论方程，如果 $\lambda_c > \lambda_d$，则有：

$$\lambda_m \approx \frac{1-\phi_d^{2/3}}{1-\phi_d^{2/3}+\phi_d} \cdot \lambda_c \tag{7-41}$$

如果 $\lambda_c \ll \lambda_d$，则有：

$$\lambda_m \approx \frac{1}{1-\phi_d^{2/3}} \cdot \lambda_c \tag{7-42}$$

事实上，莱塞尔的理论方程对于 λ_d 较小，且分散相细小均匀的两相材料（如含气孔的均质材料）较为适用，见图 7-7，而对于一般两相复合材料，欧根提出的导热系数计算理论方程更为精确，因其建立在更加复杂的模型基础上，这里只给出结果：

$$\lambda_m = \lambda_c \cdot \frac{A+2\phi_d \cdot B}{A-\phi_d B} \tag{7-43}$$

其中

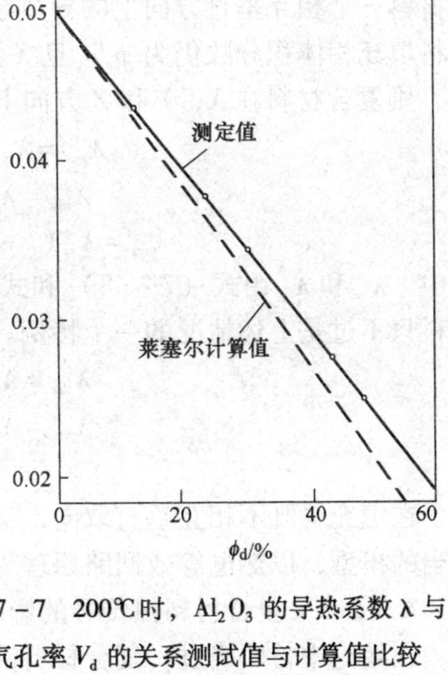

图 7-7　200℃时，Al_2O_3 的导热系数 λ 与气孔率 V_d 的关系测试值与计算值比较

$$A = \lambda_d + 2\lambda_c$$

$$B = \lambda_d - \lambda_c \quad (7-44)$$

式中 λ_m 及 ϕ_d 分别表示两相材料的导热系数及分散相体积分数，λ_c 及 λ_d 分别表示连续相及分散相材料的导热系数，如果 $\lambda_c > \lambda_d$，则有

$$\lambda_m \approx \lambda_c \cdot \frac{1-\phi_d}{1+\phi_d/2} \quad (7-45)$$

如果 $\lambda_c < \lambda_d$，则有

$$\lambda_m \approx \lambda_c \cdot \frac{1+2\phi_d}{1-\phi_d} \quad (7-46)$$

（4）连续填充复合材料导热系数计算

不连续填充复合材料在宏观的尺度上一般可以认为导热性能是各向同性的，因而在计算其导热系数上时不必考虑方向性，而连续填充复合材料却不然，其填充相的取向对导热有很大影响，我们必须对导热的方向性加以考虑。

①单向填充复合材料。参照莱塞尔的处理方法运用热电等效回路原理可以计算出单向复合材料中沿填充料取平行方向和垂直于此方向上的导热系数 $\lambda_=$ 和 $\lambda_\perp$ 分别为：

$$\lambda_= = \lambda_d\phi_d + \lambda_c(1-\phi_d) \quad (7-47)$$

和

$$\lambda_\perp = \frac{\lambda_c[\lambda_d\sqrt{\phi_d} + \lambda_c(1-\sqrt{\phi_d})]}{\lambda_d(\sqrt{\phi_d}-\phi_d) + \lambda_c(1-\sqrt{\phi_d}+\phi_d)} \quad (7-48)$$

式中 λ_c 和 λ_d 分别为连续相及分散材料导热系数，ϕ_d 为填充相体积分数。

②相互垂直方向填充复合材料。填充相在填充方向上的分配比例不一致时，复合材料三个相互垂直方向上的导热系数都不一样，假设相互垂直方向填充两相复合材料填充相体积分数仍为 ϕ_d，且 X 和 Y 方向上的填充料在填充相中的体积为 ϕ_X 和 ϕ_Y，则复合材料在 X，Y 和 Z 方向上的导热系数为：

$$\lambda_{mx} = \lambda_= \cdot \phi_x + \lambda_\perp(1-\phi_x)$$

$$\lambda_{my} = \lambda_=\phi_y + \lambda_\perp(1-\phi_y)$$

$$\lambda_{mz} = \lambda_=(1-\phi_x-\phi_z) + \lambda_\perp(\phi_x+\phi_y) \quad (7-49)$$

式中 $\lambda_=$ 和 $\lambda_\perp$ 由式（7-48）和式（7-49）给出。至于两垂直方向填充的两相材料只不过是上述情况的一个特例。令 $V_z = 0$，则有：

$$\lambda_{mx} = \lambda_=\phi_x + \lambda_\perp(1-\phi_x)$$

$$\lambda_{my} = \lambda_=\phi_y + \lambda_\perp(1-\phi_y)$$

$$\lambda_{mz} = \lambda_\perp \quad (7-50)$$

在填充料既不相互垂直取向，又作随机取向时，情况更为复杂，但仍可以建立适当的模型，以热电等效回路原理为依据进行理论计算。

7.3.2.3 复合材料热传导的影响因素

在绪论中曾明确过，复合材料性能的复合效应主要由复合组分材料因素和复合

状态因素决定。因此，在讨论复合材料性能影响因素时，主要从组分材料因素和复合状态因素方面着手。同时，复合材料的使用条件也在某种程度上影响和改变着其性能，因而，还须从使用条件因素方面给予考虑。

（1）组分材料因素

a. 组分材料种类　在前面理论计算导热系数的关系式中可以见到，组分材料本身的导热性能在很大程度上影响复合材料的相应性能指标。而组分材料的导热性能因其种类，甚至牌号的不同有很大差异，在进行热设计时，应合理选择组分材料。表 7 - 8 给出几种高聚物基复合材料的常用基体的导热系数。几种树脂的导热系数虽有差别，但差别不大。与此不同的是纤维，不仅各类纤维或不同品种的同类纤维间导热系数差别很大，而且有的纤维轴向和径向的导热系数差别也较大，见表7 - 9，如果纤维是各向异性的，则一般轴向导热系数大于径向的。

表 7 - 8　　几种常用树脂基体的导热系数

树脂	密度 ρ/(g/cm^3)	λ/(W/m·K)
酚醛	1.25	0.29
环氧	1.22	0.20
聚酯	1.22	0.16

表 7 - 9　　几种纤维的导热系数

类别或品种	λ/(W/m·K)	
	$\lambda_{=}$	$\lambda_{\perp}$
E 玻纤	1.03	—
尼龙 66	0.30	—
HMS 碳纤（高模型）	102	—
HTS 碳纤（高强型）	22	—
CY 碳纤	25	12.6
TL_{16}碳纤	42	12.6
TL_{50}碳纤	122	12.6

b. 组分材料含量　由于复合材料中不同组分间（如纤维与树脂间）的导热系数有较大差别，因而其组分材料的含量对复合材料的导热系数产生明显影响，对于单向填充的复合材料，其纵向导热系数与纤维的含量成直线关系。见图 7 - 8。

（2）复合状态因素

如填充组分材料的连续性，一般情况下，填料（如纤维）的导热系数比基体的大，因而纤维若是连续的，则由于其通畅的导热途径致使复合材料纵向导热系数比纤维不连续情况下的相应参数大，而横向导热系数应无差别。实际上的情况也是

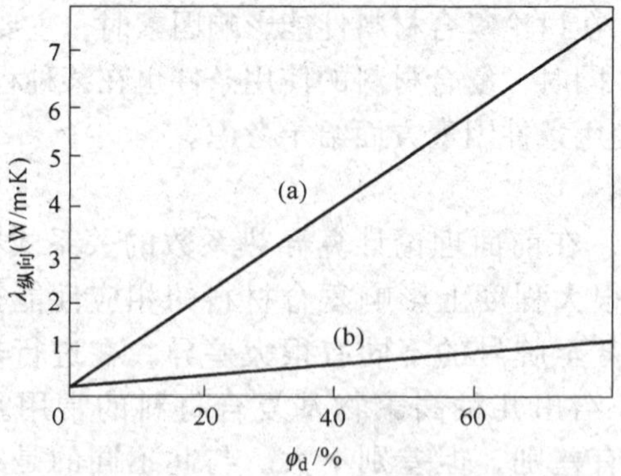

图 7-8　单向连续填充复合材料纵向导热系数与纤维含量的关系

(a) 玻纤/聚酯　(b) 石墨/聚酯

如此，见表 7-10。

表 7-10　　连续与不连续碳纤维单向填充复合材料导热系数比较

ϕ_d/%	λ/[W/(m·K)]			
	纵向		横向	
	连续	不连续	连续	不连续
20	4.5	3.0	0.42	0.40
30	6.8	4.5	0.48	0.51
40	9.0	6.0	0.58	0.64
50	11.4	7.5	0.68	0.81
60	13.5	90	0.81	1.01

(3) 使用条件因素

一般情况下，组分材料的导热系数与温度有关，其影响反映到复合材料中便是复合材料的导热系数与温度的关系。表 7-11 给出一种玻璃纤维复合材料的导热系数与温度的关系。

表 7-11　　不同温度下环氧/酚醛玻璃纤维复合材料导热系数

t/℃	50	100	150	180
λ/[W/(m·K)]	0.359	0.390	0.407	0.436
t/℃	220	260	300	
λ/[W/(m·K)]	0.443	0.454	0.461	

7.3.3　复合材料的比热容

7.3.3.1　概述

物质的比热容代表其储存热量的能力。定义为单位物质升温一度所需的热量，作为物质的基本热性能，比热容是评价、计算和设计热系数的主要参数之一。复合材料的使用范围极其宽广，不同的使用场合，对其比热容有不同的要求，如对于短时间使用的高温防热复合材料，希望其具有较高的比热容以期在使用过程中吸收更多的热量；而对于热敏功能复合材料却希望其具有较小的比热以便具有更高的热敏感度。因此，了解复合材料的比热容理论和测试方法，是十分必要的。

比热容可分为真比热容 c 和平均比热容 $\bar{c}$，真比热容 c 是单位质量物质在温度 t 升高一度所需的热量，即：

$$c = \frac{1}{m} \cdot \frac{\partial Q}{\partial t} \tag{7-51}$$

式中　m 和 Q 分别表示物质的质量和吸收的热量。平均比热 $\bar{c}$ 是单位质量物质在温度 t_1 到 t_2 的范围内，升高一度所需要的热量，可表示为：

$$\bar{c} = \frac{1}{m} \cdot \frac{\Delta Q}{t_1 - t_2} \tag{7-52}$$

物质的比热容与加热的条件有关，因此比热容可分为定压比热容 c_p 和定容比热容 c_v，定义为：

$$c_p = \frac{1}{m}\left(\frac{\partial Q}{\partial t}\right)_p \tag{7-53}$$

$$c_v = \frac{1}{m}\left(\frac{\partial Q}{\partial t}\right)_v \tag{7-54}$$

固体材料随温度的升高，体积变化不明显，复合材料更是如此，因而其两个比热容值相差不大，一般使用定压比热容 c_p，并且，工程上一般使用平均定压比热容 $\bar{c}_p$。工程上使用平均定压比热容是基于比热容 c 随温度变化较小的假设。事实上，当温度变化范围较大时，比热容 c 将产生明显变化，并且，在不同温度区间，比热容随温度变化将呈现完全不同的特征。树脂基复合材料多用在常温至 300℃ 的温度范围内，在此情况下，其比热容与温度的关系为：

$$c_p = aB^2 \frac{e^B}{(e^B - 1)^2}$$

$$B = b/t \tag{7-55}$$

式中　e 和 b 为决定于材料的自身的常数；当温度很低时，比热容与温度的关系是：

$$c_p \approx c \cdot D^3$$

$$D = t/d \tag{7-56}$$

式中　c 和 d 为决定于材料的自身的常数；陶瓷基复合材料还可能用在高温环境，在此温度区间里，比热容变化不大：

$$c_p \approx \frac{24.91}{m}(\mathrm{kJ/kg \cdot k}) \tag{7-57}$$

式中　m 为陶瓷基复合材料的质量。

图 7－9 给出了 SiC 陶瓷的定压比热的温度关系曲线。图中的曲线基本体现了

上述三个温度区间里的比热容－温度关系。

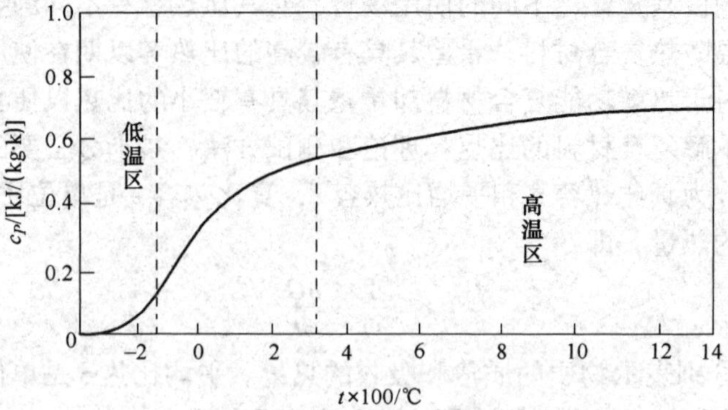

图 7－9　SiC 陶瓷材料的比热容曲线

7.3.3.2　复合材料比热容加和性原理

研究表明，混合物的热容比等于其组分物质比热容之和，数学表达式为：

$$mc_p = \sum_{i=1}^{n} m_i c_{pi} \tag{7-58}$$

式中　m 及 c_p，分别表示混合物的质量及其比热容，m_i 和 c_{pi} 分别表示 i 组分质量和比热容，另外，纽曼－卡普定律指出：固体化合物热容与组成该化合物的元素热容间的关系也可由式（7－58）描述，事实上，除少数几种物质外，纽曼－卡普定律相当准确。

复合材料界面相可以看成是数种组分材料某种形式的固体化合物，而整个复合材料则可看成是各组分材料以及界面相材料的某种混合物，把式（7－58）及纽曼－卡普定律运用到复合材料中，便可得：

$$c_p = \sum_{i=1}^{n} \omega_i c_{pi} \tag{7-59}$$

式中　c_p 为复合材料比热容。

ω_i 及 c_{pi} 分别为组成该复合材料的各组分材料质量分数及比热容。

复合材料比热容与各组分材料比热容间的关系符合混合率，属典型的平均复合效应。

7.3.3.3　复合材料热容量的影响因素

由上所述复合材料比热容的复合效应与复合状态因素无关，而只与组分材料因素有关，表现为最简单的平均复合效应。表 7－12 列出一组复合材料在常温下的比热容值，从中可以看出聚合物基复合材料比热容值的大致分布范围。可见聚合物基复合材料的比热容相差无几。至于温度对复合材料比热容的影响，也是通过对组分材料的相应参数影响而传递的。

表 7－12　　几种复合材料常温下的比热容

复合材料	比热容/（KJ/kg·k）
环氧/酚醛复合树脂	1.92
玻璃小球/硅橡胶	1.96
玻纤/硅橡胶酚醛	1.34
尼龙/酚醛	1.46
玻纤/酚醛	1.67
高硅氧玻纤/酚醛	~1.0
石墨纤维/环氧	1.50

7.3.4　复合材料的热膨胀

7.3.4.1　概述

（1）复合材料的热膨胀系数

表征材料受热时体积增大程度的热膨胀系数，是材料的重要的热物理性能之一，在工程技术中，对于那些处于温度变化条件下使用的结构材料，热膨胀系数不仅是材料的重要使用性能，而且是进行结构设计的关键参数。材料的热膨胀性能的重要性还在于它与材料抗热震的能力、受热后热应力分布和大小密切相关。特别是复合材料的结构设计中常常使用各向异性的二次结构，材料的热膨胀系数及其方向性显得尤其重要。材料温度升高时，决定材料宏观尺寸的晶格的振动能量增加，且振幅随之发生不对称增大，平衡位置发生偏移，导致材料的宏观尺寸发生变化，描述这种变化的参数是线热膨胀系数（以下简称线膨胀系数）和体热膨胀系数（以下简称体膨胀系数）。线膨胀系数被定义为：

$$\alpha = \frac{1}{L}\left(\frac{\partial L}{\partial t}\right)_p \tag{7-60}$$

式中　L 和 t 分别表示材料的线度和温度。

体膨胀系数 β 定义为：

$$\beta = \frac{1}{V}\left(\frac{\partial V}{\partial t}\right)_p \tag{7-61}$$

式中　V 表示材料的体积。

定义的上述两个参量是真膨胀系数，在工程中，有时使用平均膨胀系数，相应的参数 $\overline{\alpha}$ 和 $\overline{\beta}$ 定义为：

$$\overline{\alpha} = \frac{L_2 - L_1}{L(t_2 - t_1)} = \frac{1}{L}\,\frac{\Delta L}{\Delta t} \tag{7-62}$$

$$\overline{\beta} = \frac{V_2 - V_1}{V(t_2 - t_1)} = \frac{1}{V}\cdot\frac{\Delta V}{\Delta t} \tag{7-63}$$

式中　L_1 和 L_2 分别表示材料在温度 t_1 和 t_2 时的线度。

V_1 和 V_2 分别表示材料在温度 t_1 和 t_2 时的体积。

（2）复合材料线膨胀系数的方向性

理论和实测均表明，纤维增强复合材料层合板的线膨胀系数在纤维经纬向，厚度方向之间有明显差别，在板平面内各方向上也不同，并且在平面内某一方向 X 上的线膨胀系数 α_θ 由两个相互垂直方向 X_1 和 X_2 上的线膨胀系数 α_1，α_2 及 X 与 X_1 的夹角 θ 决定：

$$\alpha_\theta = \alpha_1 \cos^2\theta + \alpha_2 \sin^2\theta \tag{7-64}$$

一般的，若材料中任意两个夹角为：

$$\alpha_\theta = \alpha_1 \cos^2\theta + \frac{\alpha_2 - \alpha_1 \cos^2\gamma}{\sin^2\gamma}\sin^2\theta \tag{7-65}$$

图 7－11 展示了两种复合材料的此类关系的计算值与实测值比较情况，结果表明理论关系较好地描述了实际情况，图中 θ 表示所讨论的方向与纤维的夹角，线代表 a_θ 的计算值，点代表实测值。

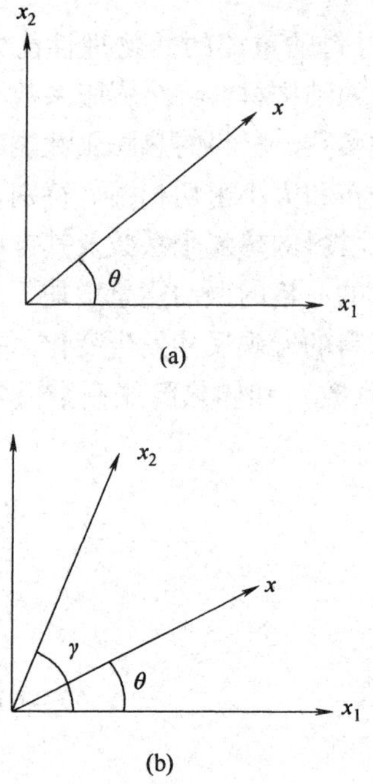

图 7－10　复合材料线膨胀系数方向性参考坐标

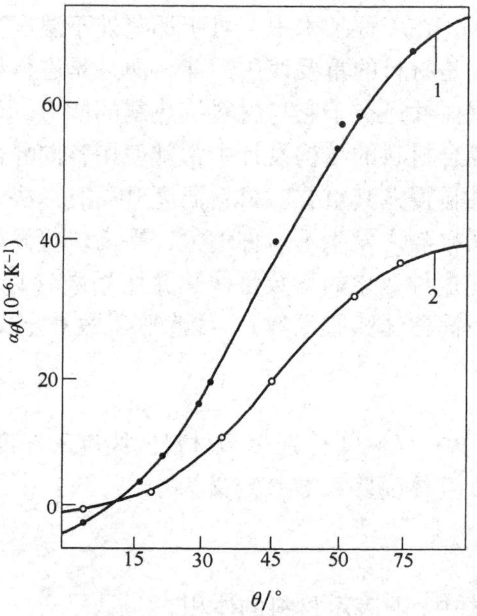

图 7－11　两种复合材料常温下线膨胀系数的方向性计算值与理论值比较

1—芒纶纤维/环氧复合材料

2—碳纤维/环氧复合材料

（3）复合材料线膨胀系数与体膨胀系数之间的关系

当复合材料在宏观上属各向同性时，有：

$$\beta \approx 3\alpha \tag{7-66}$$

更多的情况下，复合材料在宏观上也是属于各向异性的，在三个相互垂直的方向上具有不同的线膨胀系数，若设其三个相互垂直方向上的线膨胀系数分别为 α_1、α_2 和 α_3，则有：

$$\beta \approx \alpha_1 + \alpha_2 + \alpha_3 \tag{7-67}$$

式（7-66）的情况只是上式的一个特例。

7.3.4.2 复合材料热膨胀系数计算

复合材料热膨胀系数与组分材料的性能（热膨胀，模量，泊松比）和含量有关，不同类型的相分布，这种关系差别很大，如 7.3.2.2 中所述，一般复合材料的相分布可分解为图 7-2 所示的三种基本相分布模型对这三种基本相分布模型进行热膨胀系数计算，可作为一般复合材料热膨胀系数计算的基础，由于热膨胀系数只考虑因温度变化以及由此产生的内应力带来的材料尺寸改变，因此在下述各种相分布情况下计算热膨胀系数时，均需作出如下假设：

（1）所考虑的起始温度下，复合材料内部没有应力存在；

（2）温度在所考虑的范围内变化时，各组分材料变形程度相同；

（3）温度变化时，复合材料内部的裂纹和空隙的数量大小不发生变化；

（4）温度变化时，复合材料内部产生的所有附加应力均为张应力和压应力，忽略界面剪切应力。

不连续填充复合材料热膨胀系数计算时，对于复合材料中的每一个微小体积元 ΔV，若其变形不受整体材料的约束，则在升温 Δt 时，其变形量 $\Delta(\Delta V)'$ 由构成此体积元的组分的体膨胀系数 β_i 及升温 ΔT 决定，即：

$$\Delta(\Delta V)' = \Delta V \cdot \beta_i \cdot \Delta t \tag{7-68}$$

事实上，此体积元的变形受整体材料的约束，其实际变形量 $\Delta(\Delta V)$ 由复合材料体膨胀系数 β_m 和升温决定，即：

$$\Delta(\Delta V) = \Delta V \cdot \beta_m \cdot \Delta t \tag{7-69}$$

两种情况下的变形量差别由此体积元与周围材料的应力作用导致，于是设体积元受到周围材料的拉应力为 σ_i，则：

$$\sigma_i = \frac{\Delta(\Delta V) - \Delta(\Delta V)'}{\Delta V} \cdot K_i \tag{7-70}$$

式中　K_i 为体积元 ΔV 的模量，其与线性模量的关系是：

$$K_i = \frac{E_i}{3(1-2\mu_i)} \tag{7-71}$$

将式（7-68）、式（7-69）、式（7-70）联系起来，可以得到：

$$\sigma_i = K_i(\beta_m - \beta_i)\Delta t \tag{7-72}$$

考虑到复合材料内力和应力为零，并将复合材料整体等分成 n 个体积元，则：

$$\sum_{i=1}^{n} \sigma_i = 0 \tag{7-73}$$

即：$$\sum_{i=1}^{n} K_i(\beta_m - \beta_i)\Delta t = 0 \tag{7-74}$$

设两相复合材料中分散相体积分数为 ϕ_d，则复合材料中由分散相材料构成的体积元个数 $n \cdot \phi_d$。n 取整数，即：

$$m = [\phi_d \cdot n] \tag{7-75}$$

而连续相材料构成的体积元个数为 $n - m$。同时，以 K_d 和 K_c 分别表示分散相和连续相材料的体积模量，而以 β_d 和 β_c 分别表示两者的体积系数，则式（7－76）可写成：

$$\sum_{i=1}^{n} K_d(\beta_m - \beta_d)\Delta t + \sum_{i=1}^{n-m} K_c(\beta_m - \beta_c)\Delta t = 0 \tag{7-76}$$

即：$$V_d K_d(\beta_m - \beta_d) + (1 - \phi_d)K_c(\beta_m - \beta_c) = 0 \tag{7-77}$$

由式（7－77）可得

$$\beta_m = \frac{\beta_d \cdot K_d \cdot \phi_d + \beta_c K_c(1 - \phi_d)}{K_d \phi_d + K_c(1 - \phi_d)} \tag{7-78}$$

式（7－78）即为两相复合材料体膨胀系数计算公式，事实上对于多相复合材料，若各向材料本身是各向同性的，其体膨胀系数的计算式仍为上述形式：

$$\beta_m = \sum_i \beta_i K_i \phi_i / \sum_i K_i \phi_i \tag{7-79}$$

需注意的是式（7－78）和式（7－79）并未对分散相材料的连续与否提出要求。因此，对于不连续填充相分布情形的复合材料式（7－78）和式（7－79）当然适用，图 7－12 即为两相陶瓷基复合材料的体膨胀系数计算值与实测值的比较，看来两者吻合较好。

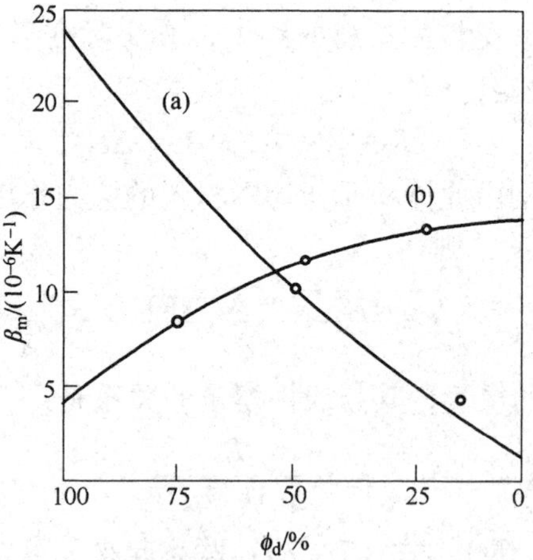

图 7－12　陶瓷基复合材料常温下体膨胀系数与分散相体积分数的关系

（a）Al/SiC　（b）W/MgO

不连续无规填充复合材料在宏观上是各相同性的，因此可利用式（7－66）和式（7－78）求得此类复合材料的膨胀系数 α_m：

$$\alpha_m = \frac{\sum_i \alpha_i K_i \phi_i}{\sum_i K_i \phi_i} \tag{7-80}$$

若复合材料只有两相，且分散相体积分数为 V_d，则有：

$$\alpha_m = \frac{\alpha_d K_d \phi_d + \alpha_c K_c (1-\phi_d)}{K_d \phi_d + K_c (1-\phi_d)} \tag{7-81}$$

式中　α_d 和 α_c 分别表示分散相和连续相的线膨胀系数。

K_d 和 K_c 分别表示分散相和连续相的体积模量。

7.3.4.3　复合材料热膨胀影响因素

（1）组分材料因素

a. 原材料热胀性能　复合材料热膨胀的复合效应与热传导的基本相同，因此其热膨胀具有基本相同的影响因素，首先是组分材料本身的热胀性能影响，表 7－13给出一批树脂在常温下热胀系数，看来差别并不大；而表 7－14 中给出的常用高性能纤维的线膨胀系数数据表明，不仅纤维间的参数相差较大，而且有时同种纤维的轴向与径向热胀性能相差也很大，甚至符号相反，正是这些特征，为我们设计指定热胀性能的复合材料提供了便利条件。

表 7－13　　几种树脂在常温下的热胀系数

树脂	$\alpha/(10^{-6}/K)$	树脂	$\alpha/(10^{-6}/K)$
酚醛	60～80	聚苯乙烯	72
聚酯	80～100	ABS	68～82
环氧	60	聚碳酸酯	70
有机硅	308	聚甲醛	90

表 7－14　　三种纤维的线膨胀系数（10^{-6}/K）

方向	碳纤维	芳纶纤维	玻璃纤维
轴向	－1	－2	2.9
径向	28	59	—

b. 组分材料的含量与刚性　从复合材料的热胀性能理论计算结果来看，无论是不连续填充还是连续填充的复合材料，都是其中含量与模量的乘积（$E \cdot \phi$ 值）高的组分材料热胀系数对复合材料相应参数的影响占主导地位，实际情况也是如此。表 7－15 中列出一种单向玻璃钢的热胀系数与组分材料有关参数间的关系数据，由于玻纤的 $E \cdot \phi$ 值远比环氧基体的大，因而复合材料的热胀系数较为接近于纤维的热胀系数，而与环氧相差甚远。

表 7－15　　复合材料热胀系数与组分材料有关参数的关系数据

材料	$\alpha/(10^{-6}/K)$	E/GPa	ϕ/%	$E\phi$/GPa
6027 环氧	55	3.72	70	2.604
玻纤	5	68.6	30	20.58
玻璃钢	10.6	—	—	—

（2）复合状态因素

a. 填充材料的连续性与分布状况　填充材料在基体中的分布连续与否，以及其分布方式均对复合材料的热胀系数有重大影响。如果复合材料中的填充料不是连续，并且是无规分布的，则显示出来的热胀性能是各向同性的；如果填充材料是连续的，或者是按一定方向分布的，则复合材料的热胀性能一般是各向异性的，并且有时还会因不对称的热膨胀而产生扭曲、翘起等形式的变形。

在连续填充的单向复合材料中，有两个因素导致复合材料中垂直纤维方向（横向）上热胀系数大于平行纤维方向（纵向）上的相应参数：一是因为纤维的热胀系数往往不如树脂基体大，复合材料中纵向基体受纤维的约束而不能充分膨胀，而横向上因纤维是不连续的，基体受纤维的约束相对小得多；二是有的纤维具有各向异性的热胀性能，并且往往是径向热胀系数大于轴向的，使得复合材料在横向上的热胀系数有相应增加，同样道理，在多相纤维填充复合材料中，纤维取向最集中的方向，热胀系数最小，反之则最大。

b. 纤维预应力影响　在讨论复合材料的热胀系数计算时，曾假定组分材料在起始温度下没有预应力，这是因为组分材料的各种预应力对复合材料的热胀系数有不同程度的影响。复合材料在成型时，特别是在用缠绕一类工艺时，纤维等组分材料会有一定预应力存在，因此必须了解组分材料预应力对复合材料热胀系数的影响趋势和程度。表 7－16 给出了一组纤维加了不同预应力的复合材料热胀系数数据。从表中可以看出，随着纤维预应力的增大，单向复合材料纵向热胀系数 $\alpha_{\perp}$ 呈减小趋势，且幅度较大，而横向热胀系数 $\alpha_{=}$ 基本不变。

表 7－16　　复合材料热胀系数与纤维预应力的关系

应力/MPa	$\alpha/(10^{-6}/K)$	
	$\alpha_{\perp}$	$\alpha_{=}$
50	3.6	54.2
83	2.1	54.6
100	1.4	54.8

（3）使用条件因素

a. 使用温度　由于组分材料本身的热胀系数一般受温度的影响，同时，随温度的升高，聚合物基体的模量会降低，因而复合材料的热胀系数也与温度有关。这样，复合材料的相对伸长量与温度的关系就不是如热胀系数定义式中所描述的直线关系，如图 7 - 13 所示。但很多复合材料在某一个温度区间里，热胀系数基本不变。

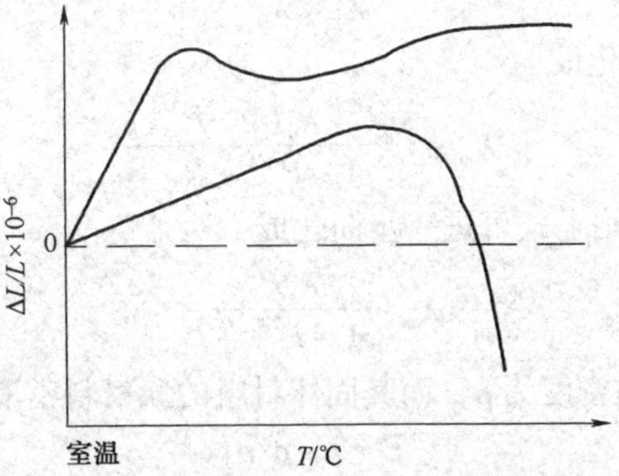

图 7 - 13　复合材料相对伸长量 $\Delta L/L$ 与温度的关系

b. 热循环的影响　关于复合材料的热胀系数计算，不仅假定了组分材料没有预应力，同时也假定了所讨论温度范围内不发生界面脱粘，然而实际情况却难以满足上述要求。如果复合材料经受热循环，则其内部应力应发生某种程度的松弛，如果这种热循环进一步使界面产生微裂纹，则热膨胀过程中各组分材料的应力 - 应变关系将发生改变，因而热循环对复合材料的热胀系数有一定的影响。

另外，有些聚合物基复合材料中，基体仍在进一步固化，基体的线膨胀系数和模量都发生改变，并进而影响到复合材料的热胀系数。复合材料在老化的同时，也可能出现上述情况，在对热胀系数有严格要求时，复合材料的设计和使用须考虑到上述因素。

7.3.5　隔热、防热复合材料

7.3.5.1　隔热复合材料

（1）多孔型隔热材料

多孔隔热材料属于简单的复合材料，主要包括泡沫型和粒子型两类。一般情况下，密度和导热系数可以控制在很低的水平上，具有性能和工艺上的许多优越性，目前的研究和应用都非常广泛，此类隔热材料对于低温隔热尤其有效。

多孔型隔热材料主要成分中，既有高分子泡沫材料，也有无机泡沫材料和无机空心材料，其隔热机理都是利用大量微小空隙的低导热能力，降低整个材料的导热系数。在较低温度下，材料中的辐射传热不大；而当材料中空隙尺寸小于 4mm 时气体对流换热也很小，因而多孔型隔热材料的导热系数主要由固体材料及空隙中的气体的导热能力以及空隙率决定，如果一种多孔型隔热材料具有最简单的形式，即由导热系数 λ_0 的固体材料与均匀分布于其中的气体孔隙（导热系数为 λ_g）构成，根据莱塞尔方程，得知隔热材料的导热系数 λ_m 为：

$$\lambda_m = \frac{\lambda_0[\lambda_g P^{2/3} + \lambda_0(1 - P^{2/3})]}{\lambda_g(P^{2/3} - P) + \lambda_0(1 - P^{2/3} + P)} \tag{7-82}$$

式中 P 为气体孔隙率，一般气体比固体材料的导热系数小得多，即：

$$\lambda_g \ll \lambda_0$$

因此式（7－82）可简化成

$$\lambda_m \approx \frac{\lambda_g P^{2/3} \lambda_0 (1 - P^{2/3})}{1 - P^{2/3} + P} \tag{7-83}$$

如果 $P^{2/3}$ 的接近于 1，则上式可进一步简化成

$$\lambda_m \approx \frac{\lambda_g P^{2/3}}{1 - P^{2/3} + P} \tag{7-84}$$

若一种泡沫隔热材料的密度为 ρ，而其固体材料的原材料密度为 ρ_0 则

$$P = 1 - \rho/\rho_0 \tag{7-85}$$

上面的理论式表明随着泡沫材料的表观密度减小，也就是孔隙率增加，则其导热系数减小，图 7－14 即是泡沫材料的导热系数随其表观密度的变化关系。四条曲线的趋势相同，而其随表观密度增大而升高的快慢则是由构成泡沫材料的固体原材料导热性能决定的，在表观密度很小时四条曲线几乎重合即导热系数相等。这是因为泡沫中固体材料已经只占极小的比例，导热主要由空隙中的气体进行，而与固体材料的种类无关。但还是随表观密度的进一步减小空隙尺寸将增大，气体对流换热带来的影响逐步增大。

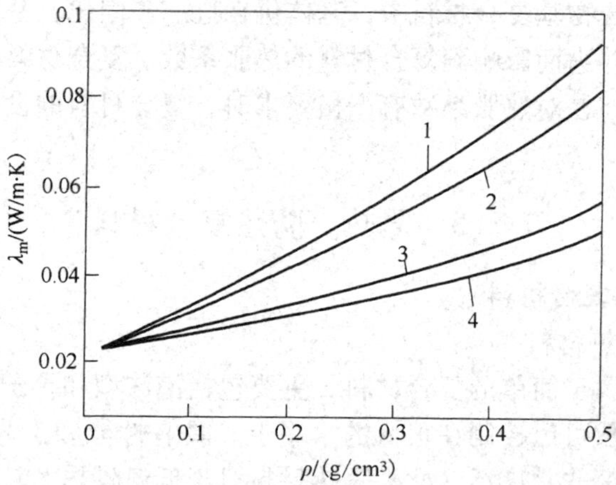

图 7－14　几种泡沫材料导热系数与表观密度的关系

1—酚醛泡沫　2—聚酯泡沫　3—聚苯乙烯泡沫　4—有机硅泡沫

由于固体材料所形成的辐射屏蔽也越来越少，因此辐射所形成的换热已不可忽略（特别是温度较高时），材料内部的导热甚至已居于次要地位，而其中所发生的对流和辐射换热成了决定泡沫材料导热性能的主要因素，因而随表观密度的减小，泡沫材料的导热系数反而增加。图 7－15 即清楚地展示了这种变化规律。表 7－17 给出了几种常用多孔型隔热材料或其主要组分材料的表观密度及使用温度范围。

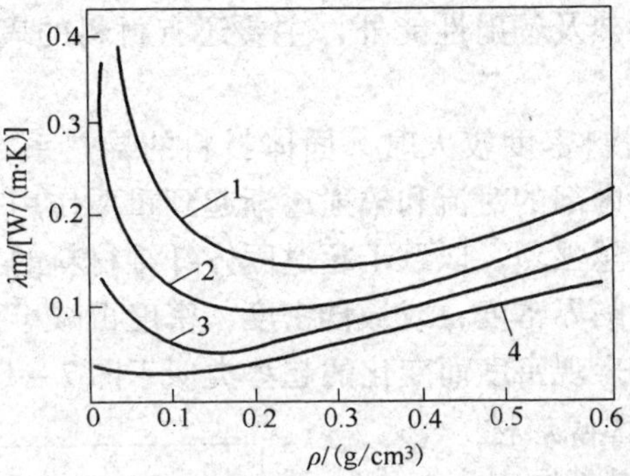

图 7-15　典型多孔型隔热材料导热系数与表现密度的关系

1—40℃　2—250℃　3—500℃　4—760℃

表 7-17　　几种常用多孔型隔热材料

材料	表观密度/(g/cm^3)	使用温度/℃
泡沫玻璃	0.08～0.16	-185～420
二氧化硅气凝胶	0.064～0.096	-273～700
熔融石英（珠状）	0.64	20～1260
泡沫塑料	0.02～0.5	常温
泡沫状氧化物	0.5	～2000

将上述多孔型隔热材料作为一个隔热结构的夹芯材料，加两块面板以保证隔热结构的表面性能和力学性能。若面板的厚度为 δ_f，导热系数为 λ_f，夹芯材料的厚度和导热系数分别为 δ_m 和 λ_m，则由热电等效回路原理可以很方便的得到夹层隔热结构在垂直于板层方向上的导热系数 λ_s 为

$$\lambda_s = \frac{\lambda_f \cdot \lambda_m(\delta_m + 2\delta_f)}{2\delta_f\lambda_m + \delta_m\lambda_f} \tag{7-86}$$

类似的夹层隔热结构的夹芯隔热材料还可以是蜂窝隔热材料及下面将讨论的纤维型隔热材料。

（2）纤维型隔热材料

和多孔型隔热材料一样，纤维型隔热材料的隔热原理也是利用低导热性的空隙将固体材料相互隔离开来，使其整体导热性能明显下降，但纤维型隔热材料的空隙一般是连通的，而且常用于高温情况下的隔热，因此其内部气体对流换热和热辐射在纤维型隔热材料总导热中所占的比例有较大程度的增加，必须予以考虑。

纤维隔热材料的显微结构一般比较复杂，但当其空隙率 P 接近于 1，且气体导热系数远小于固体纤维材料导热系数时隔热材料总的导热系数可以表示为下式：

$$\lambda_m = \frac{\lambda_g + \lambda_r + \lambda_c}{P} + \lambda_p \tag{7-87}$$

式中　λ_r 和 λ_e 分别表示材料内部辐射和对流所带来的导热部分。

λ_p 为校正因子。

更加深入的研究建立在使用的基础上；实验总结出此类隔热材料的导热性能影

响因素除材料本身的导热及辐射性能外，主要还有材料的表观密度、纤维的直径、温度以及环境气压。

a. 表观密度　在材料密度较大时，固体材料的导热系数减小，但当其密度减小到一定程度后，材料内部的对流和辐射逐渐起到重要作用，随着表观密度的进一步减小，这种作用越来越强烈，以致于超过固体纤维材料的导热作用而成为主要因素。这时，材料处于一临界密度，或最佳密度，密度再减小，材料的导热系数反而增大，材料导热系数随表观密度而变化的趋势类似于图 7－15 中所示的情形。

b. 纤维直径　纤维型隔热材料在同一表观密度下，其纤维直径越小时，则空隙尺寸被分割得更小，辐射和气体对流换热的贡献减小，因而其导热系数减小，实验已证明了这种结论。图7－16 给出了两种直径情况下，纤维型隔热材料的热阻与密度的关系。可以清楚看到，纤维直径不同时，其组成的隔热材料导热系数确有较大的差别。

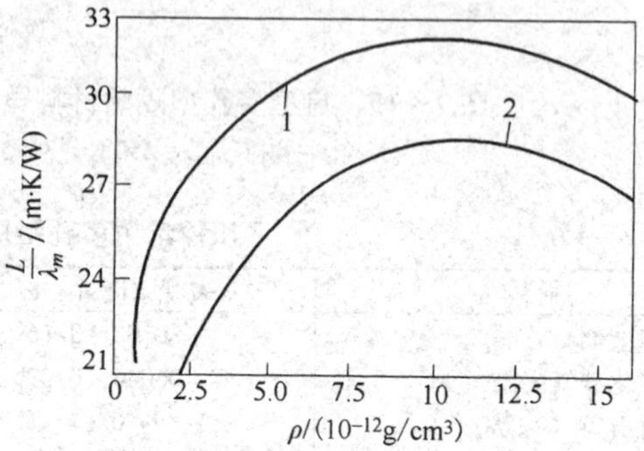

图 7－16　纤维直径对纤维型隔热材料导热性能的影响

1—纤维直径 5μm　2—纤维直径 12. 5μm

c. 温度　虽然隔热材料内部固体材料导热和气体对流换热受温度影响不大，但材料内部气体导热和辐射换热，特别是后者，随温度的升高，有大幅度的增加，以致使纤维隔热材料的总导热系数也大幅度增加，如图 7－17 所示。

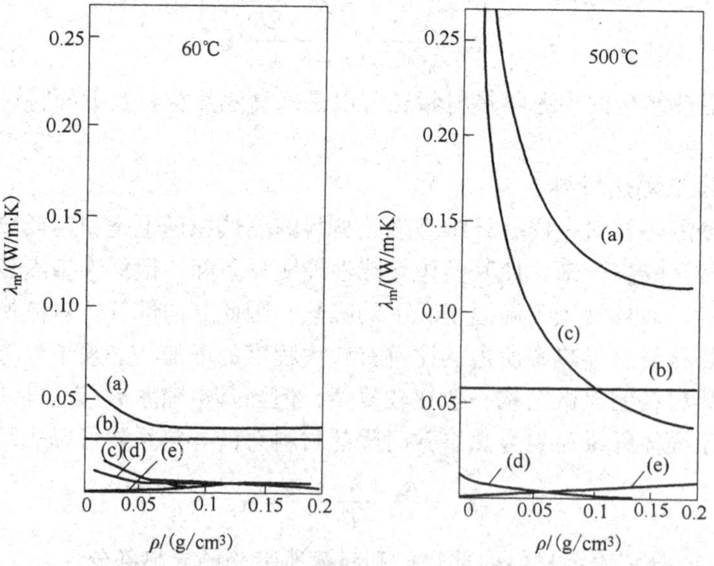

图 7－17　两种温度下纤维型隔热材料内部各种换热机制所占的比例

（a）总导热系数　（b）气体导热　（c）辐射　（d）对流　（e）纤维导热

d. 环境气压　由图7－17中可见纤维型隔热材料内部气体导热所占比例较大，而气体导热与气压直接相关。纤维型隔热材料内部的空隙一般是连通的，其气压与工作环境相同，因此其导热性会受到环境气压的影响。

一些常用纤维型隔热材料的密度和使用温度见表7－18。

表7－18　几种常用的纤维型隔热材料

材料	密度/(g/cm³)	使用温度范围/℃
硅酸铝纤维	0.064～0.16	20～1260
玻纤加粘结剂	0.016～0.048	－185～120
硼硅玻纤	0.032～0.16	20～820
石英纤维	0.048～0.192	20～1370
二氧化硅纤维	0.048～0.16	－185～1100
钛酸钾纤维	0.054～0.19	～1200

（3）高效高强型隔热材料

任何隔热材料都要求一定的力学性能，特别是用于宇航方面的某些隔热体，不但要求具有较好的耐冲击、耐振动性能，还要求经受加速度的强烈作用，并在使用温度范围内保持结构完整和严格的尺寸稳定性，同时，要求有尽量低的密度和尽量小的导热系数，以纤维的颗粒与混合体为主，并辅以其他材料复合而成的隔热材料，能集多孔型隔热材料的低密度，低导热系数和纤维型隔热材料的高强度，高温性能于一身，很好的满足了上述要求。高效高强隔热材料的一个突出的例子是Min－K。这种材料的隔热性能优异，导热系数甚至比静止空气的还低，这类材料只需三分之一的空间和质量就能实现传统隔热材料的隔热效果。

（4）多层反射型隔热材料

多孔型和纤维型隔热材料有许多优良的性能，但在高温下，由于内部辐射换热而隔热性能不大好，为进一步提高隔热材料的隔热能力，除在上面介绍过的采用纤维与颗粒混合型隔热材料（如Min－K材料）外，还有一条途径是在纤维型隔热材料中加入对辐射有很强反射能力的金属箔；或者在纤维隔热材料中嵌入许多片大金属箔，并使之保持一定的间隔且相互平行，制成多层反射型隔热材料。这两种复合方式都能大大地减小材料内部的热辐射，还有一种复合方式是，将耐高温金属片涂以氧化物陶瓷涂层，并使之层合，其特点是材料使用温度上限高，如表7－19中的金属钨涂高温氧化物陶瓷就是典型的例子。

表7－19　几种多层反射性隔热材料

材　料	使用温度上限/℃
铝箔/玻纤	450
铜箔/石英纤维	700
镍箔/石英纤维	860
钨箔/氧化物陶瓷	1900

影响多层反射性隔热材料导热性能的因素除纤维或陶瓷涂层本身的性能及状态外，还有金属箔的因素。首先是金属箔的层密度（单位厚度内的层数）。金属一方面减小辐

射，另一方面使内部导热略有增加，应选择合适的层密度，保证隔热材料的隔热性能。金属箔的形状也是重要的影响因素，大金属片主要靠反射和辐射阻挡辐射换热，而碎金属箔是部分以反射和再辐射，还有一部分是以散热来阻挡隔热材料内部的辐射换热，两者机理不同，效果也不同，单就隔热效果而言，很多情况下是加大金属片比加碎金属箔更加优越。另外，金属材料本身的性能，主要是其导热性能，对辐射的反射、散热及再辐射性能，也较大程度地影响到多层反射型隔热材料的隔热性能。

7.3.5.2　结构防热复合材料

（1）耐高温增强材料

曾经对含 Al_2O_3 的硅酸盐玻璃（R—玻璃）、硼、碳化硅、三氧化二铝、莫来石纤维、碳纤维、碳化硅纤维、以及碳化硅晶须等进行过此方面的研究，目前的结果表明，碳纤维、碳化硅纤维、莫来石纤维以及碳化硅晶须等具有耐高温性能，并且便于制造复合材料，需指出的是，碳纤维虽然在 2000℃以上仍然保持其良好的机械性能，但抗氧化稳定性能不佳，需要合适的基体来弥补这一缺陷。

（2）耐高温基体材料

对耐高温复合材料基体的要求是：密度小，力学强度高；高温下的化学稳定性，特别是抗氧化稳定性好；软化点高而热膨胀系数小；工艺性及与增强材料相容性好。表 7－20 列出了部分可用于耐高温复合材料的非金属基体材料。

表 7－20　　几种耐高温基体材料

基体材料	使用温度上限/℃	有无抗氧化稳定性
聚酰亚胺	350	有
耐热性热塑性树脂（PPS、PEEK）	350	有
硅酸盐玻璃	800	有
SiO_2 玻璃	1200	有
Si_3N_4 及 SiC 陶瓷	1400	有
Al_2O_3 陶瓷	1800	有
ZrO_2 陶瓷	2100	有
纯元素碳材料	2400	无

（3）纤维/树脂型结构防热复合材料

纤维与树脂基体间的界面作用，对树脂基体与玻璃化转变温度有一定的提高作用，因而纤维增强树脂基复合材料的玻璃化转变温度 T_g，要高于树脂基体的相应参数。可供耐高温复合材料用的聚合物基体有两类，即耐高温的热固性树脂，如聚酰亚胺，耐高温的热塑性树脂，如聚醚醚酮（PEEK）、聚苯硫醚（PPS）等。用碳或石墨纤维增强它们所得的复合材料，使用温度上限可到 250～400℃。有结果表明 M40 石墨纤维增强 PEEK 复合材料，在经历热循环后，热膨胀性能不变。但此类材料因塑性基体复合材料的制作难度大，成本高使应用受到限制。

（4）纤维或晶须/陶瓷型结构防热复合材料

陶瓷具有良好的耐高温性和抗氧化稳定性，但其韧性和抗热震性能不好，限制了其使用。用耐高温性能好的碳纤维，碳化硅纤维或晶须等对之增强所得复合材料，具有优良的热性能。碳化硅陶瓷在1000℃以上还具有很强的抗氧化性，用碳纤维对之增强后，其韧性和抗热震性能大大提高，可作为优异的航天材料。用碳化硅纤维补强ZTM（氧化锆增韧莫来石）得到的复合材料，热膨胀性能大大优于ZTM，因而使其抗热震性能大幅度提高。如图7－18所示，SiC/ZTM比之于ZTM不仅抗热震温差提高了一倍以上，而且起始强度也有40%的提高。

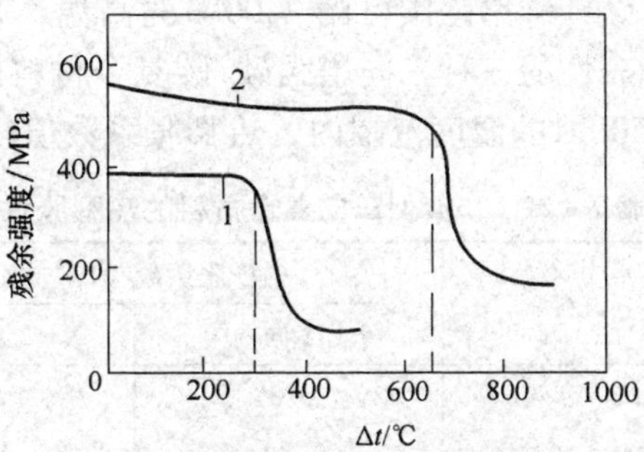

图7－18　SiC/ZTM与ZTM间抗热震性能比较

1—ZTM的残余强度－热震温差关系

2—SiC/ZTM的残余强度－热震温差关系

碳化硅纤维增强碳化硅陶瓷基复合材料具有适宜的导热系数和较小的热膨胀系数（$\leqslant 5\times10^{-6}$/K），见图7－19和图7－20。同时此类材料具有良好的高温力学强度和抗氧化性能，是一种优异的高温结构防热材料。

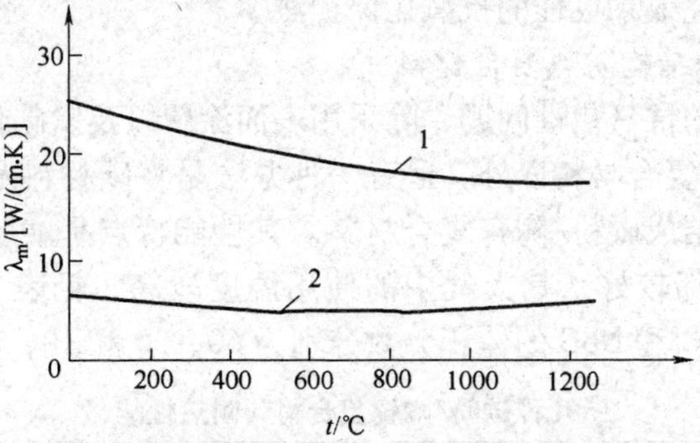

图7－19　SiC/SiC复合材料的导热系数与温度的关系

1—平行纤维方向　2—垂直纤维方向

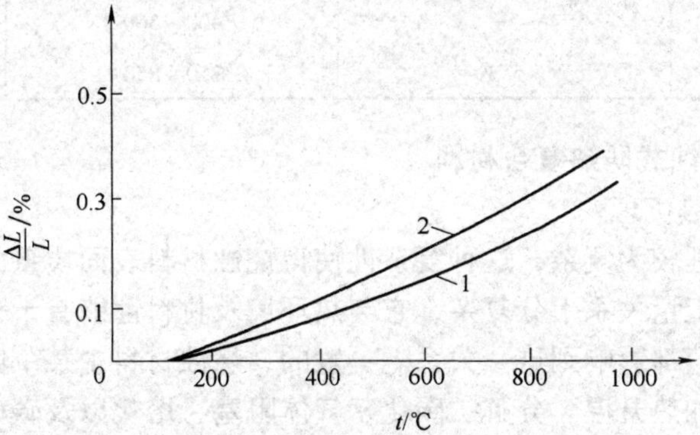

图7－20　SiC/SiC复合材料热膨胀量与温度的关系

1—平行纤维方向　2—垂直纤维方向

（5）碳/碳结构防热材料

碳纤维增强碳可耐2400℃的高温，是优良的耐高温材料。表7－21列出当前有代表性的三种三向增强碳/碳复合材料的热膨胀系数及导热系数，可见其在室温至2500℃的温度范围内，热膨胀系数值较小，这对抗热震性能极为有利。

表7－21　典型三向复合材料的热膨胀性能与导热性能（室温～2500℃）

材料	热膨胀系数/(10^{-7}/K)		导热系数/[W/(m·K)]	
	X向	Z向	X向	Z向
3dMod3	3.8	1.9	83	55
T－50－221－44	1.63	1.70	—	—
G. E. 2－2－3	1.56	1.45	—	—

碳/碳复合材料被认为是载入飞行器、航天飞机、火箭喷管喉衬防热最有效的材料，同时，其作为反应堆热交换器、燃气轮机的耐热材料也显得日益重要。此种材料与碳纤维本身一样，有在600℃以上温度下易于氧化的缺点。目前一方面在对此类材料表面进行涂层处理以提高其使用时的抗氧化性能；另一方面世界上许多研究中心都在大力研究效果更佳的抗氧化保护法。

（6）碳粉/陶瓷结构防热复合材料

为解决碳材料的抗氧化性问题，除采用表面涂覆以及以碳化硅陶瓷材料为基体做成的碳纤维/陶瓷复合材料以外，还有一种办法是将碳材料及陶瓷材料的两种粉末混合热压，再烧结成碳粉/陶瓷复合材料。其性能特点是膨胀系数小，抗热震性能和抗氧化稳定性都较好，其大气中的使用温度较高，见表7－22，其中60C－30B_4C－10NbC，B_4C和NbC的体积分数分别为60、30和10，其他以此类推。

表7－22　几种碳粉/陶瓷复合材料耐热性能

材料	热胀系数/(10^{-6}/K)	耐热冲击/Δt/℃	大气中耐热温度/℃
75C－B_4C－SiC	4.5～5.5	600～800	100
70C－30B_4C	4.3～5.5	>1000	800
50C－50B_4C	—	400～500	800
60C－30B_4C－10NbC	5.3	750～850	800

7.3.5.3　烧蚀式防热复合材料

（1）烧蚀防热机理

烧蚀防热机理较为复杂，这种复杂性使得烧蚀材料表面质量的损失量与防热系统散热量之间的定量关系十分复杂，它与热环境及材料性能有十分密切的关系。烧蚀过程的每一环节都影响到这一关系。一般的，烧蚀材料中某一区域，随着烧蚀的进行，将经历从加热升温、分解、碳化、气体阻塞、熔化以及碳硅反应等过程。如果在某一时刻去观察烧蚀材料，则烧蚀材料从表面向内部的各区域正分别经历着碳硅反应、熔化气体阻塞碳化、分解、加热等过程，如图7－21所示。每一个烧蚀过程都以其特定的方式对防热起着积极作用。以下试对烧蚀材料某一层面按其烧蚀过程进行大体分析。

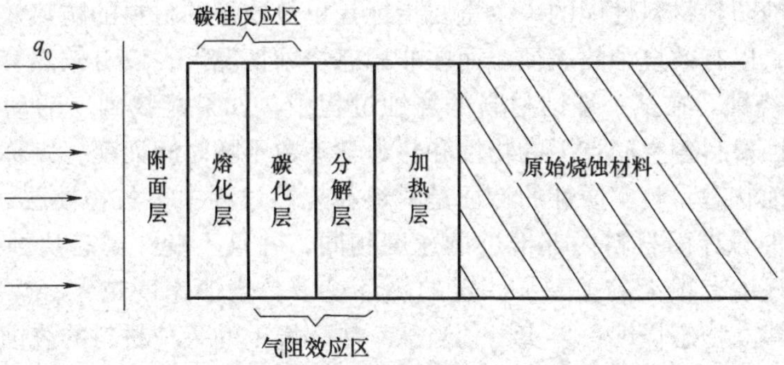

图 7－21　烧蚀材料的典型烧蚀区域分布示意图

a. 加热期　材料以其本身的热容吸收热面传来的热量，温度升高；并以其较低的导热系数延缓热量向冷面的传递，以达到热防护的目的。烧蚀材料的大比热容和低导热系数将有利于防热效果的提高；

b. 热分解期　烧蚀材料经加热温度超过一定值后，高聚物开始分解，并吸收分解潜热；

c. 碳化层形成期　烧蚀材料的热分解进一步进行以致于完全热解，在烧蚀材料中形成多孔型的焦碳残渣，称为碳化层。碳化层一方面在熔化层与分解层间隔热，另一方面向熔化层方向辐射部分热量，起到防热作用；

d. 气阻效应期　在某层烧蚀材料形成碳化层时，其内层材料中的高聚物势必因温度的升高而开始热分解。这种分解所产生的气体，通过碳化层的孔洞向外逸出，形成与加热热流方向相反的气流，带走部分气动加热热量，此即“气体阻塞效应”。逸出气体与加热气流混合，在粗糙的表面形成附面层。气阻效应的程度以 φ 值表征：

$$\varphi = \frac{q_i}{q_0} = \frac{q_0 - q_\varphi}{q_0} \tag{7-88}$$

式中　q_0 表示气动加热热流；q_i 表示有气塞效应时的加热热值；q_φ 表示气体气阻效应所散走的热流值。

e. 熔化期　烧蚀材料的温度进一步升高时，其中的无机材料开始熔化，在碳化层的外表面形成一层液体薄层，熔化层的存在，有效地阻止了碳化层与附面层内的空气发生燃烧反应，另一方面熔化层以其本身的热容吸热，温度进一步升高时，液层黏度减小，受气动加热气流剪切作用，从横向流失，气流剪力作用与液层粘附作用的平衡决定液层的厚度，因而液体黏度越大时，表面能保持的液层厚度越大，防热效果越好。

f. 碳硅反应期　无机物熔化层与碳化层之间在高温高压下，有所谓碳硅反应发生，并且是吸热反应，这对防热极为有利。另外，碳化层的温度继续升高时其辐射效率更高，并还可能产生升华，吸收热量。

（2）有效烧蚀热和有效热容量

评定烧蚀防热材料性能的一个重要指标是单位质量的材料的防热效果。在稳态烧蚀情况下，以有效烧蚀热表征。而在非稳态烧蚀情况下，以有效热容量表征。

a. 稳态烧蚀　在某一烧蚀材料的烧蚀过程中，如果能找到一活动坐标，在此体系里，烧蚀材料各空间点上的物性和热力学参数不随时间而变，则称此烧蚀材料处于稳态烧蚀状态。其实质性的特征是材料在烧蚀过程中，各物性层（如碳化层、分解层等）的分界面材料内部推进的速度相同，并且不变，稳态烧蚀的建立与材料特性和热环境有很大的关系：一定的热环境下，烧蚀速度越大，热扩散速度越小，越容易建立稳态烧蚀；事实上，当某一热环境下的某一材料的烧蚀速度大于其热扩散速度时，稳态烧蚀状态就可以建立，此时，定义烧蚀材料每损耗单位质量所散走的气动加热热量为有效烧蚀热 H_{yx} 即：

$$H_{yx} = \frac{Q}{m} \tag{7-89}$$

式中　m 表示质量损耗；Q 表示散走的热量。

如果已知烧蚀材料的有效烧蚀热 H_{yx} 和环境加热热流 q_0。则烧蚀材料在此热环境下的线烧蚀率 X 为：

$$X = \frac{q_0}{\rho \cdot H_{yx}} \tag{7-90}$$

式中　ρ 为烧蚀材料的密度。

另外若令 m 表示单位时间，单位面积上所损耗的烧蚀材料质量。则有：

$$m = \frac{q_0}{H_{yx}} \tag{7-91}$$

m 称为质量烧蚀率。

综合热物理参数对热扩散速度和线烧蚀率的影响情况可知：一般的烧蚀材料有效烧蚀热大、密度大、导热系数大、比热容小、加热热流小等因素是不利于形成稳态烧蚀的；反之则易于形成稳态烧蚀。

b. 非稳态烧蚀　如果热量内部扩散出来的速度大于材料的烧蚀速度，则烧蚀过程不能形成稳态，这时材料中各种状态的烧蚀层的厚度随时间发生变化，称为非稳态烧蚀。为表征非稳态烧蚀状态下，烧蚀材料的防热效能，定义有效热容量 C_{yx} 为：

$$C_{yx} = \frac{Q}{\rho(\delta_F + \delta_T) \cdot A} \tag{7-92}$$

式中　Q 表示总加热热量；A 表示烧蚀面积；而 δ_F 表示烧蚀掉的面积厚度；δ_T 表示未被烧蚀掉的材料中，已被升温到 $T > T_a$ 的材料层厚度；T_a 为被保护件所允许的温度上限。

以 Q_s 表示烧蚀过程中，单位面积上经受的烧蚀加热量，则上式可写为：

$$C_{yx} = \frac{Q_s}{\rho(\delta_F + \delta_T)} \tag{7-93}$$

可见，在非稳态烧蚀过程中，一定的加热条件下（Q_s），烧蚀材料有效热容越大，则保证有效热防护所需的烧蚀材料重量越小。

（3）典型烧蚀材料的烧蚀机理

不同的热环境下，需要不同的效能和特点的烧蚀防热材料，大多数烧蚀材料都是由几种组分构成的，包括聚合物材料、纤维增强材料、低密度的填料、气体形成物及吸热分解物。由于不同的烧蚀材料所包含的组分材料种类或比例不同，因而其烧蚀过程中起主要作用的烧蚀环节不同，并具备不同的烧蚀特征。据此，可以用熔化烧蚀、汽化烧蚀、表面燃烧烧蚀和兼有熔化和汽化的烧蚀等不同类型的烧蚀机理来描述不同种类烧蚀材料或不同热环境下的烧蚀特征。

a. 熔化烧蚀　如果烧蚀材料主要由玻璃、石英、陶瓷等一类材料组成，烧蚀材料在吸热升温到熔点后吸热熔化，其熔融体有一定的黏度，因此在固体材料的表面能粘附一层液态烧蚀材料，这层材料一方面继续升温吸热，黏度减小，直至被气流带走，另一方面在固体烧蚀材料与气动加热热流间建立起一定的温度热，进一步增加防热效果。熔化烧蚀热的有效烧蚀热决定于烧蚀材料的相变潜热，其固态及液态时的比热容以及液态黏度和烧蚀材料的熔点，这些参数越大，有效烧蚀热越大。

b. 汽化烧蚀　如果烧蚀复合材料主要是由有机物和熔点不明显，汽化点不高的无机材料（如石墨）组成，则在烧蚀过程中，其主要散热过程为烧蚀材料的分解或汽化吸热以及气体阻塞效应，此类材料的烧蚀过程称为汽化烧蚀。

固体烧蚀材料吸热升温到热分解点或汽化点后，再进一步吸热相变同时形成碳化层；分解气体向外喷射时，形成气体阻塞效应，阻挡热流流向内层固体烧蚀材料；并能部分隔绝氧气，减弱碳化层的燃烧。烧蚀过程形成的碳化层一方面以其传热热阻和辐射机制阻挡和消散外界热流，另一方面与氧发生燃烧反应和被气流剪切而剥蚀。

c. 表面燃烧烧蚀　对于石墨或碳/碳烧蚀复合材料，固体烧蚀材料裸露在空气中，与因高温高压作用而离解的空气发生燃烧化学反应，放出大量的热量，对烧蚀防热不利。事实上，石墨一类烧蚀材料，一方面因导热系数大，另一方面因燃烧放热多，在低加热热流情况下，其防热效果不佳。

d. 兼有熔化或汽化的烧蚀　对于无机材料增强高聚物基体形成的烧蚀复合材料（如玻璃纤维增强酚醛），其烧蚀过程中的主要散热过程，既有聚合物的分解吸热，也有无机物的熔化吸热。烧蚀复合材料加热到一定温度后，聚合物分解留下碳化层，并产生气体阻塞效应散热，无机材料和碳化层一方面以其隔热和辐射产生防热效果；另一方面继续吸热升温到无机物的熔点，无机物吸热熔化后，成为黏性液体附于碳化层表面，在粘附力和气流冲刷作用下达成平衡，保持一定平衡厚度，并阻隔热流和氧气的侵入。

（4）烧蚀复合材料烧蚀性能的影响因素

a. 组分材料因素　如前所述，不同种类的组分材料其烧蚀过程中吸热的机制不同，因而对烧蚀复合材料有效烧蚀热的贡献不同；同时，组分材料的密度、导热系数等对烧蚀复合材料有效烧蚀热也有较大影响。一般的，密度越小，导热系数越小都对烧蚀性能提高有利。综合组分材料其他有关性能以及使用环境考虑时，对密度和导热系数的要求有时需一定程度放宽，因此，对于作为各种烧蚀复合材料的组分材料其密度和导热系数仍可有一定的变化范围。

事实上，组分材料的诸多其他性能，如比热、热辐射性能、热解相变潜热、化学反应热力学及动力学参数、气阻效应、液态黏度等，都将直接影响复合材料的有效烧蚀热，在此不一一列举。

b. 复合状态效应　在前述几类烧蚀过程中，大部分情况下都有碳化层形成，碳化层可耐高温作用，其不仅以热屏障的形成阻隔热气流与内层材料直接接触，还以很高的效率辐射掉气动加热热量，在烧蚀防热过程中起到非常重要的作用，但实验已经表明，碳化层的力学强度有限，在受到加热气流的横向剪力作用时，很易发生机械剥蚀。而烧蚀过程中，这种机械剥蚀给碳化层带来的质量损失很大，相当于因化学反应带来的质量损失的三倍之多，成为碳化层损失的主要原因，如何控制碳化层的机械剥蚀成为提高有效烧蚀热的关键一环。从材料复合状态因素方面考虑，增强材料的取向严重影响机械剥蚀程度。实验发现，当增强材料的取向与气流方向垂直时，机械剥蚀程度一般要小一些；而取向与气流平行时，结果相反。

另外，从总的烧蚀性能而言，复合材料各向异性是不利因素，而增强材料无规分布能赋予复合材料更好的烧蚀性能。在此意义上，增强材料为片状、粒状更有利，但增强材料的长径比太小又降低其烧蚀过程中耐冲刷能力。因此，复合材料中增强材料的形式，应在保证其适当的长径比和复合材料较低的各向异性之间达成某种平衡。

c. 使用环境因素　组分材料在不同的烧蚀热环境中有完全不同的烧蚀机理，或者各种烧蚀机理所占的比例不同，因此在不同的热环境下，同样的烧蚀复合材料会呈现完全不同的烧蚀性能，集中的表现在有效烧蚀热值的不一样，烧蚀速度也不同。

7.3.6　阻燃复合材料

除了烧蚀防热的某些特殊场合外，在复合材料的绝大多数应用中，燃烧都是不希望的。例如，电气材料、建筑材料和发动机壳体的内层材料等，都应防止因电火花等因素引起的复合材料燃烧。因此，研究复合材料的阻燃性，开发新型阻燃复合材料具有重要的意义。

7.3.6.1　阻燃剂

(1) 阻燃剂的分类

从实用的角度考虑，对阻燃剂有如下要求：加入量少而阻燃作用大；添加容易，成型加工简单；对物理力学性能影响不大；化学稳定性好，燃烧时毒性小，便宜。

按照阻燃剂的使用方式，可以将其分为三类：最简单的一类是涂覆型阻燃剂。使用时将其涂覆在材料的表面以保护易燃材料，此法不大可靠，较少使用。第二类是添加型阻燃剂。使用时将其添加到聚合物中，与之产生物理混合。实践表明此法简单易行，同时也可靠有效，因此被广泛使用。但以物理混合形式添加的阻燃剂会对基体的物理、力学性能有一定的影响，要解决此问题，一方面需寻找与聚合物物理相容性更好的添加型阻燃剂；另一方面可尽量采用另一类阻燃剂，也就是反应型阻燃剂，在聚合物形成过程中或聚合物固化反应过程中，反应型阻燃剂与单体或树脂发生化学反应，并赋予基体材料以阻燃性，这要求阻燃剂与聚合物或单体间能产生特定的化学反应，事实上并不是所有的聚合物或其单体材料都能如愿地选择到此类阻燃剂。因此，很多场合下，将添加型和反应型并用，发挥两者之长，提高阻燃效果。

各种各样的阻燃剂中，起阻燃作用的仅是有限的几种元素或物质。因此可以按化学成分对阻燃剂进行分类，分为卤系、磷系、卤磷系以及无机物等四类。在卤系阻燃剂中，都含有阻燃成分卤素；磷系阻燃剂主要是以磷的某种化合物起着阻燃作用；而卤磷系阻燃剂既含有卤素，也含有磷的化合物；两种阻燃物质间还有着一定的协同作用；无机物阻燃剂虽然品种较少，但有其特定的效果。

（2）卤系阻燃剂

卤化物最主要的阻燃机理在燃烧过程中分解出卤化氢，它们能优先与燃烧过程中的反应活化中心 HO· 作用，以活性低的产物 $X\cdot$（卤素自由基）和 $R\cdot$（烃类自由基）取代了 HO·，抑制燃烧反应，同时卤化氢被再生出来，因此，少量卤化物就能有较好的阻燃效果。

$$HO\cdot + HX \rightarrow HOH + X\cdot$$

$$X\cdot + RH \rightarrow HX + R\cdot \qquad (7-94)$$

同时卤化氢的比例较大，易于覆盖燃烧物，使之与氧及外界隔离。

卤化物的另一个重要阻燃机理是在燃烧过程中，使聚合物分子卤化，并脱去卤化氢，生成不饱和键，促使聚合物表面的碳化层形成；碳化物的隔热隔氧作用能有效地抑制燃烧。

另外，卤化物还能与氧化锑一类物质反应生成挥发性的卤化锑，卤化锑一方面在挥发时带走大量热量，另一方面对热和氧起着屏蔽和隔离作用。一些常用的卤系阻燃剂见表 7-23。其中大部分属添加型阻燃剂。

表 7-23　几种常用的卤系阻燃剂

阻燃剂	阻燃元素含量/%	应用场合
四氯邻苯二甲酸酐	Cl-49.5	环氧，不饱和聚酯
四溴邻苯二甲酸酐	Br-68.9	环氧，不饱和聚酯
氯茵酸酐（六氯内次甲基四氢苯二甲酸酐	Cl-54.7	环氧，聚酯，聚氨酯

续表

阻燃剂	阻燃元素含/%	应用场合
四溴双酚 A	Br－61	环氧，酚醛，聚碳酸酯，ABS
二溴甲苯基缩水甘油醚	Br48－50	环氧，酚醛，聚酯
氯化石蜡	Cl－70	PVC，聚酯
全氯五环葵烷	Cl－70	聚烯烃，PER，PS，ABS
四溴乙烷	Br－92.5	PS，聚烯烃，ABS
四溴丁烷	Br－85.6	PS，聚烯烃，ABS
TBA 衍生物	BT－61	PE，PP
六溴环葵烷	Br－70	ABS

（3）磷系阻燃剂

磷系阻燃剂主要的阻燃机理是：磷或磷化物在受热时生成磷酸，并进一步生成聚磷酸，聚磷酸对高聚物有很强的脱水作用，使之生成碳化物，隔热隔氧，抑制燃烧。

表 7－24 中列出了一些常用的磷系阻燃剂的含磷量及使用场合。

表 7－24　　　　常用的磷系阻燃剂

阻燃剂	含磷量/%	应用场合
含氮磷多元醇	12.6	聚氨酯
含磷多元醇	10.3～11.5	聚氨酯
含环氧基的磷酸酯	9.2	酚醛，环氧
磷酸三甲酯	22	含磷量最高，挥发性大，水溶性，尚未用
磷酸三乙酯	17	TCPA，TBPA 的聚酯，环氧等
磷酸三丁酯	11.6	醋酸纤维素，聚乙烯醇缩丁醛树脂
磷酸三辛酯	7.1	合成橡胶，PVC
磷酸三丁氧基乙酯	7.8	PVC，PMMA 等
辛基二苯基磷酸酯	8.7	PVC，乙基纤维素等
磷酸三甲苯酯	8.4	PVC，PU，聚酯，聚醋酸乙烯
甲苯基苯基磷酸酯	8.9	PVC，醋酸纤维素
磷酸三苯酯	9.5	三醋酸纤维素

（4）卤磷系阻燃剂

如果阻燃剂中既含有卤素，也含有磷元素，则它们除将以各自的方式抑制燃烧外，还将产生协同效应。一方面，卤素与磷之间生成卤磷化合物，如 PX_3、PX_5、POX_3 等相对密度大，难挥发，覆盖于燃烧物表面；另一方面，磷形成的聚磷酸促使碳化层的生成，而碳化层对卤化氢有滞留作用，延缓其迅速挥发，使其更长时间地发挥阻燃作用，表 7－25 列出一些常用的卤磷系阻燃剂。

表 7-25 常用的卤磷系阻燃剂

阻燃剂	阻燃元素含量/%	应用场合
三（2，3-二溴丙基）磷酸酯	P-4.44，Br-69	PF，合成纤维，聚烯烃，聚丙烯酸酯
三（溴氯丙基）磷酸酯	P-5.5，Cl-19，Br-42	PE，PVC，合成纤维，聚烯烃
2，3-氯丙基磷酸酯	P-5，Cl-12，Br-52	聚苯乙烯，PP
聚磷酸酯	P-12，Cl-27	聚氨酯泡沫
聚磷酸酯	P-10.1，Cl-22，Br-125	聚氨酯泡沫
三（氯乙基）磷酸酯	P-10.8，Cl-7	PV，PVC，PDAC，EP，聚酯，合成橡胶
三（2-氯丙基）磷酸酯	P-9.45，Cl-32.5	PVC，PU，聚酯
三（2，3-二氯丙基）磷酸酯	P-7.2，Cl-49.5	PVC，PU，合成橡胶
聚磷酸酯	P-15，Cl-27	PU，EP，醇酸树脂
聚磷酸酯	P-10.8，Cl-35.2	PU，PVC
聚磷酸酯	P-13.3，Cl-28.5	聚酯，环氧，丙烯酸酯

7.3.6.2 阻燃复合材料基体

（1）不同复合状态的阻燃基体

由于复合材料中阻燃基体的加入方式不同，阻燃剂组分与其他组分的复合方式及状态就不同，由于不同的阻燃剂加入方式而形成的各种复合材料基体可以相应地分为涂覆型、反应型和添加型阻燃基体。其中反应型阻燃基体又可分为聚合反应型和固化反应型阻燃基体，所谓聚合反应型阻燃基体是指合成基体树脂的单体上带有阻燃元素，通过聚合反应，将其引入基体树脂所形成的阻燃基体，表 7-26 即为此类基体的一种配方。所谓固化反应型阻燃基体是指基体固化体系中的固化剂或引发剂、添加剂等一类小分子中带有阻燃元素，通过基体的固化反应，将阻燃元素引入固化网络结构所形成的阻燃基体。表 7-27 即为一例配方。

表 7-26 聚合反应型阻燃基体的一组配方

原材料	质量分数/%	摩尔分数/%
四溴苯酐	28.2	7.3
苯酐	51.6	12.6
顺酐	22.8	27.8
丙二醇	33.3	52.4

表 7-27 固化反应阻燃基体的三组配方和相应性能

原材料	配方和性能		
	A 组	B 组	C 组
不饱和聚酯树脂用量/份	100	100	100
三溴丙烯酸酯用量/份	15	50	100

续表

原材料	配方和性能		
	A组	B组	C组
过氧化二异丙苯用量/份	2	2	2
聚四氟乙烯粉末用量/份	20	50	50
溴含量/%	6.8	15.3	24.6
燃烧性测试结果（ASTMD-635）	自熄	不燃	不燃

添加型阻燃基体中的阻燃剂种类和加入量所受的限制相对较小，有利于大幅度调节复合材料阻燃性；但由于阻燃剂与基体间的结合仅为物理混合，阻燃剂对基体以致于复合材料的力学性能都有影响，某些场合下，将反应型及添加型阻燃剂混用，使阻燃基体兼具两种情况下的特点，能更有效的解决阻燃与力学性能并存在的问题。表7-28给出的基体配方中既有固化反应型阻燃剂氯化苯乙烯，也有添加型阻燃剂干燥氢氧化铝，属于此类混合型阻燃基体。

表7-28　　混合型阻燃不饱和聚酯基体配方

原材料	质量分数/%
邻苯二甲酸不饱和聚酯	44.5
苯乙烯	3.1
干燥氢氧化铝	47.6
氯化苯乙烯	4.8
过氧化甲乙酮	0.45

（2）使用不同阻燃剂的阻燃基体

按照使用阻燃剂的种类不同，对应于阻燃剂的分类，阻燃基体也可以大体分成卤素阻燃剂阻燃基体，磷系阻燃剂阻燃基体，卤磷系阻燃剂阻燃基体以及混合阻燃剂阻燃基体，表7-29给出磷系阻燃剂阻燃基体的一种配方。

表7-29　　含磷阻燃基体配方

原材料	质量分数/%
乙二醇	18.3
丙二醇	22.5
三甲氧基乙烷	3.2
苯酐	25.6
顺酐	25.7
二甲基甲烷磷酸酯	4.1
苯乙烯	0.6

卤系阻燃剂，磷系，卤磷系以及无机物阻燃剂以某种形式混合，能提高复合材

料的阻燃效果，或满足某种特殊性能，表7－30中的配方具有这种特点，以它为基体的复合材料阻燃性能优异。

表7－30 混合阻燃剂的阻燃基体配方

原材料	质量分数/%
氯代聚酯树脂	11.25
非氯代聚酯树脂	36.90
过氧化苯甲酰	0.56
氢氧化铝	40.80
氧化锑	2.89
苯乙烯	3.6
甲基丙烯酸甲酯	4.5

（3）兼具有不同功能的阻燃基体

阻燃复合材料在使用时，应具备包含机械功能在内的其他有关功能，如耐压、耐腐、耐水等，以保证其在特定使用环境下的使用性能。最常见的情况是，复合材料在具有阻燃性的同时，还应具备良好的力学性能。表7－31给出一组耐压结构使用的复合材料基体配方，按此配方做成的基体材料弯曲模量可到0.6GPa，其配方特点是以反应型阻燃剂为主，兼用添加型阻燃剂。

表7－31 自熄耐压基体配方

原材料	质量分数/%
含氯不饱和聚酯	71.2
五氯联苯	7.1
三氧化二锑	3.6
$Al(OH)_3$	10.7
聚氯乙烯	0.7~10.7

复合材料用于贮罐、导管和其他管件等化工设备时，不仅需有阻燃性，同时还需有耐腐蚀性，表7－32和表7－33分别给出一组耐腐蚀性及耐碱阻燃基体配方。以此为基体做成的复合材料除具备较好的阻燃性能外，分别具有较强的耐一般腐蚀性和耐碱性。

表7－32 自熄性耐腐蚀基体配方

原材料	质量分数/%
不饱和聚酯	69.0
三水合氧化铝	27.6
三氧化二锑	3.4

表 7-33　　耐碱阻燃基体配方

原材料	质量分数/%
顺酐	13.8
丙二醇	5.4
氯代苯甲酸	54.9
环氧氯丙烷	30.0

复合材料耐水性也是重要的指标，在选择阻燃基体时必须予以考虑。另外，电气材料已是复合材料的重要方面，调节配方，可使基体既具有阻燃性，同时也具有较高且稳定的电阻率，可作为自熄性或不燃性电绝缘材料，表 7-34 给出两组此类配方。

表 7-34　　电绝缘阻燃基体配方

原材料	质量分数及性能	
	A 组	B 组
不饱和聚酯	69.4	61.0
溴代环氧树脂	24.3	30.5
顺丁烯二酸酐	4.9	7.3
过氧化二异丙苯	1.4	1.2
含溴量	9.5~10.4	13.4~14.6
燃烧性实验结果（ASTMD—635）	自熄	不燃

7.3.6.3　阻燃复合材料性能影响因素

阻燃剂的不同种类、含量及加入方式都会对复合材料阻燃性能产生影响，并且，阻燃剂的加入在赋予复合材料阻燃性的同时，会在一定程度上影响到其他性能。为了有效提高复合材料的阻燃性并保持其必要的其他性能，需对影响阻燃复合材料性能的因素作深入的研究。

（1）阻燃元素含量

阻燃元素的含量首先将直接影响复合材料的阻燃性，图7-22清楚地表明两种阻燃树脂的氧指数（阻燃性表征的一种方法）随溴含量的增加而直线上升。据此，可以调节树脂中的阻燃元素含量来提高阻燃复合材料的阻燃性，但阻燃元素，特别是添加型阻燃

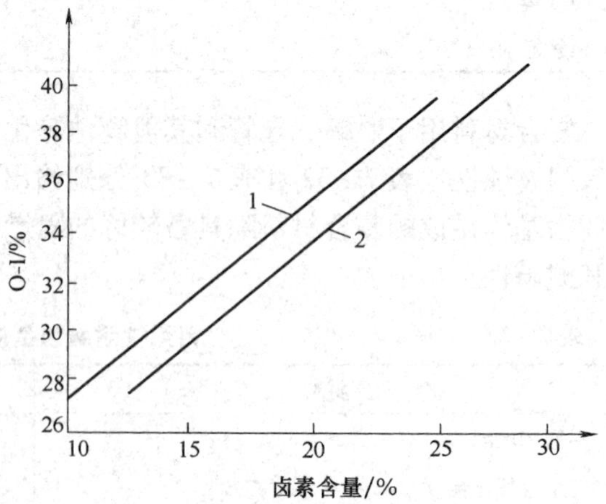

图 7-22　两种阻燃基体的氧指数 O-I 与卤素含量的关系
1—四溴苯酐/乙二醇　2—四溴苯酐/氯茵酸酐

剂加入量过多，将影响到复合材料的其他性能。表 7 – 35 给出了磷酸酯含量对环氧氯丙烷系聚酯树脂固化度的影响情况。

表 7 – 35　　磷酸酯含量对聚酯树脂固化度的影响

磷酸酯含量/%	0	6	12	20	25
固化度/%	67	51.1	54.4	53.1	49.0

可见，随磷酸酯含量的增加，树脂的固化度降低，固化度的降低一般会影响机械性能，对于透明玻璃纤维复合材料，阻燃剂的加入一般会影响其透光性，表 7 – 36中列出一种透明玻璃纤维复合材料中磷酸酯含量对透光率的影响情况，可见，随磷酸酯含量的增加，虽然透光率有所增加，但水煮后的透光率降低幅度更大，表明磷酸酯对玻璃钢的光学稳定性有较大的影响。

表 7 – 36　　磷酸酯含量对玻璃纤维复合材料透光率的影响

磷酸酯含量/%	0	5	10	15	20
水煮前的透光率/%	78.0	80.3	80.1	81.3	82.5
水煮后的透光率/%	49.4	47.6	47.4	47.6	45.5
透光率变化/%	36.4	40.7	40.7	41.5	44.8

（2）协同性与阻燃性

为提高阻燃剂的使用效率，并保证复合材料的其他性能，常常同时使用多种阻燃剂以利用其协同效果，不同的协同剂有不同的协同效果，图 7 – 23 给出四溴苯酐系树脂的几种协同剂的协同效果比较，结果表明三种协同剂的协同效果间还是有明

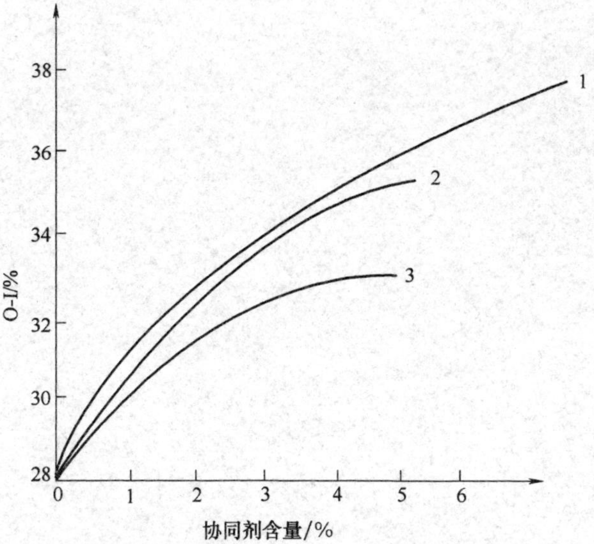

图 7 – 23　四溴苯酐树脂体系的阻燃效果与协同剂含量的关系

1—Sb_2O_3　2—卤磷化合物　3—三乙基磷酸酯

显的差别，其中，以三氧化二锑的协同效果最佳。如果改变树脂种类，即使仍用这三种协同剂，其协同效果的排列顺序还是可能会改变的，因此，比较协同剂间的协同效果，必须明确阻燃树脂体系，在实际应用中，应根据具体的阻燃树脂体系特点，选择合适的协同剂。

（3）阻燃剂应用方式与阻燃剂

有些阻燃剂既可作为反应型阻燃剂，也可作为添加型阻燃剂。而同种阻燃剂以不同的方式加入树脂体系时，阻燃效果一般有所不同，同时两种情况下的复合材料其他性能也有所不同，如表7-37所示，将FR-2（二溴丙基反丁烯三酸酯）以反应型方式加入，与以添加型方式加入树脂体系中的两种情况加以比较，无论是阻燃性，透光性，还是硬度，都是前者优于后者。

表7-37　FR-2的加入方式对玻璃纤维复合材料性能的影响

性能	反应型方式	添加型方式
氯指数	23.6	22.4
透光率/%	88.6	83.5
巴柯硬度	60	40

（4）不饱和度与阻燃性

除阻燃剂因素外，树脂体系本身的结构也影响复合材料的阻燃性，树脂体系中不饱和度大，或者交联密度大，越易形成碳化层，对阻燃有积极影响，因而从提高复合材料阻燃性方面考虑，应优先采用具有这种结构特点的树脂体系。

参考文献

[1] 植村益次编著. 贾丽霞. 白淳岳译. 高性能复合材料最新技术. 北京：中国建筑工业出版社，1989
[2] 肖长发编著. 纤维复合材料. 北京：中国石化出版社，1994
[3] 上海化工学院. 合成树脂. 北京：中国建筑工业出版社，1979
[4] 赵玉庭、姚希曾主编. 复合材料聚合物基体. 武汉：武汉工业大学出版社，1992
[5] 高学敏等. 粘接和粘接技术手册. 成都：四川科学技术出版社，1990
[6] 宋焕成、赵时熙编. 聚合物基复合材料. 北京：国防工业出版社，1986
[7] 郑明新主编. 工程材料. 北京：清华大学出版社，1991
[8] 久保辉一郎等. 复合材料と界面. 総合技术出版，东京，1986
[9] D. M. Brewis. Surface Analysis and Pretreatment of Plastics and Metals. Appl. Sci., london，1982
[10] 张升编著. 高分子界面科学. 北京：中国石化出版社 1997
[11] 合成材料助剂手册编写组. 合成材料助剂手册. 北京：化学工业出版社，1985
[12] J. F. 拉贝克. 高分子科学实验方法. 吴世康、漆宗能等译. 北京：科学出版社，1987
[13] D. J. Carlsson. Macromol. 1970，3：587；1972，5：174
[14] A. M. Wrobel. J. Macromol. Sci., Part A，1983，20：583
[15] 肖长发、高桥利祯. 纤维学会志，1991，47（8）：397
[16] 宋焕成、张佐光. 混杂纤维复合材料. 北京：北京航空航天大学出版社，1988
[17] 姚希曾. 有机过氧化物引发剂. 环氧树脂. 1986：1（4），20
[18] 杨颖泰. 粘接. 1993，14（6）：25
[19] D. W. 范克雷维伦著. 许元泽等译. 聚合物的性质. 北京：科学出版社，1987
[20] 户村知之. 日本接着協会誌，1989，25（6）：214
[21] 黄丽、徐定宇. 高分子材料科学与工程. 1999（3）：81
[22] 吴培熙. 沈健主编. 特种性能树脂基复合材料. 北京：化学工业出版社 2003 年
[23] 罗忠福，黄锐. 碳酸钙工业. 1998，（2）：4
[24] 张玉龙，李长德. 纳米技术与纳米塑料. 北京：中国工业出版社，2002
[25] 韩冬冰，王慧敏. 高分子材料概论. 北京：中国石化出版社，2003
[26] 周达飞、吴张永、王婷兰. 汽车用塑料. 北京：化学工业出版社
[27] Penn L S. Polym. Composites，1988. 9（3）
[28] 黄丽. 高分子材料. 北京：化学工业出版社，2009
[29] Iijima S. Nature，1991，354（7）：56－58
[30] Treacy M M，Ebbesen T W，Gibson J M. Nature，1996，381：678
[31] Ajayan PM，Stephan O，Colliex C，et al. Science，1994，265：1212
[32] Jiang Y，Wu Y，Qiang Y T，etal. J Am Chem Soc，2000，122（49）：12383
[33] Oloughlin J L，Kiang C H，Wallace C H，et al. J Phys Chem B，2001，105：1921
[34] Motiei M，Hacohen Y R，Calderon Moreno J，et al. J Am Chem Soc，2001，123，8624
[35] Ago H，Ohshima S，Uchida K，et al. J Phys Chem B，2001，105：10453
[36] Iijima S，Brabec C，Maiti A，Bernholc J. J Chem Phys，1996，104（5）：2089

[37] Salvetat J P, Briggs G A D, Bonard J M, et al. Phys Rev Lett, 1999, 82 (5): 944
[38] Wise K, Hinkley J. American Physical Society Spring Meeting, April 12 – 16, 2001, Seattle, WA: 2001
[39] Gong X, Liu J, BaskaranS, VoiseR, YoungJ. ChemMater, 2000, 12: 1049
[40] Qian D, Dickey E C, Andrews R, Rantell T. Appl Phys Lett, 2000, 76 (20): 2868
[41] Shaffer M S P, Windle A H. Adv Mater, 1999, 11 (11): 937
[42] Haggenmueller R, Gommans H, Rinzler A, Fischer J, Winey K. Chem Phys Lett, 2000, 330: 219
[43] Haggenmueller R, Gommans H, Rinzler A, Fischer J, Winey K. Chem Phys Lett, 2000, 330: 219
[44] Andrews R, Jacques D, Rao A M, Rantell T, etal. Appl Phys Lett, 1999, 75 (9): 1329